欧阳星明 溪利亚 陈国平 ◉ 编著

人 民 邮 电 出 版 社

北 京

图书在版编目（CIP）数据

数字电路逻辑设计 ：微课版 / 欧阳星明，溪利亚，陈国平编著. -- 3版. -- 北京 ：人民邮电出版社，2021.3（2024.6重印）
21世纪高等教育计算机规划教材
ISBN 978-7-115-54105-5

Ⅰ. ①数… Ⅱ. ①欧… ②溪… ③陈… Ⅲ. ①数字电路－逻辑设计－高等学校－教材 Ⅳ. ①TN79

中国版本图书馆CIP数据核字(2020)第087113号

内 容 提 要

本书系统介绍了数字电路逻辑设计的基础知识、基本理论、基本器件和基本方法，详细讨论了各种逻辑电路的分析、设计方法以及功能实现的全过程。全书共 8 章，内容包括基础知识、逻辑代数基础、集成逻辑门、组合逻辑电路、集成触发器、时序逻辑电路、可编程逻辑器件和综合应用举例。各章均附有思考题和练习题。为了满足广大读者学习的需要，本书最后还提供了实验指导和模拟测试两部分内容。

本书论述严谨，概念准确，文句精练，题例丰富，理论知识与实际应用结合紧密，内容的选取兼顾了相关知识的成熟性和先进性。全书集文字陈述、语音讲解、视频演示于一体，十分有利于学生对知识的理解、掌握与应用。

本书可作为高等学校本科“数字电路逻辑设计”课程教材，亦可供信息学科相关专业技术人员参考。

◆ 编　　著　欧阳星明　溪利亚　陈国平
责任编辑　邹文波
责任印制　王　郁　马振武
◆ 人民邮电出版社出版发行　　北京市丰台区成寿寺路 11 号
邮编　100164　　电子邮件　315@ptpress.com.cn
网址　https://www.ptpress.com.cn
北京天宇星印刷厂印刷
◆ 开本：787×1092　1/16
印张：17　　2021 年 3 月第 3 版
字数：387 千字　　2024 年 6 月北京第 10 次印刷

定价：59.80 元

读者服务热线：(010) 81055256　印装质量热线：(010) 81055316
反盗版热线：(010) 81055315
广告经营许可证：京东市监广登字 20170147 号

第 3 版前言

随着信息技术的飞速发展，各行各业对信息学科人才的需求越来越大。为信息领域培养更多的具有创新能力和解决实际问题能力的高素质人才，是目前高等教育的重要任务之一。

“数字电路逻辑设计”是高等院校电气信息类各专业学生必修的一门重要专业技术基础课。设置本课程的主要目的是使学生了解数字系统逻辑电路分析与设计的基础知识与基本理论，熟悉各种不同规模的逻辑器件，掌握各类逻辑电路分析与设计的基本方法，为数字计算机和其他数字系统的硬件分析与设计奠定坚实的基础。本书是根据普通高等院校电气信息类本科层次的教学要求，遵照“数字电路逻辑设计”课程教学大纲的规定，从传授知识和培养能力的目标出发，结合本课程的特点、要点、难点以及作者长期从事教学与科研积累的知识和经验编写的。全书强调理论与实践的紧密结合，在逻辑电路分析与设计过程中，通过运用自主开发的虚拟实验教学平台 IVDLEP，实现了从理论方案设计、工程实施到仿真验证的“一气呵成”。

本书编写力求内容完整实用，论述深入浅出、通俗易懂，便于阅读理解。全书分为 8 章和 2 个附录。内容可归纳为 5 部分。第 1 部分（第 1 章、第 2 章）主要介绍数字系统逻辑设计的基础知识和基本理论；第 2 部分（第 3 章～第 6 章）主要介绍基本逻辑器件，并以中、小规模集成电路为基础，详细讨论了组合逻辑电路和时序逻辑电路分析与设计的方法；第 3 部分（第 7 章）介绍了大规模可编程逻辑器件及其在逻辑设计中的应用，包括低密度可编程逻辑器件、高密度可编程逻辑器件以及最新的 ISP 技术等内容；第 4 部分（第 8 章）综合运用本课程所学知识，结合应用进行实际问题设计举例，旨在进一步将理论知识与实际应用紧密结合，达到学以致用的目的；第 5 部分为附录，包含实验指导和模拟测试 2 个内容，以便更好地满足学生动手能力培养和课外自学的需要。

数字电路逻辑设计是一门实践性很强的课程，任课教师在教学安排中，除课堂理论教学外，应安排一定学时的实验教学和一定数量的课外作业。根据不同专业的实际需求和教学计划，编者建议理论教学与实验教学的总学时为 64～72 学时，其中实验教学为 8～12 学时。任课教师可以根据具体教学安排对本书内容进行适当的取舍。需要说明的是，由于有关采用硬件描述语言以及 PLD 开发软件进行数字系统设计的方法均已有专门的教科书，考虑到课程范围、学时和教材篇幅的关系，本书未予介绍，必要时读者可阅读相关书籍，或者在相应选修课程中学习。

本书第3版由欧阳星明、溪利亚、陈国平编著。其中，欧阳星明执笔完成了本书内容的编写，并和张浩共同开发了虚拟仿真实验软件，实现了书中各类电路的仿真演示；溪利亚负责根据各章内容的重点和难点，选择书中部分电路进行了仿真演示和讲解；陈国平负责在虚拟仿真实验平台中搭建有关电路，验证实验电路功能，录制电路仿真视频，并在视频剪辑合成过程中提供了技术支持。此外，韦蔚承担了书中实验指导和部分素材的收集工作，并对书中的图、表进行了认真、仔细的校对和处理。本书编写得到了武昌首义学院各级领导的大力支持以及许多老师、同事、朋友和亲人的关心和帮助，在此一并表示衷心的感谢!

由于编者水平有限，书中难免存在疏漏及不妥之处，敬请广大读者批评指正。

欧阳星明

2020年12月于武汉

目录

第 1 章 基础知识

众所周知，我们正处在一个充满了信息的时代！那么，我们应该如何对各种信息进行描述、存储、处理和传递呢？人类迄今找到的一种最佳方式是数字化。在 21 世纪，人们对诸如数字控制、数字通信、数字计算、数字城市、数字流域、数字地球等术语已不再陌生。相应地，形形色色、大大小小的数字系统随处可见，可以说数字系统已经成为各个领域，乃至人们日常生活不可缺少的重要组成部分。你想探秘数字系统，了解那些构成各类数字设备，近乎“无所不能”的神奇硬件是如何工作的吗？请从基本知识开始，掌握数字电路逻辑设计的有关方法，逐步走进数字系统设计领域！

本章在对数字系统基本概念进行简单介绍的基础上，重点讨论数字系统中数据的表示形式。

1.1 数字系统概述

1.1.1 数字系统的基本概念

数字系统的基本概念

究竟什么是数字系统呢？在我们对它进行深入研究之前，有必要建立以下几个基本概念。

1. 数字信号

在自然界中，存在各种不同的物理量。按其变化规律可以分为两种类型：一类是连续量，另一类是离散量。

所谓连续量是指在时间上和数值上均作连续变化的物理量，例如，温度、压力、流量、速度以及声音等。在工程应用中为了处理和传送的方便，通常用某一种连续量去模拟另一种连续量，如用电流的变化模拟温度的变化等。因此，人们习惯将连续量又称为**模拟量**，将表示模拟量的信号称为**模拟信号**。例如，图 1.1（a）所示为模拟信号正弦波形样例；图 1.1（b）所示为模拟信号调幅波形样例。

另一类物理量的变化在时间上和数值上都是不连续的，或者说离散的，其数量大小和增减变化都是某一个最小单位的整数倍，小于最小单位的数值不存在物理意义。例如，钟表上显示的时间、学生成绩记录、工厂产品统计、电路开关的状态等。这类物理量的变化可以用不同的数字反映，所以称为**数字量**。表示数字量的信号称为**数字信号**。若数字信号只由 0 和 1 两种数值表示，则称为二值数字信号。例如，图 1.2（a）所示为数字信号周期性波形样例；图 1.2（b）所示为数字信号非周期性波形样例。

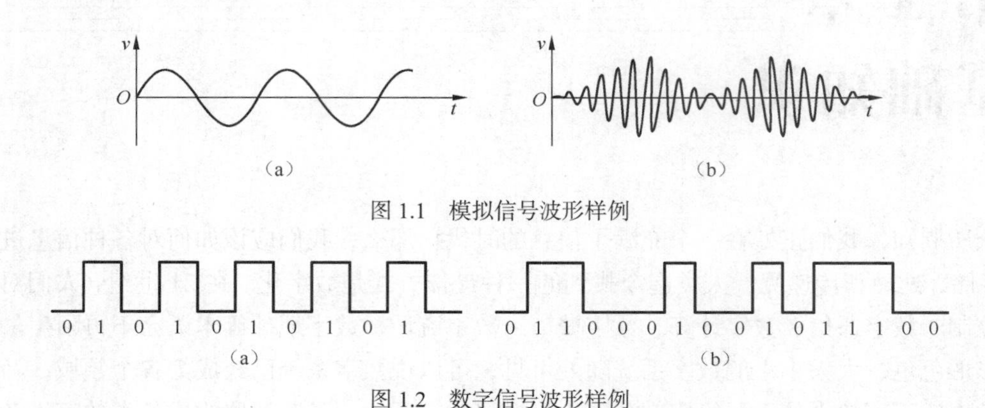

图 1.1　模拟信号波形样例

图 1.2　数字信号波形样例

2. 数字电路

数字电路是一种用来处理数字信号的电子线路。数字电路的基本工作信号是二值数字信号，即电路采用只有 0、1 两种取值状态的信号。两种数值表现为电路中电压的“高”或“低”、开关的“接通”或“断开”、晶体管的“导通”或“截止”两种稳定的物理状态。

由于数字电路的各种功能是通过逻辑运算来实现的，所以数字电路又称为逻辑电路或者数字逻辑电路。数字电路的发展经历了由电子管、半导体分立元件到集成电路作为基本元器件的过程。由数字电路构成的数字系统具有工作速度快、精度高、功能强、可靠性好等优点，所以其应用十分广泛。

3. 数字系统

什么是数字系统？简单地说，数字系统是一个能对数字信号进行存储、加工和传递的实体，它由实现各种功能的数字电路相互连接构成。例如，数字计算机就是一种典型的数字系统。

自 1946 年第一台数字电子计算机问世以来，计算机的发展速度是十分惊人的。通常按照组成计算机的主要电子器件来划分，计算机先后经历了电子管时代、晶体管时代、中小规模集成电路时代以及大规模和超大规模集成电路时代。图 1.3 所示为各种不同电子器件的样例。

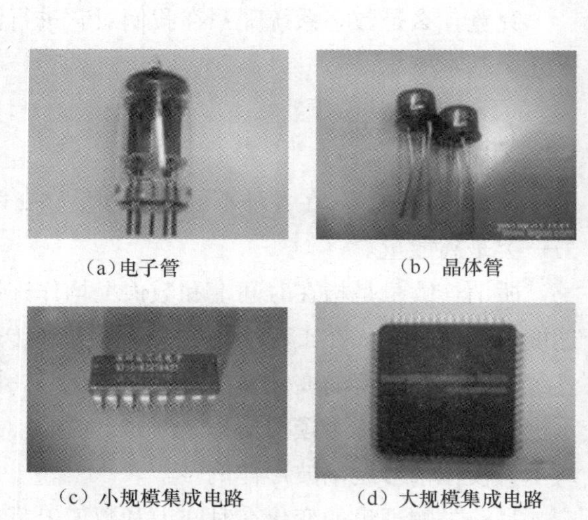

（a）电子管　（b）晶体管　（c）小规模集成电路　（d）大规模集成电路

图 1.3　电子器件的样例

根据计算机所提供的功能和性能，通常又将计算机划分为巨型计算机、大型计算机、中型计算机和微型计算机等不同类型。不管如何划分，计算机总的发展趋势是功能、速度和可靠性不断提高，生产数量不断增长。此外，计算机迅速发展的另一个方面表现在其应用领域的不断扩展，以及对社会变革和人类进步带来的重要影响。

1.1.2　数字电路的分类

根据一个电路有无记忆功能，可将数字电路分为组合逻辑电路和时序逻辑电路两种类型。

如果一个数字电路在任何时刻的稳定输出仅取决于该时刻的输入，而与电路过去的输入无关，则称为**组合逻辑电路**（Combinational Logic Circuit）。由于这类电路的输出与过去的输入信号无关，所以不需要有记忆功能。例如，一个“多数表决器”，由于表决的结果仅取决于各个参与表决成员当时的态度是“赞成”还是“反对”，因此，它属于组合逻辑电路。

如果一个数字电路在任何时刻的稳定输出不仅取决于该时刻的输入，而且与过去的输入相关，则称为**时序逻辑电路**（Sequential Logic Circuit）。由于这类电路的输出与过去的输入相关，所以需要有记忆功能，通常由电路中记忆元件的状态来反映过去的输入信号。例如，一个统计输入脉冲信号个数的计数器，它的输出结果不仅与当时的输入脉冲相关，还与前面收到的脉冲个数相关，因此，计数器是一个时序逻辑电路。时序逻辑电路按照是否有统一的时钟信号进行同步，又可进一步分为同步时序逻辑电路和异步时序逻辑电路。

1.1.3　研究内容与方法

研究数字系统中的各类数字电路有两个主要任务：一是分析，二是设计。对一个给定的数字电路，研究它所实现的逻辑功能和工作性能称为分析；根据客观提出的功能要求，在给定条件下构造出实现预定功能的数字电路称为设计，有时又称为逻辑设计或者逻辑综合。围绕数字电路的分析和设计，研究内容包括基础知识、基本理论、基本器件以及各类电路分析与设计的基本方法。

随着集成电路技术的飞跃发展，数字电路的分析和设计方法在不断发生变化。但不管怎样变化，用逻辑代数作为理论基础对数字电路进行分析和设计的传统方法始终是最经典、最基本的方法。传统方法详细讨论了从问题的逻辑抽象到功能实现的全过程，所涉及的内容可以说是从事数字电路研究必须掌握的最基础的知识、最基本的技术和方法。该方法以技术经济指标作为评价一个设计方案优劣的主要性能指标，设计时追求的是如何使一个电路达到最简。因此，在组合逻辑电路设计时，通过逻辑函数化简，尽可能使电路中的逻辑门和连线数目达到最少。而在时序逻辑电路设计时，则通过状态化简和逻辑函数化简，尽可能使电路中的记忆元件、逻辑门和连线数目达到最少。值得指出的是，一个最简的方案并不等于一个最佳的方案，最佳方案应满足全面的性能指标和实际应用中的某些具体要求。所以，在用传统方法求出一个实现预定功能的最简设计方案之后，往往要根据实际情况进行相应调整。

随着中、大规模集成电路的出现和集成电路规模的迅速发展，单个芯片内部容纳的逻辑器件越来越多，因而，实现某种逻辑功能所需要的门和触发器数量已不再成为影响经济指标的突出问题。如何用各种廉价的中、大规模集成组件去构造满足各种功能的、经济合理的电路，这无疑给设计人员提出了新的更高的要求。要适应这种要求就必须充分了解各种器件的逻辑结构和外部特性，做到合理选择器件，充分利用每一个已选器件的功能，用灵活多变的方法完成各类逻辑电路或功能模块的设计。

可编程逻辑器件（Programmable Logic Devices，PLD）的出现，给逻辑设计带来了一种全新的方法。人们不再用常规硬线连接的方法去构造电路，而是借助丰富的计算机软件对器件进行编程来实现各种逻辑功能，这无疑给逻辑设计者带来了极大的方便。此外，面对日益复杂的集成电路芯片设计和数字系统设计，人们不得不越来越多地借助计算机辅助设计（Computer Aided Design，CAD）。目前，已有各种电子设计自动化（Electronic Design Automatic，EDA）软件在市场上出售。计算机辅助逻辑设计方法正在不断推广和应用。不少人认为计算机设计自动化已成为计算机科学中的一个独立的学科。

1.2 数制及其转换

1.2.1 进位计数制

数制是人们对数量计数的一种统计规律。日常生活中广泛使用的是十进制，而数字系统中使用的是二进制。

1. 十进制

十进制采用了 0, 1,⋯, 9 共 10 个基本数字符号，进位规律是“逢十进一”。当用若干个数字符号并在一起表示一个数时，处在不同位置的数字符号，其值的含义不同。例如，

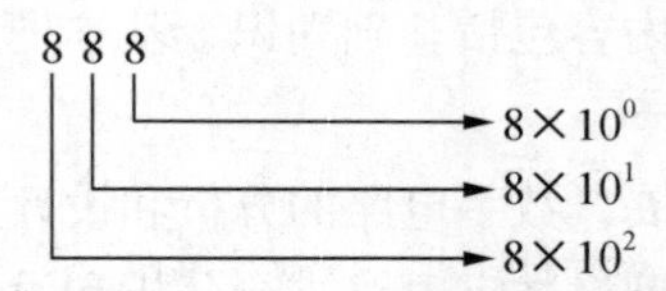

同一个字符 8 从左到右所代表的值依次为 800、80、8，即十进制数 888 可以表示成 $(888)_{10}=8\times10^2+8\times10^1+8\times10^0$。

十进制的特点可以推广到任意进制。广义地说，一种进位计数制包含**基数**和**位权**两个基本的要素。基数是指计数制中所用到的数字符号的个数，位权是指在一种进位计数制表示的数中，用来表明不同数位上数值大小的一个固定常数。不同数位有不同的位权，某一个数位的数值等于这一位的数字符号乘上与该位对应的位权。例如，十进制数的位权是 10 的整数次幂，其个位的位权是 10^0，十位的位权是 10^1……

2. R 进制

任意 R 进制包含 0, 1,⋯, R−1 共 R 个数字符号，进位规律是“逢 R 进一”。R 进制数的位权是 R 的整数次幂。

一个 R 进制数 N 可以有以下两种表示方法。

① 并列表示法（又称位置计数法），其表达式为

$$(N)_R=(K_{n-1}K_{n-2}\cdots K_1K_0.K_{-1}K_{-2}\cdots K_{-m})_R$$

② 多项式表示法（又称按权展开法），其表达式为

$$(N)_R=K_{n-1}\times R^{n-1}+K_{n-2}\times R^{n-2}+\cdots+K_1\times R^1+K_0\times R^0+K_{-1}\times R^{-1}+K_{-2}\times R^{-2}+\cdots+K_{-m}\times R^{-m}$$
$$=\sum_{i=-m}^{n-1}K_iR^i$$

式中：

R —— 基数；

n —— 整数部分的位数；

m —— 小数部分的位数；

K_i —— R 进制中的一个数字符号，其取值范围为 $0\leqslant K_i\leqslant R-1(-m\leqslant i\leqslant n-1)$。

R 进制的特点可归纳如下。

① 有 $0, 1,\cdots, R-1$ 共 R 个数字符号。

② “逢 R 进一”，“10” 表示 R。

③ 位权是 R 的整数次幂，第 i 位的权为 R^i $(-m\leqslant i\leqslant n-1)$。

3. 二进制

二进制只有 0 和 1 两个基本数字符号，进位规律是“逢二进一”，“10” 表示 2。二进制数的位权是 2 的整数次幂。

任意一个二进制数 N 可以表示成

$$(N)_2=(K_{n-1}K_{n-2}\cdots K_1K_0.K_{-1}K_{-2}\cdots K_{-m})_2$$
$$=K_{n-1}\times 2^{n-1}+K_{n-2}\times 2^{n-2}+\cdots+K_1\times 2^1+K_0\times 2^0+K_{-1}\times 2^{-1}+K_{-2}\times 2^{-2}+\cdots+K_{-m}\times 2^{-m}$$
$$=\sum_{i=-m}^{n-1}K_i2^i$$

式中：

n —— 整数位数；

m —— 小数位数；

K_i —— 为 0 或者 1，$-m\leqslant i\leqslant n-1$。

例如，一个二进制数 1101.101 可以表示成

$$(1101.101)_2=1\times 2^3+1\times 2^2+0\times 2^1+1\times 2^0+1\times 2^{-1}+0\times 2^{-2}+1\times 2^{-3}$$

二进制数的运算规则如下。

加法规则	0+0=0	0+1=1
	1+0=1	1+1=0（进位为 1）
减法规则	0−0=0	1−0=1
	1−1=0	0−1=1（借位为 1）
乘法规则	0 × 0=0	0 × 1=0

$1\times 0=0$　　$1\times 1=1$

除法规则　$0\div 1=0$　　$1\div 1=1$

二进制的优点：运算简单、物理实现容易、存储和传送方便、可靠。

因为二进制只有 0 和 1 两个数字符号，可以用电子器件的两种不同状态来表示一位二进制数。例如，可以用晶体管的截止和导通表示 1 和 0，或者用电平的高和低表示 1 和 0 等。所以，在数字系统中普遍采用二进制。

二进制的缺点：数的位数太长且字符单调，使得书写、记忆和阅读不方便。因此，人们在进行指令书写、程序输入和输出等工作时，通常采用八进制数和十六进制数作为二进制数的缩写。

4. 八进制

基数 $R=8$ 的进位计数制称为八进制。八进制有 0, 1,…, 7 共 8 个基本数字符号，进位规律是“逢八进一”。八进制数的位权是 8 的整数次幂。

任意一个八进制数 N 可以表示成

$$\begin{aligned}(N)_8 &= (K_{n-1}K_{n-2}\cdots K_1K_0\,.K_{-1}K_{-2}\cdots K_{-m})_8\\ &= K_{n-1}\times 8^{n-1}+K_{n-2}\times 8^{n-2}+\cdots+K_1\times 8^1+K_0\times 8^0+K_{-1}\times 8^{-1}+K_{-2}\times 8^{-2}+\cdots+K_{-m}\times 8^{-m}\\ &= \sum_{i=-m}^{n-1}K_i 8^i\end{aligned}$$

式中：

n——整数位数；

m——小数位数；

K_i——0～7 中的任何一个字符，$-m\leqslant i\leqslant n-1$。

5. 十六进制

基数 $R=16$ 的进位计数制称为十六进制。十六进制有 0, 1,…, 9, A, B, C, D, E, F 共 16 个字符，其中，A～F 分别表示十进制的 10～15。进位规律为“逢十六进一”。十六进制数的位权是 16 的整数次幂。

任意一个十六进制数 N 可以表示成

$$\begin{aligned}(N)_{16} &= (K_{n-1}K_{n-2}\cdots K_1K_0.K_{-1}K_{-2}\cdots K_{-m})_{16}\\ &= K_{n-1}\times 16^{n-1}+K_{n-2}\times 16^{n-2}+\cdots+K_1\times 16^1+K_0\times 16^0+K_{-1}\times 16^{-1}+K_{-2}\times 16^{-2}+\cdots+K_{-m}\times 16^{-m}\\ &= \sum_{i=-m}^{n-1}K_i 16^i\end{aligned}$$

式中：

n——整数位数；m——小数位数；K_i——表示 0～9、A～F 中的任何一个字符，$-m\leqslant i\leqslant n-1$。

表 1.1 列出了十进制数 0～15 对应的二进制数、八进制数和十六进制数。

表 1.1　　十进制数与二、八、十六进制数对照表

十进制数	二进制数	八进制数	十六进制数	十进制数	二进制数	八进制数	十六进制数
0	0000	00	0	8	1000	10	8
1	0001	01	1	9	1001	11	9
2	0010	02	2	10	1010	12	A
3	0011	03	3	11	1011	13	B
4	0100	04	4	12	1100	14	C
5	0101	05	5	13	1101	15	D
6	0110	06	6	14	1110	16	E
7	0111	07	7	15	1111	17	F

1.2.2　数制转换

数制转换是指将一个数从一种进位制转换成另一种进位制。要从事数字电路逻辑设计工作，就必须掌握二进制数与十进制数、八进制数和十六进制数之间的相互转换。

1. 二进制数与十进制数之间的转换

（1）二进制数转换为十进制数

二进制数转换为十进制数采用**多项式替代法**，即将二进制数表示成按权展开式，并按十进制运算法则进行计算，所得结果即为该二进制数对应的十进制数。

例如，$(10111.001)_2 = (?)_{10}$。

$$\begin{aligned}(10111.001)_2 &= 1\times2^4+1\times2^2+1\times2^1+1\times2^0+1\times2^{-3}\\ &= 16+4+2+1+0.125\\ &= (23.125)_{10}\end{aligned}$$

（2）十进制数转换为二进制数

十进制数转换成二进制数采用**基数乘除法**。转换时对整数和小数应分别进行处理，整数转换采用“除 2 列余”的方法，小数转换采用“乘 2 取整”的方法。

① 整数转换——“除 2 列余”法：将十进制整数 N 除以 2，取余数计为 K_0；再将所得商除以 2，取余数记为 K_1……依次类推，直至商为 0，取余数计为 K_{n-1} 为止，即可得到与 N 对应的 n 位二进制整数 $K_{n-1}\cdots K_1K_0$。

例如，$(35)_{10} = (?)_2$。

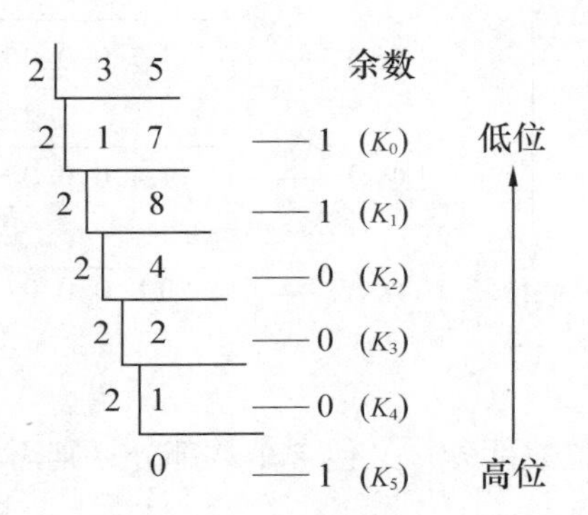

即 $(35)_{10}=(100011)_2$。

② 小数转换——“乘 2 取整”法：将十进制小数 N 乘以 2，取积的整数部分记为 K_{-1}；再将积的小数部分乘以 2，取整数部分记为 K_{-2}……依次类推，直至其小数部分为 0 或达到规定精度要求，取整数部分记作 K_{-m} 为止。即可得到与 N 对应的 m 位二进制小数 $0.K_{-1}K_{-2}\cdots K_{-m}$。

例如，$(0.8125)_{10}=(?\ )_2$。

	整数部分	
		0.8125
		× 2
高位	1 (K_{-1}) ——	1.6250
		× 2
↓	1 (K_{-2}) ——	1.2500
		× 2
↓	0 (K_{-3}) ——	0.5000
		× 2
低位	1 (K_{-4}) ——	1.0000

即 $(0.8125)_{10}=(0.1101)_2$。

注意

当十进制小数不能用有限位二进制小数精确表示时，可根据精度要求，求出相应的二进制位数近似的表示。一般当要求二进制数取 m 位小数时，可求出 $m+1$ 位，然后对最低位做 0 舍 1 入处理。

例如，$(0.7125)_{10}=(?\ )_2$（保留 4 位小数）。

	整数部分	
		0.7125
		× 2
高位	1 (K_{-1}) ——	1.4250
		× 2
↓	0 (K_{-2}) ——	0.8500
		× 2
↓	1 (K_{-3}) ——	1.7000
		× 2
↓	1 (K_{-4}) ——	1.4000
		× 2
低位	0 (K_{-5}) ——	0.8000

即 $(0.7125)_{10}\approx(0.1011)_2$。

若一个十进制数既包含整数部分，又包含小数部分，则需将整数部分和小数部分分别转换，然后通过小数点将两部分结果连到一起。

例如，$(25.625)_{10} = (?\ )_2$。

```
2 | 25                              0.625
2 | 12     —1      .→                ×   2
  2 | 6    —0              1 —     1.250
    2 | 3  —0                       ×   2
      2 | 1 —1             0 —     0.500
          0 —1                      ×   2
                           1 —     1.000
```

即 $(25.625)_{10} = (11001.101)_2$。

2. 二进制数与八进制数、十六进制数之间的转换

（1）二进制数与八进制数之间的转换

由于八进制的基本数字符号 0～7 正好和 3 位二进制数的取值 000～111 对应，所以，二进制数与八进制数之间的转换可以按位进行。

二进制数转换成八进制数时，以小数点为界，分别往高、往低分组，每 3 位为一组，最后不足 3 位时用 0 补充，然后写出每组对应的八进制字符，即为相应八进制数。

例如，$(11110101.01111)_2 = (?\ )_8$。

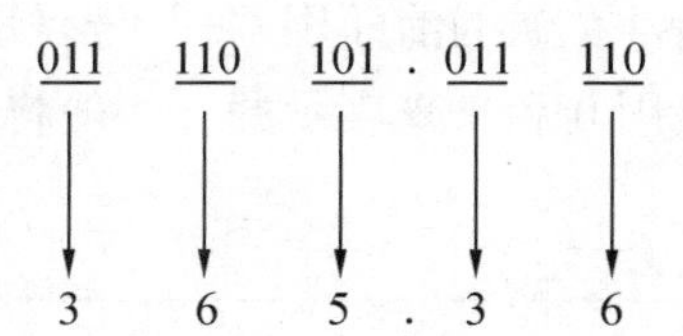

即 $(11110101.01111)_2 = (365.36)_8$。

八进制数转换成二进制数时，只需将每位八进制数用 3 位二进制数表示。

例如，$(52.3)_8 = (?\ )_2$。

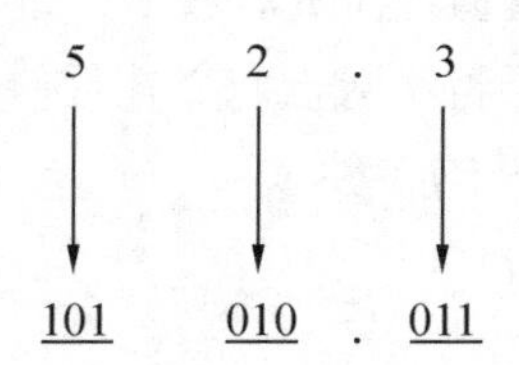

即 $(52.3)_8 = (101010.011)_2$。

（2）二进制数与十六进制数之间的转换

二进制数与十六进制数之间的转换同样是按位进行的，只不过是 4 位二进制数对应 1 位十六进制数，即 4 位二进制数的取值 0000～1111 分别对应十六进制字符 0～F。

二进制数转换成十六进制数时，以小数点为界，分别往高、往低分组，每 4 位为一组，最后不足 4 位时用 0 补充，然后写出每组对应的十六进制字符即可。

例如，$(1101010.1011)_2 = (?\ )_{16}$。

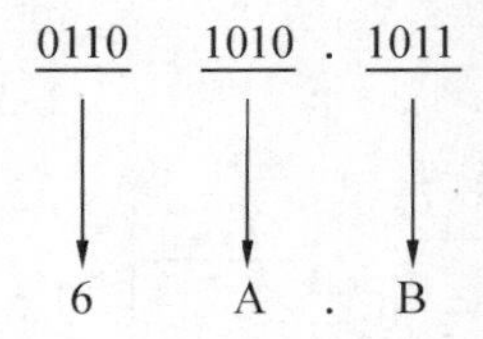

即 $(1101010.1011)_2 = (6A.B)_{16}$。

十六进制数转换成二进制数时，只需将每位十六进制数用4位二进制数表示。

例如，$(8F.9)_{16} = (?\ )_2$。

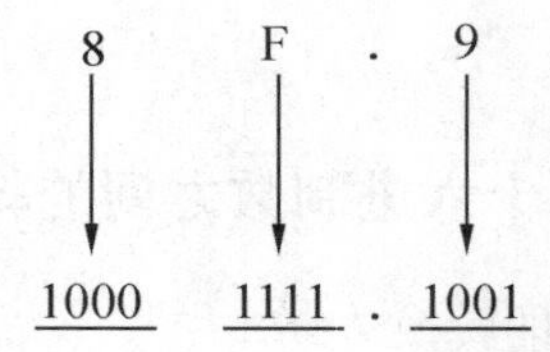

即 $(8F.9)_{16} = (10001111.1001)_2$。

1.3 带符号数的代码表示

为了标记数的正负，人们通常在数的前面用"+"号表示正数，用"−"号表示负数。在数字系统中，符号和数值一样是用0和1来表示的，一般将数的最高位作为符号位，用0表示正，用1表示负。其格式为

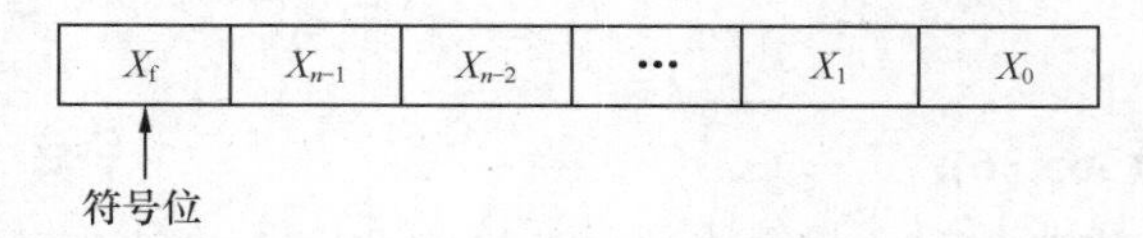

通常将符号和数值一起编码表示的二进制数称为**机器数**或**机器码**，而把用"+""−"表示正、负的二进制数称为带符号数的**真值**。在机器数中，如果将小数点定义在符号位和数值位的最高位之间，则称为定点小数；如果将小数点定义在数值位的最低位之后，则称为定点整数。

常用的机器码有原码、反码和补码3种。

带符号的二进制数和原码

1.3.1 原码

1. 小数原码

设二进制小数 $X_1=+0.x_{-1}x_{-2}\cdots x_{-m}$，$X_2=-0.x_{-1}x_{-2}\cdots x_{-m}$，则其原码为

$$[X_1]_{原码} = 0.\ x_{-1}x_{-2}\cdots x_{-m}$$

$$[X_2]_{原码} = 1.\ x_{-1}x_{-2}\cdots x_{-m}$$

即小数点前面的一位为符号位。

例如，若 $X_1=+0.0011$，$X_2=-0.0011$，则 X_1 和 X_2 的原码为

$$[X_1]_{原码}=0.0011$$

$$[X_2]_{原码}=1.0011$$

小数“0”的原码有正负之分，分别表示成 0.0…0 和 1.0…0。

2. 整数原码

设二进制整数 $X_1=+x_{n-1}x_{n-2}\cdots x_0$，$X_2=-x_{n-1}x_{n-2}\cdots x_0$，则其原码为

$$[X_1]_{原码}=0x_{n-1}x_{n-2}\cdots x_0$$

$$[X_2]_{原码}=1\,x_{n-1}x_{n-2}\cdots x_0$$

即最高位为符号位。

例如，若 $X_1=+1001$，$X_2=-1001$，则 X_1 和 X_2 的原码为

$$[X_1]_{原码}=01001$$

$$[X_2]_{原码}=11001$$

整数“0”的原码也有正负之分，分别表示为 00…0 和 10…0。

原码的优点是简单明了、求取方便，但采用原码进行加、减运算不方便。当进行两数加、减运算时，要根据运算及参加运算的两个数的符号来确定是加或减；如果做减法，还需根据两数的大小确定被减数和减数，以及运算结果的符号。显然，这将增加运算的复杂性。为了克服原码的缺点，人们又引入了反码和补码。

1.3.2　反码

反码的符号位与原码相同，即用 0 表示正，用 1 表示负。数值位与符号位相关，正数反码的数值位和真值的数值位相同；而负数反码的数值位是真值的数值位按位变反。

反码

1. 小数反码

设二进制小数 $X_1=+0.x_{-1}x_{-2}\cdots x_{-m}$，$X_2=-0.x_{-1}x_{-2}\cdots x_{-m}$，则其反码为

$$[X_1]_{反码}=0.x_{-1}x_{-2}\cdots x_{-m}$$

$$[X_2]_{反码}=1.\overline{x}_{-1}\overline{x}_{-2}\cdots\overline{x}_{-m}$$

其中，小数点前面的一位为符号位。

例如，若 $X_1=+0.0011$，$X_2=-0.0011$，则 X_1 和 X_2 的反码为

$[X_1]_{反码}=0.0011$（正数反码的数值位与真值的数值位相同）

$[X_2]_{反码}=1.1100$（负数反码的数值位是真值的数值位按位变反）

小数“0”的反码同样有正、负之分，分别用 0.0…0 和 1.1…1 表示。

2. 整数反码

设二进制整数 $X_1=+x_{n-1}x_{n-2}\cdots x_0$，$X_2=-x_{n-1}x_{n-2}\cdots x_0$，则其反码为

$$[X_1]_{反码}=0x_{n-1}x_{n-2}\cdots x_0$$

$$[X_2]_{反码}=1\overline{x}_{n-1}\overline{x}_{n-2}\cdots\overline{x}_0$$

其中，最高位为符号位。

例如，若 $X_1=+0001$，$X_2=-0001$，则 X_1 和 X_2 的反码为

$[X_1]_{反码}=00001$（正数反码的数值位与真值的数值位相同）

$[X_2]_{反码}=11110$（负数反码的数值位是真值的数值位按位变反）

整数“0”的反码也有正、负之分，分别用 00…0 和 11…1 表示。

采用反码进行加、减运算时，无论进行两数相加还是两数相减，均可通过加法实现。加、减运算规则如下。

$$[X_1+X_2]_{反码}=[X_1]_{反码}+[X_2]_{反码}$$

$$[X_1-X_2]_{反码}=[X_1]_{反码}+[-X_2]_{反码}$$

运算时，符号位和数值位一样参加运算。当符号位有进位产生时，应将进位加到运算结果的最低位，才能得到最后结果。

例如，若 $X_1=+0.1101$，$X_2=+0.0111$，则求 X_1-X_2 可通过反码相加实现。运算如下。

$$[X_1-X_2]_{反码}=[X_1]_{反码}+[-X_2]_{反码}=0.1101+1.1000$$

```
      0 . 1 1 0 1
  +   1 . 1 0 0 0
  ---------------
    1 0 . 0 1 0 1
    |
    └──────────→1
  ---------------
      0 . 0 1 1 0
```

即$[X_1-X_2]_{反码}=0.0110$。

由于结果的符号位为 0，表示是正数，故 $X_1-X_2=+0.0110$。

补码

1.3.3 补码

补码的符号位与原码和反码相同，即用 0 表示正，用 1 表示负。数值位与符号相关，正数补码的数值位和真值的数值位相同；负数补码的数值位是真值的数值位按位变反，并在最低位加 1。

1. 小数补码

设二进制小数 $X_1=+0.x_{-1}x_{-2}\cdots x_{-m}$，$X_2=-0.x_{-1}x_{-2}\cdots x_{-m}$，则其补码为

$$[X_1]_{补码}=0.x_{-1}x_{-2}\cdots x_{-m}$$

$$[X_2]_{补码}=1.\overline{x}_{-1}\overline{x}_{-2}\cdots\overline{x}_{-m}+2^{-m}$$

其中，小数点前面的一位为符号位。

例如，若 $X_1=+0.1110$，$X_2=-0.1110$，则 X_1 和 X_2 的补码为

$[X_1]_{补码}=0.1110$（正数补码的数值位与真值的数值位相同）

$[X_2]_{补码}=1.0001+0.0001=1.0010$（负数补码的数值位是真值的数值位按位变反，并在最低位加 1）

小数“0”的补码只有一种表示形式，即 0.0⋯0。

2. 整数补码

设二进制整数 $X_1=+x_{n-1}x_{n-2}\cdots x_0$，$X_2=-x_{n-1}x_{n-2}\cdots x_0$，则其补码为

$$[X_1]_{补码}=0x_{n-1}x_{n-2}\cdots x_0$$

$$[X_2]_{补码}=1\overline{x}_{n-1}\overline{x}_{n-2}\cdots\overline{x}_0+2^0$$

其中，最高位为符号位。

例如，若 $X_1=+1010$，$X_2=-1010$，则 X_1 和 X_2 的补码为

$[X_1]_{补码}=01010$（正数补码的数值位与真值的数值位相同）

$[X_2]_{补码}=10101+1=10110$（负数补码的数值位是真值的数值位按位变反，并在最低位加 1）

同样，整数“0”的补码也只有一种表示形式，即 00⋯0。

采用补码进行加、减运算时，可以将加、减运算均通过加法实现，运算规则如下。

$$[X_1+X_2]_{补码}=[X_1]_{补码}+[X_2]_{补码}$$

$$[X_1-X_2]_{补码}=[X_1]_{补码}+[-X_2]_{补码}$$

运算时，符号位和数值位一起参加运算，当符号位有进位产生时，将进位丢掉后即可得到正确结果。

例如，若 $X_1=-1011$，$X_2=+0100$，则采用补码求 X_1-X_2 的运算如下。

$$[X_1-X_2]_{补码}=[X_1]_{补码}+[-X_2]_{补码}=10101+11100$$

```
    1 0 1 0 1
  + 1 1 1 0 0
  -----------
  1 1 0 0 0 1
  ┬
  丢掉进位
```

即 $[X_1-X_2]_{补码}=10001$。由于补码运算结果的符号位为 1，表示是负数，故还原成真值时，应将其数值位按位变反且末位加 1。由此可得到

$$X_1-X_2=-1111$$

显然，采用补码进行加、减运算最方便。

1.4 几种常用的编码

1.4.1 二—十进制编码

为了既满足系统中使用二进制数的要求，又适应人们使用十进制数的习惯，通常使用 4

位二进制代码对十进制数字符号进行编码，称为二-十进制代码，或称 BCD（Binary Coded Decimal）码。BCD 码既有二进制的形式，又有十进制的特点。

由于十进制只有 0～9 共 10 个数字符号，而 4 位二进制代码可以组成 16 种不同状态，所以从 16 种状态中取出 10 种状态来表示 10 个数字符号的编码方案很多，但不管哪种编码方案都有 6 种状态不允许出现。根据代码中每一位是否有固定的权，通常又将 BCD 码分为有权码和无权码。常用的 BCD 码有 8421 码、5421 码、2421 码和余 3 码。

1. 8421 码

8421 码是一种最常用的有权码，其 4 位二进制代码从高位至低位的权依次为 2^3、2^2、2^1、2^0，即为 8、4、2、1，故称为 8421 码。

按 8421 码编码的 0～9 与用 4 位二进制数表示的 0～9 完全一样，且十进制数字符号的 8421 码与相应 ASCII（本节最后将要介绍的一种字符编码）的低四位相同，这一特点有利于简化输入/输出过程中 BCD 码与字符代码的转换，所以，8421 码是一种人机联系时广泛使用的中间形式。值得注意的是，8421 码中不允许出现 1010～1111 这 6 种组合（因为没有十进制数字符号与其对应）。

8421 码与十进制数之间的转换是按位进行的，即十进制数的每一位与 4 位二进制码对应。例如，

$$(3696)_{10}=(0011\ 0110\ 1001\ 0110)_{8421码}$$

$$(0001\ 0010\ 1000\ 0110)_{8421码}=(1286)_{10}$$

尽管 8421 码与二进制数采用的字符相同，但 8421 码与二进制数是两个完全不同的概念。十进制数与二进制数之间的转换是两种进位制之间数值的转换，而十进制数与 8421 码之间的转换是一种数据表示形式的变换。例如，

$$(39)_{10}=(100111)_2=(00111001)_{8421码}$$

2. 5421 码

5421 码也是一种常用的有权码，其 4 位二进制代码从高位至低位的权依次为 5、4、2、1，故称为 5421 码。5421 码中不允许出现 0101、0110、0111 和 1101、1110、1111 这 6 种组合。

若一个十进制数字符号 X 的 5421 码为 $a_3a_2a_1a_0$，则该数字符号的值为

$$X=5a_3+4a_2+2a_1+a_0$$

例如，

$$(1010)_{5421码}=(7)_{10}$$

5421 码与十进制数之间的转换同样是按位进行的，例如，

$$(2586)_{10}=(0010\ 1000\ 1011\ 1001)_{5421码}$$

$$(0010\ 0001\ 1001\ 1011)_{5421码}=(2168)_{10}$$

同样应注意十进制数对应的 5421 码与十进制数对应的二进制数之间的区别。例如，

$$(69)_{10}=(1000101)_2=(10011100)_{5421码}$$

3. 2421 码

2421 码是用 4 位二进制代码表示一位十进制数字符号的另一种有权码，其 4 位二进制代码从高位至低位的权依次为 2、4、2、1，故称为 2421 码。

若一个十进制数字符号 X 的 2421 码为 $a_3a_2a_1a_0$，则该数字符号的值为

$$X = 2a_3 + 4a_2 + 2a_1 + a_0$$

例如，

$$(1110)_{2421\text{码}} = (8)_{10}$$

2421 码与十进制数之间的转换同样是按位进行的，例如

$$(2586)_{10} = (0010\ 1011\ 1110\ 1100)_{2421\text{码}}$$

$$(0010\ 0001\ 1110\ 1101)_{2421\text{码}} = (2187)_{10}$$

2421 码有以下两个特点。

- 2421 码不具备单值性。例如，1100 和 0110 都对应十进制数字 6。为了与十进制数字符号一一对应，2421 码不允许出现 0101～1010 的 6 种状态。
- 2421 码是一种对 9 的自补代码，即一个数的 2421 码只要按位变反，便可得到该数对 9 的补数的 2421 码。例如

$$(6)_{10} \rightarrow (1100)_{2421\text{码}}$$

$$\downarrow\downarrow\downarrow\downarrow$$

$$(0011)_{2421\text{码}} \rightarrow (3)_{10}$$

具有这一特征的 BCD 码可给运算带来方便，因为直接对 BCD 码进行运算时，可以利用其对 9 的补数将减法运算转化为加法运算。

此外，同样应注意 2421 码与二进制数的区别。

4. 余 3 码

余 3 码是一种由 8421 码加上 0011 形成的一种无权码，由于它的每个字符编码比相应 8421 码多 3，故称为余 3 码。

例如，十进制数字符号 7 的余 3 码等于 7 的 8421 码 0111 加上 0011，即为 1010。同样地，余 3 码中有 6 种状态 0000、0001、0010、1101、1110 和 1111 不允许出现。其次，余 3 码也是一种对 9 的自补代码，可给运算带来方便。

此外，使用余 3 码时注意以下两点。

- 余 3 码与十进制数进行转换时，每位十进制数字的编码都应该余 3。例如

$$(4567)_{10} = (0111\ 1000\ 1001\ 1010)_{\text{余}3\text{码}}$$

$$(1000\ 1001\ 1001\ 1100)_{\text{余}3\text{码}} = (5669)_{10}$$

- 两个余 3 码表示的十进制数相加时，能产生正确进位信号，但对“和”必须修正。修正的方法是：如果有进位，则结果加 3；如果无进位，则结果减 3。

十进制数字符号 0～9 与 8421 码、5421 码、2421 码和余 3 码的对应关系如表 1.2 所示。

表 1.2　　常用的 4 种 BCD 码

十进制数	8421 码	5421 码	2421 码	余 3 码
0	0000	0000	0000	0011
1	0001	0001	0001	0100
2	0010	0010	0010	0101
3	0011	0011	0011	0110
4	0100	0100	0100	0111
5	0101	1000	1011	1000
6	0110	1001	1100	1001
7	0111	1010	1101	1010
8	1000	1011	1110	1011
9	1001	1100	1111	1100

1.4.2　简单可靠性编码

可靠性编码的作用是为了提高数字系统的可靠性。代码在形成和传送过程中都可能发生错误。为了使代码本身具有某种特征或能力，尽可能减少错误的发生，或者出错后容易被发现，甚至检查出错误后能予以纠正，因而形成了各种编码方法。下面介绍两种简单的可靠性编码。

可靠性编码
——格雷码

1. 格雷码

格雷码（Gray Code）的特点是任意两个相邻的数，其格雷码仅有一位不同。4 位二进制代码对应的典型格雷码如表 1.3 所示。

表 1.3　　4 位二进制码对应的典型格雷码

十进制数	4 位二进制码	典型格雷码	十进制数	4 位二进制码	典型格雷码
0	0000	0000	8	1000	1100
1	0001	0001	9	1001	1101
2	0010	0011	10	1010	1111
3	0011	0010	11	1011	1110
4	0100	0110	12	1100	1010
5	0101	0111	13	1101	1011
6	0110	0101	14	1110	1001
7	0111	0100	15	1111	1000

采用格雷码可以避免代码在形成或者变换过程中产生错误。在数字系统中，当数据按升序或降序变化时，若采用普通二进制数，则每次增 1 或者减 1 时，可能引起若干位发生变化。例如，用 4 位二进制数表示的十进制数由 3 变为 4 时，要求有 3 位发生变化，即由 0011 变为 0100。与 4 位二进制数对应的 4 个电子器件的状态应变化如下。

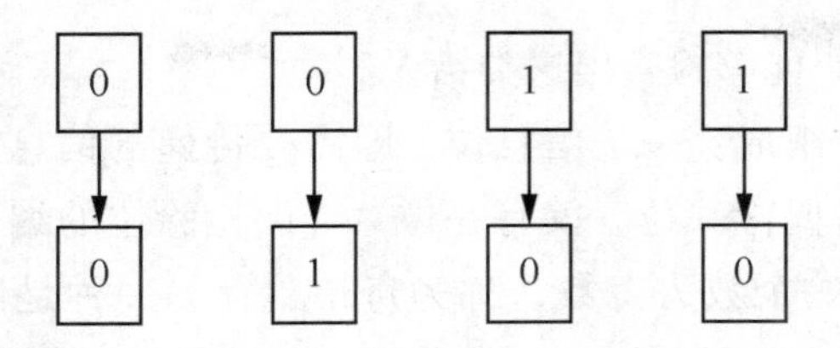

此时，若 4 个电子器件的变化速度不一致，便会产生错误代码，如产生 0010（假定最低位变化比高 2 位快）、0101（假定最低位变化比高 2 位慢）等错误代码。尽管这种错误代码的维持时间是短暂的，但它将形成干扰，影响数字系统的可靠性。格雷码从编码上杜绝了这种错误的发生。

典型格雷码与普通二进制代码之间的转换规则如下。

设二进制代码为 $B=B_{n-1}B_{n-2}\cdots B_{i+1}B_i\cdots B_1B_0$，与之对应的格雷码为 $G=G_{n-1}G_{n-2}\cdots G_{i-1}G_i\cdots G_1G_0$，则有

$$G_{n-1}=B_{n-1}$$

$$G_i=B_{i+1}\oplus B_i\ （0\leqslant i\leqslant n-2）$$

其中，运算“⊕”称为“异或”运算，运算规则是

$$0\oplus 0=0 \qquad 0\oplus 1=1 \qquad 1\oplus 0=1 \qquad 1\oplus 1=0$$

例如，二进制代码 10010101 对应的格雷码为 11011111，转换过程如下。

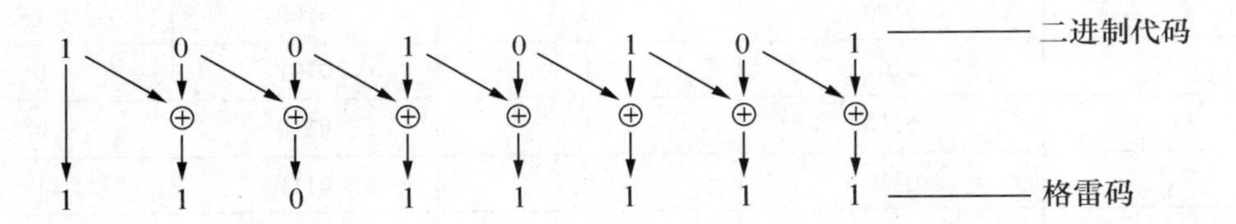

反之，设格雷码为 $G=G_{n-1}G_{n-2}\cdots G_{i+1}G_i\cdots G_1G_0$，与之对应的二进制代码为 $B=B_{n-1}B_{n-2}\cdots B_{i+1}B_i\cdots B_1B_0$，则有

$$B_{n-1}=G_{n-1}$$

$$B_i=B_{i+1}\oplus G_i\ （0\leqslant i\leqslant n-2）$$

例如，格雷码 11011111 对应的二进制代码为 10010101，转换过程如下。

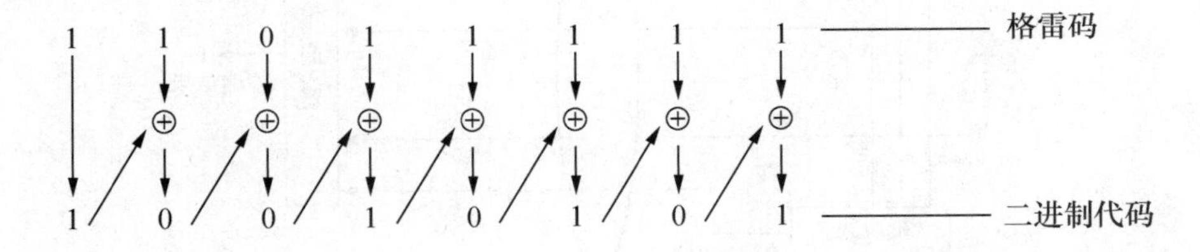

2. 奇偶检验码

奇偶检验码（Parity Check Code）是一种用来检验代码在传送过程中是否产生错误的代码。二进制信息在传送时，可能由于外界干扰或其他原因而发生错误，即可能由 1 错为 0 或

者由 0 错为 1，奇偶检验码能够检查出这类错误。

奇偶检验码由两部分组成：一是信息位，即需要传递的信息本身，可以是位数不限的一组二进制代码；二是奇偶检验位，仅有一位。奇偶检验位的编码方式有两种：一种是使信息位和检验位中“1”的个数为奇数，称为奇检验；另一种是使信息位和检验位中“1”的个数为偶数，称为偶检验。例如，二进制代码 1010111 奇偶检验码表示时的两种编码方式为

信息位（7 位）	采用奇检验的检验位（1 位）	采用偶检验的检验位（1 位）
1010111	0	1

表 1.4 列出了与 8421 码对应的奇偶检验码。

表 1.4　8421 码的奇偶检验码

十进制数码	采用奇检验的 8421 码		采用偶检验的 8421 码	
	信息位	检验位	信息位	检验位
0	0000	1	0000	0
1	0001	0	0001	1
2	0010	0	0010	1
3	0011	1	0011	0
4	0100	0	0100	1
5	0101	1	0101	0
6	0110	1	0110	0
7	0111	0	0111	1
8	1000	0	1000	1
9	1001	1	1001	0

奇偶检验码的工作原理如图 1.4 所示。

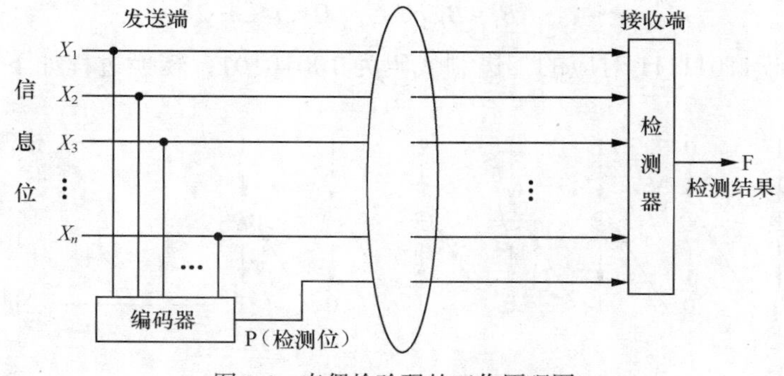

图 1.4　奇偶检验码的工作原理图

采用奇偶检验码进行错误检测时，在发送端由编码器根据信息位编码产生奇偶检验位，形成奇偶检验码发往接收端；接收端通过检测器检查代码中含“1”个数的奇偶，判断信息是

否出错。例如，当采用偶检验时，若收到的代码中含奇数个“1”，则说明发生了错误。但判断出错后，并不能确定是哪一位出错，也就无法纠正。因此，奇偶检验码只有检错能力，没有纠错能力。其次，这种代码只能发现单错，不能发现双错，但由于数据传输中单错的概率远远大于双错，所以这种编码是具有实用价值的。加之它编码简单、容易实现，因而，在数字系统中被广泛采用。

1.4.3　字符编码

数字系统中处理的数据除了数字之外，还有字母、运算符号、标点符号以及其他特殊符号，人们将这些符号统称为字符。所有字符在数字系统中必须用二进制码表示，通常将其称为字符编码。

最常用的字符编码是美国信息交换标准码（American Standard Code for Information Interchange，ASCII）。ASCII 用 7 位二进制码表示 128 种字符，编码规则如表 1.5 所示。由于数字系统中实际是用一个字节表示一个字符，所以使用 ASCII 时，通常在最左边增加一位奇偶检验位。

表 1.5　　7 位 ASCII 编码表

<table>
<tr><th rowspan="2">低 4 位代码（$a_4a_3a_2a_1$）</th><th colspan="8">高 3 位代码（$a_7a_6a_5$）</th></tr>
<tr><th>000</th><th>001</th><th>010</th><th>011</th><th>100</th><th>101</th><th>110</th><th>111</th></tr>
<tr><td>0000</td><td>NUL</td><td>DEL</td><td>SP</td><td>0</td><td>@</td><td>P</td><td>`</td><td>p</td></tr>
<tr><td>0001</td><td>SOH</td><td>DC1</td><td>!</td><td>1</td><td>A</td><td>Q</td><td>a</td><td>q</td></tr>
<tr><td>0010</td><td>STX</td><td>DC2</td><td>"</td><td>2</td><td>B</td><td>R</td><td>b</td><td>r</td></tr>
<tr><td>0011</td><td>ETX</td><td>DC3</td><td>#</td><td>3</td><td>C</td><td>S</td><td>c</td><td>s</td></tr>
<tr><td>0100</td><td>EOT</td><td>DC4</td><td>$</td><td>4</td><td>D</td><td>T</td><td>d</td><td>t</td></tr>
<tr><td>0101</td><td>ENQ</td><td>NAK</td><td>%</td><td>5</td><td>E</td><td>U</td><td>e</td><td>u</td></tr>
<tr><td>0110</td><td>ACK</td><td>SYN</td><td>&</td><td>6</td><td>F</td><td>V</td><td>f</td><td>v</td></tr>
<tr><td>0111</td><td>BEL</td><td>ETB</td><td>'</td><td>7</td><td>G</td><td>W</td><td>g</td><td>w</td></tr>
<tr><td>1000</td><td>BS</td><td>CAN</td><td>(</td><td>8</td><td>H</td><td>X</td><td>h</td><td>x</td></tr>
<tr><td>1001</td><td>HT</td><td>EM</td><td>)</td><td>9</td><td>I</td><td>Y</td><td>i</td><td>y</td></tr>
<tr><td>1010</td><td>LF</td><td>SUB</td><td>*</td><td>:</td><td>J</td><td>Z</td><td>j</td><td>z</td></tr>
<tr><td>1011</td><td>VT</td><td>ESC</td><td>+</td><td>;</td><td>K</td><td>[</td><td>k</td><td>{</td></tr>
<tr><td>1100</td><td>FF</td><td>FS</td><td>,</td><td><</td><td>L</td><td>\</td><td>l</td><td>|</td></tr>
<tr><td>1101</td><td>CR</td><td>GS</td><td>-</td><td>=</td><td>M</td><td>]</td><td>m</td><td>}</td></tr>
<tr><td>1110</td><td>SO</td><td>RS</td><td>.</td><td>></td><td>N</td><td>^</td><td>n</td><td>~</td></tr>
<tr><td>1111</td><td>SI</td><td>US</td><td>/</td><td>?</td><td>O</td><td>_</td><td>o</td><td>DEL</td></tr>
</table>

注：NUL 空白　SOH 序始　STX 文始　ETX 文终　EOT 送毕　ENQ 询问
ACK 确认　BEL 告警　BS 退格　HT 横表　LF 换行　VT 纵表
FF 换页　CR 回车　SO 移出　SI 移入　SP 空格　DEL 转义
DC1 机控 1　DC2 机控 2　DC3 机控 3　DC4 机控 4　NAK 否认　SYN 同步
ETB 组终　CAN 作废　EM 载终　SUB 取代　ESC 转义　FS 卷隙
GS 群隙　RS 录隙　US 元隙　DEL 删除

本章小结

本章对数字电路逻辑设计的有关基本概念以及数字系统中数据的表示形式进行了较详细的介绍。要求在了解数字信号、数字电路、数字系统等基本概念的基础上，重点掌握几种常用的计数制（包括二进制、十进制、八进制、十六进制）的特点和转换方法，带符号二进制数的3种常用机器码（原码、反码、补码）的表示形式、各自特点、求取方法和相互转换方法，4种常用BCD码（8421码、5421码、2421码、余3码）的特点、它们与十进制数之间的对应关系和相互转换方法，以及两种简单可靠性编码（格雷码、奇偶检验码）的编码特点、作用和工作原理。

思考题与练习题

1. 什么是数字信号？什么是模拟信号？
2. 数字系统中为什么要采用二进制？
3. 机器数中引入反码和补码的主要目的是什么？
4. BCD码与二进制数的区别是什么？
5. 采用余3码进行加法运算时，应如何对运算结果进行修正？为什么？
6. 奇偶检验码有哪些优点和不足？
7. 按二进制运算法则计算下列各式。

（1）10110+11011　　（2）1101.01−110.1

（3）11011×101　　（4）11110÷110

8. 将下列二进制数转换成十进制数、八进制数和十六进制数。

（1）1110101　　（2）0.110101　　（3）10111.01

9. 将下列十进制数转换成二进制数、八进制数和十六进制数（精确到二进制小数点后4位）。

（1）65　　（2）0.27　　（3）33.33

10. 写出下列各数的原码、反码和补码。

（1）0.1011　　（2）−0.1100　　（3）−10110

11. 已知$[N]_{补}=1.0110$，求$[N]_{原}$、$[N]_{反}$和N。
12. 分别用5421码和2421码表示下列各数。

（1）456　　（2）2009　　（3）789.56

13. 将以下余3码转换成十进制数和2421码。

（1）011010000011　　（2）01000101.1001

14. 将以下二进制数转换成格雷码和 8421 码。

（1）$(111110)_2$　　　　（2）$(1100110)_2$

15. 已知某 8 位奇偶检验码 $PB_6B_5B_4B_3B_2B_1B_0$ 的检验位 P 为

$$P = B_6 \oplus B_5 \oplus B_4 \oplus B_3 \oplus B_2 \oplus B_1 \oplus B_0$$

请问采用的是奇检验还是偶检验？

第2章 逻辑代数基础

英国数学家乔治·布尔（George Boole）于1847年提出了用数学分析方法表示命题陈述的逻辑结构，并成功地将形式逻辑归结为一种代数演算，从而诞生了著名的"**布尔代数**"。此后，美国科学家、信息论的创始人克劳德·香农（C. E. Shannon）于1938年将布尔代数应用到对继电器开关电路的描述，提出了"开关代数"。随着数字电子技术的迅速发展，"**开关代数**"已成为数字逻辑电路分析和设计的理论基础，人们更习惯于将其称为**逻辑代数**。

本章在介绍逻辑代数概念、定理和规则的基础上，重点讨论逻辑函数表达的形式和逻辑函数的简化。

2.1 逻辑代数的基本概念

逻辑代数L是一个封闭的代数系统，它由一个逻辑变量集K，常量0和1，以及"或""与""非"3种基本运算所构成，记为L={K, +, ·, −, 0, 1}。这个系统应满足下列公理。

公理1 交换律

对于任意逻辑变量A、B，有

$$A+B=B+A \qquad A\cdot B=B\cdot A$$

公理2 结合律

对于任意的逻辑变量A、B、C，有

$$(A+B)+C=A+(B+C)$$

$$(A\cdot B)\cdot C=A\cdot(B\cdot C)$$

公理3 分配律

对于任意的逻辑变量A、B、C，有

$$A+(B\cdot C)=(A+B)\cdot(A+C)$$

$$A\cdot(B+C)=A\cdot B+A\cdot C$$

公理4 0−1律

对于任意逻辑变量A，有

$$A+0=A \qquad A\cdot 1=A$$

$$A+1=1 \qquad A\cdot 0=0$$

公理5 互补律

对于任意逻辑变量A，存在唯一的$\overline{A}$，使得

$$\overline{A}+A=1 \qquad \overline{A}\cdot A=0$$

公理是一个代数系统的基本出发点，无须加以证明。

显而易见，逻辑代数是一种比普通代数更为简单的代数。下面将对逻辑代数中涉及的一些基本概念做出进一步的说明。

2.1.1 变量和运算

1. 逻辑变量

逻辑代数和普通代数一样是用字母表示其值可以变化的量，即变量。但逻辑变量与普通代数中的变量有以下两点区别。

① 在普通代数中，变量的取值可以是任意实数，而逻辑代数是一种二值代数系统，即任何逻辑变量的取值只有两种可能性——取值0或取值1。

② 逻辑值0和1是用来表征矛盾的双方和判断事件真伪的形式符号，无大小、正负之分。在数字系统中，开关的接通与断开，电压的高和低，信号的有和无，晶体管的导通和截止等两种稳定的物理状态，均可用1和0这两种不同的逻辑值来表征。

2. 逻辑运算

描述一个数字系统，必须反映一个复杂系统中各开关元件之间的联系，这种相互联系反映到数学上就是各种运算关系。逻辑代数中定义了“或”“与”“非”3种基本运算。

（1）或运算

如果在决定某一事件是否成立的多个条件中，只要有一个或一个以上条件成立，事件即成立，则这种因果关系称为或逻辑。

逻辑代数中，或逻辑用或运算描述。其运算符号为“+”，有时也用“∨”表示。2变量或运算的关系可表示为

$$F=A+B \qquad 或 \qquad F=A\vee B$$

读作“F等于A或B”。这里，A、B是参与运算的逻辑变量，F表示运算结果。通常用逻辑值“0”表示条件或事件不成立，用逻辑值“1”表示条件或事件成立。2变量或运算的含义是：A、B中只要有一个为1，则F为1；仅当A、B均为0时，F才为0。

例如，图2.1所示为用两个开关并联控制一盏灯的照明控制电路。

在图2.1所示电路中，灯F是否“亮”取决于开关A和B的状态。显然，当开关A、B中有一个闭合或两个均闭合时灯F即亮，仅当开关A、B均断开时灯F才灭。因此，灯F与开关A、B之间的关系构成或逻辑关系。假定开关断开用0表示，开关闭合用1表示；灯“灭”

用 0 表示，灯“亮”用 1 表示，则灯 F 与开关 A、B 的关系如表 2.1 所示。

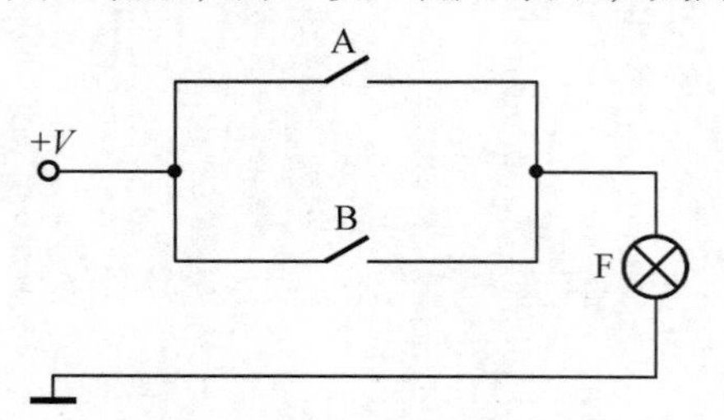

图 2.1　开关并联控制照明电路

表 2.1　或运算表

A	B	F
0	0	0
0	1	1
1	0	1
1	1	1

由表 2.1 可得出或运算的运算法则为

$$0+0=0 \qquad 1+0=1 \qquad 0+1=1 \qquad 1+1=1$$

数字系统中，实现或运算关系的逻辑电路称为或门。

（2）与运算

如果决定某一事件是否成立的多个条件必须同时成立，事件才能成立，则这种因果关系称为与逻辑。

在逻辑代数中，与逻辑关系用与运算描述。其运算符号为“·”，有时也用“∧”表示。2 变量与运算关系可表示为

$$F=A \cdot B \qquad \text{或} \qquad F=A \wedge B$$

读作“F 等于 A 与 B”。2 变量与运算的含义是：若 A、B 均为 1，则 F 为 1；否则，F 为 0。

例如，在图 2.2 所示电路中，两个开关串联控制同一盏灯。

显然，在图 2.2 所示电路中仅当两个开关均闭合时灯才能亮，否则灯灭。假定开关闭合用 1 表示，断开用 0 表示；灯“亮”用 1 表示，灯“灭”用 0 表示，则灯 F 的状态和开关 A、B 状态之间的关系如表 2.2 所示。

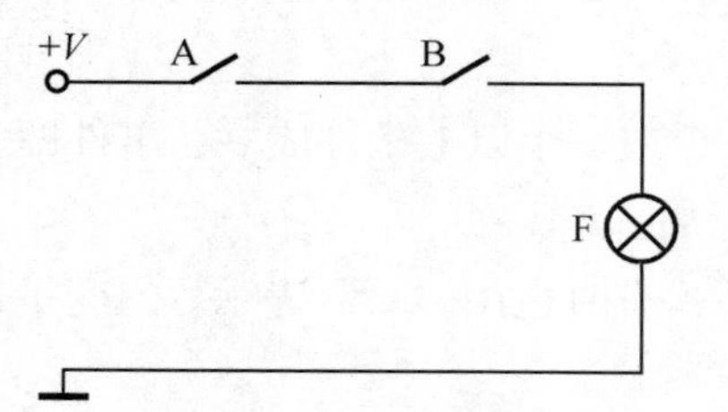

图 2.2　开关串联控制照明电路

表 2.2　与运算表

A	B	F
0	0	0
0	1	0
1	0	0
1	1	1

由表 2.2 可得出与运算的运算法则为

$$0 \cdot 0=0 \qquad 1 \cdot 0=0 \qquad 0 \cdot 1=0 \qquad 1 \cdot 1=1$$

数字系统中，实现与运算关系的逻辑电路称为与门。

（3）非运算

如果某一事件的成立取决于对条件的否定，即事件与事件发生的条件之间构成矛盾，则这种因果关系称为非逻辑。

在逻辑代数中，非逻辑用非运算描述。其运算符号为“¯”，有时也用“¬”表示。非运

算的逻辑关系可表示为

$$F=\overline{A} \quad 或 \quad F=\neg A$$

读作“F 等于 A 非”。非运算的含义是：若 A 为 0，则 F 为 1；若 A 为 1，则 F 为 0。

例如，在图 2.3 所示电路中，开关与灯并联。

显然，仅当开关断开时灯亮；一旦开关闭合则灯灭。令开关断开用 0 表示，开关闭合用 1 表示，灯“亮”用 1 表示，灯“灭”用 0 表示，则灯 F 与开关 A 的关系如表 2.3 所示。

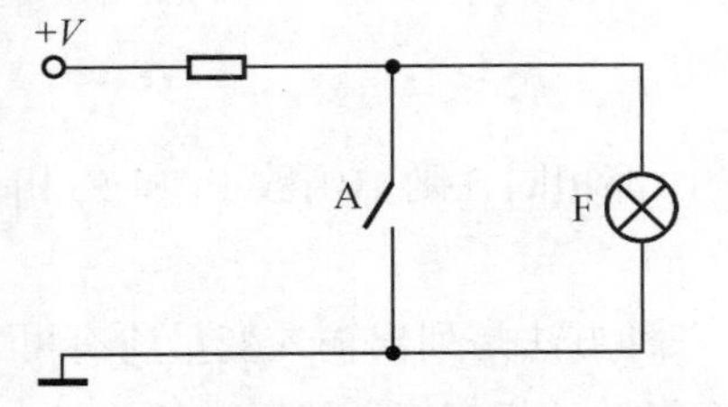

图 2.3　开关与灯并联电路

表 2.3　非运算表

A	F
0	1
1	0

由表 2.3 可得出非运算的运算法则为

$$\overline{0}=1 \qquad \overline{1}=0$$

数字系统中实现非运算功能的逻辑电路称为非门，有时又称为反相器。

由逻辑代数中的 3 种基本逻辑运算可以构成不同逻辑关系，描述数字系统中各种复杂的逻辑功能。

2.1.2　逻辑函数

在实际应用中，通常是由 3 种基本运算构成各种复杂程度不一的逻辑关系来描述各种逻辑问题，从而引出了逻辑函数的概念。

1. 逻辑函数的定义

逻辑代数中函数的定义与普通代数中函数的定义类似，但和普通代数中函数的概念相比，逻辑函数具有它自身固有的两个特点。

① 逻辑变量和逻辑函数的取值均只有 0 和 1 两种可能。

② 逻辑函数和逻辑变量之间的关系是由或、与、非 3 种基本运算决定的。

从数字系统研究的角度看，逻辑函数与逻辑变量的关系对应于一个逻辑电路输出与输入之间的逻辑关系。如图 2.4 所示，设某一逻辑电路的输入为 $A_1, A_2,\cdots, A_n$，输出为 F。如果当输入 $A_1, A_2,\cdots, A_n$ 的值确定后，输出 F 的值就被唯一地确定下来，则称 $A_1, A_2,\cdots, A_n$ 为逻辑变量，F 为逻辑函数，记为

$$F=f(A_1, A_2, \cdots, A_n)$$

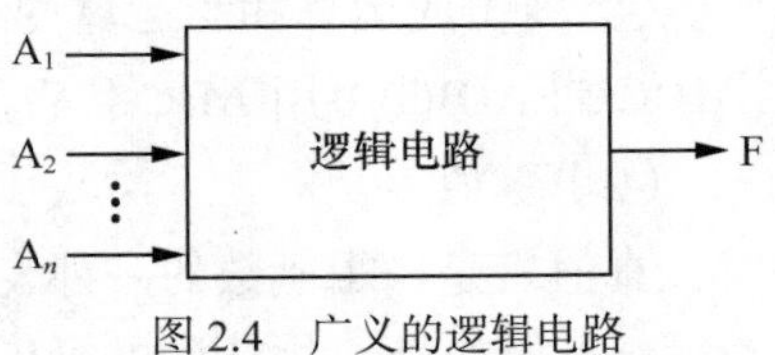

图 2.4　广义的逻辑电路

相对某一具体的逻辑电路而言，逻辑函数的取值是由逻辑变量的取值和逻辑电路的结构决定的。在逻辑电路和逻辑函数之间存在着严格的对应关系，任何一个逻辑电路

的功能都可以由相应的逻辑函数描述，即能够将一个具体的逻辑电路转换为抽象的逻辑表达式，因而可以用数学的方法很方便地对逻辑电路进行分析研究。

2. 逻辑函数的相等

逻辑函数和普通代数中的函数一样存在相等的问题。什么叫作两个逻辑函数相等呢？

设有两个相同变量的逻辑函数

$$F_1 = f_1(A_1, A_2, \cdots, A_n)$$
$$F_2 = f_2(A_1, A_2, \cdots, A_n)$$

若对应于逻辑变量 $A_1, A_2, \cdots, A_n$ 的任何一组取值，F_1 和 F_2 的值都相同，则称函数 F_1 和 F_2 相等，记为 $F_1 = F_2$。

如何判断两个逻辑函数是否相等？常用的方法有两种，一种方法是列出输入变量所有可能的取值组合，并按逻辑运算法则计算出每种输入取值下两个函数的相应值，然后进行比较；另一种方法是用逻辑代数的公理、定理和规则进行推导证明。

3. 逻辑函数的表示形式

逻辑函数的表示形式并不是唯一的，常用的有逻辑表达式、真值表和卡诺图 3 种。

（1）逻辑表达式

逻辑表达式是由逻辑变量、逻辑运算符和必要的括号所构成的式子。例如，

$$F = f(A,B) = \overline{A}B + A\overline{B}$$

该逻辑表达式描述了一个 2 变量的逻辑函数 F。函数 F 和变量 A、B 的关系是：当变量 A 和 B 取值不同时，函数 F 的值为“1”；取值相同时，函数 F 的值为“0”。

为了方便起见，可将逻辑表达式简写如下。

① 进行非运算可不加括号，如 $\overline{A \cdot B}$、$\overline{A + B}$ 等。

② 与运算符一般可省略，如 A · C 可写成 AC。

③ 计算一个逻辑表达式的值时必须遵循一定的优先法则。例如，如果在一个表达式中既有与运算又有或运算，则按先“与”后“或”的规则进行运算，可省去括号，如 (A · B)+(C · D)可写为 AB+CD。需注意的是，(A+B) · (C+D)不能省略括号，即不能写成 A+B · C+D。

运算优先法则为

$$( ) \longrightarrow \overline{} \longrightarrow \cdot \longrightarrow \oplus \longrightarrow +$$

高 ⟶ 低

④ 由于或运算和与运算均满足结合率，所以 (A+B)+C 或 A+(B+C)可用 A+B+C 代替；(AB)C 或 A(BC)可用 ABC 代替。

（2）真值表

真值表是逻辑函数的一种表格表示形式。由于一个逻辑变量只有 0 和 1 两种可能的取值，故 n 个逻辑变量一共只有 2^n 种可能的取值组合。任何逻辑函数总是和有限个逻辑变量相关的，

由于变量的个数是有限的，所以变量的取值组合数也必然是有限的，因此，可以用穷举的方法来描述逻辑函数的功能。真值表是一种由逻辑变量的所有可能取值组合及其对应的逻辑函数值所构成的表格。

真值表由两部分组成，左边一栏列出变量的所有取值组合（为了不发生遗漏，通常各变量取值按二进制数码顺序依次列出），右边一栏为相应的逻辑函数值。例如，函数 $F=\overline{A}B+\overline{A}C+BC$ 的真值表如表 2.4 所示。

表 2.4　函数 $F=\overline{A}B+\overline{A}C+BC$ 的真值表

A	B	C	F
0	0	0	0
0	0	1	1
0	1	0	1
0	1	1	1
1	0	0	0
1	0	1	0
1	1	0	0
1	1	1	1

在逻辑问题的分析和设计中，真值表是一种十分有用的描述工具。

（3）卡诺图

卡诺图是逻辑函数的一种图形表示形式，它由逻辑变量所有取值组合对应的小方格所构成。卡诺图主要用于逻辑函数的化简，将在后面结合函数化简问题进行详细介绍。

逻辑函数的 3 种常用表示方式各有特点，可用于不同场合。但针对某个具体问题而言，它们仅仅是同一问题的不同描述形式，相互之间可以很方便地进行变换。

2.2　逻辑代数的定理和规则

逻辑代数和普通代数一样，作为一个完整的代数系统，它具有一些常用的定理和规则。

2.2.1　基本定理

根据逻辑代数的公理，可以推导出逻辑代数的基本定理。由于公理的逻辑表达式是成对出现的，所以一些常用定理的逻辑表达式也是成对出现的。对于成对出现的定理，下面只对一种表达式加以证明，另一种形式留给读者自己证明。

定理 1　　$0+0=0$　　$1+0=1$　　$0+1=1$　　$1+1=1$

　　$0\cdot 0=0$　　$1\cdot 0=0$　　$0\cdot 1=0$　　$1\cdot 1=1$

证明　在公理 4 中，A 表示集合 K 中的任意元素，因而可以是 0 或 1。用 0 和 1 代替公理 4 中的 A，即可得到上述关系。

推论 如果用1和0代替公理5中的A，则可得到如下推论

$\overline{1}=0 \qquad \overline{0}=1$

定理2 $A+A=A \qquad A \cdot A=A$

证明
$$
\begin{aligned}
A+A &= (A+A)\cdot 1 && \text{公理4}\\
&= (A+A)\cdot(A+\overline{A}) && \text{公理5}\\
&= A+(A\cdot\overline{A}) && \text{公理3}\\
&= A+0 && \text{公理5}\\
&= A && \text{公理4}
\end{aligned}
$$

定理3 $A+A\cdot B=A \qquad A\cdot(A+B)=A$

证明
$$
\begin{aligned}
A+AB &= A\cdot 1+A\cdot B && \text{公理4}\\
&= A\cdot(1+B) && \text{公理3}\\
&= A\cdot(B+1) && \text{公理1}\\
&= A\cdot 1 && \text{公理4}\\
&= A && \text{公理4}
\end{aligned}
$$

定理4 $A+\overline{A}\cdot B=A+B \qquad A\cdot(\overline{A}+B)=A\cdot B$

证明
$$
\begin{aligned}
A+\overline{A}B &= (A+\overline{A})\cdot(A+B) && \text{公理3}\\
&= 1(A+B) && \text{公理5}\\
&= A+B && \text{公理4}
\end{aligned}
$$

定理5 $\overline{\overline{A}}=A$

证明 令 $\overline{\overline{A}}=X$

因而 $\overline{A}\cdot X=0 \qquad \overline{A}+X=1$ 公理5

又 $\overline{A}\cdot A=0 \qquad \overline{A}+A=1$ 公理5

所以，根据公理5的唯一性可得

$$X=A$$

定理6 $\overline{A+B}=\overline{A}\cdot\overline{B} \qquad \overline{A\cdot B}=\overline{A}+\overline{B}$

证明 由于
$$
\begin{aligned}
\left(\overline{A}\cdot\overline{B}\right)+\left(A+B\right) &= \left(\overline{A}\cdot\overline{B}+A\right)+B && \text{公理2}\\
&= \left(\overline{B}+A\right)+B && \text{公理4}\\
&= A+\left(\overline{B}+B\right) && \text{公理1,2}\\
&= A+1 && \text{公理5}\\
&= 1 && \text{公理4}
\end{aligned}
$$

而且
$$
\begin{aligned}
\left(\overline{A}\cdot\overline{B}\right)\cdot\left(A+B\right) &= \overline{A}\cdot\overline{B}\cdot A+\overline{A}\cdot\overline{B}\cdot B && \text{公理2}\\
&= 0+0 && \text{公理1,5}\\
&= 0 && \text{定理1}
\end{aligned}
$$

所以，根据公理5的唯一性可得

$$\overline{A+B}=\overline{A}\cdot\overline{B}$$

定理 7　$A \cdot B + A \cdot \overline{B} = A$　　　$(A+B) \cdot (A+\overline{B}) = A$

证明　$A \cdot B + A \cdot \overline{B} = A \cdot (B+\overline{B})$　　公理 3

$= A \cdot 1$　　公理 5

$= A$　　公理 4

定理 8　$A \cdot B + \overline{A} \cdot C + B \cdot C = A \cdot B + \overline{A} \cdot C$

$$(A+B) \cdot (\overline{A}+C) \cdot (B+C) = (A+B) \cdot (\overline{A}+C)$$

证明　$A \cdot B + \overline{A} \cdot C + B \cdot C$

$= A \cdot B + \overline{A} \cdot C + B \cdot C \cdot (A+\overline{A})$　　公理 5

$= A \cdot B + \overline{A} \cdot C + B \cdot C \cdot A + B \cdot C \cdot \overline{A}$　　公理 3

$= A \cdot B + A \cdot B \cdot C + \overline{A} \cdot C + \overline{A} \cdot B \cdot C$　　公理 1

$= A \cdot B(1+C) + \overline{A} \cdot C(1+B)$　　公理 3

$= A \cdot B + \overline{A} \cdot C$　　公理 1,4

以上基本定理在逻辑推导与变换中可以直接使用，无需另加证明。

2.2.2　重要规则

逻辑代数有 3 条重要规则，即代入规则、反演规则和对偶规则。

1. 代入规则

任何一个含有变量 A 的逻辑等式，如果将所有出现 A 的位置都代之以同一个逻辑函数 F，则等式仍然成立。这个规则称为代入规则。

例如，给定逻辑等式 $A + \overline{A}B = A + B$，若将等式中的 A 都用（ $A+\overline{C}$ ）代替，则该逻辑等式仍然成立。即

$$A + \overline{C} + \overline{A+\overline{C}} \cdot B = A + \overline{C} + B$$

代入规则的正确性是显然的，因为任何逻辑函数都和逻辑变量一样，只有 0 和 1 两种可能的取值。

利用代入规则可以将逻辑代数公理、定理中的变量用任意函数代替，从而推导出更多的等式。这些等式可直接当作公式使用，无需另加证明。

例如，已知 $A+\overline{A}=1$，逻辑函数 $F = f(A_1, A_2, \cdots, A_n)$，将等式中的变量 A 用函数 F 取代，可得到等式

$$f(A_1, A_2, \cdots, A_n) + \overline{f}(A_1, A_2, \cdots, A_n) = 1$$

即一个函数和其反函数进行或运算，其结果为 1。

需注意的是，使用代入规则时必须将等式中所有出现同一变量的地方均以同一函数代替。

2. 反演规则

若将逻辑函数表达式 F 中所有的“ • ”变成“+”，“+”变成“ • ”，“0”变成“1”，“1”

变成“0”，原变量变成反变量，反变量变成原变量，并保持原函数中的运算顺序不变，则所得到的新的函数为原函数 F 的反函数 $\overline{F}$ 。这一规则称为反演规则。

例如，已知函数 $F=\overline{A}B+C\overline{D}$ ，根据反演规则可得到

$$\overline{F}=(A+\overline{B})(\overline{C}+D)$$

反演规则实际上是定理 6 的推广，可通过定理 6 和代入规则得到证明。显然，运用反演规则可以很方便地求出一个函数的反函数。使用反演规则时，应注意保持原函数式中运算的优先顺序不变。

例如，已知函数 $F=\overline{A}+B(C\overline{D}+E)$ ，根据反演规则得到的反函数应该是

$$\overline{F}=A\cdot[\overline{B}+(\overline{C}+D)\cdot\overline{E}]$$

而不应该是

$$\overline{F}=A\cdot\overline{B}+\overline{C}+D\cdot\overline{E}$$

3. 对偶规则

如果将逻辑函数表达式 F 中所有的“·”变成“+”，“+”变成“·”，“0”变成“1”，“1”变成“0”，并保持原函数中的运算顺序不变，则所得到的新的逻辑表达式称为函数 F 的对偶式，并记为 F' 。例如，

$$F=\overline{A}B+B(\overline{C}+0) \qquad F'=(\overline{A}+B)\cdot(B+\overline{C}\cdot 1)$$

如果 F 的对偶式是 F'，则 F' 的对偶式就是 F，即 $(F')'=F$，可见 F 和 F' 互为对偶式。注意求逻辑表达式的对偶式时，同样要保持原函数的运算顺序不变。

若由相同变量构成的逻辑函数 F 和逻辑函数 G 相等，则其对偶式 F' 和 G' 也相等。这一规则称为对偶规则。根据对偶规则，当已证明某两个逻辑表达式相等时，便可得知它们的对偶式也相等。

例如，已知 $AB+\overline{A}C+BC=AB+\overline{A}C$ ，根据对偶规则可知等式两端表达式的对偶式也相等，即

$$(A+B)(\overline{A}+C)(B+C)=(A+B)(\overline{A}+C)$$

显然，利用对偶规则可以使等式的证明减少一半。

2.2.3 复合逻辑

实际应用中广泛采用与非门、或非门、与或非门、异或门等门电路。这些门电路输出和输入之间的逻辑关系可由 3 种基本运算构成的复合运算来描述，故通常将这种逻辑关系称为复合逻辑。

1. 与非逻辑

与非逻辑是由与、非两种逻辑复合形成的，可用逻辑函数表示为

$$F=\overline{A \cdot B \cdot C \cdots}$$

其逻辑功能是：只要变量 A、B、C……中有一个为 0，则函数 F 为 1；仅当变量 A、B、C……全部为 1 时，函数 F 为 0。实现与非逻辑的电路称为与非门。

由定理 $\overline{A \cdot B}=\overline{A}+\overline{B}$ 不难看出，“与”之“非”可以产生或逻辑关系。因此，实际上只要有了与非逻辑便可实现与、或、非 3 种基本逻辑。以 2 变量与非逻辑为例：

与　　$F=\overline{\overline{A \cdot B} \cdot 1}=\overline{\overline{A \cdot B}}=A \cdot B$

或　　$F=\overline{\overline{A \cdot 1} \cdot \overline{B \cdot 1}}=\overline{\overline{A} \cdot \overline{B}}=A+B$

非　　$F=\overline{A \cdot 1}=\overline{A}$

由于与非逻辑可实现 3 种基本逻辑，所以，只要有了与非门便可组成实现各种逻辑功能的电路，通常称与非门为通用门。采用与非逻辑可以减少逻辑电路中门的种类，提高标准化程度。

2. 或非逻辑

或非逻辑是由或、非两种逻辑复合形成的，可用逻辑函数表示为

$$F=\overline{A+B+C+\cdots}$$

其逻辑功能是：只要变量 A、B、C……中有一个为 1，则函数 F 为 0；仅当变量 A、B、C……全部为 0 时，函数 F 为 1。实现或非逻辑的逻辑电路称为或非门。

同样，由定理 $\overline{A+B}=\overline{A} \cdot \overline{B}$ 可知，“或”之“非”可以产生与逻辑关系。因此，只要有了或非逻辑也可以实现与、或、非 3 种基本逻辑。以 2 变量或非逻辑为例：

与　　$F=\overline{\overline{A+0}+\overline{B+0}}=\overline{\overline{A}+\overline{B}}=A \cdot B$

或　　$F=\overline{\overline{A+B}+0}=\overline{\overline{A+B}}=A+B$

非　　$F=\overline{A+0}=\overline{A}$

同样，或非门也可组成实现各种逻辑功能的逻辑电路。所以，或非门也是一种通用门。

3. 与或非逻辑

与或非逻辑是由 3 种基本逻辑复合形成的，逻辑函数表达式的形式为

$$F=\overline{AB+CD+\cdots}$$

其逻辑功能是：仅当每一个“与项”均为 0 时，才能使 F 为 1，否则 F 为 0。实现与或非功能的逻辑电路称为与或非门。

显然，可以仅用与或非门去构成实现各种逻辑功能的电路。但实际应用中这样做一般来说是不经济的，所以与或非门主要用来实现与或非形式的函数。必要时可将逻辑函数表达式的形式变换成与或非的形式，以便使用与或非门来实现其逻辑功能。

4. 异或逻辑

异或逻辑是一种 2 变量逻辑关系，可用逻辑函数表示为

$$F = A \oplus B = \overline{A}B + A\overline{B}$$

其逻辑功能是：变量 A、B 取值相同，F 为 0；变量 A、B 取值相异，F 为 1。实现异或运算的逻辑电路称为异或门。

根据异或逻辑的定义可知：

$$A \oplus 0 = A \qquad A \oplus 1 = \overline{A} \qquad A \oplus A = 0 \qquad A \oplus \overline{A} = 1$$

当多个变量进行异或运算时，可用两两运算的结果再运算，也可两两依次运算。例如，

$$\begin{aligned} F &= A \oplus B \oplus C \oplus D \\ &= (A \oplus B) \oplus (C \oplus D) \text{（两两运算的结果再运算）} \\ &= [(A \oplus B) \oplus C] \oplus D \quad \text{（两两依次运算）} \end{aligned}$$

在进行异或运算的多个变量中，若有奇数个变量的值为 1，则运算结果为 1；若有偶数个变量的值为 1，则运算结果为 0。

5. 同或逻辑

同或逻辑也是一种 2 变量逻辑关系，其逻辑函数表达式为

$$F = A \odot B = \overline{A} \cdot \overline{B} + A \cdot B$$

式中，“⊙”为同或运算的运算符。其功能逻辑是：变量 A、B 取值相同，F 为 1；变量 A、B 取值相异，F 为 0。实现同或运算的逻辑电路称为同或门。

同或逻辑与异或逻辑互为反函数，即

$$\overline{A \oplus B} = \overline{\overline{A}B + A\overline{B}} = \overline{\overline{A}B} \cdot \overline{A\overline{B}} = (A + \overline{B}) \cdot (\overline{A} + B) = \overline{A} \cdot \overline{B} + AB = A \odot B$$

$$\overline{A \odot B} = \overline{\overline{A} \cdot \overline{B} + AB} = \overline{\overline{A}} \cdot \overline{\overline{B}} \cdot \overline{AB} = (A + B) \cdot (\overline{A} + \overline{B}) = \overline{A} \cdot B + A\overline{B} = A \oplus B$$

当多个变量进行同或运算时，若有奇数个变量的值为 0，则运算结果为 0；反之，若有偶数个变量的值为 0，则运算结果为 1。

由于“同或”实际上是“异或”之非，所以实际应用中通常用异或门加非门实现同或运算。

2.3 逻辑函数表达式的形式与变换

任何一个逻辑函数的表达式形式都不是唯一的。本节从应用的角度出发，主要介绍逻辑函数表达式的基本形式和标准形式，以及如何将一个任意逻辑表达式变换成标准形式。

2.3.1 逻辑函数表达式的基本形式

逻辑函数表达式有“与-或”表达式和“或-与”表达式两种基本形式。

1. 与-或表达式

与-或表达式是指由若干与项进行或运算构成的表达式。每个与项可以是单个变量的原变量或反变量，也可以由多个原变量或反变量相“与”组成。例如，$\overline{A}C$、$A\overline{B}C$、$\overline{C}$ 均为与项，将这 3 个与项相“或”便可构成一个 3 变量函数的与-或表达式。即

$$F = \overline{A}C + A\overline{B}C + \overline{C}$$

有时又将与项称为“积项”，相应地，与-或表达式又称为“积之和”表达式。

2. 或-与表达式

或-与表达式是指由若干“或项”进行与运算构成的表达式。每个或项可以是单个变量的原变量或反变量，也可以由多个原变量或反变量相“或”组成。例如，$\overline{A}+B$、$B+\overline{C}$、$A+\overline{B}+C$、D 均为或项，将这 4 个或项相“与”便可构成一个 4 变量函数的或-与表达式，即

$$F = (\overline{A}+B)(B+\overline{C})(A+\overline{B}+C)D$$

有时又将或项称为“和项”，相应地，或-与表达式又称为“和之积”表达式。

逻辑函数表达式可以被表示成任意的混合形式，例如，逻辑函数 $F = (A\overline{B}+C)(AB+C\overline{D})+A\overline{C}$ 既不是与-或表达式也不是或-与表达式，但不论什么形式都可以变换成上述两种基本形式。

2.3.2　逻辑函数表达式的标准形式

逻辑函数的两种基本形式都不是唯一的。例如，由定理 8 可知，逻辑函数 $F = AB+\overline{A}C+BC$ 和 $F = AB+\overline{A}C$ 是两个等价的与-或表达式。为了在逻辑问题的研究中使逻辑函数可以和唯一的逻辑表达式对应，引入了逻辑函数表达式的两种标准形式。

1. 最小项和最大项

逻辑函数表达式的两种标准形式是建立在最小项和最大项概念的基础之上的。

（1）最小项

定义　如果一个具有 n 个变量的函数的与项包含全部 n 个变量，每个变量都以原变量或反变量的形式出现一次，且仅出现一次，则该与项被称为最小项。有时又将最小项称为标准与项。

最小项

n 个变量可以构成 2^n 个最小项。例如，3 个变量 A、B、C 可以构成 $\overline{A}\,\overline{B}\,\overline{C}$，$\overline{A}\,\overline{B}C$，…，ABC 共 8 个最小项。

为了书写方便，通常用 m_i 表示最小项。下标 i 的取值规则是：按照变量顺序将最小项中的原变量用 1 表示，反变量用 0 表示，由此得到一个二进制数，与该二进制数对应的十进制数即下标 i 的值。例如，3 变量 A、B、C 构成的最小项 $A\overline{B}C$ 可用 m_5 表示。因为

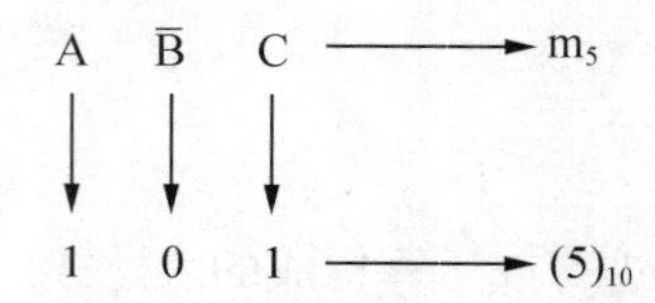

最小项具有以下 4 条性质。

性质 1　任意一个最小项，其相应变量有且仅有一种取值使该最小项的值为 1。并且，最小项不同，使其值为 1 的变量取值也不同。

因为在 n 个变量构成的任意与项中，最小项是使其值为 1 的变量取值组合数最少的一种与项，故将其称为最小项。

性质 2　相同变量构成的两个不同最小项相"与"为 0。

因为任何一种变量取值都不可能使两个不同最小项同时为 1，故相"与"为 0。

性质 3　由 n 个变量构成的全部最小项相"或"为 1。通常借用数学中的累加符号"Σ"，将其记为

$$\sum_{i=0}^{2^n-1} \mathrm{m}_i = 1$$

这是因为对于 n 个变量的任何一种取值，都有相应的一个最小项为 1，因此，全部最小项相"或"必为 1。

性质 4　一个由 n 个变量构成的最小项有 n 个相邻最小项。

相邻最小项是指除一个变量互为相反外，其余部分均相同的最小项。例如，3 变量最小项 $\mathrm{AB\overline{C}}$ 和 ABC。

（2）最大项

定义　如果一个 n 个变量函数的或项包含全部 n 个变量，每个变量都以原变量或反变量的形式出现一次，且仅出现一次，则该或项被称为最大项。有时又将最大项称为标准或项。

最大项

n 个变量可以构成 2^n 个最大项。例如，3 个变量 A、B、C 可构成 $\mathrm{A+B+C}$，$\mathrm{A+B+\overline{C}}$，…，$\mathrm{\overline{A}+\overline{B}+\overline{C}}$ 共 8 个最大项。

为了书写方便，通常用 M_i 表示最大项。下标 i 的取值规则是：按照变量顺序将最大项中的原变量用 0 表示，反变量用 1 表示，由此得到一个二进制数，与该二进制数对应的十进制数即下标 i 的值。例如，3 个变量 A、B、C 构成的最大项 $\mathrm{\overline{A}+B+\overline{C}}$ 可用 M_5 表示。因为

$$\begin{array}{ccccccc} \overline{\mathrm{A}} & + & \mathrm{B} & + & \overline{\mathrm{C}} & \longrightarrow & \mathrm{M}_5 \\ \downarrow & & \downarrow & & \downarrow & & \\ 1 & & 0 & & 1 & \longrightarrow & (5)_{10} \end{array}$$

最大项具有以下 4 条性质。

性质 1　任意一个最大项，其相应变量有且仅有一种取值使该最大项的值为 0。并且，最大项不同，使其值为 0 的变量取值也不同。

在 n 个变量构成的任意或项中，最大项是使其值为 1 的变量取值组合数最多的一种或项，

因而将其称为最大项。

性质 2　相同变量构成的两个不同最大项相“或”为 1。因为任何一种变量取值都不可能使两个不同最大项同时为 0，故相“或”为 1。

性质 3　由 n 个变量构成的全部最大项相“与”为 0。通常借用数学中的累乘符号“Π”将其记为

$$\prod_{i=0}^{2^n-1} \mathrm{M}_i = 0$$

性质 4　一个由 n 个变量构成的最大项有 n 个相邻最大项。相邻最大项是指除一个变量互为相反外，其余变量均相同的最大项。

2 变量最小项、最大项的真值表如表 2.5 所示。真值表反映了最小项、最大项的有关性质，观察真值表可加深对最小项、最大项性质的理解。

表 2.5　　2 变量最小项、最大项真值表

变量		最小项				最大项			
		$\overline{A}\,\overline{B}$	$\overline{A}B$	$A\overline{B}$	AB	$A+B$	$A+\overline{B}$	$\overline{A}+B$	$\overline{A}+\overline{B}$
A	B	m_0	m_1	m_2	m_3	M_0	M_1	M_2	M_3
0	0	1	0	0	0	0	1	1	1
0	1	0	1	0	0	1	0	1	1
1	0	0	0	1	0	1	1	0	1
1	1	0	0	0	1	1	1	1	0

（3）最小项和最大项的关系

在同一问题中，若最小项和最大项的简写形式下标相同，则彼此互为反函数，或者说，相同变量构成的最小项 m_i 和最大项 M_i 之间存在互补关系。即

$$\overline{\mathrm{m}_i} = \mathrm{M}_i \quad 或 \quad \mathrm{m}_i = \overline{\mathrm{M}_i}$$

例如，由 3 个变量 A、B、C 构成的最小项 m_6 和最大项 M_6 之间有

$$\overline{\mathrm{m}_6} = \overline{\mathrm{AB\overline{C}}} = \overline{\mathrm{A}} + \overline{\mathrm{B}} + \mathrm{C} = \mathrm{M}_6 \quad 或 \quad \overline{\mathrm{M}_6} = \overline{\overline{\mathrm{A}} + \overline{\mathrm{B}} + \mathrm{C}} = \mathrm{AB\overline{C}} = \mathrm{m}_6$$

2. 逻辑函数表达式的标准形式

逻辑函数表达式的标准形式有标准与-或表达式和标准或-与表达式两种类型。

逻辑函数表达式的标准形式

（1）标准与-或表达式

由若干最小项相“或”构成的逻辑表达式称为标准与-或表达式，也叫作最小项表达式。

例如，$F(A,B,C) = \overline{A}BC + A\overline{B}C + ABC$ 为一个 3 变量函数的标准与-或表达

式。该函数表达式又可简写为

$$
\begin{aligned}
F(A,B,C) &= m_3 + m_5 + m_7 \\
&= \sum m(3,5,7)
\end{aligned}
$$

（2）标准或-与表达式

由若干最大项相“与”构成的逻辑表达式称为标准或-与表达式，也叫作最大项表达式。

例如，$F(A,B,C) = (A+B+C)(\overline{A}+B+C)(\overline{A}+\overline{B}+C)$ 为一个 3 变量函数的标准或-与表达式。该表达式又可简写为

$$
\begin{aligned}
F(A,B,C) &= M_0 \cdot M_4 \cdot M_6 \\
&= \prod M(0,4,6)
\end{aligned}
$$

2.3.3 逻辑函数表达式的转换

将一个任意逻辑函数表达式转换成标准表达式有两种常用方法，一种是代数转换法，另一种是真值表转换法。

1. 代数转换法

所谓代数转换法，就是利用逻辑代数的公理、定理和规则进行逻辑变换，将逻辑函数表达式从一种形式变换为另一种形式。

（1）求逻辑函数的标准与-或表达式

采用代数转换法求逻辑函数的标准与-或表达式一般分为两步。

第一步：将逻辑函数表达式变换成一般与-或表达式。

第二步：利用等式 $X = X(\overline{Y}+Y)$ 将表达式中所有非最小项的与项扩展成最小项。

代数转换法

【例 2.1】 将逻辑函数表达式 $F(A,B,C)=\overline{(\overline{A}+\overline{B}C)(A+\overline{C})}$ 转换成标准与-或表达式。

解 第一步：将函数表达式变换成与-或表达式，即

$$
\begin{aligned}
F(A,B,C) &= \overline{(\overline{A}+\overline{B}C)(A+\overline{C})} \\
&= \overline{\overline{A}+\overline{B}C} + \overline{A+\overline{C}} \\
&= A(B+\overline{C}) + \overline{A}C \\
&= AB + A\overline{C} + \overline{A}C
\end{aligned}
$$

第二步：把与-或表达式中非最小项的与项扩展成最小项。具体地说，若某与项缺少函数变量 Y，则用（ $\overline{Y}+Y$ ）和该与项相“与”，并把它拆开成两项。即

$$
\begin{aligned}
F(A,B,C) &= AB + A\overline{C} + \overline{A}C \\
&= AB(\overline{C}+C) + A\overline{C}(\overline{B}+B) + \overline{A}C(\overline{B}+B) \\
&= AB\overline{C} + ABC + A\overline{B}\,\overline{C} + AB\overline{C} + \overline{A}\,\overline{B}C + \overline{A}BC
\end{aligned}
$$

$$
\begin{aligned}
&=\overline{A}\,\overline{B}C+\overline{A}BC+A\overline{B}\,\overline{C}+AB\overline{C}+ABC \\
&=m_1+m_3+m_4+m_6+m_7 \\
&=\sum m(1,3,4,6,7)
\end{aligned}
$$

当给定函数表达式为与-或表达式时，可直接进行第二步。

（2）求逻辑函数标准或-与表达式

类似地，采用代数转换法求逻辑函数的标准或-与表达式同样分为两步。

第一步：将函数表达式转换成或-与表达式。

第二步：利用等式 $X=(X+\overline{Y})(X+Y)$ 将表达式中所有非最大项的或项扩展成最大项。

【例 2.2】　将逻辑函数表达式 $F=\overline{\overline{A}B+B\overline{C}}+\overline{A}C$ 变换成标准或-与表达式。

解　第一步：将函数表达式变换成或-与表达式，即

$$
\begin{aligned}
F&=\overline{\overline{A}B+B\overline{C}}+\overline{A}C \\
&=(A+\overline{B})(\overline{B}+C)+\overline{A}C \\
&=[(A+\overline{B})(\overline{B}+C)+\overline{A}][(A+\overline{B})(\overline{B}+C)+C] \\
&=(A+\overline{B}+\overline{A})(\overline{B}+C+\overline{A})(A+\overline{B}+C)(\overline{B}+C+C) \\
&=(\overline{A}+\overline{B}+C)(A+\overline{B}+C)(\overline{B}+C)
\end{aligned}
$$

第二步：将所得或-与表达中的非最大项扩展成最大项。即

$$
\begin{aligned}
F&=(\overline{A}+\overline{B}+C)(A+\overline{B}+C)(\overline{B}+C) \\
&=(\overline{A}+\overline{B}+C)(A+\overline{B}+C)(\overline{A}+\overline{B}+C)(A+\overline{B}+C) \\
&=(A+\overline{B}+C)(\overline{A}+\overline{B}+C) \\
&=\prod M(2,6)
\end{aligned}
$$

当给出函数已经是或-与表达式时，可直接进行第二步。

真值表转换法

2. 真值表转换法

逻辑函数的标准表达式与真值表具有一一对应的关系。假定 n 变量逻辑函数 F 的真值表中有 k 组变量取值使 F 的值为 1，2^n-k 组变量取值使 F 的值为 0，那么，函数 F 的最小项表达式可由这 k 组变量取值对应的 k 个最小项相“或”组成，而函数 F 的最大项表达式可由 2^n-k 组变量取值对应的 2^n-k 个最大项相“与”组成。因此，可以通过函数的真值表直接写出标准表达式。换而言之，令真值表上使函数值为 1 的变量取值组合对应的最小项相“或”，即可得到一个函数的标准与-或表达式；令真值表上使函数值为 0 的变量取值组合对应的最大项相“与”，即可构成一个函数的标准或-与表达式。

【例 2.3】　将函数 $F(A,B,C)=\overline{A}C+A\overline{B}\,\overline{C}$ 变换成最小项之和表达式和最大项之积表达式。

解　首先列出函数 F 的真值表，然后根据真值表可直接写出 F 的标准与-或表达式和标准或-与表达式为

$$F(A,B,C)=\sum m(1,3,4)$$
$$=\prod M(0,2,5,6,7)$$

转换过程如图 2.5 所示。

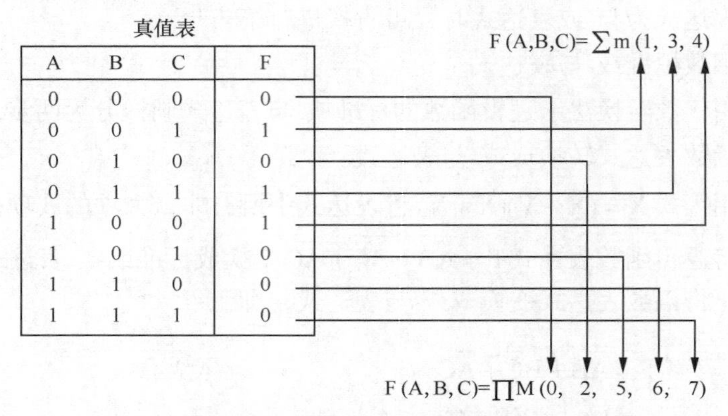

A	B	C	F
0	0	0	0
0	0	1	1
0	1	0	0
0	1	1	1
1	0	0	1
1	0	1	0
1	1	0	0
1	1	1	0

图 2.5　例 2.3 的转换过程

由于函数的真值表与函数的两种标准表达式之间存在一一对应的关系，而任何一个逻辑函数的真值表都是唯一的，所以，任何一个逻辑函数的两种标准形式也是唯一的。这种唯一性给人们分析和研究逻辑函数带来了很大的方便。

2.4　逻辑函数化简

数字系统中实现某一逻辑功能的电路的复杂性与描述该功能的逻辑表达式的复杂性直接相关。一般来说，逻辑函数表达式越简单，设计出来的相应逻辑电路也就越简单。为了降低系统成本、简化电路结构、提高系统可靠性，逻辑设计时必须对逻辑函数进行简化。

由于逻辑函数的两种基本形式可以很方便地转换成其他的形式，因此，逻辑函数化简主要讨论如何求逻辑函数的最简与-或表达式和最简或-与表达式，并将重点放在求解逻辑函数的最简与-或表达式上。

逻辑函数化简有两种最常用的方法，即代数化简法和卡诺图化简法。

2.4.1　代数化简法

代数化简法就是运用逻辑代数的公理、基本定理和规则对逻辑函数进行化简的方法。这种方法没有固定的步骤可以遵循，主要取决于对逻辑代数中公理、定理和规则的熟练掌握及灵活运用的程度。

1. 求最简与-或表达式

代数化简法

最简与-或表达式应满足以下两个条件。

① 表达式中的与项个数最少。

② 在满足条件①的前提下，每个与项中的变量个数最少。

满足上述两个条件可以使相应逻辑电路中所需逻辑门的数量及逻辑门的输入端个数达到最少，从而使电路达到最简。下面举例说明。

【例 2.4】 化简 $F = AB + \overline{A}\,\overline{C} + \overline{B}\,\overline{C}$。

解
$$
\begin{aligned}
F &= AB + \overline{A}\,\overline{C} + \overline{B}\,\overline{C} \\
&= AB + (\overline{A} + \overline{B})\overline{C} \\
&= AB + \overline{AB}\,\overline{C} \\
&= AB + \overline{C}
\end{aligned}
$$

【例 2.5】 化简 $F = \overline{A}\,\overline{C}(\overline{B} + BD) + A\overline{C}D$。

解
$$
\begin{aligned}
F &= \overline{A}\,\overline{C}(\overline{B} + BD) + A\overline{C}D \\
&= \overline{A}\,\overline{C}(\overline{B} + D) + A\overline{C}D \\
&= \overline{A}\,\overline{B}\,\overline{C} + \overline{A}\,\overline{C}D + A\overline{C}D \\
&= \overline{A}\,\overline{B}\,\overline{C} + \overline{C}D
\end{aligned}
$$

【例 2.6】 化简 $F = A\overline{B} + B\overline{C} + \overline{B}C + \overline{A}B$。

解
$$
\begin{aligned}
F &= A\overline{B} + B\overline{C} + \overline{B}C + \overline{A}B \\
&= A\overline{B} + B\overline{C} + (\overline{A} + A)\overline{B}C + \overline{A}B(\overline{C} + C) \\
&= A\overline{B} + B\overline{C} + \overline{A}\,\overline{B}C + A\overline{B}C + \overline{A}B\overline{C} + \overline{A}BC \\
&= A\overline{B} + A\overline{B}C + B\overline{C} + \overline{A}B\overline{C} + \overline{A}\,\overline{B}C + \overline{A}BC \\
&= A\overline{B} + B\overline{C} + \overline{A}C
\end{aligned}
$$

【例 2.7】 化简 $F = BC + D + \overline{D} \bullet \left(\overline{B} + \overline{C}\right) \bullet \left(AD + B\overline{C}\right)$。

解
$$
\begin{aligned}
F &= BC + D + \overline{D} \bullet \left(\overline{B} + \overline{C}\right) \bullet \left(AD + B\overline{C}\right) \\
&= BC + D + \left(\overline{B} + \overline{C}\right) \bullet \left(AD + B\overline{C}\right) \\
&= BC + D + \overline{BC} \bullet \left(AD + B\overline{C}\right) \\
&= BC + D + AD + B\overline{C} \\
&= B + D
\end{aligned}
$$

2. 求最简或-与表达式

最简或-与表达式应满足以下两个条件。

① 表达式中的或项个数最少。

② 在满足①的前提下，每个或项中的变量个数最少。

用代数化简法求最简或-与表达式同样可以直接运用公理、定理中的“或-与”形式进行化简。

【例 2.8】 化简 $F = (\overline{A} + B)(A + C)(B + C)(A + C + \overline{D})$。

解
$$
\begin{aligned}
F &= (\overline{A} + B)(A + C)(B + C)(A + C + \overline{D}) \\
&= (\overline{A} + B)(A + C)(B + C) \\
&= (\overline{A} + B)(A + C)
\end{aligned}
$$

【例 2.9】 化简 $F=\overline{\overline{A}(B+\overline{C})}(A+\overline{B}+C)\overline{\overline{A}\,\overline{B}\,\overline{C}}$。

解
$$
\begin{aligned}
F&=\overline{\overline{A}(B+\overline{C})}\cdot(A+\overline{B}+C)\overline{\overline{A}\,\overline{B}\,\overline{C}}\\
&=(A+\overline{B+\overline{C}})(A+\overline{B}+C)(A+B+C)\\
&=(A+\overline{B}\cdot C)\cdot(A+C)\\
&=(A+\overline{B})\cdot(A+C)\cdot(A+C)\\
&=(A+\overline{B})\cdot(A+C)
\end{aligned}
$$

当给定函数为或-与表达式时，如果对于公理、定理中的"或-与"形式不太习惯，也可以采用两次对偶法：首先对或-与表达式表示的函数 F 求对偶，得到与-或表达式 F′，并按与-或表达式的化简方法求出 F′的最简表达式；然后对 F′再次求对偶，即可得到 F 的最简或-与表达式。

【例 2.10】 化简 $F=(\overline{A}+B)(A+\overline{B})(B+C)(\overline{A}+C)$。

解 先求 F 的对偶式 F′ 并进行化简。

$$
\begin{aligned}
F'&=\overline{A}B+A\overline{B}+BC+\overline{A}C\\
&=\overline{A}B+A\overline{B}+(B+\overline{A})C\\
&=\overline{A}B+A\overline{B}+\overline{A\overline{B}}C\\
&=\overline{A}B+A\overline{B}+C
\end{aligned}
$$

再对 F′求对偶，即可得到 F 的最简或-与表达式为

$$F=(F')'=(\overline{A}+B)(A+\overline{B})C$$

代数化简法的优点是不受变量数目的约束，当对公理、定理和规则十分熟练时化简比较方便；缺点是没有固定的规律和步骤，技巧性很强，而且在很多情况下难以判断化简结果是否最简。

2.4.2 卡诺图化简法

卡诺图（Karnaugh Map）是由美国贝尔实验室工程师莫里斯・卡诺（Maurice Karnaugh）提出的一种描述逻辑函数的图形方法。用卡诺图化简逻辑函数具有简单、直观、容易掌握等优点，在逻辑设计中得到了广泛应用。

卡诺图的构成

1. 卡诺图的构成

卡诺图是一种平面方格图，n 个变量的卡诺图由 2^n 个小方格构成。可以把卡诺图看作真值表图形化的结果，n 个变量的真值表是用 2^n 行的纵列依次给出变量的 2^n 种取值，每行的取值与一个最小项对应；而 n 个变量的卡诺图是用二维图形中 2^n 个小方格的坐标值给出变量的 2^n 种取值，每个小方格与一个最小项对应，有时又称为最小项方格图。

卡诺图中最小项的排列方案不是唯一的，但任何一种排列方案都应保证能方便地发现任一最小项的相邻最小项。本书使用如图 2.6 所示的画法，图 2.6（a）、（b）、（c）、（d）分别为 2 变量、3 变量、4 变量、5 变量卡诺图。

图 2.6 中，变量的坐标值 0 表示相应变量的反变量，1 表示相应变量的原变量。各小方格依变量顺序取坐标值，得到的二进制数所对应的十进制数即为相应最小项 m_i 的下标 i。在 5

变量卡诺图中，为了方便省略了符号“m”，直接标出了 m 的下标 i。

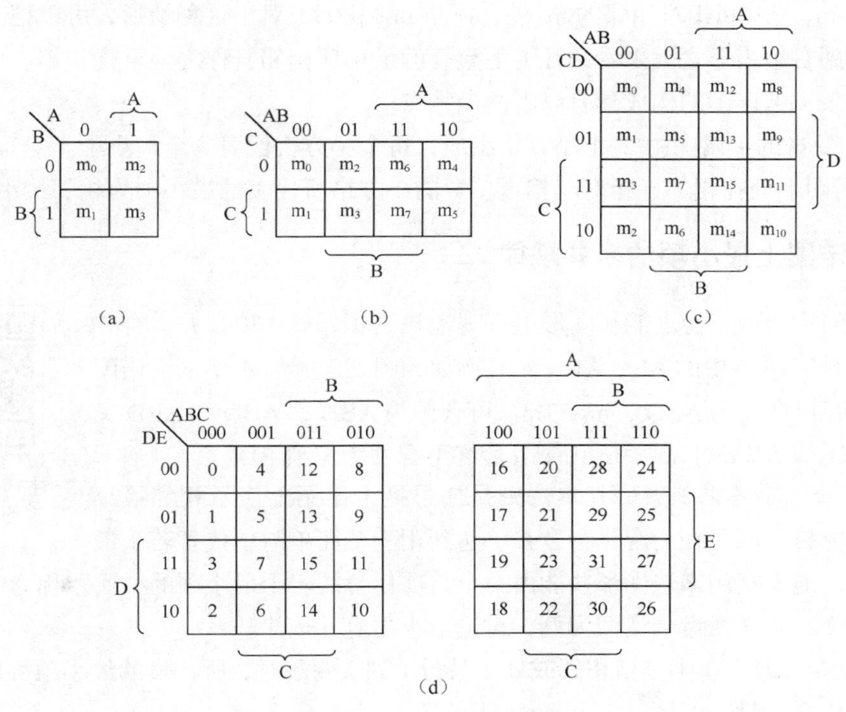

图 2.6　2～5 变量卡诺图

从图 2.6 所示的各卡诺图可以看出，卡诺图上变量的排列规律使最小项的相邻关系能在图形上清晰地反映出来。具体地说，在 n 个变量的卡诺图中，能从图形上直观、方便地找到每个最小项的 n 个相邻最小项。例如，4 变量卡诺图中，每个最小项应有 4 个相邻最小项。如 m_7 的 4 个相邻最小项分别是 m_3、m_5、m_6、m_{15}，这 4 个最小项对应的小方格与 m_7 对应的小方格分别相连，也就是说在几何位置上是相邻的，这种相邻称为几何相邻。而 m_2 则不完全相同，它的 4 个相邻最小项中除了与之几何相邻的 m_3 和 m_6 之外，另外两个是处在“相对”位置的 m_0（同一列的两端）和 m_{10}（同一行的两端）。这种相邻似乎不太直观，但只要按图 2.7（a）所示把这个图的上、下边缘连接，卷成圆筒状，便可看出 m_2 和 m_0 在几何位置上是相邻的。同样，按图 2.7（b）所示把图的左、右边缘连接，卷成圆筒状，便可使 m_2 和 m_{10} 相邻。通常把这种相邻称为相对相邻。

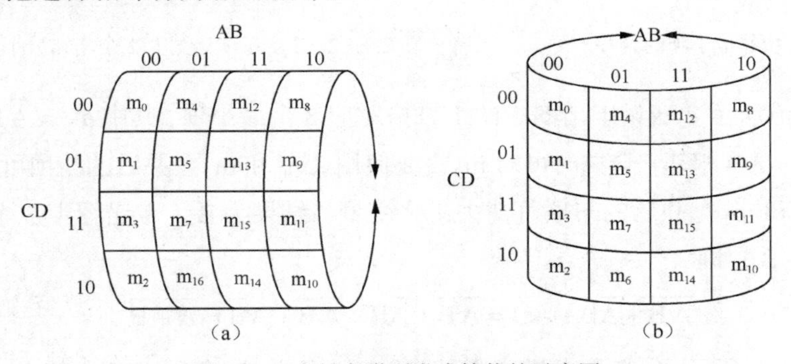

图 2.7　4 变量卡诺图卷成筒状的示意图

除此之外，还有“相重”位置的最小项相邻。例如，在5变量卡诺图中的m_1，除了几何相邻的m_0、m_3、m_5和相对相邻的m_9外，还与m_{17}相邻。对于这种情形，可以把卡诺图左边的矩形重叠到右边矩形之上来看，凡上下重叠的最小项相邻，称之为重叠相邻。

归纳起来，卡诺图的构成具有以下两个特点。

① n个变量的卡诺图由2^n个小方格组成，每个小方格代表一个最小项。

② 卡诺图上处在相邻、相对、相重位置的小方格所代表的最小项为相邻最小项。

2. 卡诺图上最小项的合并规律

卡诺图的构造特点使之能从图形上直观地找出相邻最小项合并。合并的理论依据是定理7中的$AB+A\overline{B}=A$。例如，图2.8所示4变量卡诺图中的m_5、m_7可合并为$\overline{A}BD$，m_{13}、m_{15}可合并为ABD，$\overline{A}BD$和ABD又可合并为BD，所以m_5、m_7、m_{13}、m_{15}最终可合并为与项BD。

卡诺图上最小项的合并规律

用卡诺图化简逻辑函数的基本法则是通过把卡诺图上表示相邻最小项的相邻小方格“圈”在一起进行合并，达到用一个简单与项代替若干最小项的目的。通常把用来包围那些能由一个与项代替的若干最小项的“圈”称为**卡诺圈**。

下面以2、3、4变量卡诺图为例，讨论最小项合并规律。

① 当2个（2^1个）小方格相邻或处于某行（列）两端时，所代表的最小项可以合并，合并后可消去1个变量。

图2.9给出了2、3变量卡诺图上两个相邻最小项合并的典型情况。

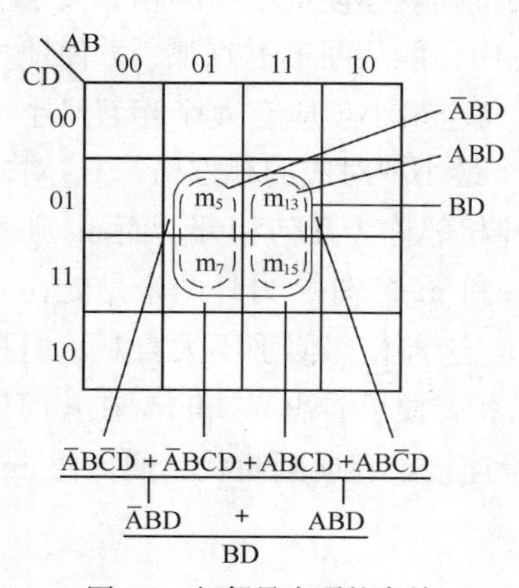

图2.8 相邻最小项的合并

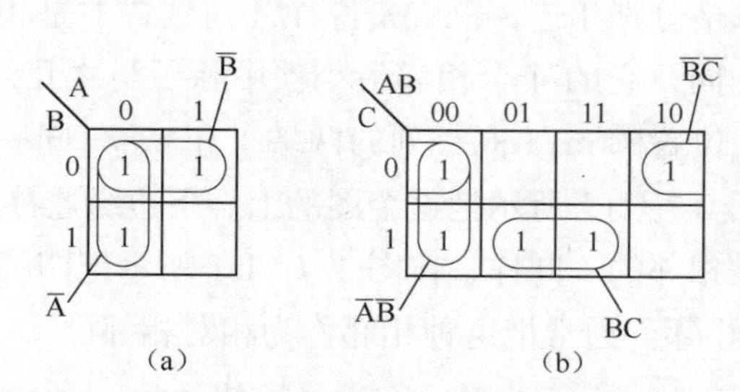

图2.9 2、3变量卡诺图上2个相邻最小项合并的典型情况

在图2.9（a）所示2变量卡诺图中的1方格对应3个最小项，其中$m_0=\overline{A}\,\overline{B}$既和$m_1=\overline{A}B$相邻，又和$m_2=A\overline{B}$相邻，合并时可对$m_0$重复使用。$m_0$和$m_1$合并后的与项可消去1个变量，结果为$\overline{A}$；$m_0$和$m_2$合并后的与项可消去1个变量，结果为$\overline{B}$。卡诺图中3个1方格合并的最终结果为$\overline{A}+\overline{B}$，即

$$\overline{A}\,\overline{B}+\overline{A}B+A\overline{B}=\overline{A}\,\overline{B}+\overline{A}B+\overline{A}\,\overline{B}+A\overline{B}=\overline{A}+\overline{B}\text{。}$$

在图2.9（b）所示3变量卡诺图中的1方格对应5个最小项，其中$m_0=\overline{A}\,\overline{B}\,\overline{C}$既和

$m_1 = \overline{A}\,\overline{B}C$ 相邻，又和 $m_4 = A\overline{B}\,\overline{C}$ 相邻；$m_3 = \overline{A}BC$ 和 $m_7 = ABC$ 相邻。合并时可对 m_0 重复使用，m_0 和 m_1 合并后的与项可消去 1 个变量，结果为 $\overline{A}\,\overline{B}\,\overline{C} + \overline{A}\,\overline{B}C = \overline{A}\,\overline{B}$；$m_0$ 和 m_4 合并后的与项可消去 1 个变量，结果为 $\overline{A}\,\overline{B}\,\overline{C} + A\overline{B}\,\overline{C} = \overline{B}\,\overline{C}$；$m_3$ 和 m_7 合并后的与项可消去 1 个变量，结果为 $\overline{A}BC + ABC = BC$。卡诺图中 5 个 1 方格合并的最终结果为 $\overline{A}\,\overline{B} + \overline{B}\,\overline{C} + BC$，即

$$\overline{A}\,\overline{B}\,\overline{C} + \overline{A}\,\overline{B}C + \overline{A}BC + A\overline{B}\,\overline{C} + ABC = \overline{A}\,\overline{B} + \overline{B}\,\overline{C} + BC$$

② 当 4 个（2^2 个）小方格组成一个大方格，或组成一行（列），或处于相邻两行（列）的两端，或处于四角时，其所代表的最小项可以合并，合并后的与项可消去两个变量。

图 2.10 给出了 3 变量卡诺图上 4 个相邻最小项合并的典型情况。

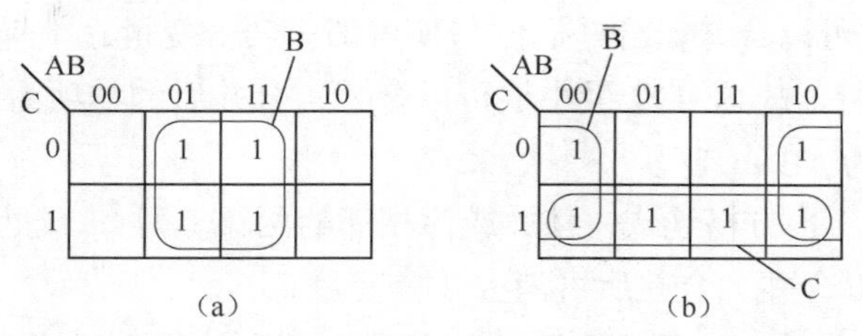

图 2.10　3 变量卡诺图上 4 个相邻最小项合并的典型情况

在图 2.10（a）所示 3 变量卡诺图中的 1 方格对应 4 个最小项 m_2、m_3、m_6、m_7，这 4 个最小项组成一个大方格，故可以合并，合并的结果为 B，即

$$\overline{A}B\overline{C} + \overline{A}BC + AB\overline{C} + ABC = \overline{A}B + AB = B$$

在图 2.10（b）所示 3 变量卡诺图中的 1 方格对应 6 个最小项 m_0、m_1、m_3、m_4、m_5、m_7。其中，4 个最小项 m_0、m_1、m_4、m_5 处于相邻两行的两端，故可以合并，合并后的与项可消去 2 个变量，结果为 $\overline{B}$，即

$$\overline{A}\,\overline{B}\,\overline{C} + \overline{A}\,\overline{B}C + A\overline{B}\,\overline{C} + A\overline{B}C = \overline{A}\,\overline{B} + A\overline{B} = \overline{B}$$

此外，最小项 m_1、m_3、m_5、m_7 处于同一行，故可以合并，合并后的与项可消去两个变量，结果为 C，即

$$\overline{A}\,\overline{B}C + \overline{A}BC + A\overline{B}C + ABC = \overline{A}C + AC = C$$

图 2.11 给出了 4 变量卡诺图上 4 个相邻最小项合并的典型情况。

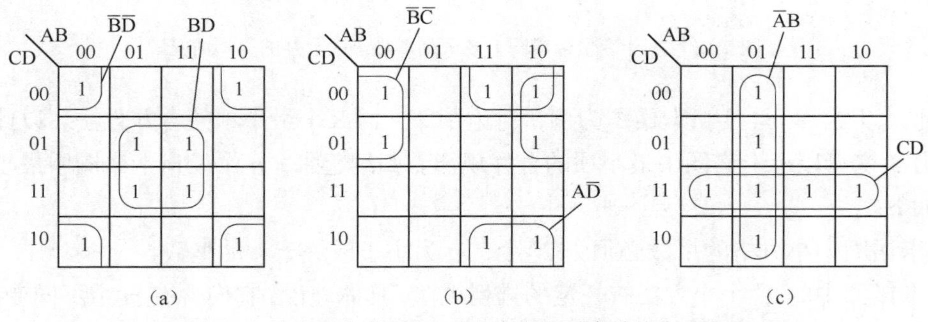

图 2.11　4 变量卡诺图上 4 个相邻最小项合并的典型情况

在图 2.11（a）所示 4 变量卡诺图中的 1 方格对应 8 个最小项。其中，最小项 m_0、m_2、m_8、m_{10} 处于卡诺图的四角，故这 4 个最小项可以合并，合并后的与项可消去两个变量，结果为 $\overline{B}\overline{D}$；最小项 m_5、m_7、m_{13}、m_{15} 组成一个大方格，故这 4 个最小项可以合并，合并后的与项为 BD；卡诺图中所有 1 方格合并的最终结果为 $\overline{B}\overline{D}+BD$。

在图 2.11（b）所示 4 变量卡诺图中的 1 方格对应 7 个最小项。其中，最小项 m_0、m_1、m_8、m_9 处于相邻两行的两端，故可以合并，合并后的与项可消去两个变量，结果为 $\overline{B}\overline{C}$；最小项 m_8、m_{10}、m_{12}、m_{14} 处于相邻两列的两端，故这 4 个最小项可以合并，合并后的与项为 $A\overline{D}$；卡诺图中所有 1 方格合并的最终结果为 $\overline{B}\overline{C}+A\overline{D}$。

在图 2.11（c）所示 4 变量卡诺图中的 1 方格对应 7 个最小项。其中，最小项 m_4、m_5、m_6、m_7 组成一列，故可以合并，合并后的与项可消去两个变量，结果为 $\overline{A}B$；最小项 m_3、m_7、m_{11}、m_{15} 组成一行，故这 4 个最小项可以合并，合并后的与项为 CD；卡诺图中所有 1 方格合并的最终结果为 $\overline{A}B+CD$。

③ 当 8 个（2^3 个）小方格连成一体，或为相邻的两行（列），或处于两个边行（列）时，其所代表的最小项可以合并，合并后可消去 3 个变量。

图 2.12 给出了 3、4 变量卡诺图上 8 个相邻最小项合并的典型情况。

在图 2.12（a）所示 3 变量卡诺图中的 8 个小方格全部为 1，这 8 个最小项可以合并，合并后的与项可消去 3 个变量，结果为 1，即全部最小项相“或”为 1。

在图 2.12（b）所示 4 变量卡诺图中的 1 方格对应 12 个最小项。其中，最小项 m_0、m_2、m_4、m_6、m_8、m_{10}、m_{12}、m_{14} 处于两个边行，故这 8 个最小项可以合并，合并后的与项可消去 3 个变量，结果为 $\overline{D}$；最小项 m_4、m_5、m_6、m_7、m_{12}、m_{13}、m_{14}、m_{15} 连成一体，故这 8 个最小项可以合并，合并后的与项为 B；卡诺图中所有 1 方格合并的最终结果为 $B+\overline{D}$。

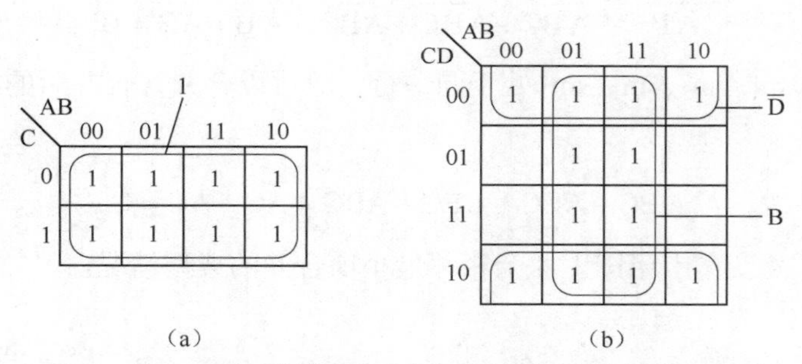

图 2.12　3、4 变量卡诺图上 8 个相邻最小项合并的典型情况

至此，以 2、3、4 变量卡诺图为例，讨论了 2、4、8 个最小项的合并方法。以此类推，不难得出 5 变量以上卡诺图中最小项的合并规律。归纳起来，n 个变量卡诺图中最小项的合并规律如下。

① 卡诺圈中小方格的个数必须为 2^m 个，m 为小于或等于 n 的整数。

② 卡诺圈中的 2^m 个小方格有一定的排列规律，具体地说，它们含有 m 个不同变量，$n-m$ 个相同变量。

③ 卡诺圈中的 2^m 个小方格对应的最小项可用 $n-m$ 个变量的与项表示，该与项由这些最小项中变量相同的部分构成。

④ 当 m=0 时，卡诺圈中包含 1 个最小项；当 m=n 时，卡诺圈包围了整个卡诺图，可用 1 表示，即 n 个变量的全部最小项相“或”为 1。

3. 逻辑函数在卡诺图上的表示

利用卡诺图化简逻辑函数时，必须首先画出函数的卡诺图。根据逻辑函数画卡诺图的方法如下。

① 当给定逻辑函数为标准与-或表达式时，只需在卡诺图上找出和表达式中最小项对应的小方格填上 1，其余小方格填上 0，即可得到该函数的卡诺图。

逻辑函数在卡诺图上的表示

② 当给定逻辑函数为一般与-或表达式时，可根据“与”的公共性和“或”的叠加性画出相应卡诺图。

③ 当逻辑函数表达式为其他形式时，可将其变换成上述两种形式后再画出相应卡诺图。

例如，图 2.13（a）所示为 3 变量函数 $F_1(A,B,C)=\sum m(0,3,5,6)$ 的卡诺图，图 2.13（b）所示为 4 变量函数 $F_2(A,B,C,D)=AB+\overline{C}D+\overline{A}\,\overline{B}D$ 的卡诺图。

在图 2.13 中，用卡诺图表示逻辑函数 $F_1(A,B,C)=\sum m(0,3,5,6)$ 时，只需先画一个 3 变量 A、B、C 的卡诺图，然后在卡诺图上找到最小项 m_0、m_3、m_5、m_6 对应的小方格填上 1，其余的小方格填上 0 即可；而用卡诺图表示逻辑函数 $F_2(A,B,C,D)=AB+\overline{C}D+\overline{A}\,\overline{B}D$ 时，则先画一个 4 变量 A、B、C、D 的卡诺图，然后在卡诺图上依次找出和与项 AB、$\overline{C}D$ 和 $\overline{A}\,\overline{B}D$ 对应的小方格填上 1，其余的小方格填上 0 即可。所谓“与”的公共性是指根据与运算法则，与项的各部分必须同时为 1，相“与”的结果才能为 1。例如，与项 $\overline{A}\,\overline{B}D$ 为 1 对应着同时满足 $\overline{A}$、$\overline{B}$ 和 D 为 1（A、B、D 依次为 0、0、1）的那些小方格，即取卡诺图上 A 为 0、B 为 0 和 D 为 1 的公共部分；所谓“或”的叠加性是指根据或运算法则 1+1=1，当有两个以上与项使同一个小方格为 1 时，不必重复填写。

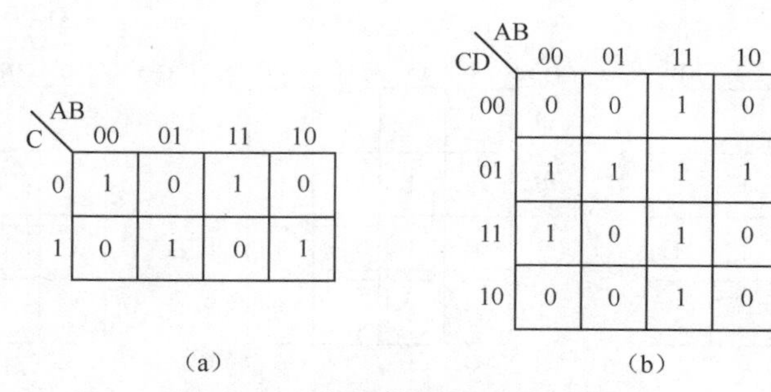

图 2.13 逻辑函数 F_1 和 F_2 的卡诺图

为了叙述的方便，通常将卡诺图上填 1 的小方格称为 1 方格，填 0 的小方格称为 0 方格。此外，为了简单清晰，卡诺图上的 0 方格有时用空格表示。

4. 用卡诺图化简逻辑函数

用卡诺图化简逻辑函数

在掌握了卡诺图的构成思想、卡诺图上最小项合并规律和逻辑函数的卡诺图表示方法之后，便可以利用卡诺图化简逻辑函数了。下面将从两种基本形式出发，分别讨论逻辑函数的卡诺图化简方法。

（1）求逻辑函数最简与-或表达式

用卡诺图求逻辑函数最简与-或表达式的一般步骤如下。

第一步：画出函数的卡诺图。

第二步：按照卡诺图上最小项合并规律，对卡诺图上的1方格画卡诺圈，画卡诺圈时注意遵循以下原则。

- 在覆盖所有1方格的前提下，卡诺圈的个数应达到最少（用最少的卡诺圈包围所有1方格）。
- 在满足合并规律的前提下，每个卡诺圈的大小应达到最大（在满足卡诺圈中包含的1方格个数只能是2^m个的前提下，每个卡诺圈包含的1方格个数应该达到最多）。
- 根据合并的需要，每个1方格可以被一个或多个卡诺圈包围（至少被一个卡诺圈包围）。

第三步：写出与每个卡诺圈对应的与项相“或”，即可得到逻辑函数的最简与-或表达式。

【例2.11】 用卡诺图化简逻辑函数$F(A,B,C,D)=\sum m(0,3,5,6,7,10,11,13,15)$。

解 第一步：画出给定函数F的卡诺图，如图2.14（a）所示。

第二步：按照卡诺图上最小项合并规律，对卡诺图上的1方格画卡诺圈。根据画卡诺圈的原则，可以得到合并结果，如图2.14（b）所示。图中，9个1方格被5个卡诺圈覆盖，不仅每个卡诺圈均不可能被更大的卡诺圈包围，而且5个卡诺圈中的任何一个都不能缺少。

第三步：5个卡诺圈对应的与项如图2.14（c）所示。将5个与项相“或”，即可得到逻辑函数的最简与-或表达式为

$$F(A,B,C,D)=BD+CD+A\overline{B}C+\overline{A}BC+\overline{A}\,\overline{B}\,\overline{C}\,\overline{D}$$

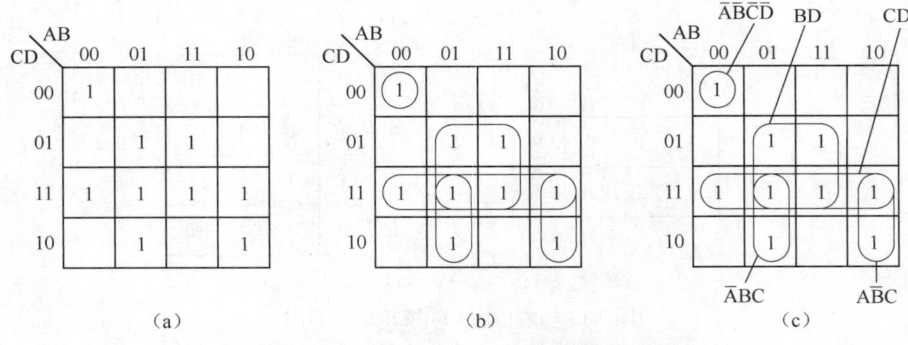

图2.14 例2.11中函数F的卡诺图化简过程

【例2.12】 用卡诺图化简逻辑函数$F(A,B,C,D)=\sum m(2,3,6,7,8,10,12)$。

解 第一步：画出给定函数 F 的卡诺图，如图 2.15（a）所示。

第二步：对卡诺图上的 1 方格画卡诺圈。根据画卡诺圈的原则，可以得到两种合并结果，分别如图 2.15（b）和图 2.15（c）所示。由图可知，两种合并结果的卡诺圈个数和卡诺圈大小均相同。

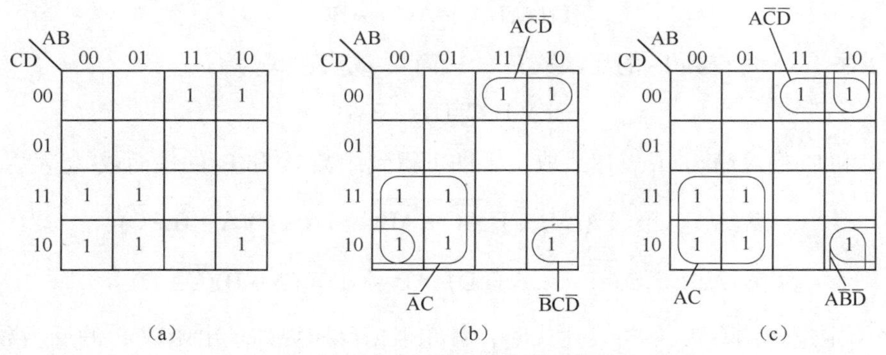

图 2.15 例 2.12 中函数 F 的卡诺图化简过程

第三步：由图 2.15（b）可得到逻辑函数的最简与-或表达式为

$$F(A,B,C,D)=\overline{A}C+A\overline{C}\overline{D}+\overline{B}C\overline{D}$$

由图 2.15（c）可得到逻辑函数的最简与-或表达式为

$$F(A,B,C,D)=\overline{A}C+A\overline{C}\overline{D}+A\overline{B}\overline{D}$$

显然，根据最简与-或表达式的判断标准，上述两种结果的复杂程度完全相同，两个表达式均为最简与-或表达式。由此可见，逻辑函数的最简与-或表达式不一定是唯一的。

（2）求逻辑函数最简或-与表达式

上面介绍了用卡诺图求逻辑函数最简与-或表达式的方法和步骤。在此基础上，求一个逻辑函数的最简或-与表达式时通常采用“两次取反法”。具体可分如下两种情况处理。

① 当给定逻辑函数为与-或表达式或者标准形式时，首先做出函数 F 的卡诺图，合并卡诺图上的 0 方格，求出反函数 $\overline{F}$ 的最简与-或表达式；然后，对 $\overline{F}$ 的最简与-或表达式取反，得到函数 F 的最简或-与表达式。

【例 2.13】 用卡诺图化简法求逻辑函数 $F_1(A,B,C)=\sum m(0,1,2,5,7)$ 和 $F_2(A,B,C,D)=A\overline{C}+AD+\overline{B}\,\overline{C}+\overline{B}D$ 的最简或-与表达式。

解 首先做出逻辑函数 F_1 和 F_2 的卡诺图，分别如图 2.16（a）和图 2.16（b）所示。

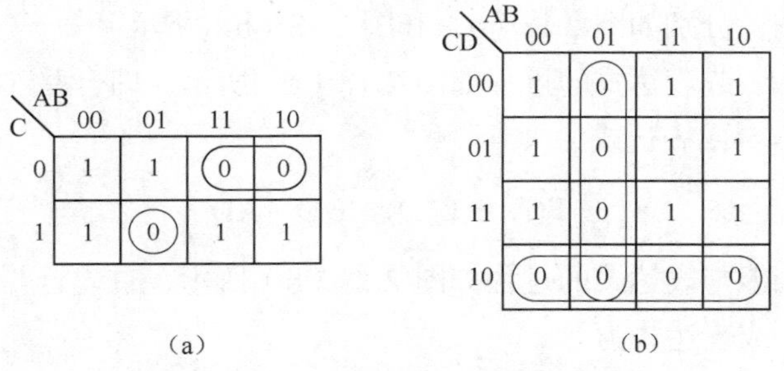

图 2.16 例 2.13 中函数 F_1 和 F_2 的卡诺图

图中，1 方格表示原函数所包含的最小项，0 方格表示反函数所包含的最小项（若原函数为 0 时，则反函数为 1）。合并卡诺图中的 0 方格，可得到反函数的最简与-或表达式。据此，由图 2.16（a）可得到 F_1 的反函数 $\overline{F_1}$ 的最简与-或表达式为

$$\overline{F_1}(A,B,C)=A\overline{C}+\overline{A}BC$$

由图 2.16（b）可得到 F_2 的反函数 $\overline{F_2}$ 的最简与-或表达式为

$$\overline{F_2}(A,B,C,D)=\overline{A}B+C\overline{D}$$

再对 $\overline{F_1}$ 和 $\overline{F_2}$ 的最简与-或表达式取反，即可得到函数 F_1 和 F_2 的最简或-与表达式为

$$F_1(A,B,C)=\overline{\overline{F_1}}(A,B,C)=\overline{A\overline{C}+\overline{A}BC}=(\overline{A}+C)(A+\overline{B}+\overline{C})$$

$$F_2(A,B,C,D)=\overline{\overline{F_2}}(A,B,C,D)=\overline{\overline{A}B+C\overline{D}}=(A+\overline{B})(\overline{C}+D)$$

② 当给定逻辑函数为或-与表达式时，首先根据反演规则求出函数 F 的反函数 $\overline{F}$，并作出 $\overline{F}$ 的卡诺图，合并卡诺图上的 1 方格，求出反函数 $\overline{F}$ 的最简与-或表达式；然后，对 $\overline{F}$ 的最简与-或表达式取反，得到函数 F 的最简或-与表达式。

【例 2.14】 用卡诺图化简法求逻辑函数 $F(A,B,C,D)=(\overline{A}+D)(B+\overline{D})(A+B)(B+\overline{C}+\overline{D})$ 的最简或-与表达式。

解 首先根据反演规则求出函数 F 的反函数为

$$\overline{F}(A,B,C,D)=A\overline{D}+\overline{B}D+\overline{A}\,\overline{B}+\overline{B}CD$$

根据所得表达式可以做出反函数 $\overline{F}$ 的卡诺图，如图 2.17 所示。

然后，合并卡诺图中的 1 方格可得到反函数 $\overline{F}$ 的最简与-或表达式为

$$\overline{F}(A,B,C,D)=\overline{B}+A\overline{D}$$

最后，对 $\overline{F}$ 的最简与-或表达式取反，即可得到函数 F 的最简或-与表达式

$$F(A,B,C,D)=B(\overline{A}+D)$$

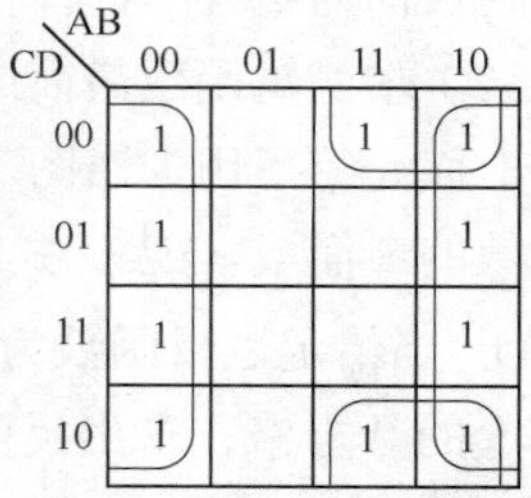

CD \ AB	00	01	11	10
00	1		1	1
01	1			1
11	1			1
10	1		1	1

图 2.17 例 2.14 中反函数 $\overline{F}$ 的卡诺图

【例 2.15】 用卡诺图化简法求逻辑函数 $F(A,B,C,D)=\prod M(4,6,9,11,12,13,14,15)$ 的最简与-或表达式和最简或-与表达式。

解 根据给定函数的标准或-与表达式，可做出求逻辑函数 F 的最简与-或表达式和最简或-与表达式的卡诺图，分别如图 2.18（a）和图 2.18（b）所示。

求逻辑函数最简与-或表达式的过程如图 2.18（a）所示，即合并卡诺图上的 1 方格，便可得到函数 F 的最简与-或表达式为

$$F(A,B,C,D)=\overline{B}\,\overline{D}+\overline{A}D$$

求逻辑函数最简或-与表达式的过程如图 2.18（b）所示，首先合并卡诺图上的 0 方格，得到函数 $\overline{F}$ 的最简与-或表达式为

$$\overline{F}(A,B,C,D)=AD+B\overline{D}$$

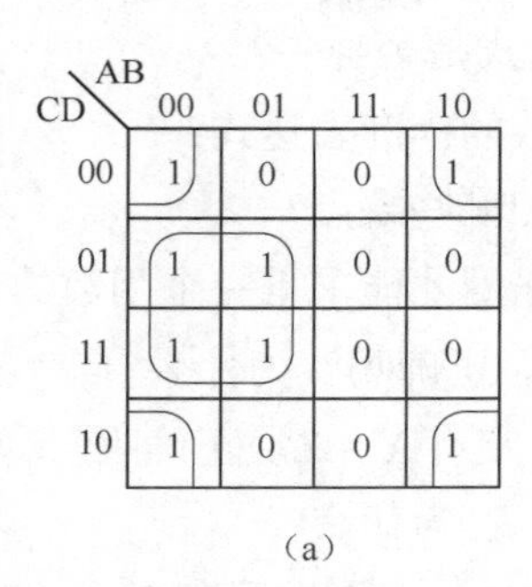

(a)

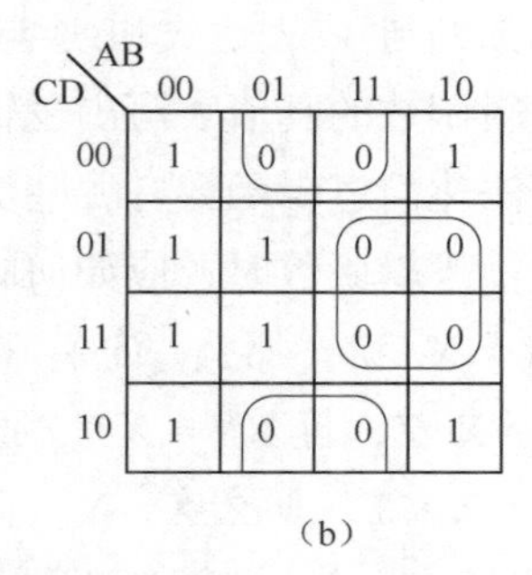

(b)

图 2.18 例 2.15 中函数 F 的卡诺图

然后，再对 $\overline{F}$ 的最简与-或表达式取反，即可得到函数 F 的最简或-与表达式为

$$F(A,B,C,D) = \overline{AD + B\overline{D}} = (\overline{A} + \overline{D})(\overline{B} + D)$$

由上述内容可知，用卡诺图化简逻辑函数具有直观、方便、容易掌握等优点。但这种方法受到函数变量数目的制约，当变量个数大于 6 时，画图以及对图形的识别都变得相当复杂，从而失去了它的优越性。因此，当变量数目太大时，一般不再用卡诺图进行手工化简。为了进一步解决化简问题，通常采用列表化简法，列表法又称为 Quine-McCluskey 法，简称为 Q-M 法。列表法化简逻辑函数的基本思想与卡诺图化简法类似，即找出相邻项进行合并。但该方法采用表格形式，其优点是规律性强，对变量数较多的函数，尽管工作量很大，但总可以经过反复比较、合并得到最简结果。列表法很适合计算机辅助处理，有关该方法的详细介绍可查阅相关资料，在此不再赘述。

本章小结

本章对逻辑电路分析与设计的重要数学工具——逻辑代数进行了较详细的介绍。要求在了解逻辑运算、逻辑变量、逻辑函数、复合逻辑等基本概念的基础上，重点掌握逻辑代数的公理、定理和规则，逻辑函数表达式的两种基本形式和两种标准形式，以及表达式形式的变换；熟练掌握化简逻辑函数的两种基本方法，即代数法和卡诺图法。

思考题与练习题

1. 逻辑代数中包含哪几种基本运算？
2. 逻辑代数定义了哪 5 组公理？
3. 逻辑代数有哪几条重要规则？
4. 逻辑代数中的变量与函数和普通代数中的变量与函数有何区别？
5. 什么是最小项？什么是最大项？最小项和最大项各有哪些性质？

6. 一个逻辑函数的与-或表达式和或-与表达式是否唯一？

7. 怎样根据逻辑函数的真值表写出逻辑函数的标准表达式？

8. 用代数化简法化简逻辑函数有哪些优点和哪些缺点？

9. 用卡诺图化简逻辑函数时，应如何画卡诺圈才能求得一个函数的最简与-或表达式？

10. 如果 $X+Y=X+Z$，那么一定有 $Y=Z$。正确吗？为什么？

11. 如果 $X+Y=X+Z$，且 $XY=XZ$，那么一定有 $Y=Z$。正确吗？为什么？

12. 如果 $X+Y=X \cdot Y$，那么 $X=Y$。正确吗？为什么？

13. 假设一个电路中，指示灯 F 和开关 A、B、C 的关系为 $F=(A+B)C$，试画出相应的电路图。

14. 用逻辑代数的公理、基本等式和规则证明下列表达式。

（1）$AB+\overline{A}C=\overline{A\overline{B}+\overline{A}\,\overline{C}}$

（2）$A\overline{ABC}=A\overline{B}\,\overline{C}+A\overline{B}C+AB\overline{C}$

（3）$ABC+\overline{A}\,\overline{B}\,\overline{C}=\overline{A\overline{B}+B\overline{C}+\overline{A}C}$

15. 根据反演规则和对偶规则求下列函数的反函数和对偶函数。

（1）$F=\overline{A}B+B\overline{C}+A(C+\overline{D})$

（2）$F=A[\overline{B}+(C\overline{D}+\overline{E})G]$

16. 用代数化简法求出下列逻辑函数的最简与-或表达式。

（1）$F=A\overline{B}+B+BCD$

（2）$F=A+\overline{A}B+AB+\overline{A}\,\overline{B}$

（3）$F=AB+AD+\overline{B}\,\overline{D}+A\overline{C}\,\overline{D}$

（4）$F=(A+B+C)(\overline{A}+B)(A+B+\overline{C})$

17. 将下列逻辑函数表示成标准与-或表达式和标准或-与表达式。

（1）$F(A,B,C)=\overline{\overline{A}B+\overline{A}\,\overline{C}}$

（2）$F(A,B,C,D)=(\overline{A}+BC)(\overline{B}+\overline{C}\,\overline{D})$

18. 用卡诺图化简法求出下列逻辑函数的最简与-或表达式和最简或-与表达式。

（1）$F(A,B,C)=(A+B)C+\overline{A}\,\overline{B}$

（2）$F(A,B,C,D)=\overline{A}\,\overline{B}+\overline{A}\,\overline{C}D+AC+B\overline{C}$

（3）$F(A,B,C,D)=BC+D+\overline{D}(\overline{B}+\overline{C})(AD+B)$

（4）$F(A,B,C,D)=\prod M(2,4,6,10,11,12,13,14,15)$

第 3 章 集成逻辑门

逻辑门是组成各类数字逻辑电路的基本逻辑器件。随着微电子技术的发展，人们不再使用二极管、三极管、电阻、电容等分立元件设计各种逻辑器件，而是把实现各种逻辑功能的元器件及其连线都集成在同一块半导体材料基片上，并封装在一个壳体中，通过引线与外界联系，这就构成了所谓的集成电路，通常又称为集成电路芯片。采用集成电路进行数字系统设计，不仅可以简化设计和调试过程，而且可以使系统具有可靠性高、功耗低、成本低和易于维护等优点。

本章在简单介绍数字集成电路的类型以及半导体器件开关特性的基础上，主要讨论集成逻辑门的逻辑功能、基本工作原理及常用的集成逻辑门电路，并通过逻辑函数的实现建立逻辑函数与逻辑门的关系，要求重点掌握常用集成逻辑门的外部特性、功能及应用。

3.1 数字集成电路的分类

数字集成电路是构成数字系统的物质基础。集成电路的种类很多，可以从不同的角度对其进行分类，通常有如下 3 种分类方法。

3.1.1 按采用的半导体器件分类

根据所采用的半导体器件不同，常用的数字集成电路可以分为两大类：一类是采用双极型半导体器件作为元件的双极型集成电路；另一类是采用金属-氧化物-半导体场效应管（Metal-Oxide-Semiconductor Field Effect Transistor，MOSFET）作为元件的单极型集成电路，简称为 MOS 型集成电路。相对而言，双极型集成电路的特点是速度快、负载能力强，但功耗较大、结构较复杂，因而使集成规模受到一定限制；MOS 型集成电路的特点是结构简单、制造方便、集成度高、功耗低，但速度一般比双极型集成电路稍慢。

双极型集成电路又可分为晶体管-晶体管逻辑（Transistor-Transistor Logic，TTL）电路、射极耦合逻辑（Emitter Coupled Logic，ECL）电路和集成注入逻辑（Integrated Injection Logic，I^2L）电路等类型。TTL 电路于 20 世纪 60 年代问世，经过电路和工艺的不断改进，不仅具有速度快、逻辑电平摆幅大、抗干扰能力和负载能力强等优点，而且具有不同型号的系列产品，是广泛应用的一类集成电路。ECL 电路的最大优点是速度特别快且平均传输延迟时间短，主要缺点是制造工艺复杂、功耗大、抗干扰能力较弱，常用于高速系统中。I^2L 电路的主要优点是电路结构简单、功耗低，适合于构造大规模和超大规模集成电路；主要缺点是抗干扰能力较差，因而很少加工成中、小规模集成电路使用。MOS 型集成电路又可分为 P 沟道 MOS（P-Channel Metal-Oxide-Semiconductor，PMOS）、N 沟道 MOS（N-Channel Metal-Oxide-Semiconductor，NMOS）和互补 MOS（Complement Metal-Oxide-Semiconductor，CMOS）等类型。PMOS 和 NMOS 按其工作特性又均可进一步分为耗尽型和增强型两种类型。PMOS 管是早期产品，不仅工作速度低，而且由于电源电压为负压，构成的逻辑器件兼容性差，因而很少单独使用。相对而言，NMOS 工作速度较高，且电源电压为正压，构成的逻辑器件兼容性较好，因而得到广泛应用。CMOS 电路是由 PMOS 增强型管和 NMOS 增强型管组成的互补 MOS 电路，这种电路是继 TTL 电路问世之后所开发的第 2 种被广泛应用的电路，它以其优越的综合性能被应用于各种不同规模的集成逻辑器件中。本章主要讨论 TTL 逻辑门和 CMOS 逻辑门。

3.1.2 按集成电路规模分类

根据集成电路规模的大小，通常将其分为小规模集成电路（Small Scale Integration，SSI）、中规模集成电路（Medium Scale Integration，MSI）、大规模集成电路（Large Scale Integration，LSI）和超大规模集成电路（Very Large Scale Integration，VLSI）。分类的依据是一片集成电路芯片上所包含的元器件数目。一般来说，单片内含元器件数目小于 100 个的属于 SSI；单片内含元器件数目在 100～999 个之间的属于 MSI；单片内含元器件数目在 1000～99 999 个之间的属于 LSI；单片内含元件数目达到 100 000 个以上的属于 VLSI。值得指出的是，用来作为分类依据的元器件数目不是绝对精确的数量概念，而仅仅是一个大致范围。本章讨论的逻辑门属于小规模集成电路。

3.1.3 按设计方法和功能定义分类

根据设计方法和功能定义，数字集成电路可分为**非定制电路**（Non-custom Design IC）、**全定制电路**（Full-custom design IC）和**半定制电路**（Semi-custom Design IC）。非定制电路又称为标准集成电路，这类电路具有生产量大、使用广泛、价格便宜等优点，例如，各种小、中、大规模通用集成电路产品。全定制电路是为了满足用户特殊应用要求而专门生产的集成电路，通常又称为专用集成电路（Application Specific Integrated Circuit，ASIC）。专用集成电路具有可靠性高、保密性好等优点，但由于这类电路无论从性能、结构上都是专为满足某种用户要求而设计的，因而一般设计费用高、销售量小。半定制电路是由厂家生产出功能不确定的集成电路，再由用户根据要求进行适当处理，令其实现指定功能，即由用户通过对已有芯片进行功能定义将通用产品专用化。换而言之，这种电路从性能上讲是为满足用户的各种特殊要求而专门设计的，但从电路结构上讲则带有一定的通用性。例如，目前广泛使用的可编程逻辑器件（Programmable Logic Device，PLD）即属于半定制电路。本章讨论的逻辑门属于标准逻辑器件。

3.2 半导体器件的开关特性

数字电路中的双极型晶体管（Bipolar Junction Transistor，BJT）和 MOS 管等器件一般是以开关方式运用的。它们在脉冲信号作用下，时而饱和导通，时而截止，类似于开关的“接通”与“断开”。由于这些器件通常要运用在开关频率十分高的电路中，因此，要求器件在导通与截止两种状态之间的转换必须在极短的时间内完成。研究这些器件的开关特性时，除了要研究它们在导通与截止两种状态下的静止特性外，还要分析它们在导通和截止状态之间的转变过程，即动态特性。下面以双极型晶体管为例，对其静态开关特性和动态开关特性作简单介绍。

3.2.1 晶体二极管的开关特性

晶体二极管（简称二极管）是由 P 型半导体和 N 型半导体形成的 PN 结。二极管种类有很多，通常按照所用的半导体材料的不同，可分为锗二极管和硅二极管；按照结构不同，可分为点接触型和面接触型；根据其不同用途，可分为开关二极管、检波二极管、整流二极管、稳压二极管、隔离二极管、发光二极管等。二极管的外形更是多种多样，图 3.1 所示为几种不同型号二极管的实物图。

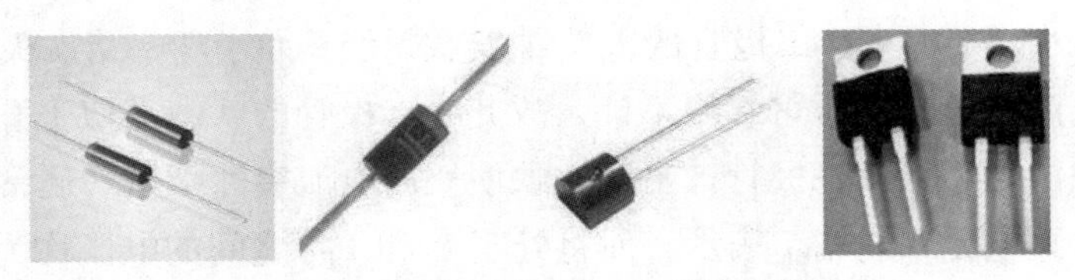

图 3.1 几种不同型号二极管的实物图

1. 静态开关特性

二极管的静态开关特性是指二极管处在导通和截止两种稳定状态下的特性。图 3.2（a）给出了一个硅二极管电路符号，图 3.2（b）所示为其静态开关特性（又称为伏安特性或者 V-I 特性）。

二极管的静态开关特性是由二极管的单向导电特性决定的，从 V-I 特性可知，二极管的电压与电流关系是非线性的。其静态开关特性分为正、反向特性。

（1）正向特性

二极管的正向特性表现为在外加正向电压作用下，二极管处于导通状态。但如图 3.2（b）所示，二极管的正向特性中存在一个门槛电压，或称阈值电压 V_{TH}（一般锗管约 0.1V，硅管约 0.5V），当外加电压 v_D 小于 V_{TH} 时，管子处于截止状态，电阻很大、电流 i_D 接近于 0，此时二极管类似于开关的断开状态；当电压 v_D 达到导通电压 V_{TH} 时，管子开始导通，电流 i_D 开始上升；当 v_D 超过 V_{TH} 达到一定值（一般锗管为 0.3V，硅管为 0.7V）时，管子处于充分导通状态，电阻变得很小，电流 i_D 急剧增加，此时二极管类似于开关的接通状态。通常将使二极管达到充分导通状态的电压称为二极管的导通电压，用 V_F 表示。

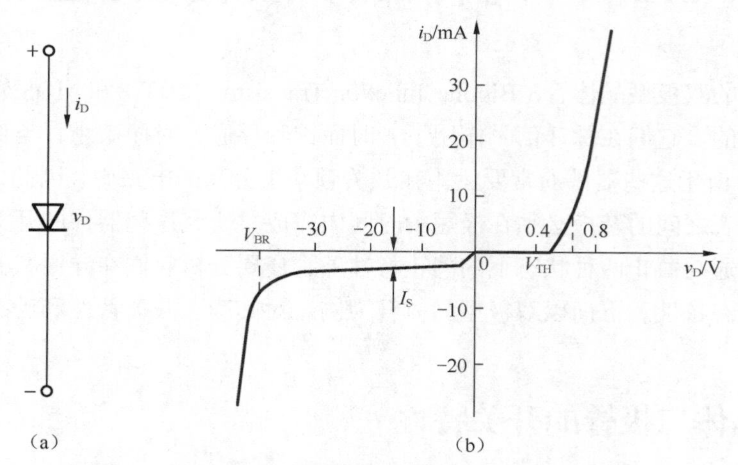

图 3.2　硅二极管的电路符号和 V-I 特性

（2）反向特性

如图 3.2（b）所示，二极管的反向特性表现为当外加反向电压在一定数值范围内时，反向电阻很大，反向电流很小，而且反向电压的变化基本不引起反向电流的变化，二极管处于截止状态。截止状态下的反向电流被称为反向饱和电流，用 I_S 表示。在常温下硅二极管的反向饱和电流比锗管小，小功率硅二极管的 I_S 为纳安数量级，而小功率锗二极管的 I_S 为微安数量级。由于反向电流很小，通常可忽略不计，故此时二极管的状态类似于开关断开。当反向电压超过某个极限值时，将使二极管被击穿，致使反向电流突然猛增。通常将使二极管击穿的电压称为反向击穿电压，用 V_{BR} 表示，而将处于 0 和 V_{BR} 之间的电压称为反向截止电压，用 V_R 表示。由于二极管具有上述的单向导电性，所以在数字电路中经常把它当作开关使用。

使用二极管时应注意：由于正向导通时可能因流过的电流过大而导致二极管烧坏，所以，组成实际电路时通常要串接一只电阻 R，以限制二极管的正向电流；在外加反向电压时，一般反向电压应小于反向击穿电压 V_{BR}，以保证二极管正常工作。

图 3.3（a）给出了一个由二极管组成的开关电路，图 3.3（b）所示为二极管导通状态下的等效电路，图 3.3（c）所示为二极管在截止状态下的等效电路，图中忽略了二极管的正向压降。

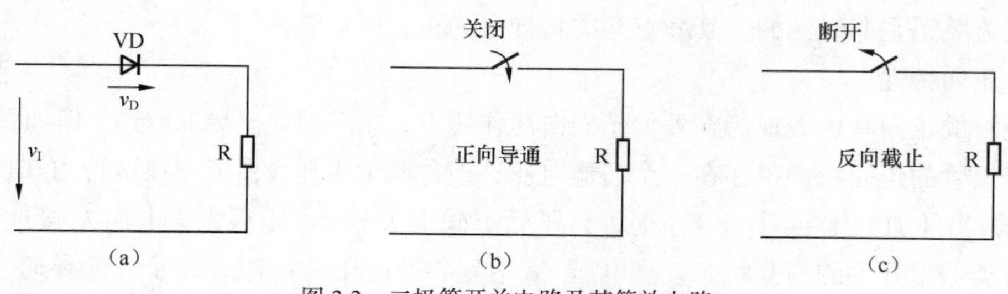

图 3.3　二极管开关电路及其等效电路

2. 动态开关特性

二极管的动态特性是指二极管在导通与截止两种状态转换过程中的特性，它表现为完成两种状态之间的转换需要一定的时间。通常把二极管从正向导通到反向截止所需要的时间称为反向恢复时间，而把二极管从反向截止到正向导通所需要的时间称为开通时间。相比之下，开通时间很短，一般可以忽略不计。因此，影响二极管开关速度的主要因素是反向恢复时间。

（1）反向恢复时间

在理想情况下，当作用在二极管两端的电压由正向导通电压 V_F 转为反向截止电压 V_R 时，二极管应该立即由导通转为截止，电路中只存在极小的反向电流。但实际情况如图 3.4 所示，当对图 3.4（a）所示二极管开关电路加入一个图 3.4（b）所示的输入电压时，电路中电流变化过程如图 3.4（c）所示。

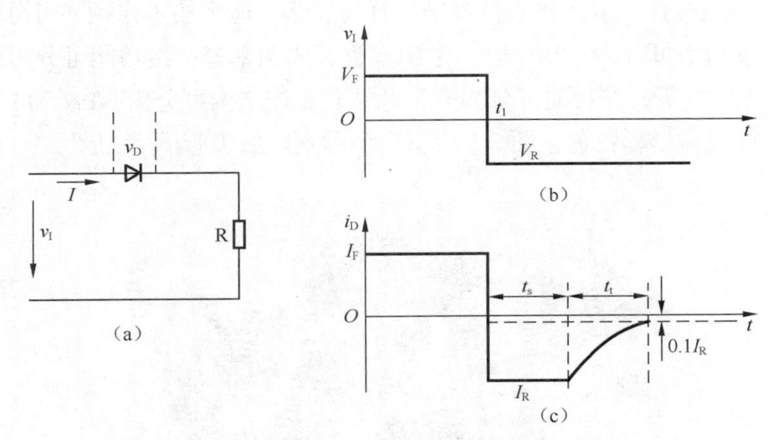

图 3.4　二极管的动态特性

图 3.4 中，在 $0 \sim t_1$ 时间内输入正向导通电压 V_F，二极管导通，由于二极管导通时电阻很小，所以电路中的正向电流 I_F 基本上取决于输入电压和电阻 R，即 $I_F \approx V_F/R$。在 t_1 时刻，输入电压突然由正向电压 V_F 转为反向电压 V_R，在理想情况下二极管应该立即截止，电路中只有极小的反向电流。但实际情况是二极管并不立即截止，而是先由正向的 I_F 变到一个很大的反向电流 $I_R \approx V_R/R$，该电流维持一段时间 t_s 后才开始逐渐下降，经过一段时间 t_t 后下降到一个很小的数值 $0.1I_R$（接近反向饱和电流 I_S），这时二极管才进入反向截止状态。通常把二极管从正向导通转为反向截止的过程称为反向恢复过程，其中 t_s 称为存储时间，t_t 称为渡越时间，$t_{re}=t_s+t_t$ 称为反向恢复时间。

产生反向恢复时间 t_{re} 的原因是：当二极管外加正向电压 V_F 时，PN 结两边的多数载流子不断向对方区域扩散，这不仅使空间电荷区变窄，而且有相当数量的载流子存储在 PN 结的两侧，正向电流越大，P 区存储的电子和 N 区存储的空穴就越多；当输入电压突然由正向电压 V_F 变为反向电压 V_R 时，PN 结两边存储的载流子在反向电压作用下朝各自原来的方向运动，即 P 区中的电子被拉回 N 区，N 区中的空穴被拉回 P 区，形成反向漂移电流 I_R，由于开始时空间电荷区依然很窄，二极管电阻很小，所以反向电流很大，$I_R \approx V_R/R$；经过时间 t_s 后，PN

结两侧存储的载流子显著减少，空间电荷区逐渐变宽，反向电流慢慢减小，直至经过时间 t_t 后，I_R 减小至反向饱和电流 I_S，二极管趋于截止。

（2）开通时间

二极管从截止转为正向导通所需要的时间称为开通时间。由于 PN 结在正向电压作用下空间电荷区迅速变窄，正向电阻很小，因而在导通过程中及导通以后，正向压降都很小，故电路中的正向电流 $I_F \approx V_F/R$。而且加入输入电压 V_F 后，回路电流几乎是立即达到 I_F 的最大值。这就是说，二极管的开通时间很短，对开关速度影响很小，相对反向恢复时间而言以致可以忽略不计。

3.2.2　晶体三极管的开关特性

晶体三极管（BJT，简称三极管）由集电结和发射结两个 PN 结构成，三条引线分别称为基极 b、集电极 c 和发射极 e。三极管的种类同样有很多，通常按工作频率可分为低频管、高频管、超频管；按功率可分为小功率管、中功率管、大功率管；按功能可分为开关管、功率管、达林顿管、光敏管等；按材质可分为硅管和锗管；按结构可分为 NPN 和 PNP 管，等等。三极管的外形可以说是形形色色，图 3.5 所示为各种不同三极管的实物图。

图 3.5　各种不同三极管的实物图

1. 静态特性

三极管根据两个 PN 结的偏置极性，有截止、放大、饱和 3 种工作状态。图 3.6（a）给出了一个简单的 NPN 三极管共发射极开关电路，其输出特性曲线如图 3.6（b）所示。

在图 3.6（a）所示电路中，通过输入电压 v_I 对 b 点电压加以控制，可使三极管工作在截止、放大、饱和 3 种工作状态。

（1）截止状态

当输入电压 $v_I \leqslant 0$ 时，三极管的发射结和集电结均处于反偏状态（$v_b<v_e$，$v_b<v_c$），三极管工作在截止状态，对应于图 3.6（b）中所示的截止区，工作点位于 A 点。此时，$i_b \approx 0$，$i_c \approx 0$，输出电压 $v_{ce} \approx V_{CC}$，三极管类似于开关断开。实际上，当 v_I 小于晶体管阈值电压 V_{TH} 时，三极管已处于截止状态。

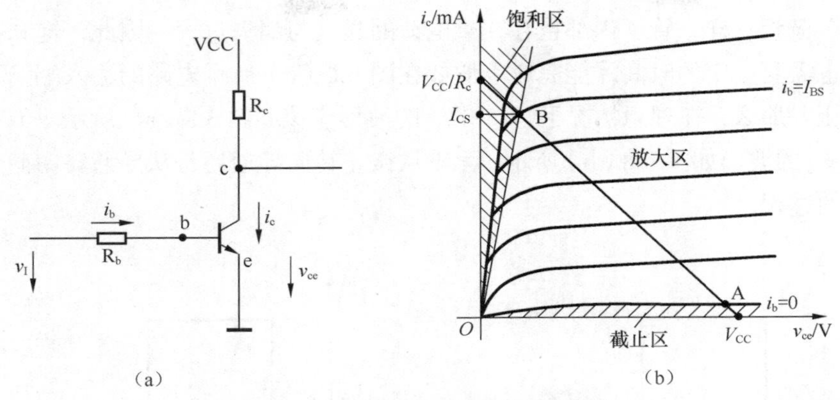

图 3.6　三极管开关电路及其输出特性

（2）放大状态

当输入电压 v_I 大于晶体管阈值电压 V_{TH} 而小于某一数值，使得三极管的发射结正偏而集电结反偏（$v_b>v_e$，$v_b<v_c$）时，三极管工作在放大状态，对应于图 3.6（b）中的放大区。此时，集电极电流 i_c 的大小受基极电流 i_b 的控制，i_c 的变化量是 i_b 变化量的 β 倍，即 $i_c=\beta i_b$。

（3）饱和状态

当输入电压 v_I 大于某一数值，使得三极管的发射结和集电结均处于正偏（$v_b>v_e$，$v_b>v_c$）时，三极管工作在饱和状态，对应于图 3.6（b）中所示的饱和区，工作点位于 B 点。此时，基极电流 $i_b \geqslant I_{BS}$（基极临界饱和电流）$\approx V_{CC}/\beta R_c$，集电极电流 $i_c=I_{CS}$（集电极饱和电流）$\approx V_{CC}/R_c$。输出电压 $v_{ce}\approx 0.3$V，类似于开关接通。

在数字逻辑电路中，三极管被作为开关元件工作在饱和与截止两种状态，相当于一个由基极信号控制的无触点开关，其作用对应于触点开关的“闭合”与“断开”。图 3.7 给出了图 3.6 所示电路在三极管截止与饱和两种状态下的等效电路。三极管在截止与饱和这两种稳态下的特性称为三极管的静态开关特性。

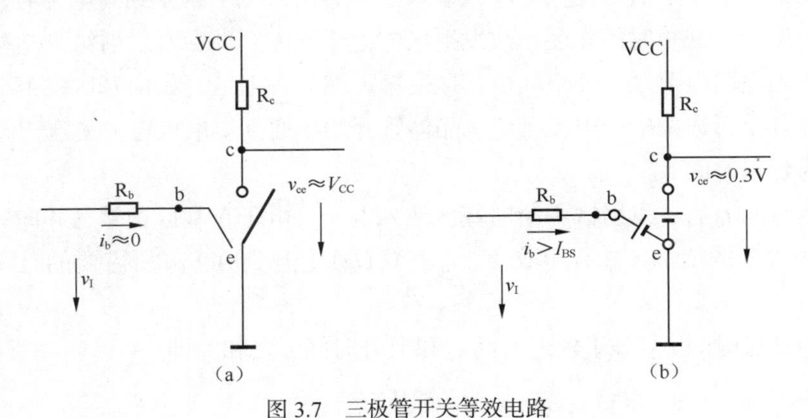

图 3.7　三极管开关等效电路

2. 动态特性

三极管在饱和与截止两种状态转换过程中具有的特性称为三极管的动态特性。三极管的开关过程和二极管一样，管子内部也存在着电荷的建立与消失过程。因此，饱和与截止两种状态的转换也需要一定的时间才能完成。假如在图 3.6（a）所示电路的输入端输入一个理想的矩形波电压，那么，在理想情况下，i_c 和 v_{ce} 的波形应该如图 3.8（a）所示。但在实际转换过程中 i_c 和 v_{ce} 的波形如图 3.8（b）所示，无论从截止转向导通还是从导通转向截止都存在一个逐渐变化的过程。

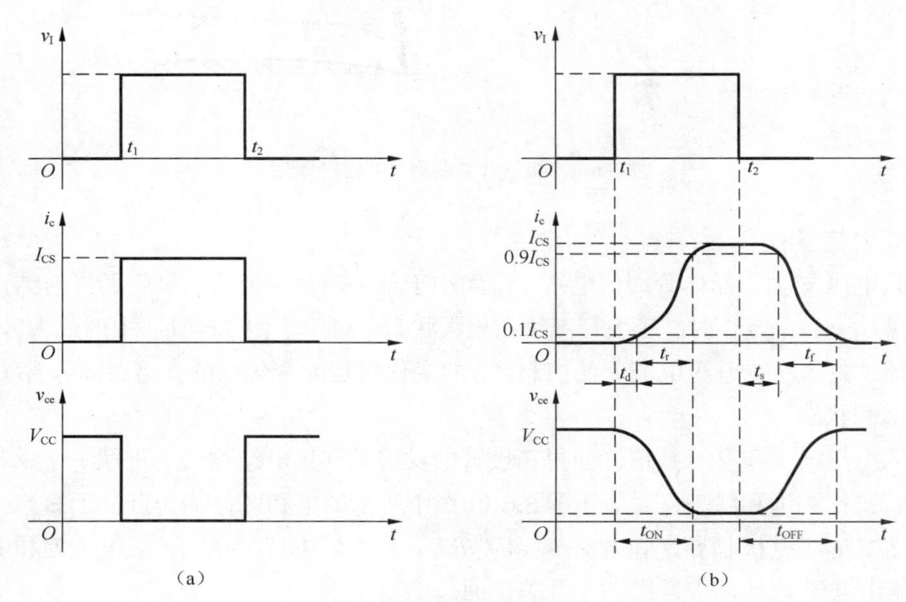

图 3.8　三极管的动态特性

（1）开通时间

开通时间是指三极管从截止到饱和导通所需要的时间，记为 t_{ON}。当三极管处于截止状态时，发射结反偏，空间电荷区比较宽。当输入信号 v_I 由低电平跳变到高电平时，由于发射结空间电荷区仍保持在截止时的宽度，故发射区的电子不能立即穿过发射结到达基区。这时发射区的电子进入空间电荷区，使空间电荷区变窄，然后发射区开始向基区发射电子，晶体管开始导通，并开始形成集电极电流 i_c。从晶体管开始导通到集电极电流 i_c 上升到 $0.1I_{CS}$ 所需要的时间称为延迟时间 t_d。

经过延迟时间 t_d 后，发射区不断向基区注入电子，电子在基区积累，并向集电区扩散。随着基区电子浓度的增加，i_c 不断增大。i_c 由 $0.1I_{CS}$ 上升到 $0.9I_{CS}$ 所需要的时间称为上升时间 t_r。

三极管的开通时间 t_{ON} 等于延迟时间 t_d 和上升时间 t_r 之和，即

$$t_{ON}=t_d+t_r$$

开通时间的长短取决于三极管的结构和电路工作条件。

（2）关闭时间

关闭时间是指三极管从饱和导通到截止所需要的时间，记为 t_{OFF}。经过上升时间以后，集电极电流继续增加到 I_{CS} 后，由于进入了饱和状态，集电极收集电子的能力减弱，过剩的

电子在基区不断积累起来，称为超量存储电荷；同时，在集电区靠近边界处也积累起一定的空穴，故集电结处于正向偏置。

当输入信号 v_I 由高电平跳变到低电平时，上述存储电荷不能立即消失，而是在反向电压作用下产生漂移运动而形成反向基流，促使超量存储电荷泄放。在存储电荷完全消失前，集电极电流维持 I_{CS} 不变，直至存储电荷全部消散，三极管才开始退出饱和状态，i_c 开始下降。从输入信号 v_I 下跳开始，到集电极电流 i_c 下降到 $0.9I_{CS}$ 所需要的时间称为存储时间 t_s。

在基区存储的多余电荷全部消失后，基区中的电子在反向电压作用下越来越少，集电极电流 i_c 也不断减小，并逐渐接近于零。集电极电流由 $0.9I_{CS}$ 降至 $0.1I_{CS}$ 所需的时间称为下降时间 t_f。

三极管的关闭时间 t_{OFF} 等于存储时间 t_s 和下降时间 t_f 之和，即

$$t_{OFF}=t_s+t_f$$

同样，关闭时间的长短取决于三极管的结构和电路工作条件。

开通时间 t_{ON} 和关闭时间 t_{OFF} 的大小是影响电路工作速度的主要因素。

3.3 逻辑门电路

在数字系统中，各种逻辑运算是由基本逻辑电路来实现的。这些基本电路控制着系统中信息的流通，它们的作用和门的开关作用极为相似，故称为逻辑门电路，简称逻辑门或门电路。逻辑门是逻辑设计的最小单位，不论其内部结构如何，在数字电路逻辑设计中都仅作为基本元件出现。

逻辑门电路

了解逻辑门电路的内部结构、工作原理和外部特性，对数字逻辑电路的分析和设计是十分必要的，尤其是外部特性。本节将从实际应用的角度出发，主要介绍 TTL 集成逻辑门和 CMOS 集成逻辑门。学习时应重点掌握集成逻辑门电路的功能和外部特性，以及器件的使用方法；对其内部结构和工作原理只要求作一般了解。

3.3.1 简单逻辑门

实现与、或、非 3 种基本逻辑运算的逻辑电路分别称为与门、或门和非门，它们是 3 种最基本的逻辑门。为了使读者对门电路的工作原理有一个初步了解，在介绍集成逻辑门之前，先对用分立元件构成的 3 种简单逻辑门进行介绍。

1. 与门

实现与逻辑功能的电路称为与门。与门有两个以上输入端和一个输出端。图 3.9（a）给出了一个由二极管组成的 2 输入与门电路，与其对应的逻辑符号如图 3.9（b）所示。

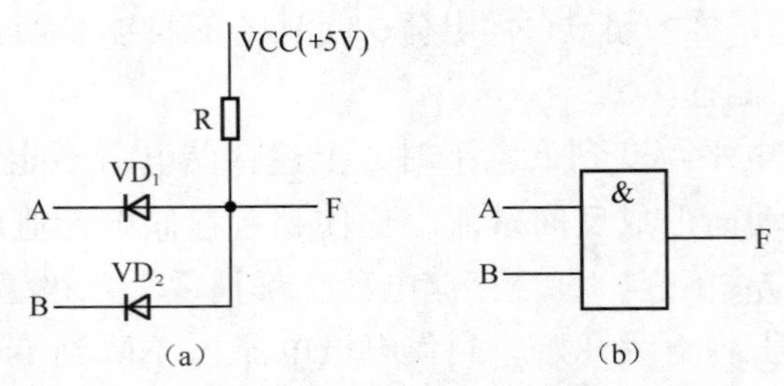

图 3.9　二极管与门电路及与门逻辑符号

图 3.9（a）中，A、B 为输入端，F 为输出端。输入信号为低电平 0V 或者高电平+5V。假定二极管正向电阻为 0，反向电阻无穷大，则根据输入信号取值的不同，可分为如下两种工作情况。

① 当两个输入端 A、B 的电压均为低电平（0V），或者其中的一个为低电平 0V 时，输入为低电平的二极管将处于导通状态，从而使得输出端 F 的电压被钳制在 0V 附近，即 $V_F \approx 0V$。

② 当两个输入端 A、B 的电压均为高电平+5V 时，二极管 VD_1、VD_2 均截止，输出端 F 的电压等于电源电压 V_{CC}，即 $V_F=+5V$。

归纳上述两种情况，可得出该电路输入 A、B 和输出 F 的电压取值关系如表 3.1 所示。假定高电平+5V 表示逻辑值 1，低电平 0V 表示逻辑值 0，则该电路输入/输出之间的逻辑取值关系如表 3.2 所示。

表 3.1　与门输入/输出的电压关系

A/V	B/V	F/V
0	0	0
0	+5	0
+5	0	0
+5	+5	+5

表 3.2　与门真值表

A	B	F
0	0	0
0	1	0
1	0	0
1	1	1

由表 3.2 可知，该电路实现了与运算的逻辑功能，输出 F 和输入 A、B 之间的逻辑关系表达式为 F=A・B。

2. 或门

实现或逻辑功能的电路称为或门。或门可以有两个或者两个以上输入端和一个输出端。由二极管构成的 2 输入或门电路如图 3.10（a）所示，与其对应的逻辑符号如图 3.10（b）所示。

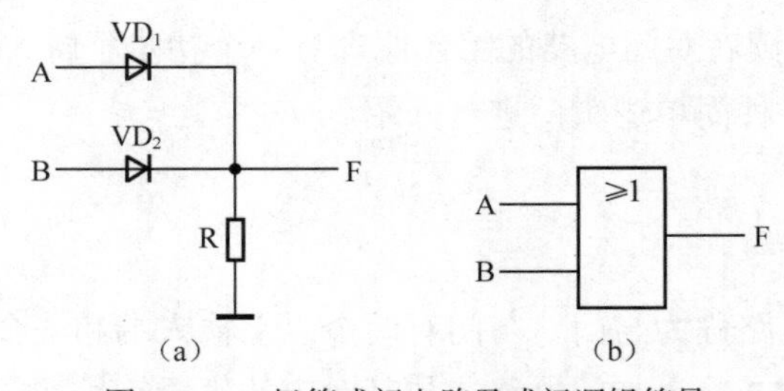

图 3.10　二极管或门电路及或门逻辑符号

图 3.10（a）中，A、B 为输入端，F 为输出端。按照前面与门中的假定，该电路根据输入信号取值的不同，同样可分为如下两种工作情况。

① 当两个输入端 A、B 的电压均为低电平（0V）时，二极管 D_1、D_2 均截止，输出端 F 的电压为低电平，即 $V_F \approx 0V$。

② 当两个输入端 A、B 的电压均为+5V，或者其中的一个为+5V 时，输入为+5V 的二极管将处于导通状态，从而使得输出端 F 的电压为高电平，即 $V_F \approx +5V$。

归纳上述两种情况，可得出该电路输入 A、B 和输出 F 的电压取值关系如表 3.3 所示。令高电平用逻辑值 1 表示，低电平用逻辑值 0 表示，则电路的逻辑取值关系如表 3.4 所示。

表 3.3 或门输入/输出的电压关系

A/V	B/V	F/V
0	0	0
0	+5	+5
+5	0	+5
+5	+5	+5

表 3.4 或门真值表

A	B	F
0	0	0
0	1	1
1	0	1
1	1	1

由表 3.4 可知，该电路实现了或运算的逻辑功能，输出 F 和输入 A、B 之间的逻辑关系表达式为 F=A+B。

3. 非门

实现非逻辑功能的电路称为非门，有时又称为反门或者反相器。它有一个输入端和一个输出端。用三极管构成的非门电路如图 3.11（a）所示，与其对应的逻辑符号如图 3.11（b）所示。

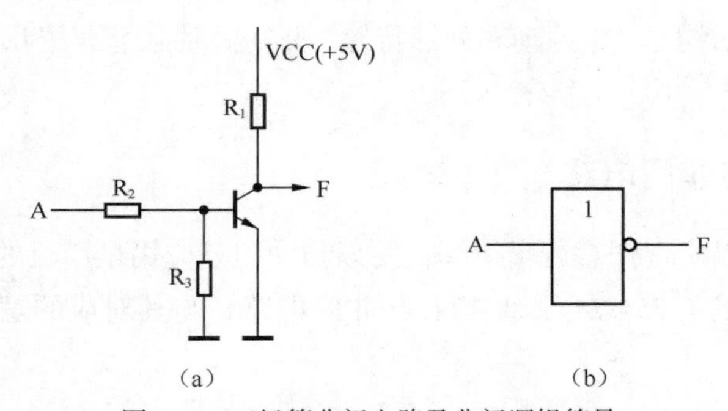

图 3.11 三极管非门电路及非门逻辑符号

图 3.11（a）所示电路中，A 为输入端，F 为输出端。假定三极管饱和导通时集电极输出电压近似为 0V，三极管截止时集电极输出电压近似为+5V，根据三极管工作原理可知：当输入 A 为低电平时，三极管截止，从而使得输出端 F 的电压为高电平，即 $V_F \approx +5V$；当输入 A 为高电平时，三极管饱和导通，输出端 F 的电压为低电平，即 $V_F \approx 0V$。输入 A 和输出 F 之间的电压取值关系如表 3.5 所示，逻辑取值关系如表 3.6 所示。

表 3.5　非门输入/输出的电压关系

V_A/V	V_F/V
0	+5
+5	0

表 3.6　非门真值表

A	F
0	1
1	0

由表 3.6 可知，该电路实现了非逻辑功能，输出 F 与输入 A 的逻辑关系表达式为 $F=\overline{A}$。

以上介绍了由二极管、三极管构成的 3 种简单门电路，虽然它们可以实现 3 种基本逻辑运算，但这类简单门电路的负载能力、开关特性等均不理想。目前实际应用中使用的是经过反复改进、性能优越的各种集成逻辑门电路。

3.3.2　TTL 集成逻辑门

TTL 是晶体管—晶体管逻辑（Transistor-Transistor Logic）的简称。TTL 逻辑门由若干晶体三极管、二极管和电阻组成。这种门电路于 20 世纪 60 年代即已问世，随后经过对电路结构和工艺的不断改进，性能得到不断改善，至今仍被广泛应用于各种逻辑电路和数字系统中。

TTL 逻辑器件根据工作环境温度和电源电压工作范围的差别分为 54 系列和 74 系列两大类。相对而言，54 系列比 74 系列的工作环境温度范围更宽，电源电压工作范围允许的偏差更大。54 系列的工作环境温度为−55℃～+125℃，电源电压工作范围为 5V ± 10%；74 系列的工作环境温度为 0℃～+70℃，电源电压工作范围为 5V ± 5%。根据器件工作速度和功耗的不同，目前国产 TTL 集成电路主要分为 4 个系列：CT54/74 系列（标准通用系列，相当于国际上 SN54/74 系列）；CT54H/74H 系列（高速系列，相当于国际上 SN54H/74H 系列）；CT54S/74S 系列（肖特基系列，相当于国际上 SN54S/74S 系列）；CT54LS/74LS 系列（低功耗肖特基系列，相当于国际上 SN54LS/74LS 系列）。字母 C 代表中国，T 代表 TTL，有时被省略。各个系列的详细性能参数可查阅集成电路手册。下面以与非门为例了解一般 TTL 集成逻辑门和两种特殊逻辑门的内部结构、工作原理和外部特性，并在此基础上介绍几种常用 TTL 逻辑门及其使用注意事项。

1. 典型 TTL 与非门电路

由于与非逻辑可以实现任意逻辑运算，所以与非门是应用最广泛的逻辑门之一。图 3.12（a）所示为一个典型的 CT54/74 系列 TTL 与非门电路，与其对应的逻辑符号如图 3.12（b）所示。

（1）电路结构

图 3.12（a）所示电路按图中虚线划分为 3 部分：第一部分由多发射极晶体管 VT_1 和电阻 R_1 组成输入级，3 个输入信号通过多发射极晶体管 VT_1 的发射结实现与逻辑功能；第二部分由晶体管 VT_2 和电阻 R_2、R_3 组成中间级，由 VT_2 的集电极和发射极同时输出两个相位相反的信号分别控制 VT_3 和 VT_4 的工作状态；第三部分由晶体管 VT_3、VT_4、二极管 D_4 和电阻 R_4 组成推拉式输出级，采用这种输出级的主要优点是既能提高开关速度，又能提高带负载能力。输入端的 D_1、D_2、D_3 为输入端钳位二极管，用于限制输入端出现的负极性干扰信号，对晶体管 VT_1 起保护作用。

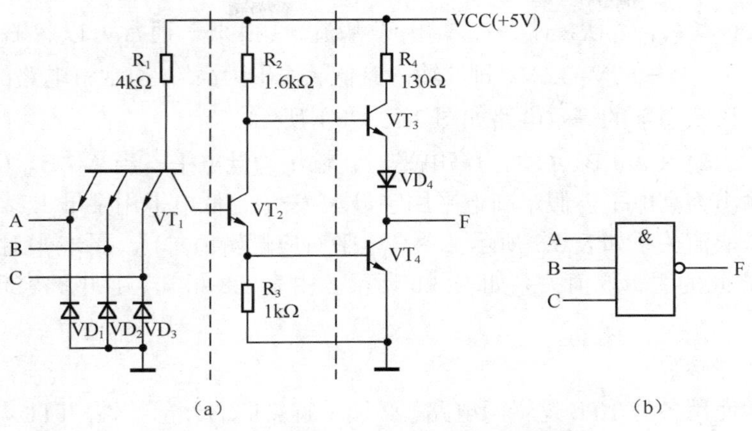

图 3.12　典型的 TTL 与非门电路及逻辑符号

（2）工作原理

当电路输入端 A、B、C 全部接高电平（3.6V）时，VT_1 的基极电位升高，使得 VT_1 的集电结、VT_2 和 VT_4 的发射结导通，VT_1 的基极电压 $v_{b1}=v_{bc1}+v_{be2}+v_{be4}\approx 2.1V$。此时，$VT_1$ 的集电极电压若为 1.4V，即 VT_1 处于发射结反向偏置，而集电结正向偏置的工作状态，称为“倒置”工作状态。另外，此时 VT_2 的集电极电压等于 VT_2 管 c、e 两点间的饱和压降与 VT_4 管的发射结压降之和，即 $v_{c2}=v_{ces2}+v_{be4}\approx 0.3V+0.7V=1V$，该值不足以使 VT_3、VD_4 导通，故 VT_3、VD_4 处于截止状态。而 VT_2 的发射极向 VT_4 提供了足够的基极电流，使 VT_4 处于饱和导通状态，故输出电压 $v_F\approx 0.3V$，即“输入全为高，输出为低”。通常将这种工作状态称为导通状态，该状态下的等效电路如图 3.13（a）所示。

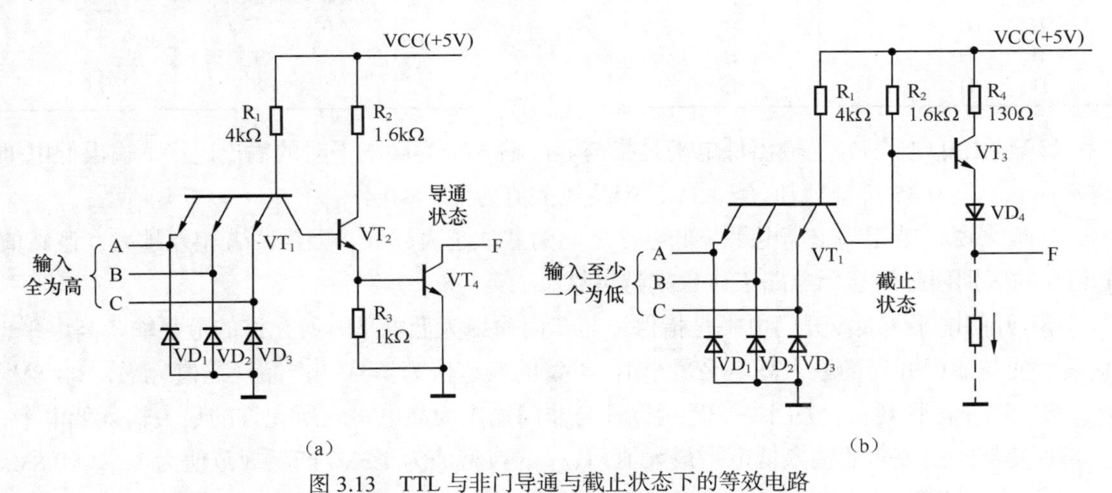

图 3.13　TTL 与非门导通与截止状态下的等效电路

当输入端 A、B、C 中至少有一个接低电平（0.3V）时，多射极晶体管 VT_1 对应于输入端接低电平的发射结导通，使 VT_1 的基极电位等于输入低电平加上发射结正向导通压降，即 $v_{b1}\approx 0.3V+0.7V=1V$。该电压作用于 VT_1 的集电结和 VT_2、VT_4 的发射结上，显然不可能使 VT_2 和 VT_4 导通，所以 VT_2、VT_4 均截止。由于 VT_2 截止，电源 VCC 通过 R_2 驱动 VT_3 和 VD_4 管，使之工作在导通状态，VT_3 发射结的导通压降和 VD_4 的导通压降均为 0.7V，故电路

输出电压 v_F 为 $v_F \approx V_{CC}-i_{b3}R_2-v_{be3}-v_{D4}$；由于基流 i_{b3} 很小，通常可以忽略不计，故 $v_F \approx V_{CC}-v_{be3}-v_{D4}$= 5V−0.7V−0.7V=3.6V，即"输入有低，输出为高"。通常将电路的这种工作状态称为截止状态，该状态下的等效电路如图 3.13（b）所示。

综合上述，当输入 A、B、C 均为高电平时，输出为低电平；当 A、B、C 中至少有一个为低电平时，输出为高电平。假定高电平用字母 H 表示，低电平用字母 L 表示，电路输出/输入之间的电压取值关系如表 3.7 所示。令高电平对应逻辑值"1"，低电平对应逻辑值"0"，电路输出/输入之间的逻辑取值关系如表 3.8 所示。由表 3.8 可知，该电路实现了与非逻辑功能，即 $F=\overline{ABC}$。

（3）主要特性参数

为了更好地使用各种 TTL 逻辑门电路，必须了解它们的外部特性。TTL 与非门的主要特性参数有输出逻辑电平、开门电平、关门电平、扇入系数、扇出系数、平均传输延迟时间和平均功耗等。

① 输出高电平 V_{OH}。输出高电平是指与非门的输入至少有一个接低电平时的输出电平。输出高电平通常在 3.5～4.2V，其典型值为 3.6V，产品规范值为 $V_{OH} \geqslant 2.4$V。

表 3.7　TTL 与非门的电压取值关系

输入			输出
A	B	C	F
L	L	L	H
L	L	H	H
L	H	L	H
L	H	H	H
H	L	L	H
H	L	H	H
H	H	L	H
H	H	H	L

表 3.8　TTL 与非门的逻辑取值关系

输入			输出
A	B	C	F
0	0	0	1
0	0	1	1
0	1	0	1
0	1	1	1
1	0	0	1
1	0	1	1
1	1	0	1
1	1	1	0

② 输出低电平 V_{OL}。输出低电平是指与非门输入全为高电平时的输出电平。输出低电平通常在 0.2V～0.35V，典型值是 0.3V，产品规范值为 $V_{OL} \leqslant 0.4$V。

一般来说，希望输出高电平与低电平之间的差值越大越好，因为两者相差越大，逻辑值 1 和 0 的区别便越明显，电路工作也就越可靠。

③ 开门电平 V_{ON}。开门电平是指保证与非门输出为低电平时所允许的最小输入高电平，它表示使与非门开通的输入高电平最小值。V_{ON} 的典型值为 1.5V，产品规范值为 $V_{ON} \leqslant 1.8$V。

④ 关门电平 V_{OFF}。关门电平是指保证与非门输出为高电平时所允许的最大输入低电平，它表示使与非门关断的输入低电平最大值。V_{OFF} 的典型值为 1.3V，产品规范值为 $V_{OFF} \geqslant 0.8$V。

⑤ 扇入系数 N_I。扇入系数是指与非门提供的输入端个数，它是由电路制造厂家在电路生产时预先安排好的。通常 N_I 为 2～5，一般最多不超过 8。实际应用中要求输入端数目超过 N_I 时，可通过分级实现的方法减少对扇入系数的要求。

⑥ 扇出系数 N_o。扇出系数是指允许与非门输出端连接同类门的最多个数，它反映了与非门的带负载能力。典型 TTL 与非门的扇出系数 $N_o \geqslant 8$。

⑦ 平均传输延迟时间 t_{pd}。平均传输延迟时间是指一个矩形波信号从与非门输入端传到

与非门输出端（反相输出）所延迟的时间。如图3.14所示，通常将从输入波上沿中点到输出波下沿中点的延迟时间称为导通延迟时间 t_{PHL}；从输入波下沿中点到输出波上沿中点的延迟时间称为截止延迟时间 t_{PLH}。平均延迟时间定义为

$$t_{pd}=(t_{PHL}+t_{PLH})/2$$

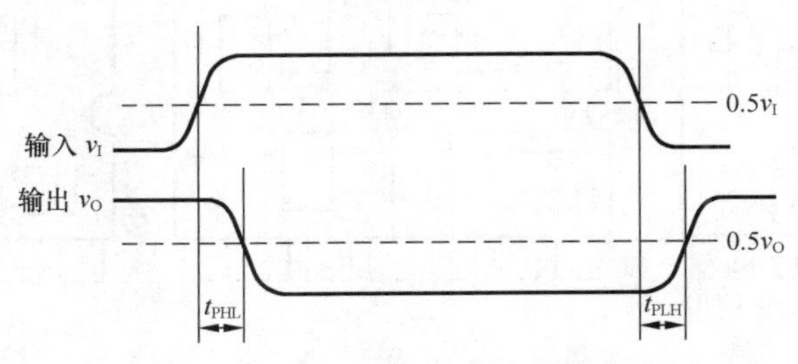

图3.14　TTL与非门的传输延迟时间

平均延迟时间是反映与非门开关速度的一个重要参数。t_{pd} 的典型值为10ns，一般小于40ns。

⑧ 平均功耗 P。平均功耗指在空载条件下工作时所消耗的平均电功率。通常将输出为低电平时的功耗称为空载导通功耗 P_{ON}，输出为高电平时的功耗称为空载截止功耗 P_{OFF}，一般 P_{ON} 比 P_{OFF} 大。平均功耗 P 是取空载导通功耗 P_{ON} 和空载截止功耗 P_{OFF} 的平均值，即

$$P=(P_{ON}+P_{OFF})/2$$

TTL与非门的平均功耗一般为20mW左右。

有关各种逻辑门的具体参数可在使用时查阅有关集成电路手册和产品说明书。

2. 常用的TTL集成逻辑门

常用的TTL集成逻辑门有与门、或门、非门、与非门、或非门、与或非门、异或门等不同功能的产品。各种集成逻辑门属于小规模集成电路，图3.15所示为几种常用逻辑门的芯片实物图。

图3.15　几种常用逻辑门的芯片实物图

（1）基本逻辑门

基本逻辑门是指实现3种基本逻辑运算的与门、或门和非门。常用的TTL与门集成电路芯片有4-2输入与门7408，3-3输入与门7411等，图3.16（a）所示为3-3输入与门7411的引脚排列图；常用的TTL或门集成电路芯片有4-2输入或门7432，图3.16（b）所示为7432的引脚排列图；常用的TTL非门集成电路芯片有六反相器7404，图3.16（c）所示为7404的引脚排列图。图3.16中，VCC为电源引脚，GND为接地引脚。

（2）复合逻辑门

复合逻辑门是指实现复合逻辑运算的与非门、或非门、与或非门、异或门等。常用的TTL与非门集成电路芯片有4-2输入与非门7400，3-3输入与非门7410，2-4输入与非门7420等。

图 3.17 中的（a）、（b）和（c）分别给出了 7400、7410 和 7420 的引脚排列图。图 3.17（c）中的 NC 为空脚。

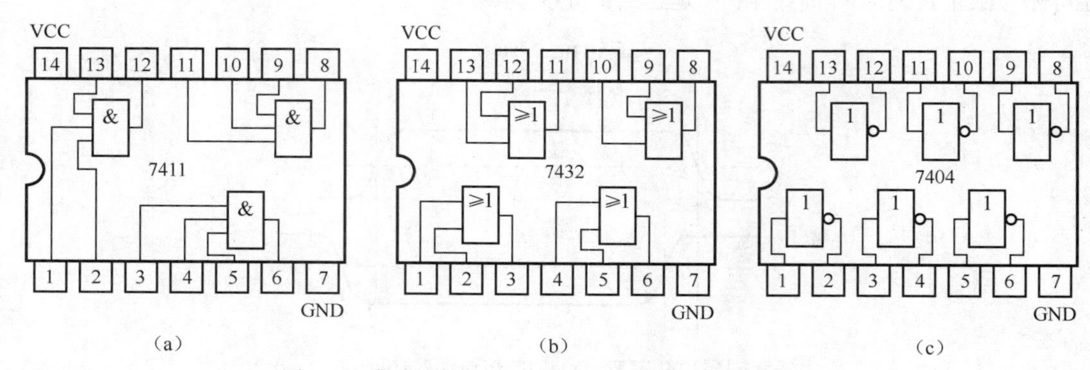

图 3.16　集成逻辑门 7411、7432 和 7404 的引脚排列图

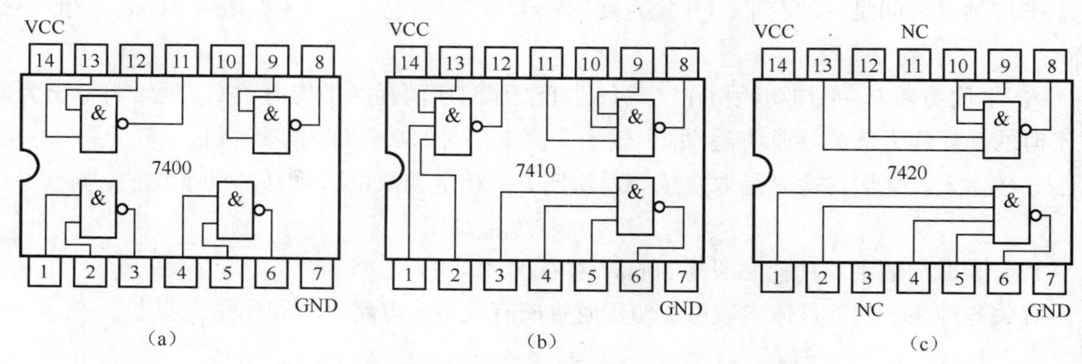

图 3.17　集成逻辑门 7400、7410 和 7420 的引脚排列图

常用的 TTL 或非门集成电路芯片有 4-2 输入或非门 7402，3-3 输入或非门 7427 等。图 3.18（a）所示为 2-2 输入或非门的逻辑符号，图 3.18（b）所示为 7402 的引脚排列图。

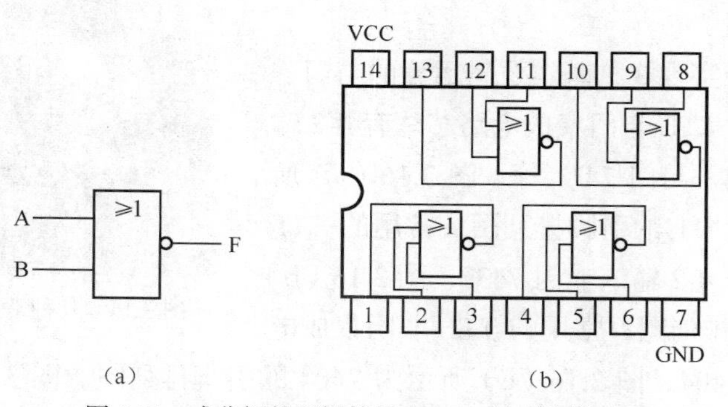

图 3.18　或非门的逻辑符号和 7402 的引脚排列图

常用的 TTL 与或非门集成电路芯片有双 2-2 与或非门 7451、3-2-2-3 与或非门 7454 等。图 3.19（a）所示为 2-2 与或非门的逻辑符号，图 3.19（b）所示为 7451 的引脚排列图。

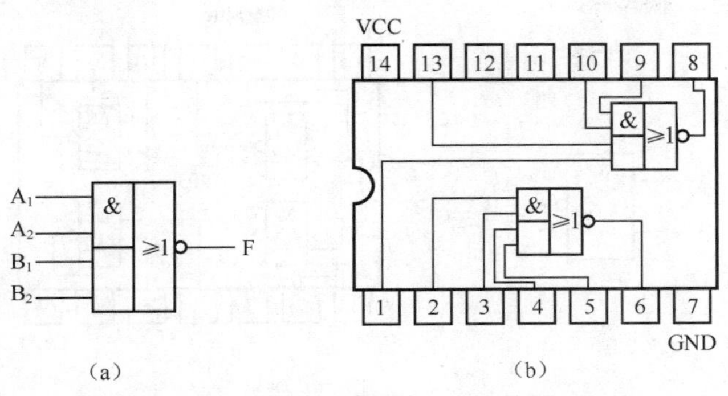

图 3.19 与或非门的逻辑符号和 7451 的引脚排列图

异或门只有两个输入端，常用的 TTL 异或门集成电路芯片有 7486 等。图 3.20（a）所示为异或门的逻辑符号，图 3.20（b）所示为 7486 的引脚排列图。

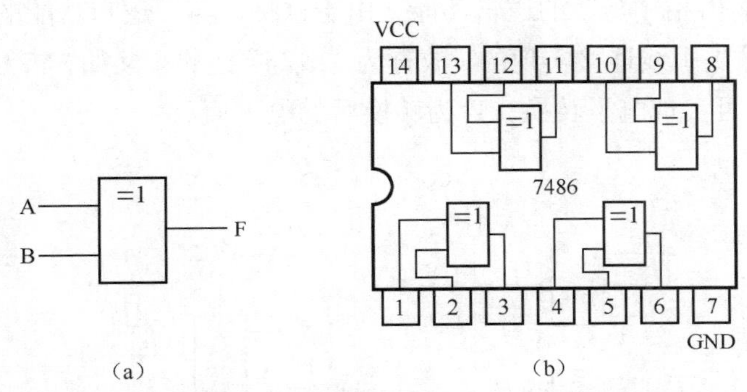

图 3.20 异或门的逻辑符号和 7486 的引脚排列图

3. 两种特殊的逻辑门电路

一般 TTL 逻辑门的输出是不能并联使用的，即两个逻辑门的输出不能直接对接。例如，假定将前面介绍的两个典型 TTL 与非门的输出端直接相连，则由于不论门电路处于导通状态还是截止状态，输出级都呈现低阻抗，因而会形成一个远远超过电路的正常工作电流的负载电流，该电流可能导致逻辑门损坏。为此，实际应用中还有两种广泛使用的特殊逻辑门——集电极开路门（OC 门）和三态门（TS 门）。

两种特殊的逻辑门电路

（1）集电极开路门（OC 门）

TTL 系列产品中专门设计了一种输出端可以相互连接的特殊逻辑门，称为集电极开路门（Open Collector Gate，OC 门）。

常用的 TTL 集电极开路门芯片有六反相器 7405，4-2 输入与门 7409，4-2 输入与非门 7403，3-3 输入与非门 7412，4-4 输入与非门 7422，3-3 输入与门 7415 等。图 3.21（a）所示为 2 输入集电极开路与非门的逻辑符号，图 3.21（b）所示为 4-2 输入与非门 7403 的引脚排列图。

在数字系统中，使用集电极开路与非门可以很方便地实现线与逻辑、电平转换以及直接驱动发光二极管等。

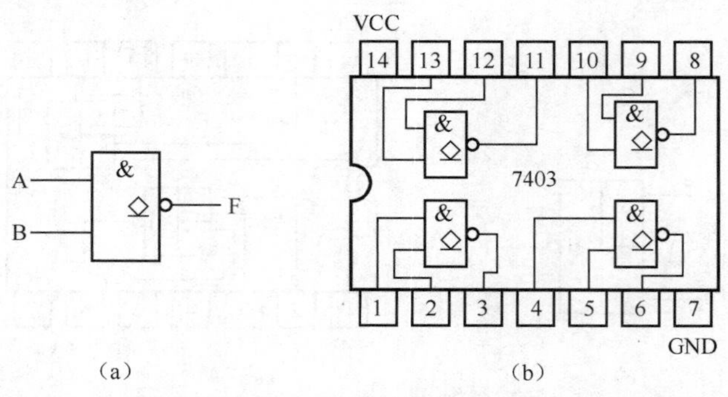

图 3.21　2 输入与非门（OC）的逻辑符号和 7403 的引脚排列图

例如，当将两个 OC 与非门按图 3.22（a）所示连接时，只要 F_1 或 F_2 有一个为低电平，则 F 为低电平，仅当 F_1 和 F_2 均为高电平时，才能使 F 为高电平，即 $F=F_1 \cdot F_2=\overline{A_1B_1C_1} \cdot \overline{A_2B_2C_2}$，实现了两个与非门输出相“与”的逻辑功能。由于这种“与”逻辑功能的实现并没有使用与门，而是由门电路输出引线连接实现的，故称为“线与”逻辑。又如，将 OC 与非门按图 3.22（b）所示连接，即可实现电平转换，V_r 为转换后的电平值。

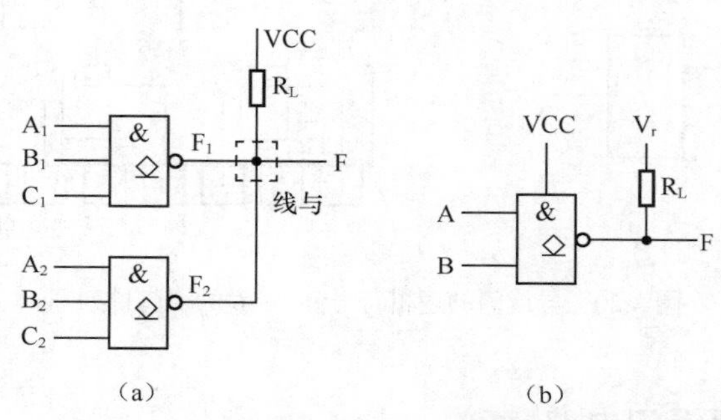

图 3.22　OC 门构成的线与和电平转换逻辑电路

（2）三态输出门（TS 门）

三态输出门简称三态门，或称为 TS（Three State）门。三态门有 3 种输出状态：高电平、低电平和高阻状态。前两种状态为工作状态，后一种状态为禁止状态。值得注意的是，三态门不是指具有 3 种逻辑值。在工作状态下，三态门的输出可为逻辑“1”或者逻辑“0”；在禁止状态下，其输出呈现高阻抗，相当于开路。

三态门在一般逻辑门的基础上，增加了一个使能控制端（EN）。有使能控制端为高电平有效的产品（当 EN=1 时，电路正常工作；当 EN=0 时，输出处于高阻状态），也有使能控制端为低电平有效的产品（当 EN=0 时，电路正常工作；当 EN=1 时，输出处于高阻状态）。在三态门的逻辑符号上通常用 EN 表示高电平有效，用 $\overline{EN}$ 表示低电平有效（有时也通过在控制端加一个小圆圈表示低电平有效）。常用的 TTL 三态门芯片有四总线缓冲门 74125（使能控制端为低电平有效）、74126（使能控制端为高电平有效），12 输入与非门 74134（使能控制端为低电平有效）等。图 3.23（a）和图 3.23（b）分别给出了 74134 的逻辑符号和引脚排列图。

利用三态门不仅可以实现线与，而且被广泛应用于总线传送，它既可用于单向数据传送，也可用于双向数据传送。

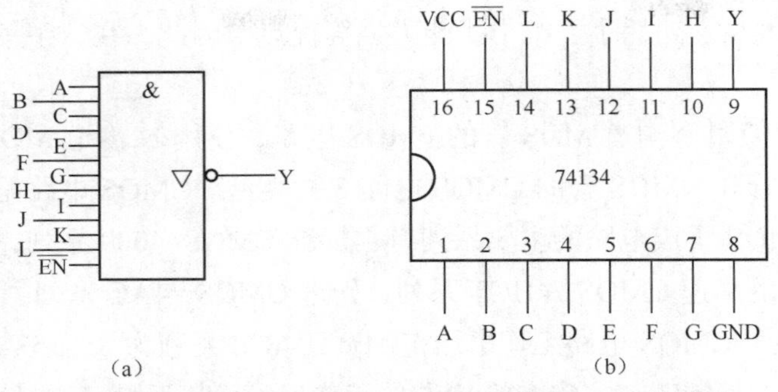

图 3.23　三态输出与非门 74134 的逻辑符号和引脚排列图

图 3.24（a）所示为用三态门组成的单向数据传输总线。当某个三态门的控制端为 1 时，该逻辑门处于工作状态，输入数据经反相后送至总线。为了保证数据传送的正确性，任意时刻 n 个三态门的控制端只能有一个为 1，其余均为 0，即只允许一个数据端与总线接通，其余均断开，以便实现 n 个数据的分时传送。

图 3.24（b）所示为用两种不同控制输入的三态门组成的双向数据传输总线。图中 EN=1 时，G_1 工作，G_2 处于高阻状态，数据 D_1 被取反后送至总线；EN=0 时，G_2 工作，G_1 处于高阻状态，总线上的数据被取反后送到数据端 D_2，从而实现了数据的分时双向传送。

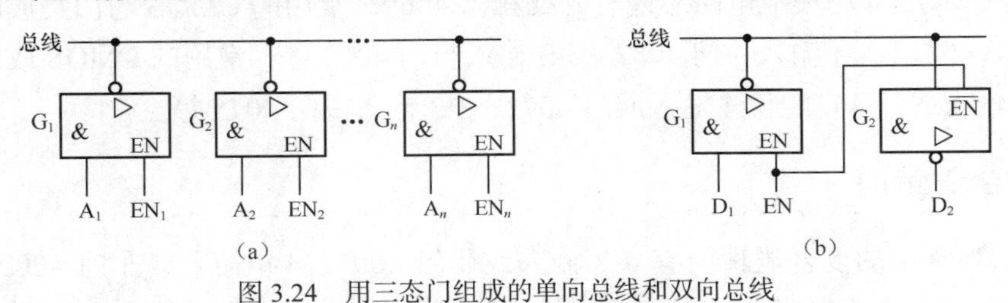

图 3.24　用三态门组成的单向总线和双向总线

多路数据通过三态门共享总线，实现数据分时传送的方法，在计算机和其他数字系统中被广泛使用。

有关各种 TTL 集成门电路的详细资料可查阅集成电路芯片手册。

4. TTL 逻辑门的使用注意事项

① TTL 逻辑门的电源电压应满足 5V ± 5%的要求，电源不能反接。

② 一般逻辑门的输出不能并联使用（OC 门和三态门除外），也不允许直接与电源或“地”相连接。

③ 对逻辑门的多余输入端，应根据不同逻辑门的逻辑要求接电源、地，或者与其他使用的输入引脚并接。例如，将与门和与非门的多余输入端接电源，或门和或非门的多余输入端接地。总之，既要避免多余输入端悬空造成信号干扰，又要保证对多余输入端的处置不影响正常的逻辑功能。

3.3.3　CMOS 集成逻辑门

以 MOS 管作为开关元件的逻辑门电路称为 MOS 门电路。由于 MOS 集成门电路具有制造工艺简单、集成度高、功耗小、抗干扰能力强等优点，因此，在数字集成电路产品中占据相当大的比例。

MOS 门电路有使用 P 沟道 MOS 管的 PMOS 电路，使用 N 沟道 MOS 管的 NMOS 电路和同时使用 PMOS 管和 NMOS 管的 CMOS 电路 3 种类型。CMOS 电路是目前应用最广泛的一类集成电路。CMOS 集成电路的主要系列有：标准 CMOS 4000 系列，高速 CMOS 74HC 系列，与 TTL 兼容的高速 CMOS 74HCT 系列，先进 CMOS 74AC 系列，与 TTL 兼容的先进 CMOS 74ACT 系列。CMOS 电路工作电压范围宽，4000 系列为 3～15V，74HC 系列为 2～6V。随着制造工艺的不断改进，CMOS 电路的工作速度已接近 TTL 电路，而在集成度、功耗、抗干扰能力等方面则远远优于 TTL 电路。目前，几乎所有的超大规模集成器件，如超大规模存储器件、可编程逻辑器件等都采用 CMOS 工艺制造。

常用的 CMOS 逻辑门有 CMOS 4000 系列，高速 CMOS 74HC 系列。国产 CMOS 集成电路主要有 CC4000 系列，其中第 1 个字母 C 代表中国，第 2 个字母 C 代表 CMOS。下面以 4000 系列为例，给出几种常用逻辑门的型号。

1. 基本逻辑门

常用的 CMOS 非门集成电路芯片有六反相器 4069；常用的 CMOS 与门集成电路芯片有 4-2 输入与门 4081、4-4 输入与门 4082、3-3 输入与门 4073 等；常用的 CMOS 或门集成电路芯片有 4-2 输入或门 4071、4-4 输入或门 4072、3-3 输入或门 4075 等。

2. 复合逻辑门

4000 系列常用的复合逻辑门有 4-2 输入或非门 4001、4-4 输入或非门 4002、3-3 输入或非门 4025；4-2 输入与非门 4011、4-4 输入与非门 4012、3-3 输入与非门 4023；四异或门 4030 等。

有关各种 CMOS 集成门电路的详细资料可查阅 CMOS 集成电路芯片手册。

3. CMOS 逻辑门的使用注意事项

① 注意所有规定的极限参数指标。如电源电压、输入电压范围、允许功耗、工作环境和储存环境温度范围等。

② 保证正常的电源电压值。CMOS 逻辑门的电压工作范围较宽，大多在 3～18V 范围内均可以工作。一般令电源电压 $V_{DD}=(V_{DDmax}+V_{DDmin})/2$，其中 V_{DDmax} 和 V_{DDmin} 分别表示工作电压的上限和下限。

③ 输入端不允许悬空，否则会导致门电路被击穿，一般可视具体情况接电源或地。一般 CMOS 逻辑门的输出端不能并联使用。

④ 由于 CMOS 逻辑门电路中 MOS 管栅极的氧化层很薄，容易被击穿，所以应注意采取一些常规的静电击穿防止措施。例如，在开始进行实验、测量、调试时，应先接通电源后加信号，结束时应先断开信号再关电源；拔插芯片时应先断开电源；储藏、运输时应该使用导电材料屏蔽等。

3.3.4　正逻辑和负逻辑

1. 正逻辑与负逻辑的概念

前面介绍各种逻辑门电路时，是约定用高电平表示逻辑 1、低电平表示逻辑 0 来讨论其逻辑功能的。事实上，用电平的高和低表示逻辑值 1 和 0 的关系并不是唯一的。既可以规定用高电平表示逻辑 1、低电平表示逻辑 0，也可以规定用高电平表示逻辑 0，低电平表示逻辑 1。这就引出了正逻辑和负逻辑的概念。

通常，把用高电平表示逻辑 1、低电平表示逻辑 0 的规定称为正逻辑。反之，把用高电平表示逻辑 0、低电平表示逻辑 1 的规定称为负逻辑。

2. 正逻辑门与负逻辑门的关系

对于同一电路，正逻辑与负逻辑的规定不涉及逻辑电路本身的结构与性能好坏，但不同的规定可使同一电路具有不同的逻辑功能。

例如，假定某逻辑门电路的输入为 A、B，输出为 F。电路输入/输出电平关系如表 3.9 所示。若按正逻辑规定，则可得到表 3.10 所示的真值表，由真值表可知，该电路是一个正逻辑的与门；若按照负逻辑规定，则可得到表 3.11 所示的真值表，由真值表可知，该电路是一个负逻辑的或门。由此可见，正逻辑与门等于负逻辑或门。

表 3.9　输入/输出电平关系

A	B	F
L	L	L
L	H	L
H	L	L
H	H	H

表 3.10　正逻辑真值表

A	B	F
0	0	0
0	1	0
1	0	0
1	1	1

表 3.11　负逻辑真值表

A	B	F
1	1	1
1	0	1
0	1	1
0	0	0

上述逻辑关系可以用反演规则证明。假定一个正逻辑与门的输出为 F，输入为 A、B，即有 $F=A \cdot B$。根据反演规则，可得 $\overline{F}=\overline{A}+\overline{B}$。这就是说，若将一个逻辑门的输出和所有输入都反相，则正逻辑变为负逻辑。据此，可将正逻辑门转换为负逻辑门。几种常用逻辑门的正、负逻辑符号变换如图 3.25 所示。

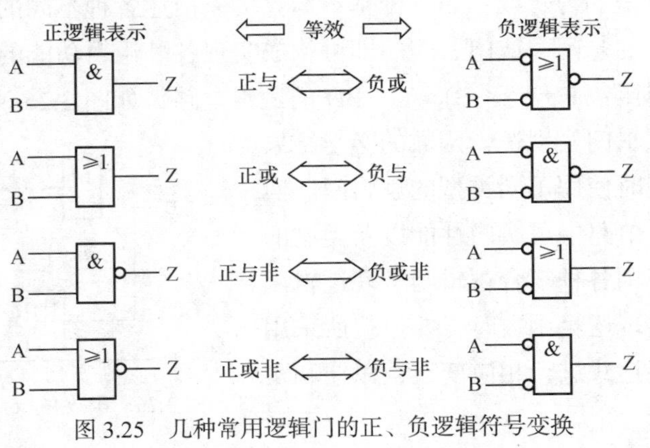

图 3.25　几种常用逻辑门的正、负逻辑符号变换

前面讨论各种逻辑门电路时，都是按照正逻辑规定来定义其逻辑功能的。实际应用中一般都采用正逻辑，在本书中约定按正逻辑讨论问题，所有门电路的符号均按正逻辑表示。表 3.12 列出了常用逻辑门的逻辑符号与功能。

表 3.12　　常用逻辑门的逻辑符号与功能

名　称	符　号	表 达 式	名　称	符　号	表 达 式
与门	A, B — & — F	$F=A \cdot B$	与或非门	A, B, C, D — & ≥1 — F	$F=\overline{AB+CD}$
或门	A, B — ≥1 — F	$F=A+B$	异或门	A, B — =1 — F	$F=A \oplus B$
非门	A — 1 — F	$F=\overline{A}$	同或门	A, B — = — F	$F=A \odot B$
与非门	A, B — & — F	$F=\overline{A \cdot B}$	OC 与非门	A, B — & ◇ — F	$F=\overline{A \cdot B}$
或非门	A, B — ≥1 — F	$F=\overline{A+B}$	三态与非门	A, B, EN — & ▽ — F	$F=\overline{A \cdot B}$ EN 为使能控制

3.4　逻辑函数的实现

在掌握了各种逻辑门之后，就能够建立起逻辑函数与逻辑门之间的关系了。用逻辑函数表达式描述的各种逻辑问题均可用逻辑门实现，而且实现某一逻辑功能的逻辑电路并不是唯一的，它不仅与表征该逻辑功能的函数表达式形式及繁简有关，而且与采用的逻辑门类型有关。

逻辑函数的实现

由于用逻辑代数中的与、或、非 3 种基本运算可以描述各种不同的逻辑问题，所以使用相应的与门、或门、非门即可构成实现各种逻辑功能的电路。例如，用 3 种基本逻辑门实现逻辑函数 $F=(A+B) \cdot C+\overline{B}D$ 的逻辑电路，如图 3.26 所示。

采用 3 种基本逻辑门实现逻辑函数的必然结果是在一个电路中要同时使用不同类型的逻辑门。实际应用中，人们出于电路中逻辑门性能以及类型的一致性考虑，广泛使用各种复合逻辑门实现逻辑函数功能。用复合门实现逻辑函数时，要根据所采用的门的类型对函数表达式进行相应变换，以便和实际电路对应。

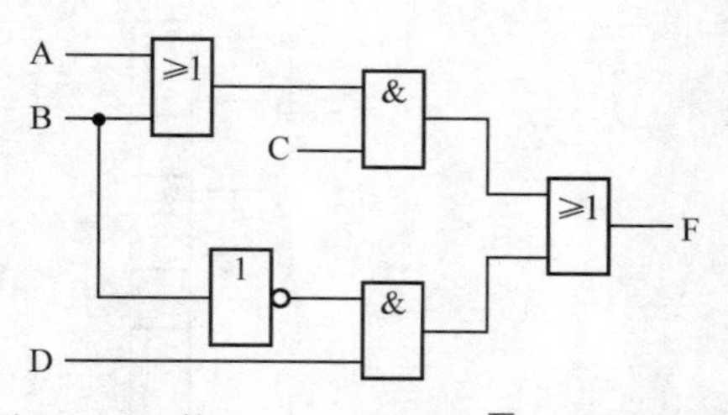

图 3.26　函数 $F=(A+B) \cdot C+\overline{B}D$ 的逻辑电路

3.4.1　用与非门实现逻辑函数

用与非门实现逻辑函数

由于与非运算可实现与、或、非 3 种基本运算，所以只要有了与非门便可实现任何逻辑函数的功能。用与非门实现逻辑函数一般按以下步骤进行。

第一步：求出函数的最简与-或表达式。

第二步：将最简与-或表达式变换成与非-与非表达式。

第三步：画出逻辑电路图。

【例 3.1】　用与非门实现逻辑函数 $F(A,B,C,D)=\sum m(0,1,4,5,6,7,8,9,15)$。

解　第一步：假定利用卡诺图化简法求函数的最简与-或表达式。可画出函数卡诺图如图 3.27（a）所示，根据卡诺图可求出逻辑函数的最简与-或表达式为

$$F(A,B,C,D)=\overline{B}\,\overline{C}+\overline{A}B+BCD$$

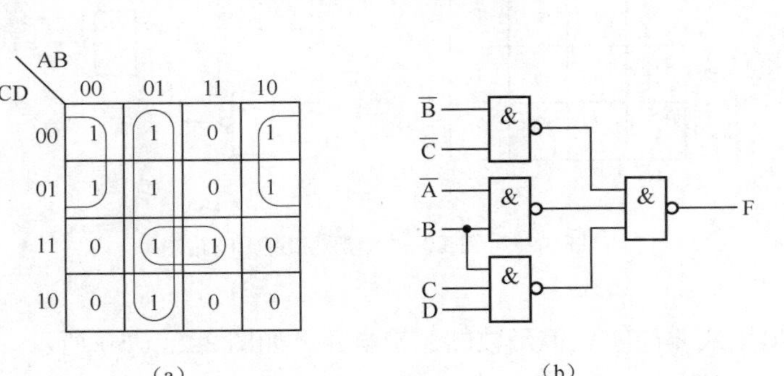

图 3.27　例 3.1 的卡诺图和逻辑电路图

第二步：对最简与-或表达式两次取反，将其变换成与非-与非表达式。

$$F(A,B,C,D)=\overline{\overline{\overline{B}\,\overline{C}+\overline{A}B+BCD}}=\overline{\overline{\overline{B}\,\overline{C}}\cdot\overline{\overline{A}B}\cdot\overline{BCD}}$$

第三步：假定输入可以同时提供原变量和反变量，可画出用与非门实现上述与非-与非表达式的逻辑电路图，如图 3.27（b）所示。该逻辑电路的输入信号经过两级与非门电路产生输出信号，通常称为二级“与非”电路。

3.4.2　用或非门实现逻辑函数

由于或非运算同样可以实现与、或、非 3 种基本运算。因此，仅仅使用或非门也可以构成实现各种逻辑功能的逻辑电路。用或非门实现逻辑函数一般按如下步骤进行。

用或非门实现逻辑函数

第一步：求出函数的最简或-与表达式。

第二步：将最简或-与表达式变换成或非-或非表达式。

第三步：画出逻辑电路图。

【例 3.2】　用或非门实现逻辑函数 $F(A,B,C,D)=CD+\overline{A}\,\overline{C}\,\overline{D}+ABD+A\overline{C}D$ 。

解　第一步：假定利用卡诺图化简法求函数的最简或-与表达式。画出函数卡诺图，如

图 3.28（a）所示。合并卡诺图上的 0 方格，可得到反函数 $\overline{F}$ 的最简与-或表达式。

$$\overline{F}(A,B,C,D)=\overline{A}\,\overline{C}+A\overline{D}$$

对反函数 $\overline{F}$ 的最简与-或表达式两边取反，得到 F 的最简或-与表达式为

$$F(A,B,C,D)=(A+C)(\overline{A}+D)$$

第二步：对 F 的最简或-与表达式两次取反，将其变换成最简或非-或非表达式为

$$\begin{aligned}F(A,B,C,D)&=\overline{\overline{(A+C)(\overline{A}+D)}}\\&=\overline{\overline{A+C}+\overline{\overline{A}+D}}\end{aligned}$$

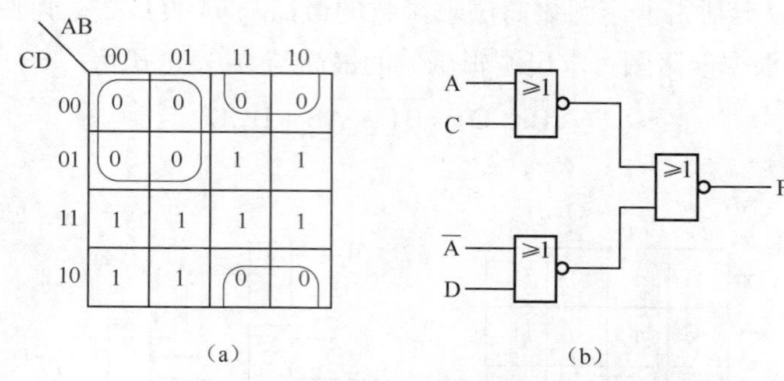

图 3.28　例 3.2 的卡诺图和逻辑电路图

第三步：画出用或非门实现该函数的逻辑电路，如图 3.28（b）所示。该逻辑电路称为两级或非电路。

3.4.3　用与或非门实现逻辑函数

用与或非门实现逻辑函数

由于与或非运算已包含了与、或、非 3 种基本运算，因此，用相应的与或非门可实现任何逻辑函数功能。用与或非门实现逻辑函数时，应求出函数的最简与-或-非表达式。用与或非门实现逻辑函数一般按以下步骤进行。

第一步：求出给定函数 F 的反函数 $\overline{F}$ 的最简与-或表达式。

第二步：对 $\overline{F}$ 的最简与-或表达式取反，得到函数 F 的与-或-非表达式。

第三步：画出逻辑电路图。

【例 3.3】　用与或非门实现逻辑函数 $F(A,B,C,D)=\sum m(1,3,4,5,6,7,12,14)$。

解　第一步：利用图 3.29（a）所示的卡诺图求出反函数 $\overline{F}$ 的最简与-或表达式为

$$\overline{F}(A,B,C,D)=AD+\overline{B}\,\overline{D}$$

第二步：对 $\overline{F}$ 的最简与-或表达式取反，可得到给定函数 F 的最简与-或-非表达式为

$$F(A,B,C,D)=\overline{AD+\overline{B}\,\overline{D}}$$

第三步：画出实现给定逻辑函数的逻辑电路图，如图 3.29（b）所示。

逻辑设计中，恰当地将与或非门和其他逻辑门配合使用，往往可以使逻辑电路大大简化。

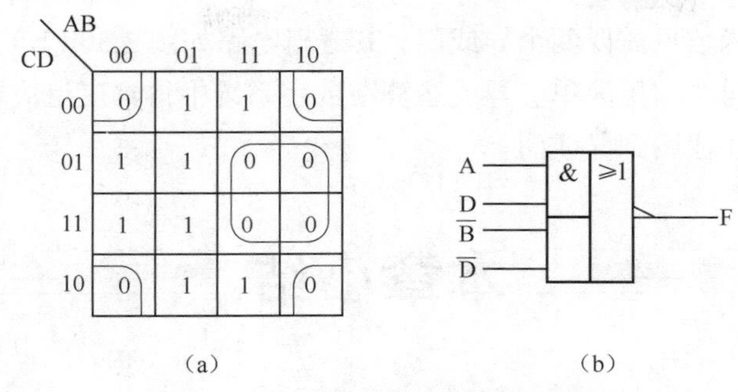

图 3.29　例 3.3 的卡诺图和逻辑电路图

3.4.4　用异或门实现逻辑函数

仅用异或逻辑运算并不能描述所有的逻辑功能，但某些特殊问题采用异或运算描述时通常可以得到十分简单的结果。所以，在逻辑设计中异或门被作为一种常用门电路得到广泛使用。用异或门实现逻辑函数时，应首先将逻辑函数变换成异或表达式，然后画出逻辑电路图。

用异或门实现逻辑函数

【例 3.4】　用异或门电路实现逻辑函数 $F(A,B,C)=\sum m(1,2,4,7)$ 。

解　该函数的标准与-或表达式已经是最简与-或表达式，即有

$$F(A,B,C)=\sum m(1,2,4,7)=\bar{A}\bar{B}C+\bar{A}B\bar{C}+A\bar{B}\bar{C}+ABC$$

若用与非门实现该函数，可直接对上式两次取反，得到函数的与非-与非表达式为

$$F(A,B,C)=\overline{\overline{\bar{A}\bar{B}C}\cdot\overline{\bar{A}B\bar{C}}\cdot\overline{A\bar{B}\bar{C}}\cdot\overline{ABC}}$$

实现该函数与非-与非表达式需用 5 个与非门，逻辑电路如图 3.30（a）所示。

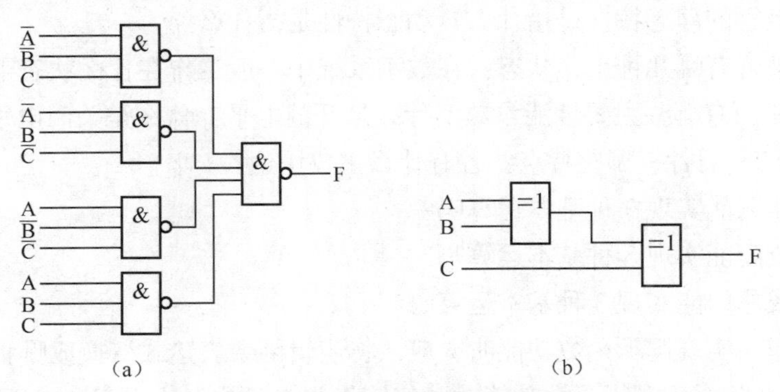

图 3.30　例 3.4 的两种逻辑电路图

若将该函数用异或运算描述，则比较简单，其函数表达式为

$$\begin{aligned}F(A,B,C)&=\bar{A}\bar{B}C+\bar{A}B\bar{C}+A\bar{B}\bar{C}+ABC\\&=(\bar{A}\bar{B}+AB)C+(\bar{A}B+A\bar{B})\bar{C}\\&=(\overline{\bar{A}B+A\bar{B}})C+(\bar{A}B+A\bar{B})\bar{C}\\&=(\bar{A}B+A\bar{B})\oplus C\\&=A\oplus B\oplus C\end{aligned}$$

用异或门实现该函数只需要两个异或门，其逻辑电路如图 3.30（b）所示。可见，用异或门实现该函数要比用与非门更简单。异或运算在数字系统中得到广泛应用，如奇偶校验、纠错编码等逻辑电路中往往用到异或门。

本章小结

本章在对数字集成电路的分类以及半导体器件开关特性进行介绍的基础上，较详细地讨论了构成数字系统的基本逻辑器件——集成逻辑门，并通过逻辑函数的实现建立了逻辑函数与逻辑器件之间的关系。要求通过对本章内容的学习，了解数字集成电路的常用分类方法、类型和分类依据，晶体二极管和三极管的开关特性，以及 TTL 集成逻辑门的基本结构和原理；熟悉集成逻辑门的主要特性参数，包括输出高电平、输出低电平、开门电平、关门电平、扇入系数、扇出系数、平均传输延迟时间和平均功耗等；熟练掌握与门、或门、非门、与非门、或非门、与或非门、异或门以及集电极开路（OC）门、三态（TS）门等常用逻辑门的逻辑符号、逻辑功能及使用方法；能灵活运用各种逻辑门实现逻辑函数的功能。

思考题与练习题

1. 根据所采用的半导体器件的不同，集成电路可分为哪两大类？各自的主要优缺点是什么？
2. 晶体二极管的静态特性是指什么？动态特性是指什么？
3. 晶体三极管有哪几种工作状态？在数字系统中一般工作在什么状态下？
4. TTL 与非门有哪些主要性能参数？什么是开门电平？什么是关门电平？
5. OC 门和 TS 门各有哪些特点？各有什么主要用途？
6. 仅用与非门能实现 3 种基本运算吗？
7. 仅用异或门能实现 3 种基本运算吗？
8. 仅用与或非门能实现 3 种基本运算吗？
9. 采用与非门实现逻辑函数功能时，应该将逻辑函数表达式变换成哪种形式？
10. 采用或非门实现逻辑函数功能时，应该将逻辑函数表达式变换成哪种形式？
11. 请问下列 4 种逻辑门中哪些门的输出可以并联使用？

（1）TTL 集电极开路门。

（2）采用推拉式输出的一般 TTL 与非门。

（3）TTL 三态输出门。

（4）普通 CMOS 门。

12. 图 3.31（a）所示为三态门组成的总线换向开关电路，其中，A、B 为信号输入端，分别传送两个频率不同的信号；EN 为换向控制端，输入信号和控制电平波形如图 3.31（b）

所示。试画出 Y_1、Y_2 的波形。

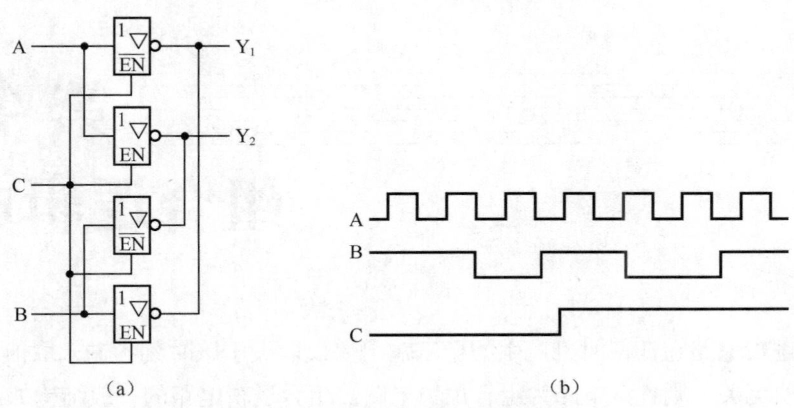

图 3.31　逻辑电路及有关信号波形

13. 分析图 3.32 所示逻辑门构成的电路，写出输出函数表达式，当输入 ABCD=1011 时，指出各逻辑函数的取值。

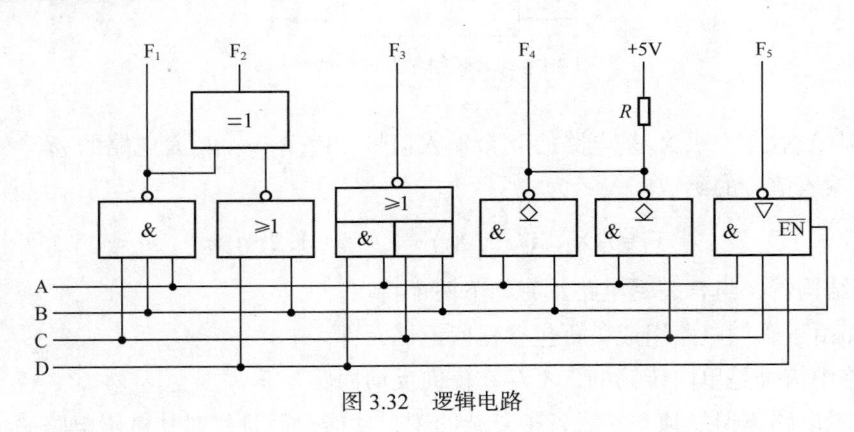

图 3.32　逻辑电路

14. 试用三态门组成一个可以实现 2 位二进制信息双向传输的逻辑电路。

15. 分别用最少的与非门和最少的或非门实现以下函数的功能。

（1）$F = AB + (A\overline{B} + \overline{A}B)C$

（2）$G(A,B,C,D) = \sum m(2,3,6,7,8,10,12,14)$

第 4 章 组合逻辑电路

如果一个逻辑电路在任何时刻产生的稳定输出仅仅取决于该时刻各输入取值的组合，而与过去的输入取值无关，则称该电路为组合逻辑电路。组合逻辑电路的一般结构如图 4.1 所示。

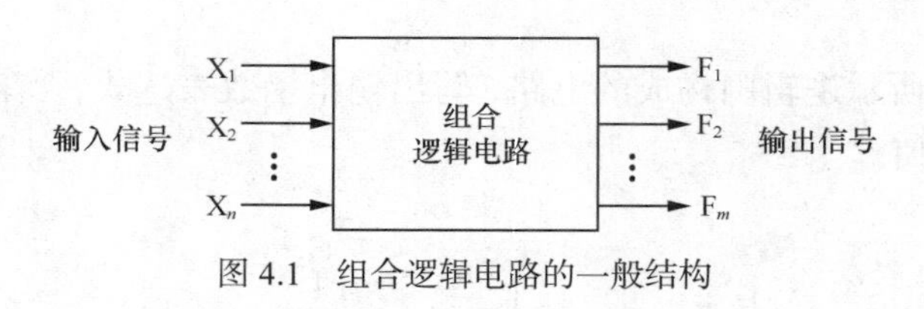

图 4.1　组合逻辑电路的一般结构

图 4.1 中，$X_1, X_2, \cdots, X_n$ 是电路的 n 个输入信号，$F_1, F_2, \cdots, F_m$ 是电路的 m 个输出信号。输出信号是输入信号的函数，表示为

$$F_i = f_i(X_1, X_2, \cdots, X_n) \qquad i = 1, 2, \cdots, m$$

从电路结构看，组合逻辑电路具有如下两个特点。

① 电路由逻辑门电路组成，不包含任何记忆元件。

② 电路中信号是单向传输的，不存在任何反馈回路。

组合逻辑电路不但能独立完成各种复杂的逻辑功能，而且是时序逻辑电路的组成部分，在数字系统中的应用十分广泛。本章重点讨论组合逻辑电路分析和设计的基本方法，以及组合逻辑电路设计中几个常见的实际问题的处理，并对组合逻辑电路中的竞争与险象问题进行介绍，最后将讨论常见中规模组合逻辑器件及其应用。

4.1　组合逻辑电路分析

所谓逻辑电路分析是指对一个给定的逻辑电路，找出其输出与输入之间的逻辑关系。通过分析，不仅可以了解给定逻辑电路的功能，而且还能吸取某些逻辑电路优秀的设计思想，以及改进和完善某些不合理的设计方案等。由此可见，逻辑电路分析是研究数字系统的一种基本技能。

组合逻辑电路的分析

4.1.1　分析的一般步骤

由于组合逻辑电路是由各种逻辑门组成的，因此熟悉各种逻辑门的功能是电路分析的基础。组合逻辑电路分析一般遵循如下步骤。

1. 根据逻辑电路图写出输出函数表达式

写输出函数表达式时，一般从输入端开始往输出端逐级推导，直至得出所有与输入变量相关的输出函数表达式为止。为了确保逻辑表达式正确无误，一般应认真识别电路中逻辑门的类型和相互连接关系。

2. 化简输出函数表达式

根据给定逻辑电路写出的输出函数表达式不一定是最简表达式，为了简单、清晰地反映电路输入/输出之间的逻辑关系，一般应对逻辑表达式进行简化。此外，描述一个电路功能的逻辑表达式是否达到最简，是评价该电路设计是否经济、合理的依据。

3. 列出输出函数真值表

根据输出函数最简表达式，列出输出函数真值表。真值表详尽地给出了电路输入、输出取值关系，比较直观地描述了电路的逻辑功能。

4. 功能评述

根据化简后的函数表达式和真值表，归纳出对电路逻辑功能的文字描述，并对原电路的设计方案进行评定，必要时提出改进意见和改进方案。

以上分析步骤是就一般情况而言的，实际应用中可根据问题的复杂程度和具体要求对上述步骤进行适当取舍。下面举例说明组合逻辑电路的分析过程。

4.1.2　分析举例

【例 4.1】　分析图 4.2 所示组合逻辑电路。

解　（1）根据逻辑电路图写出输出函数表达式

根据图 4.2 所示电路中逻辑门的功能及相互连线，从输入端往输出端逐级推导，可写出电路各级的逻辑函数表达式为

$$P_1 = \overline{ABC}$$

$$P_2 = AP_1 = A\overline{ABC}$$

$$P_3 = BP_1 = B\overline{ABC}$$

$$P_4 = CP_1 = C\overline{ABC}$$

$$F = \overline{P_2 + P_3 + P_4} = \overline{A\overline{ABC} + B\overline{ABC} + C\overline{ABC}}$$

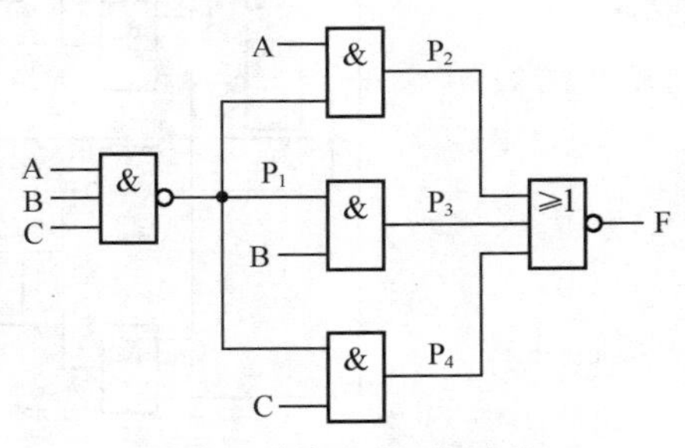

图 4.2　例 4.1 的逻辑电路

（2）化简输出函数表达式

用代数法将输出函数表达式 F 化简为

$$
\begin{aligned}
F &= \overline{A\overline{ABC} + B\overline{ABC} + C\overline{ABC}} \\
&= \overline{\overline{ABC}(A+B+C)} \\
&= \overline{\overline{ABC}} + \overline{A+B+C} \\
&= ABC + \overline{A}\,\overline{B}\,\overline{C}
\end{aligned}
$$

（3）列出输出函数真值表

根据化简后的输出函数表达式，可列出输出函数的真值表，如表 4.1 所示。

表 4.1　　例 4.1 的真值表

A	B	C	F
0	0	0	1
0	0	1	0
0	1	0	0
0	1	1	0
1	0	0	0
1	0	1	0
1	1	0	0
1	1	1	1

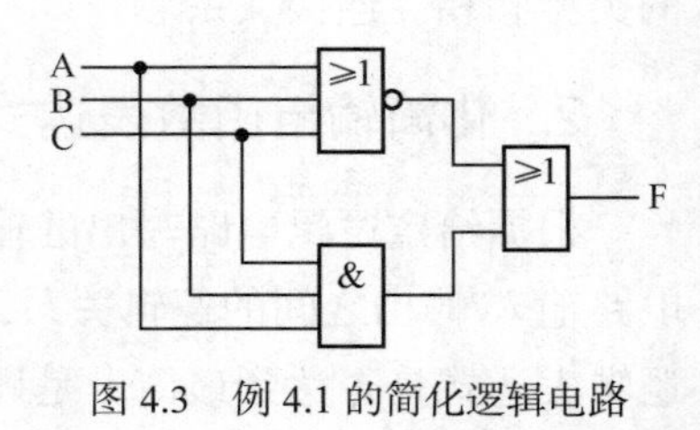

图 4.3　例 4.1 的简化逻辑电路

（4）功能评述

由真值表可知，输入信号取值相同，即输入完全一致，则输出为 1，否则输出为 0。即该电路具有检查输入信号是否一致的逻辑功能，通常被称为“一致性电路”。在某些可靠性要求高的系统中，通常令几套相同的设备同时工作，一旦运行结果不一致，则发出报警信号。此外，由分析可知该电路的设计方案并不是最简电路。根据化简后的输出函数表达式，可画出实现给定功能的简化逻辑电路，如图 4.3 所示。

【例 4.2】　在图 4.4 所示的两个逻辑电路中，所用逻辑门的类型和数量是相同的。试分析给定电路，并回答如下问题。

① 图 4.4 所示的两个逻辑电路是否均为组合逻辑电路？说明理由。

② 对你认为的组合逻辑电路进行分析，说明电路功能，并对电路设计方案给出评价。

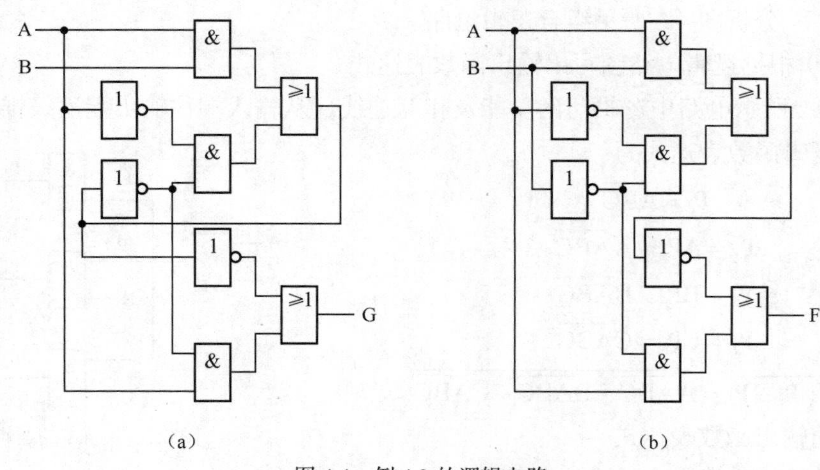

图 4.4　例 4.2 的逻辑电路

解　① 尽管在图 4.4 中所示的两个电路是由相同类型和相同数量的逻辑门电路组成的，但图 4.4（b）所示电路是组合逻辑电路，而图 4.4（a）所示电路不是组合逻辑电路。因为在图 4.4（b）所示电路中输入信号是单向传输的，不存在反馈回路，而在图 4.4（a）所示电路中存在反馈回路。

② 分析图 4.4（b）所示组合逻辑电路。

a. 根据图 4.4（b）所示电路中各逻辑门电路的功能及相互连线，从输入端开始往输出端逐级推导，可写出该电路的输出函数表达式为

$$F=\overline{AB+\overline{A}\,\overline{B}}+A\overline{B}$$

b. 用代数法将逻辑函数 F 化简为

$$\begin{aligned}F&=\overline{AB+\overline{A}\,\overline{B}}+A\overline{B}\\&=(A\oplus B)+A\overline{B}\\&=\overline{A}B+A\overline{B}+A\overline{B}\\&=\overline{A}B+A\overline{B}\\&=A\oplus B\end{aligned}$$

由化简后的函数表达式可知，该电路完成异或运算功能。显然，该电路的设计是不经济的，因为用一个异或门即可实现其功能。

【例 4.3】　分析图 4.5 所示组合逻辑电路，假定电路输入 ABCD 为 8421 码，说明该电路功能。

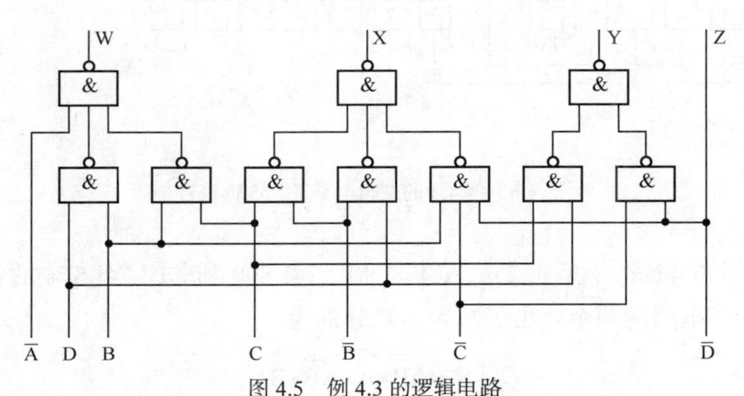

图 4.5　例 4.3 的逻辑电路

解　① 根据图 4.5 所示逻辑电路，可写出输出函数表达式为

$$W=\overline{\overline{\overline{A}}\cdot\overline{BD}\cdot\overline{BC}}=A+BD+BC$$

$$X=\overline{\overline{\overline{B}C}\cdot\overline{\overline{B}D}\cdot\overline{B\overline{C}\,\overline{D}}}=\overline{B}C+\overline{B}D+B\overline{C}\,\overline{D}$$

$$Y=\overline{\overline{CD}\cdot\overline{\overline{C}\,\overline{D}}}=CD+\overline{C}\,\overline{D}$$

$$Z=\overline{D}$$

② 根据逻辑电路所得到的输出函数表达式已为最简与-或表达式。

③ 根据函数最简表达式列出真值表。由于电路输入 ABCD 为 8421 码，所以 ABCD 只允许出现 0000～1001 共 10 种取值组合，根据输出函数表达式可列出真值表，如表 4.2 所示。

表 4.2　　　　例 4.3 的真值表

A	B	C	D	W	X	Y	Z	A	B	C	D	W	X	Y	Z
0	0	0	0	0	0	1	1	0	1	0	1	1	0	0	0
0	0	0	1	0	1	0	0	0	1	1	0	1	0	0	1
0	0	1	0	0	1	0	1	0	1	1	1	1	0	1	0
0	0	1	1	0	1	1	0	1	0	0	0	1	0	1	1
0	1	0	0	0	1	1	1	1	0	0	1	1	1	0	0

④ 由真值表可知，电路输出 WXYZ 是 1 位十进制的余 3 码。由此可见，该电路是一个完成 8421 码到余 3 码转换的代码转换电路。

【例 4.4】　图 4.6（a）所示为由集成电路芯片 74LS00 和 74LS04 构成的组合逻辑电路，试分析该电路并说明电路功能。

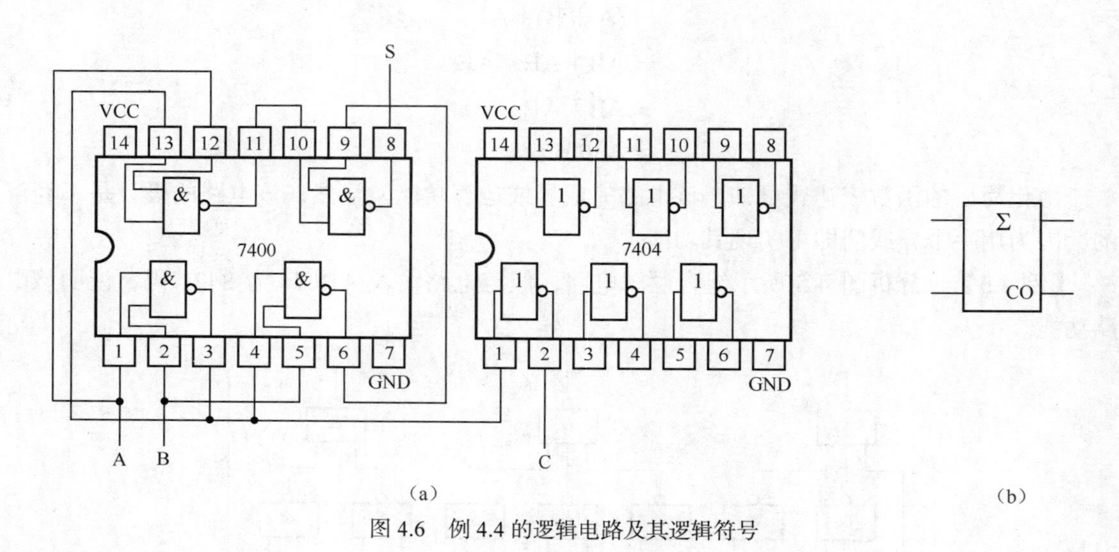

图 4.6　例 4.4 的逻辑电路及其逻辑符号

解　① 根据图 4.6（a）所示 2 输入 4 与非门 74LS00 和非门 74LS04 的引脚分配图及相互连线，可写出该电路的两个输出函数表达式分别为

$$S = \overline{\overline{\overline{AB}\cdot A}\cdot\overline{\overline{AB}\cdot B}}$$

$$C = \overline{\overline{AB}}$$

② 用代数法将逻辑函数化简为

$$\begin{aligned} S &= \overline{\overline{\overline{AB}\cdot A}\cdot\overline{\overline{AB}\cdot B}} \\ &= \overline{AB}\cdot A + \overline{AB}\cdot B \\ &= (\overline{A}+\overline{B})A + (\overline{A}+\overline{B})B \\ &= A\overline{B} + \overline{A}B \end{aligned}$$

$$C = \overline{\overline{AB}} = AB$$

③ 根据简化后的函数表达式可列出真值表，如表 4.3 所示。

表 4.3　例 4.4 的真值表

A	B	S	C
0	0	0	0
0	1	1	0
1	0	1	0
1	1	0	1

④ 由真值表可以看出，若将 A、B 分别作为 1 位二进制数，则 S 是 A、B 相加的“和”，而 C 是相加产生的“进位”。该电路通常称为“半加器”，它能实现两个 1 位二进制数加法运算。半加器已被加工成小规模集成电路逻辑器件，其逻辑符号如图 4.6（b）所示。

以上例子说明了组合逻辑电路分析的一般方法。从讨论过程可以看出，通过对电路进行分析，不仅可以找出电路输入、输出之间的关系，确定电路的逻辑功能，同时还能对某些设计不合理的电路进行改进和完善。

4.2　组合逻辑电路设计

根据问题要求完成的逻辑功能，求出在特定条件下实现该功能的逻辑电路，这一过程称为逻辑设计，有时又称为逻辑综合。显然，组合逻辑电路的设计过程是其分析的逆过程。

组合逻辑电路的设计

4.2.1　设计的一般步骤

由于实际应用中提出的各种设计要求一般是用文字形式描述的，所以逻辑设计的首要任务是将设计要求转化为逻辑问题，即将文字描述的设计要求抽象为一种逻辑关系。就组合逻辑电路而言，就是抽象出描述问题的逻辑函数表达式。组合逻辑电路的设计过程一般分为以下几个步骤。

1. 建立给定问题的逻辑描述

对设计要求进行逻辑描述是完成组合电路设计的第一步，也是最重要的一步，它是确保设计方案正确的前提。完成这一步的关键是正确理解设计要求，弄清楚与给定问题相关的变量及函数，即电路的输入和输出；建立函数与变量之间的逻辑关系，最终得到描述给定问题的逻辑表达式。求逻辑表达式的常用方法有真值表法和分析法两种，后面将结合实例进行介绍。

2. 求出逻辑函数的最简表达式

基于小规模集成电路的组合逻辑电路设计是以电路达到最简为目标的，即要求逻辑电路中包含逻辑门的数量达到最少，且相互连线达到最少。因此，要对逻辑表达式进行化简，化简时应根据准备采用的逻辑门类型，求出相应的最简表达式。

3. 根据逻辑门类型对逻辑函数进行变换

根据简化后的逻辑表达式及所选择的逻辑门，将逻辑表达式变换成与逻辑电路对应的形式。

4. 画出逻辑电路图

根据所采用的逻辑门和变换后的表达式画出逻辑电路图。

以上步骤是就一般情况而言的，根据实际问题的难易程度和设计者的熟练程度，有时可跳过其中的某些步骤，在设计过程中可视具体情况灵活掌握。此外，针对实际应用中遇到的某些特殊问题，应做相应的特殊处理。

4.2.2 设计举例

在熟悉了组合逻辑电路设计的一般步骤之后，下面将通过简单实例进一步掌握设计的基本方法。

组合逻辑电路设计举例1

【例4.5】 用与非门设计一个3变量的“多数表决电路”。

解 （1）建立给定问题的逻辑描述

“多数表决”的逻辑功能就是按照少数服从多数的原则执行表决，确定某项决议是否通过。假设用逻辑变量A、B、C分别代表参加表决的3个成员，用函数F表示表决结果。并且约定，逻辑变量取值为0表示反对，逻辑变量取值为1表示赞成（不允许弃权）；逻辑函数F取值为0表示决议被否决，逻辑函数F取值为1表示决议通过。那么，按照少数服从多数的原则可知，函数和变量的关系是：当3个变量A、B、C中有两个或两个以上取值为1时，函数F的值为1，其他情况下函数F的值为0。因此，可列出该逻辑函数的真值表，如表4.4所示。

表4.4 例4.5的真值表

A	B	C	F
0	0	0	0
0	0	1	0
0	1	0	0
0	1	1	1
1	0	0	0
1	0	1	1
1	1	0	1
1	1	1	1

由真值表可写出逻辑函数F的最小项表达式为

$$F(A,B,C)=\sum m(3,5,6,7)$$

（2）求出逻辑函数的最简表达式

由于问题要求使用与非门实现给定功能，所以应求出函数的最简与-或表达式。根据F的最小项表达式可画出如图4.7（a）所示卡诺图，利用卡诺图化简后得到函数的最简与-或表达式为

$$F(A,B,C)=AB+AC+BC$$

（3）根据逻辑门类型对逻辑函数进行变换

用与非门实现给定功能时，应对所得最简与-或表达式两次取反，将其变换成与非-与非表达式。

$$F(A,B,C)=AB+AC+BC=\overline{\overline{AB+AC+BC}}=\overline{\overline{AB}\cdot\overline{AC}\cdot\overline{BC}}$$

（4）画出逻辑电路图

由函数的与非-与非表达式，可画出实现给定功能的逻辑电路，如图 4.7（b）所示。

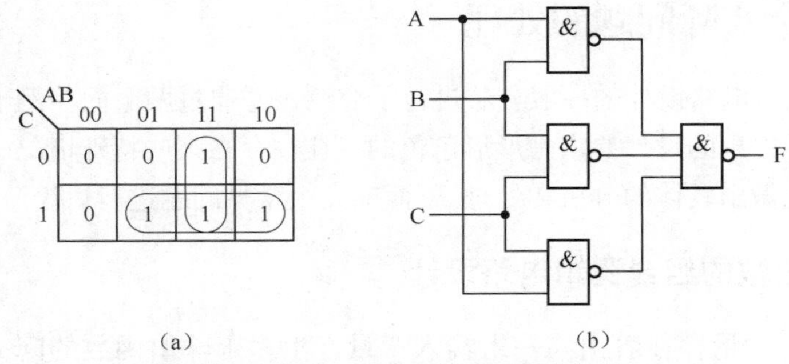

图 4.7　例 4.5 的卡诺图及逻辑电路图

本例在建立给定问题的逻辑描述时，采用的是真值表法，即通过建立真值表得到相应的逻辑表达式。真值表的优点是规整、清晰，缺点是当变量较多时十分麻烦。因此，针对具体问题通常采用的另一种方法是分析法，即通过对设计要求的分析、理解，直接写出逻辑表达式。

组合逻辑电路
设计举例 2

【例 4.6】　设计一个比较两个 3 位二进制数 $A=a_3a_2a_1$，$B=b_3b_2b_1$ 是否相等的数值比较器。

解　（1）建立给定问题的逻辑描述

显然，根据题意要求设计的是一个具有 6 个输入变量、1 个输出函数的组合逻辑电路。假设对两个 3 位二进制数 $A=a_3a_2a_1$ 和 $B=b_3b_2b_1$ 进行比较的结果用 F 表示。当 A=B 时，F 为 1；否则 F 为 0。由于二进制数 A 和 B 相等，必须同时满足 $a_3=b_3$、$a_2=b_2$、$a_1=b_1$，而二进制中 $a_i=b_i$ 只有 a_i 和 b_i 同时为 0 或者同时为 1 两种可能，因此，该问题可用逻辑表达式描述为

$$F=(\overline{a}_3\overline{b}_3+a_3b_3)(\overline{a}_2\overline{b}_2+a_2b_2)(\overline{a}_1\overline{b}_1+a_1b_1)$$

（2）求出逻辑函数的最简表达式

由于该问题没有指定逻辑门类型，因此可由设计者选择合适的门电路。假定使用与非门实现给定功能，将上述逻辑函数表达式展开成与-或表达式可以发现，该函数表达式中包含 8 个 6 变量与项，而且不能简化。

（3）根据逻辑门类型对逻辑函数进行变换

观察所得函数 F 的表达式不难发现，实际上该函数表达式由 3 个同或运算相“与”构成，而同或运算即异或运算取反，因此可以考虑使用异或门和或非门实现给定功能。据此，可将逻辑表达式进行如下变换：

$$F=(\bar{a}_3\bar{b}_3+a_3b_3)(\bar{a}_2\bar{b}_2+a_2b_2)(\bar{a}_1\bar{b}_1+a_1b_1)$$
$$=\overline{(a_3\oplus b_3)}\cdot\overline{(a_2\oplus b_2)}\cdot\overline{(a_1\oplus b_1)}$$
$$=\overline{(a_3\oplus b_3)+(a_2\oplus b_2)+(a_1\oplus b_1)}$$

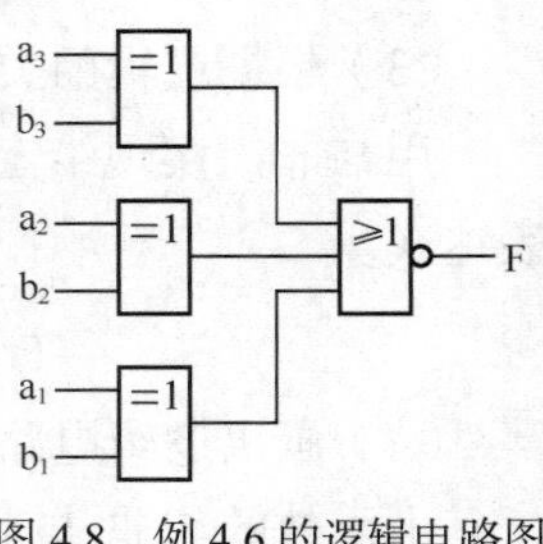

图 4.8　例 4.6 的逻辑电路图

（4）画出逻辑电路图

根据变换后的表达式可画出实现给定功能的逻辑电路，如图 4.8 所示。

4.2.3　几个实际问题的处理

前面对组合逻辑电路设计的一般方法进行了介绍，并通过两个简单例子了解了设计的全过程。然而，实际提出的设计要求是形形色色的，往往存在某些特殊情况需要针对具体问题做出具体的分析和处理。下面就几个常见问题进行讨论。

多输出函数的组合逻辑电路设计 1

1. 多输出函数的组合逻辑电路设计

实际问题中，大量存在着由同一组输入变量产生多个输出函数的问题，实现这类问题的组合逻辑电路称为多输出函数的组合逻辑电路。设计多输出函数的组合逻辑电路时，如果只是孤立地求出各输出函数的最简表达式，然后画出相应逻辑电路图并将其拼在一起，通常不能保证逻辑电路整体最简。因为各输出函数之间往往存在相互联系，具有某些共同的部分，因此，应该将它们当作一个整体考虑，而不应该将其截然分开。使这类电路达到最简的关键在于函数化简时找出各输出函数的公用项，以便在逻辑电路中实现对逻辑门的共享，从而使电路整体结构达到最简。

【例 4.7】　假定某组合逻辑电路结构框图如图 4.9 所示。其中，$F_1(A,B,C)=\sum m(2,3,6)$，$F_2(A,B,C)=\sum m(3,6,7)$，试用最少的与非门实现该电路功能。

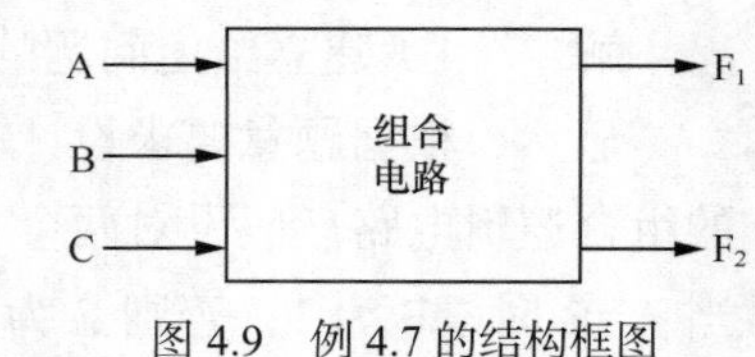

图 4.9　例 4.7 的结构框图

解　为了得到用与非门构成的最简电路，首先应求出输出函数的最简与-或表达式，并变换成与非-与非表达式，然后画出相应的逻辑电路图。若不考虑两个输出函数之间的共享问题，可直接画出 F_1、F_2 的卡诺图，如图 4.10（a）、（b）所示。化简后的与非-与非表达式为

$$F_1(A,B,C)=\bar{A}B+B\bar{C}=\overline{\overline{\bar{A}B+B\bar{C}}}=\overline{\overline{\bar{A}B}\cdot\overline{B\bar{C}}}$$
$$F_2(A,B,C)=AB+BC=\overline{\overline{AB+BC}}=\overline{\overline{AB}\cdot\overline{BC}}$$

根据化简后的输出函数表达式可画出相应的逻辑电路，如图 4.10（c）所示。

如果考虑两个输出函数充分“共享”的问题，在对 F_1、F_2 进行化简时，按图 4.11（a）、（b）所示卡诺图进行处理，化简后的输出逻辑表达式为

$$F_1(A,B,C)=\bar{A}B+AB\bar{C}=\overline{\overline{\bar{A}B+AB\bar{C}}}=\overline{\overline{\bar{A}B}\cdot\overline{AB\bar{C}}}$$
$$F_2(A,B,C)=BC+AB\bar{C}=\overline{\overline{BC+AB\bar{C}}}=\overline{\overline{BC}\cdot\overline{AB\bar{C}}}$$

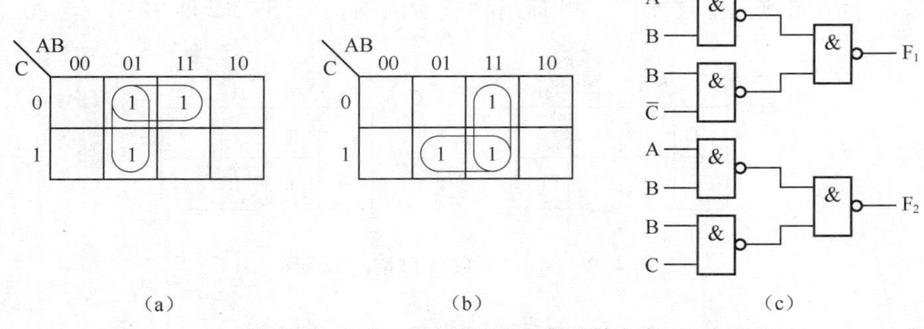

图 4.10　例 4.7 的卡诺图和逻辑电路方案一

根据修改后的表达式，可画出相应的逻辑电路，如图 4.11（c）所示。显然，通过找出两个函数的公共项，使其共享同一个与非门，从而使电路从整体上得到了进一步简化。

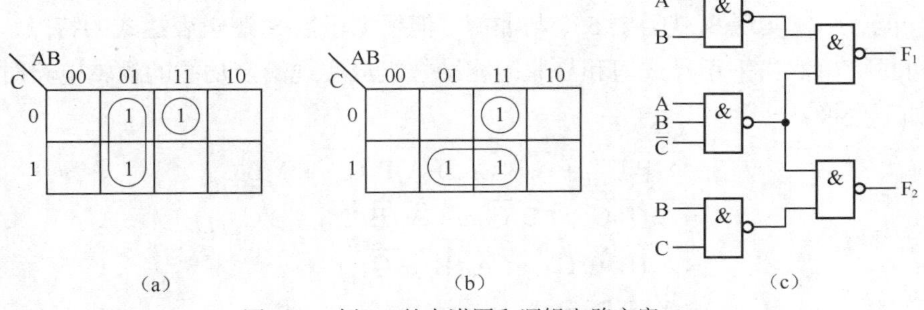

图 4.11　例 4.7 的卡诺图和逻辑电路方案二

【例 4.8】　自选逻辑门设计一个全加器。

解　全加器是一个能对两个 1 位二进制数及来自低位的"进位"进行相加，产生本位"和"及向高位"进位"的逻辑电路。由此可知，电路有 3 个输入变量，两个输出函数。设被加数、加数及来自低位的"进位"分别用 A_i、B_i 及 C_{i-1} 表示，相加产生的"和"及"进位"用 S_i 和 C_i 表示。根据二进制加法运算法则可列出全加器的真值表，如表 4.5 所示。

多输出函数的组合逻辑电路设计 2

表 4.5　　例 4.8 全加器真值表

A_i	B_i	C_{i-1}	S_i	C_i
0	0	0	0	0
0	0	1	1	0
0	1	0	1	0
0	1	1	0	1
1	0	0	1	0
1	0	1	0	1
1	1	0	0	1
1	1	1	1	1

由真值表写出输出函数表达式为

$$S_i(A_i,B_i,C_{i-1})=\sum m(1,2,4,7)$$
$$C_i(A_i,B_i,C_{i-1})=\sum m(3,5,6,7)$$

假定采用卡诺图化简上述函数，可画出相应卡诺图，如图 4.12 所示。

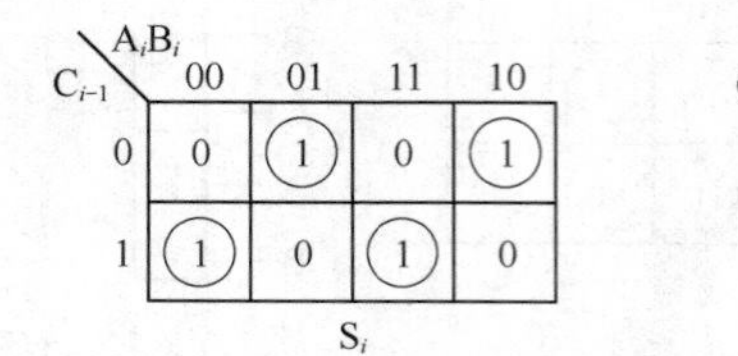

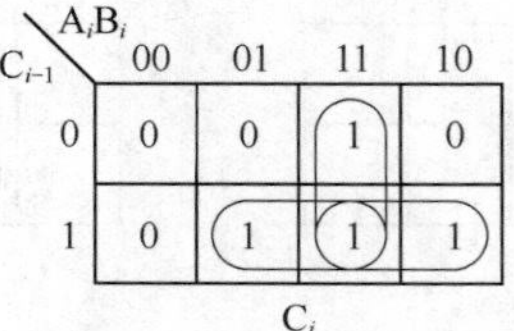

图 4.12　例 4.8 函数 S_i 和 C_i 的卡诺图

化简后的输出函数最简与-或表达式为

$$S_i=\overline{A}_i\overline{B}_iC_{i-1}+\overline{A}_iB_i\overline{C}_{i-1}+A_i\overline{B}_i\overline{C}_{i-1}+A_iB_iC_{i-1}$$

$$C_i=A_iB_i+A_iC_{i-1}+B_iC_{i-1}$$

所得最简与-或表达式中，S_i 的标准“与-或”式即最简“与-或”式。若全部采用与非门实现给定功能，则仅实现 S_i 就需要 5 个与非门。但根据函数 S_i 逻辑表达式的特点，如果采用异或门则可更简单。当采用异或门和与非门相结合组成实现给定功能的逻辑电路时，可对表达式进行如下变换：

$$\begin{aligned}S_i&=\overline{A}_i\overline{B}_iC_{i-1}+\overline{A}_iB_i\overline{C}_{i-1}+A_i\overline{B}_i\overline{C}_{i-1}+A_iB_iC_{i-1}\\&=\overline{A}_i(\overline{B}_iC_{i-1}+B_i\overline{C}_{i-1})+A_i(\overline{B}_i\overline{C}_{i-1}+B_iC_{i-1})\\&=\overline{A}_i(B_i\oplus C_{i-1})+A_i(\overline{B_i\oplus C_{i-1}})\\&=A_i\oplus B_i\oplus C_{i-1}\end{aligned}$$

$$\begin{aligned}C_i&=A_iB_i+A_iC_{i-1}+B_iC_{i-1}\\&=\overline{\overline{A_iB_i+A_iC_{i-1}+B_iC_{i-1}}}\\&=\overline{\overline{A_iB_i}\cdot\overline{A_iC_{i-1}}\cdot\overline{B_iC_{i-1}}}\end{aligned}$$

根据变换后的表达式，可画出全加器的逻辑电路，如图 4.13（a）所示。

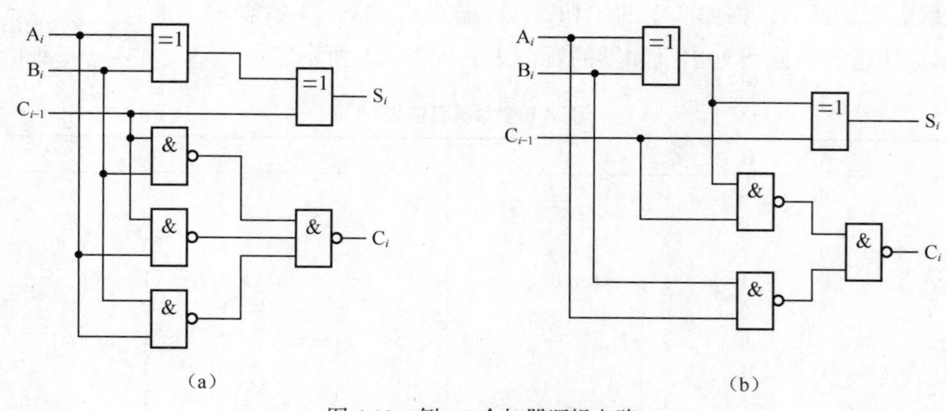

图 4.13　例 4.8 全加器逻辑电路

图 4.13（a）所示电路就单个函数而言均已达到最简，但从整体考虑则并非最简。当按多输出函数组合电路进行设计时，可对函数 C_i 进行如下变换：

$$
\begin{aligned}
C_i &= \overline{A}_iB_iC_{i-1} + A_i\overline{B}_iC_{i-1} + A_iB_i\overline{C}_{i-1} + A_iB_iC_{i-1} \\
&= (\overline{A}_iB_i + A_i\overline{B}_i)C_{i-1} + A_iB_i(\overline{C}_{i-1} + C_{i-1}) \\
&= (A_i \oplus B_i)C_{i-1} + A_iB_i \\
&= \overline{\overline{(A_i \oplus B_i)C_{i-1} + A_iB_i}} \\
&= \overline{\overline{(A_i \oplus B_i)C_{i-1}} \cdot \overline{A_iB_i}}
\end{aligned}
$$

经变换后，S_i 和 C_i 的逻辑表达式中有公用项 $A_i \oplus B_i$，因此，在组成电路时，可令其共享同一个异或门，从而使整体得到进一步简化，其逻辑电路如图 4.13（b）所示。

图 4.14 所示为采用集成逻辑门 7486 和 7400 实现图 4.13（b）所示全加器功能的芯片引脚连接图的方案之一（注意：芯片引脚连接图的方案不是唯一的）。

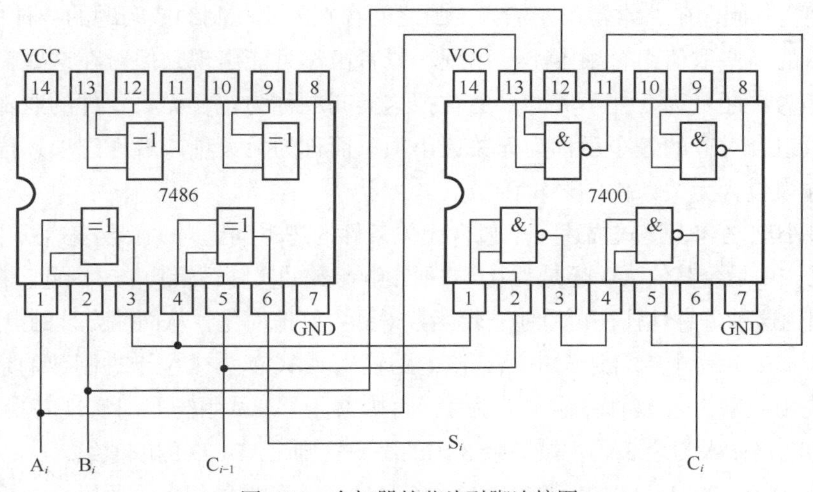

图 4.14　全加器的芯片引脚连接图

利用数字逻辑虚拟实验平台 IVDLEP 仿真图 4.14 所示电路的实景图如图 4.15 所示。利用 IVDLEP 对设计方案进行仿真时，首先在平台上安放实验所需元器件；然后建立起芯片引

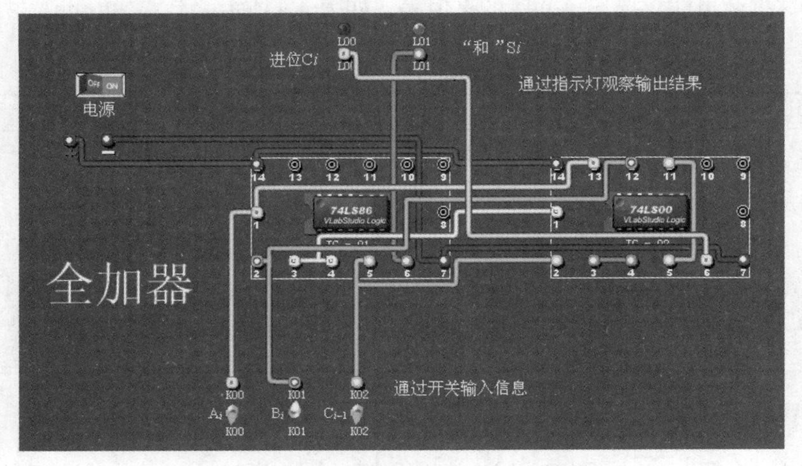

全加器电路仿真

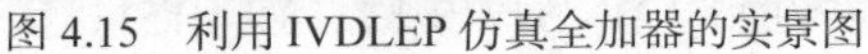

图 4.15　利用 IVDLEP 仿真全加器的实景图

脚之间的连接关系以及电路的输入、输出关系（本例中利用开关提供输入，利用指示灯观察输出），检查无误后打开电源；最后通过拨动开关施加输入信号（开关朝下输入 0，朝上输入 1），同时通过观察指示灯（熄灭为 0，点亮为 1）确定输出与输入的取值关系，验证逻辑电路功能的正确性。该电路仿真结果表明正确实现了预定功能。

2. 包含无关条件的组合逻辑电路设计

包含无关条件的组合逻辑电路设计

前面讨论的设计问题中，对于电路输入变量的任何一种取值组合，都有确定的输出函数值与之对应。换句话说，对于一个具有 n 个输入变量的组合逻辑电路，输出函数与 2^n 种输入取值组合均相关。假如有 m 种取值组合使函数的值为 1，则有 2^n-m 种取值组合使函数的值为 0，该输出函数可以用 m 个最小项之和表示。

但在某些实际问题中，常常由于输入变量之间存在的相互制约或问题的某种特殊限定等，使得输入变量的某些取值组合根本不会出现，或者虽然可能出现，但对在这些输入取值组合下函数的值是为 1 还是为 0 并不关心。通常把这类问题称为包含无关条件的逻辑问题；把与这些输入取值组合对应的最小项称为**无关最小项**，简称为无关项或者任意项；描述这类问题的逻辑函数称为包含无关条件的逻辑函数。

当采用最小项之和表达式描述一个包含无关条件的逻辑问题时，函数表达式中是否包含无关项以及对无关项是令其值为 1 还是为 0，并不影响函数的实际逻辑功能。因此，在化简这类逻辑函数时，利用这种随意性往往可以使逻辑函数得到更好地简化，从而使设计的电路达到更简。

【例 4.9】 设计一个组合逻辑电路，该电路输入 ABCD 为 1 位十进制数的余 3 码，当输入表示的十进制数字为合数时，输出 F 为 1，否则 F 为 0，试用与非门实现其功能。

解 因为电路输入为余 3 码，按照余 3 码的编码规则，ABCD 的取值组合不允许出现 0000、0001、0010、1101、1110、1111 这 6 种取值组合，所以与该 6 种取值组合对应的最小项为无关项，该问题为包含无关条件的逻辑问题，即在这些取值组合下输出函数 F 的值可以随意指定为 1 或者为 0，通常记为“d”。根据题意，当 ABCD 表示的十进制数为合数（4、6、8、9）时，输出 F 为 1，否则 F 为 0。据此可建立描述该问题的真值表，如表 4.6 所示。

包含无关条件的组合逻辑电路示例

表 4.6　例 4.9 的真值表

A	B	C	D	F	A	B	C	D	F
0	0	0	0	d	1	0	0	0	0
0	0	0	1	d	1	0	0	1	1
0	0	1	0	d	1	0	1	0	0
0	0	1	1	0	1	0	1	1	1
0	1	0	0	0	1	1	0	0	1
0	1	0	1	0	1	1	0	1	d
0	1	1	0	0	1	1	1	0	d
0	1	1	1	1	1	1	1	1	d

根据真值表可写出 F 的逻辑表达式为

$$F(A,B,C,D)=\sum m(7,9,11,12)+\sum d(0,1,2,13,14,15)$$

采用卡诺图化简函数 F 时，若不考虑无关项，则如图 4.16（a）所示。合并卡诺图上的 1 方格，可得到化简后的逻辑表达式为

$$F(A,B,C,D)=\bar{A}BCD+ABC\bar{D}\bar{D}+A\bar{B}D$$

假定采用与非门实现给定逻辑功能，将 F 变换成与非-与非表达式后为

$$\begin{aligned}F(A,B,C,D)&=\bar{A}BCD+AB\bar{C}\bar{D}+A\bar{B}D\\&=\overline{\overline{\bar{A}BCD+AB\bar{C}\bar{D}+A\bar{B}D}}\\&=\overline{\overline{\bar{A}BCD}\cdot\overline{AB\bar{C}\bar{D}}\cdot\overline{A\bar{B}D}}\end{aligned}$$

实现给定逻辑功能的逻辑电路如图 4.16（b）所示。

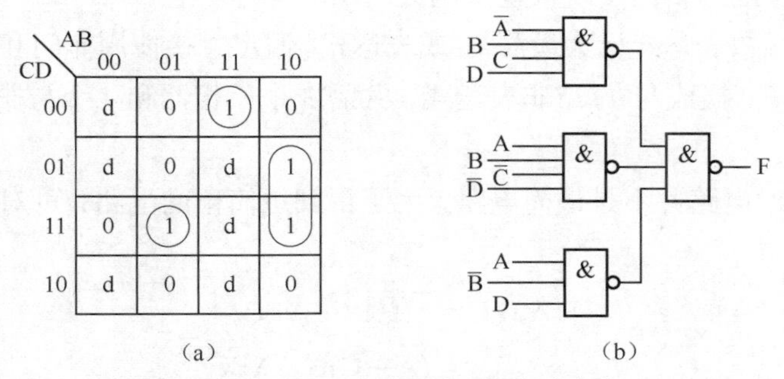

图 4.16　例 4.9 的卡诺图和逻辑电路方案一

如果化简时对无关条件加以利用，如图 4.17（a）所示，根据合并的需要将卡诺图中的无关项 d（13,14,15）当成 1 处理，而把 d（0,1,2）当成 0 处理，则可得到化简后的逻辑表达式为

$$F(A,B,C,D)=AD+AB+BCD$$

将 F 变换成与非-与非表达式后为

$$\begin{aligned}F(A,B,C,D)&=AD+AB+BCD\\&=\overline{\overline{AD+AB+BCD}}\\&=\overline{\overline{AD}\cdot\overline{AB}\cdot\overline{BCD}}\end{aligned}$$

实现给定逻辑功能的逻辑电路如图 4.17（b）所示。

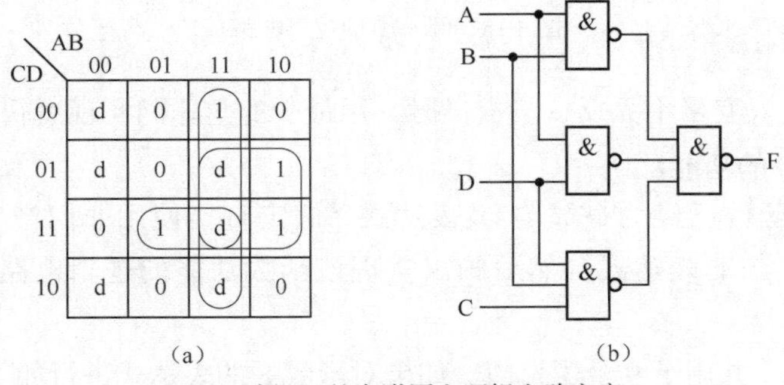

图 4.17　例 4.9 的卡诺图和逻辑电路方案二

显然后一种方案比前一种方案更简单，由此可见，设计包含无关条件的组合逻辑电路时，恰当地利用无关项进行函数化简，通常可使设计出来的电路更简单。

3. 无反变量提供的组合逻辑电路设计

在对某些实际问题进行设计的过程中，常常为了减少各部件之间的连线，只给所设计的逻辑电路提供原变量，不提供反变量。设计这类电路时，直截了当的办法是当需要某个反变量时，就用一个非门将相应的原变量转换成反变量，但这样处理往往是不经济的。因此，通常采用适当的方法进行处理，以便在无反变量提供的前提下使逻辑电路尽可能简单。

【例 4.10】 给定逻辑函数 F 的最简与-或表达式 $F(A,B,C)=\overline{A}B+B\overline{C}+A\overline{B}C$，在输入无反变量提供时，用最少的逻辑门实现该逻辑函数的功能。

解 给定逻辑函数表达式已为最简与-或表达式，假定直接使用非门和与非门实现该函数功能，可以直接将其变换成与非-与非表达式，共需 3 个反相器和 4 个与非门，其逻辑电路如图 4.18（a）所示。

图 4.18（a）所示电路并不是最简电路，为了得到更简单的电路，可对给定逻辑函数表达式进行如下变换：

$$
\begin{aligned}
F(A,B,C)&=\overline{A}B+B\overline{C}+A\overline{B}C\\
&=(\overline{A}+\overline{C})B+A\overline{B}C\\
&=\overline{AC}\bullet B+AC\bullet\overline{B}\\
&=AC\oplus B
\end{aligned}
$$

根据变换后的逻辑表达式可画出实现给定函数功能的更简逻辑电路，如图 4.18（b）所示。

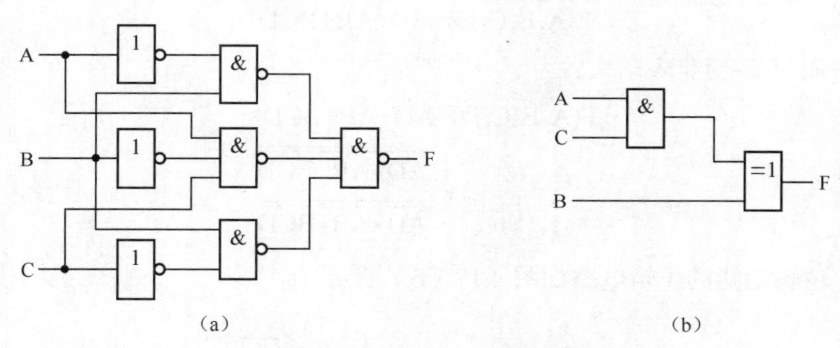

图 4.18　例 4.10 的逻辑电路

【例 4.11】 输入变量中无反变量提供时，用最少的与非门实现逻辑函数 $F(A,B,C,D)=\overline{A}B+B\overline{C}+A\overline{B}C+AC\overline{D}$ 的功能。

解 因为给定函数已经为最简与-或表达式，假定直接使用非门产生反变量，可以直接将其变换成与非-与非表达式，然后画出实现该函数功能的逻辑电路，如图 4.19（a）所示。

图 4.19（a）中一共用了 9 个逻辑门。如果对函数 F 的表达式进行如下整理：

$$
\begin{aligned}
F(A,B,C,D) &= \bar{A}B + B\bar{C} + A\bar{B}C + AC\bar{D} \\
&= (\bar{A} + \bar{C})B + AC(\bar{B} + \bar{D}) \\
&= \overline{AC} \cdot B + AC \cdot \overline{BD} \\
&= \overline{\overline{\overline{AC} \cdot B} \cdot \overline{AC \cdot \overline{BD}}}
\end{aligned}
$$

根据整理后的表达式可画出对应的逻辑电路，如图 4.19（b）所示，实现图 4.19（b）只需要 5 个与非门，显然，图 4.19（b）比图 4.19（a）更合理。

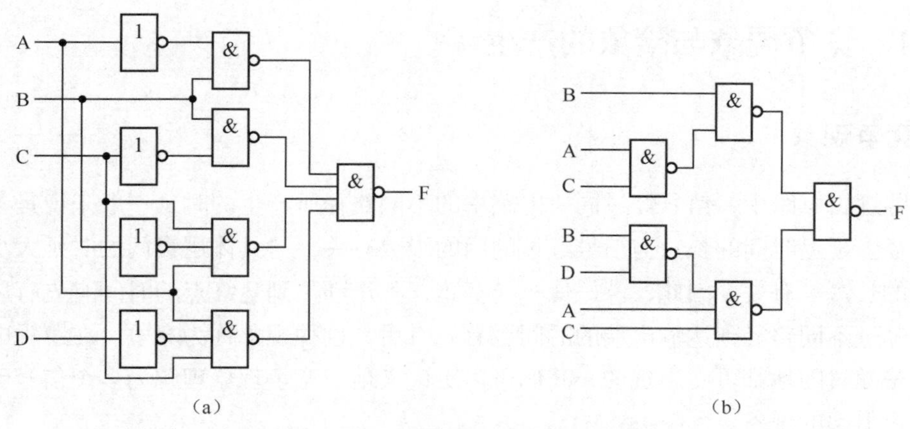

图 4.19　例 4.11 的逻辑电路

由上述两个例子可以看出，在输入无反变量提供的场合，即使逻辑函数表达式已为最简，但直接使用非门产生输入反变量时，所得到的电路不一定是最简电路。通常对逻辑表达式作适当变换，可以减少电路中非门的数量，更好地简化电路结构。然而，当描述某种设计要求的表达式被确定下来后，并不是所有表达式都可以做类似变换的。在实际问题的设计中，可以根据具体情况做具体处理，尽可能使电路更简单。

4.3　组合逻辑电路中的竞争与险象

前面讨论组合逻辑电路时，只研究了输入和输出稳定状态之间的关系，而没有考虑信号传输过程中的时延问题。实际上，信号经过任何逻辑门和导线都会产生时间延迟，这就使得当电路所有输入达到稳定状态时，输出并不是立即达到稳定状态。例如，假定图 4.20（a）所示 2 输入与非门的延迟时间为 t_d，当输入 B 为 1，而输入 A 由 0 变为 1 再变为 0 时，输出 F 将滞后 t_d 的时间由 1 变为 0 再变为 1，即输入信号的变化需要经过 t_d 延迟时间后才能到达输出端，其输入/输出时间图如图 4.20（b）所示。

一般来说，延迟时间对数字系统是一个有害的因素。例如，使得系统操作速度下降，引起电路中信号的波形参数变坏，更严重的是在电路中产生竞争险象的问题。本节将对后一个问题进行讨论。

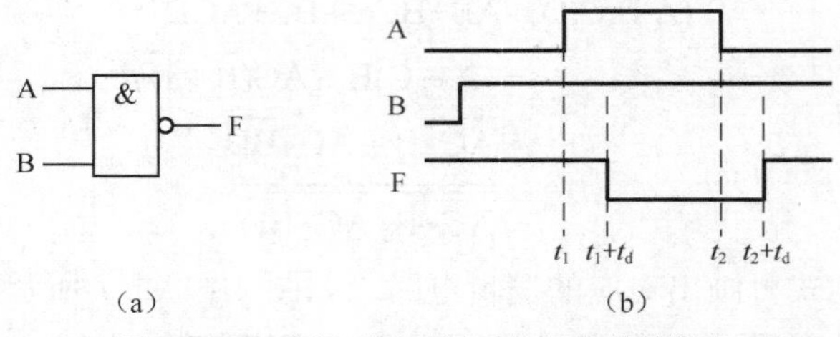

图 4.20　与非门延迟时间对信号传递的影响

4.3.1　竞争现象与险象的产生

1. 竞争现象

在实际逻辑电路中，信号经过同一电路中的不同路径所产生的时延一般来说是各不相同的。各路径上延迟时间的长短与信号经过的门的级数有关，与具体逻辑门的时延大小有关，还与导线的长短等有关。因此，就好像一场赛跑，各运动员到达终点的时间有先有后一样，输入信号经过不同路径到达输出端的时间也有先有后，这种现象称为竞争。在逻辑电路中，竞争现象是随时随地都可能出现的，我们可以更广义地把竞争现象理解为多个信号到达某一点有时差所引起的现象。

2. 险象的产生

电路中竞争现象的存在，使得输入信号的变化可能引起输出信号出现非预期的错误输出，这一现象称为险象。并不是所有的竞争都会产生错误输出。通常，把不产生错误输出的竞争称为非临界竞争，而导致错误输出的竞争称为临界竞争。组合电路中的险象是一种瞬态现象，它表现为在输出端产生不应有的尖脉冲，暂时地破坏正常逻辑关系。一旦瞬态过程结束，即可恢复正常逻辑关系。下面举例说明这一现象。

例如，图 4.21（a）所示为一个与非门构成的组合电路，该电路有 3 个输入，1 个输出，输出函数表达式为

$$F=\overline{\overline{AB}\bullet\overline{\overline{A}C}}=AB+\overline{A}C$$

假设输入变量 B = C = 1，将 B、C 的值代入上述函数表达式，可得到输出函数表达式为

$$F=A\bullet 1+\overline{A}\bullet 1=A+\overline{A}$$

由互补律可知，无论 A 怎样变化，函数表达式 $F=A+\overline{A}$ 的值应该恒为 1，即当 B=C=1 时，不论 A 由 0 变为 1 还是由 1 变为 0，输出 F 的值都应保持 1 不变。然而，这是在一种理想状态下得出的结论。当考虑电路中存在时间延迟时，该电路的实际输入/输出关系将如何呢？具体地说，当 B=C=1 时，A 的变化将会使电路产生怎样的输出响应呢？假定每个门的延迟时间为 t_d，则实际输入/输出关系的时间图如图 4.21（b）所示。

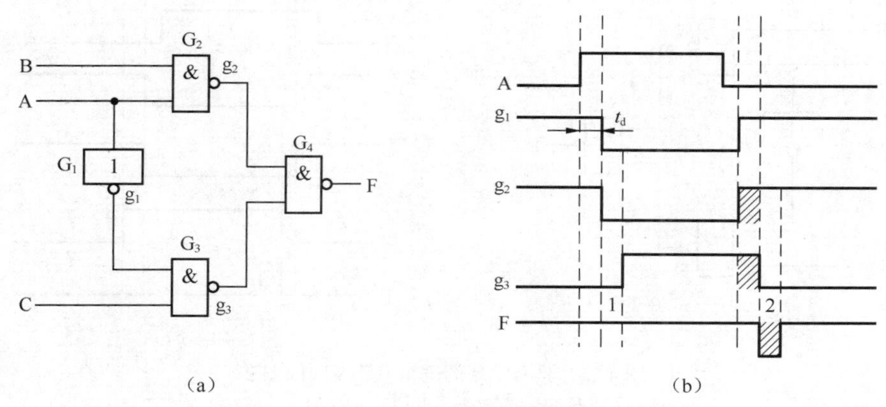

图 4.21　具有险象的逻辑电路及时间图 1

当 A 由低电平变到高电平以后，经过一个 t_d 时间，反相器 G_1 的输出 g_1 由高电平变为低电平，同时与非门 G_2 的输出 g_2 也由高电平变为低电平，但要再经过一个 t_d，与非门 G_3 的输出 g_3 才能由低电平变为高电平。最后到达门 G_4 输入端的是由同一个信号 A 经不同路径传输得到的两个信号 g_2 和 g_3，g_2 和 g_3 的变化方向相反，并具有一个 t_d 的时差。显然，此时（见图 4.21（b）中 1 处）发生了一次竞争。但因门 G_4 是一个与非门，g_2 和 g_3 竞争的结果，使门 G_4 的输出保持为高电平，没有破坏正常逻辑关系，即没有产生险象，所以这次竞争是一次非临界竞争。但当 A 由高电平变为低电平时，情况就不一样了。g_2 和 g_3 同样要在门 G_4 上发生竞争，且 g_2 和 g_3 在一个 t_d 的时间内同时为高电平，根据门 G_4 的与非逻辑特性，经过一个 t_d 时间，G_4 的输出 F 必然会出现一个宽度为 t_d 的负脉冲（见图 4.21（b）中 2 处）。也就是说，这次竞争的结果产生了险象，是一次临界竞争。

如果将图 4.21（a）中所示的与非门改为或非门，修改结果如图 4.22（a）所示，则根据修改后的电路可写出输出函数表达式为

$$F=\overline{\overline{A+B}+\overline{\overline{A}+C}}=(A+B)\bullet(\overline{A}+C)$$

假设输入变量 B=C=0，将 B、C 的值代入上述函数表达式，可得

$$F=(A+0)\bullet(\overline{A}+0)=A\bullet\overline{A}$$

由互补律可知，函数 $F=A\bullet\overline{A}$ 的逻辑值应当恒为 0，即 B=C=0 时，无论 A 怎样变化，输出 F 的值都应保持 0 不变。然而，当考虑电路中存在的时间延迟时，可分析出电路输入/输出关系的时间图如图 4.22（b）所示。

由图 4.22（b）可知，当 A 由低电平变为高电平时，将在输出端产生一个正跳变的尖脉冲信号，破坏了 F 的 0 信号输出，即发生了一次临界竞争。

通常按电路错误输出脉冲信号的极性将组合电路中的险象分为**“0”型险象和“1”型险象**。若错误输出信号为负脉冲，则称为“0”型险象；若错误输出信号为正脉冲，则称为“1”型险象。

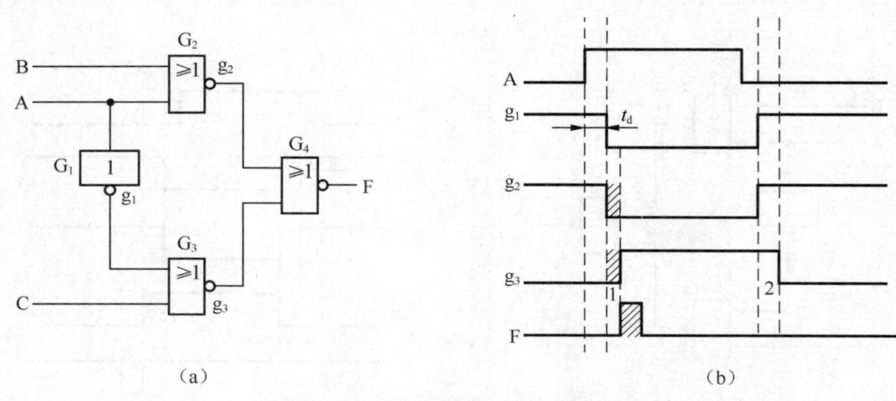

图 4.22　具有险象的逻辑电路及时间图 2

4.3.2　险象的判断

由前面对竞争和险象的分析可知，当某个变量 X 同时以原变量和反变量的形式出现在函数表达式中，且在一定条件下该函数表达式可简化成 $\overline{X}+X$ 或者 $\overline{X}\cdot X$ 的形式时，则与该函数表达式对应的电路在 X 发生变化时，可能由于竞争而产生险象。判断一个电路中是否有可能产生险象的常用方法有代数判断法和卡诺图判断法。

1. 代数判断法

代数判断法是根据描述电路的函数表达式来判断相应电路是否具备产生险象的条件。具体方法是：首先检查函数表达式中是否存在具备竞争条件的变量，即是否有某个变量 X 同时以原变量和反变量的形式出现在函数表达式中。若有，则将其他变量的各种取值组合依次代入函数表达式中，即从函数表达式中消去这些变量，仅保留被研究的变量 X，再观察函数表达式是否会变为 $\overline{X}+X$ 或者 $\overline{X}\cdot X$ 的形式，若会，则说明对应的逻辑电路可能产生险象。

【例 4.12】　已知描述某组合电路的逻辑函数表达式为 $F=\overline{A}\,\overline{C}+\overline{A}B+AC$，试判断该电路是否可能产生险象。

解　观察函数表达式可知，变量 A 和 C 均具备竞争条件，所以，应对这两个变量分别进行分析。先考察变量 A，为此将 B 和 C 的各种取值组合分别代入函数表达式中，可得到以下结果：

$$BC=00 \qquad F=\overline{A}$$
$$BC=01 \qquad F=A$$
$$BC=10 \qquad F=\overline{A}$$
$$BC=11 \qquad F=\overline{A}+A$$

由此可见，当 B=C=1 时，A 的变化可能使电路产生险象。类似地，将 A 和 B 的各种取值组合分别代入函数表达式中，可由代入结果判断出变量 C 发生变化时不会产生险象。

【例 4.13】　已知描述某组合电路的逻辑函数表达式为 $F=(A+B)(\overline{A}+C)(\overline{B}+C)$，试判断该电路是否可能产生险象。

解　从给出的函数表达式可以看出，变量 A 和 B 均具备竞争条件。先考察变量 B，为此将 A 和 C 的各种取值组合分别代入函数表达式中，结果如下。

$$AC=00 \qquad F=B\bullet\overline{B}$$
$$AC=01 \qquad F=B$$
$$AC=10 \qquad F=0$$
$$AC=11 \qquad F=1$$

可见，当 A=C=0 时，B 的变化可能使电路输出产生险象。用同样的方法考察 A，可发现当 B=C=0 时，A 的变化也可能产生险象。

2. 卡诺图判断法

当描述电路的逻辑函数为与-或表达式时，通常用来判断险象的另一种方法是卡诺图法。借助卡诺图进行险象判断比代数法更为直观、方便。具体方法是：首先画出函数卡诺图，并画出和函数表达式中各与项对应的卡诺圈；然后观察卡诺图，若发现某两个卡诺圈之间存在“相切”关系，即两个卡诺圈之间存在不被同一卡诺圈包含的相邻最小项，则该电路可能产生险象。下面举例说明。

【例 4.14】　某组合逻辑电路如图 4.23（a）所示，试判断该电路是否可能产生险象。

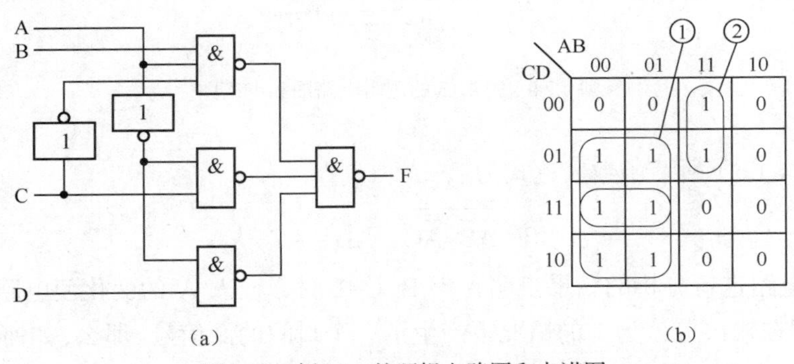

图 4.23　例 4.14 的逻辑电路图和卡诺图

解　由图 4.23（a）所示逻辑电路，可写出对应的输出函数表达式为

$$F=\overline{\overline{AB\overline{C}}\bullet\overline{\overline{A}\,C}\bullet\overline{\overline{A}D}}=AB\overline{C}+\overline{A}C+\overline{A}D$$

根据输出函数表达式画出卡诺图，并画出与函数表达式中各与项对应的卡诺圈，如图 4.23（b）所示。

观察图 4.23（b）所示卡诺图可发现，包含最小项 m_1、m_3、m_5、m_7 的卡诺圈①和包含最小项 m_{12}、m_{13} 的卡诺圈②之间存在相邻最小项 m_5 和 m_{13}，且 m_5 和 m_{13} 不被同一卡诺圈所包围，所以这两个卡诺圈“相切”。这说明相应电路可能产生险象。这一结论可用代数法进行验证，将 B=D=1，C=0 代入函数表达式 F 后可得 $F=A+\overline{A}$。可见，相应电路在 B=D=1，C=0 时可能由于 A 的变化而产生险象。

4.3.3 险象的处理方法

为了使一个电路可靠地工作，设计者应当设法消除或避免电路中可能出现的险象。通常用来解决险象问题的方法有增加冗余项、增加惯性延时环节和引入选通脉冲等方法。

1. 增加冗余项消除险象

增加冗余项的方法是，通过在函数表达式中“或”上多余的与项或者“与”上多余的或项，使原函数不可能在某种条件下变换成 $\overline{X}+X$ 或者 $\overline{X}\cdot X$ 的形式，从而消除可能产生的险象。具体冗余项的选择可以采用代数法或者卡诺图法。

【例 4.15】 用增加冗余项的方法消除图 4.24（a）所示电路中可能产生的险象。

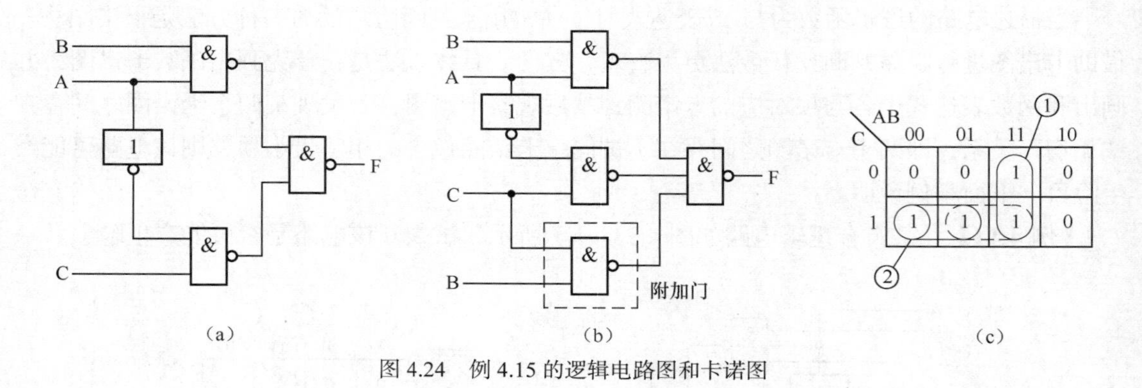

图 4.24 例 4.15 的逻辑电路图和卡诺图

解 图 4.24（a）所示函数表达式为

$$F=\overline{\overline{AB}\cdot\overline{\overline{A}C}}=AB+\overline{A}C$$

前面对该电路进行分析的结果表明，当 B=C=1 时，输入 A 的变化使电路输出可能产生“0”型险象，即在输出应该为 1 的情况下产生了一个瞬间的 0 信号。那么，如何保证当 B=C=1 时，输出保持为 1 呢？显然，若函数表达式中包含有与项 BC，则可达到这一目的。由逻辑代数的定理 8 可知，若某变量以原变量和反变量的形式出现在与-或表达式的某两个与项中，则由该两项的其余因子组成的第 3 项是冗余项。因此，BC 是上述函数的一个冗余项，将 BC 加入函数表达式中并不影响原函数的逻辑功能。加入冗余项 BC 后的函数表达式为

$$F=AB+\overline{A}C+BC$$

增加冗余项后的逻辑电路如图 4.24（b）所示，该电路不再产生险象。

冗余项的选择也可以通过在函数卡诺图上增加多余的卡诺圈来实现。具体方法是：若卡诺图上某两个卡诺圈“相切”，则用一个多余的卡诺圈将它们之间的相邻最小项圈起来，与多余卡诺圈对应的与项即为需要加入函数表达式中的冗余项。例如，图 4.24（c）给出了本问题中用来确定冗余项的卡诺图。

在图 4.24（c）所示卡诺图中，与项 AB 对应的卡诺圈①包含了最小项 m_6 和 m_7，与项 $\overline{A}C$ 对应的卡诺圈②包含了最小项 m_1 和 m_3。显然，卡诺圈①和卡诺圈②“相切”，其相邻最小项

为 m_3 和 m_7。因此，可以增加一个卡诺圈将 m_3 和 m_7 圈起来，如图 4.24（c）中的虚线卡诺圈所示，该卡诺圈对应的与项 BC 即为需要加入函数表达式中的冗余项。

2. 增加惯性延时环节滤除险象

在实际中用来消除险象的另一种方法是在组合电路的输出端增加一个惯性延时环节。通常采用 RC 电路作惯性延时环节，如图 4.25（a）所示，图中的 RC 电路实际上是一个低通滤波器。由于组合电路的正常输出是一个频率较低的信号，而由竞争引起的险象都是一些高频的尖脉冲信号，因此，险象在通过 RC 电路后能基本被滤掉，保留下来的仅仅是一些幅度极小的毛刺，它们不再对电路的可靠性产生影响。图 4.25（b）表明了带有险象的输出信号经过低通滤波后的效果。

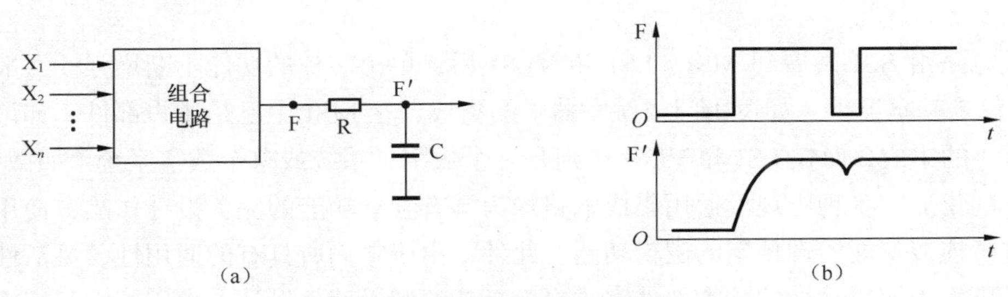

图 4.25 增加惯性延时环节消除险象

采用增加惯性延时环节方法时，必须注意恰当选择惯性环节的时间常数（τ=RC），一般要求τ大于尖脉冲的宽度，以便能将尖脉冲“削平”；但也不能太大，否则将使正常输出信号产生不允许的畸变。

3. 引入选通脉冲避开险象

采用增加冗余项或增加惯性延时环节消除险象的方法均需要增加器件。除了这两种常用的消除方法外，通常采用的另外一种方法——选通法，该方法是避开险象而不是消除险象。选通法不必增加任何器件，仅仅是利用选通脉冲的作用，从时间上加以控制，以避开险象脉冲。

由于组合电路中的险象总是发生在输入信号发生变化的过程中，且险象总是以尖脉冲的形式输出。因此，只要对输出波形从时间上加以选择和控制，利用选通脉冲选择输出波形的稳定部分，避开可能出现的尖脉冲，便可获得正确的输出。

例如，图 4.26 所示的与非门电路的输出函数表达式为

$$F=\overline{\overline{A \cdot B} \cdot \overline{\overline{A} \cdot 1}} = A + \overline{A}$$

由前面分析可知，该电路当 A 发生变化时，可能产生“0”型险象。

为了避开险象，可通过在电路输出级的门 G_4 输入端引入选通脉冲对电路的输出加以控制。在选通脉冲到来之前，选通控制线为低电平，门 G_4 关闭，电路输出被封锁，使险象脉冲无法输出。当选通脉冲到来后，门 G_4 开启，使电路送出稳定输出信号。通常把这种在时间上让信号有选择地通过的方法称为选通法。

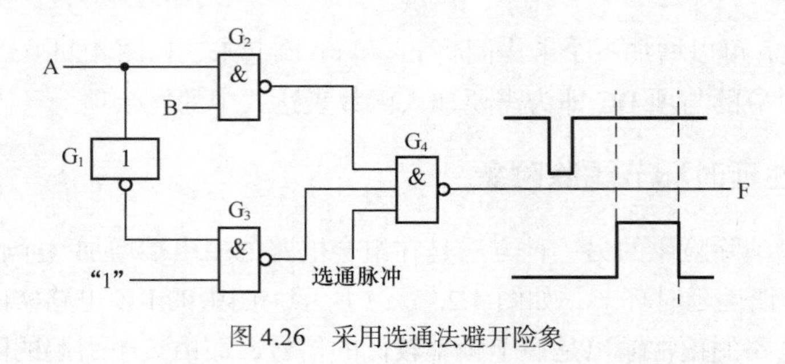

图 4.26　采用选通法避开险象

4.4　常用中规模组合逻辑器件

集成电路由 SSI 发展到 MSI、LSI 和 VLSI 后，单个芯片的功能不断增强。一般地，在 SSI 中仅仅是基本器件（如逻辑门或触发器）的集成，在 MSI 中已是逻辑部件（如译码器、寄存器等）的集成，而在 LSI 和 VLSI 中则是一个数字子系统或整个数字系统（如微处理器、单片机）的集成。各种中规模通用集成电路均为具有独立功能的完美设计作品，使用时只需适当地进行连接就能实现预定的逻辑功能。此外，由于它们所具有的通用性、灵活性及多功能性，又可作为逻辑设计的基本部件完成更为复杂的逻辑部件设计。常用的中规模组合逻辑器件有二进制并行加法器、译码器、编码器、多路选择器和多路分配器等。

4.4.1　二进制并行加法器

二进制并行加法器是一种能并行产生两个 *n* 位二进制数“算术和”的逻辑部件。按其进位方式的不同，可分为串行进位二进制并行加法器和超前进位二进制并行加法器两种类型。

二进制并行加法器

1. 构成思想

（1）串行进位二进制并行加法器

串行进位二进制并行加法器是由全加器级联构成的，高位的“和”依赖于来自低位的进位输入。4 位串行进位二进制并行加法器的结构框图如图 4.27 所示。

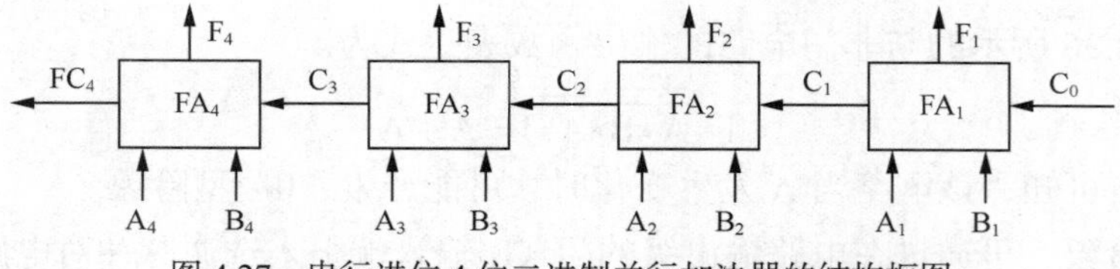

图 4.27　串行进位 4 位二进制并行加法器的结构框图

串行进位二进制并行加法器的特点是：被加数和加数的各位能同时并行到达各位的输入端，而各位全加器的进位输入则是按照由低位向高位逐级串行传递的，各进位形成一个进位链。由于每一位相加的“和”都与本位进位输入有关，所以，最高位必须等到各低位全部相加完成并送来进位信号之后才能产生运算结果。显然，这种加法器运算速度较慢，而且位数越多，速度就越低。

为了提高加法器的运算速度，必须设法减小或去除由于进位信号逐级传送所花费的时间，使各位的进位直接由加数和被加数来决定，而无须依赖低位进位。根据这一思想设计的加法器称为超前进位（又称为先行进位）二进制并行加法器。

（2）超前进位二进制并行加法器

超前进位二进制并行加法器是根据输入信号同时形成各位向高位“进位”的二进制并行加法器。

根据全加器的功能，可知第 i 位全加器的进位输出函数表达式为

$$
\begin{aligned}
C_i &= \overline{A}_i B_i C_{i-1} + A_i \overline{B}_i C_{i-1} + A_i B_i \overline{C}_{i-1} + A_i B_i C_{i-1} \\
&= (A_i \oplus B_i) C_{i-1} + A_i B_i
\end{aligned}
$$

由进位函数表达式可知：当第 i 位的被加数 A_i 和加数 B_i 均为 1 时，有 $A_iB_i=1$，不论低位运算结果如何，本位必然产生进位输出（即 $C_i=1$），据此，定义 $G_i=A_iB_i$ 为进位产生函数；当 $A_i \oplus B_i = 1$ 时，可使得 $C_i=C_{i-1}$，即当 $A_i \oplus B_i = 1$ 时，来自低位的进位输入能传送到本位的进位输出。所以，定义 $P_i = A_i \oplus B_i$ 为进位传递函数。将 P_i 和 G_i 代入全加器的“和”及“进位”输出表达式，可得到

$$
\begin{aligned}
F_i &= A_i \oplus B_i \oplus C_{i-1} = P_i \oplus C_{i-1} \\
C_i &= P_i \cdot C_{i-1} + G_i
\end{aligned}
$$

4 位二进制并行加法器各位的进位输出函数表达式分别为

$$
\begin{aligned}
&C_1=P_1C_0+G_1 \\
&C_2=P_2C_1+G_2=P_2P_1C_0+P_2G_1+G_2 \\
&C_3=P_3C_2+G_3=P_3P_2P_1C_0+P_3P_2G_1+P_3G_2+G_3 \\
&C_4=P_4C_3+G_4=P_4P_3P_2P_1C_0+P_4P_3P_2G_1+P_4P_3G_2+P_4G_3+G_4
\end{aligned}
$$

由于 C_1～C_4 是 P_i、G_i 和 C_0 的函数，P_i、G_i 又是 A_i、B_i 的函数，而 A_i、B_i 和 C_0（一般情况下，C_0 在运算前已预置）能同时提供，所以，在输入 A_i、B_i 和 C_0 之后，可以同时产生 C_1～C_4。通常将根据 P_i、G_i 和 C_0 产生 C_1～C_4 的逻辑电路称为超前进位发生器。通过超前进位电路，可以有效地提高运算速度，采用超前进位发生器的并行加法器称为超前进位二进制并行加法器，有时又称为先行进位二进制并行加法器或并行进位二进制并行加法器。

2. 典型芯片

常用并行加法器有 4 位超前进位二进制并行加法器 74283，该器件为 16 条引脚的芯片，其引脚排列图和逻辑符号分别如图 4.28（a）、图 4.28（b）所示。图中，A_4、A_3、A_2、A_1 和 B_4、B_3、B_2、B_1 为两组 4 位二进制加数；F_4、F_3、F_2、F_1 为相加产生的 4 位“和”；C_0 为最低位的进位输入；FC_4 为最高位的进位输出。

3. 应用举例

二进制并行加法器除实现二进制加法运算外，还可实现代码转换、二进制减法运算、二

进制乘法运算、十进制加法运算等功能。

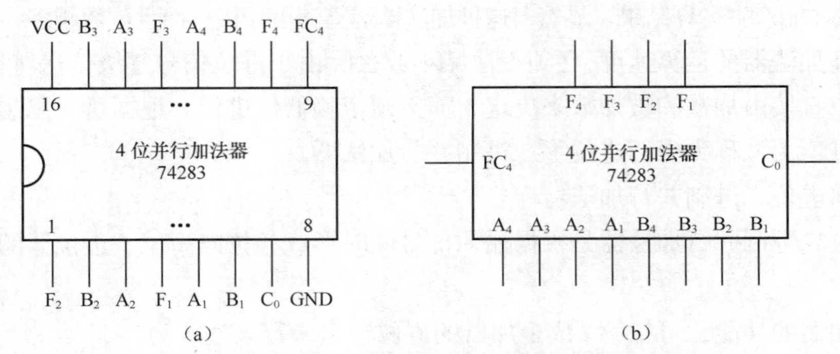

图 4.28　并行加法器 74283 的引脚排列图和逻辑符号

【例 4.16】　用 4 位二进制并行加法器设计一个将 8421 码转换成余 3 码的代码转换电路。

二进制并行加法器的应用

解　根据余 3 码的定义可知，余 3 码是由 8421 码加 3 形成的代码。所以，用 4 位二进制并行加法器实现 8421 码到余 3 码的转换，只需从 4 位二进制并行加法器的一组输入端输入 8421 码，另一组输入端输入二进制数 0011，进位输入端 C_0 加上“0”，便可从输出端 F_4、F_3、F_2、F_1 得到与输入 8421 码对应的余 3 码。假定从输入端 A_4、A_3、A_2、A_1 输入 8421 码，输入端 B_4、B_3、B_2、B_1 输入二进制数 0011，其逻辑电路如图 4.29 所示。

【例 4.17】　用 4 位二进制并行加法器设计一个 4 位二进制并行减法器。

解　设 A 和 B 分别为 4 位二进制数，其中 $A=a_4a_3a_2a_1$ 为被减数，$B=b_4b_3b_2b_1$ 为减数，$D=d_4d_3d_2d_1$ 为相减的“差”。假定减法采用补码运算，根据补码运算法则有

$$d_4d_3d_2d_1 = a_4a_3a_2a_1 + \overline{b_4}\,\overline{b_3}\,\overline{b_2}\,\overline{b_1} + 1$$

由此可见，可用一个 4 位二进制并行加法器和 4 个非门实现给定逻辑功能。具体只需将 4 位二进制数 $A=a_4a_3a_2a_1$ 直接加到并行加法器的输入端 A_i（i=1～4），4 位二进制数 $B=b_4b_3b_2b_1$ 通过 4 个非门加到并行加法器的输入端 B_i（i=1～4），并将并行加法器的进位输入端 C_0 接 1 即可实现 4 位二进制并行减法器功能。逻辑电路如图 4.30 所示。

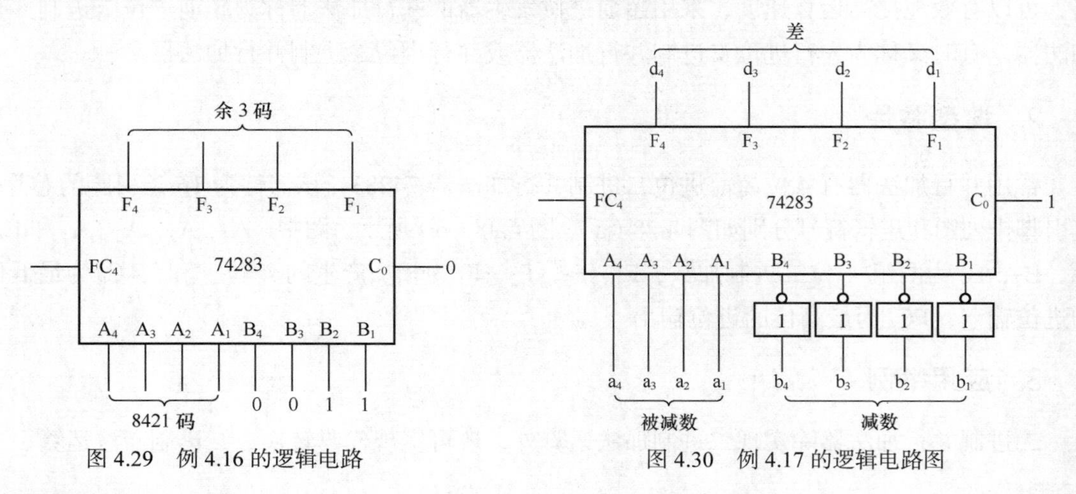

图 4.29　例 4.16 的逻辑电路　　图 4.30　例 4.17 的逻辑电路图

【例 4.18】　用两个 4 位并行加法器和适当的逻辑门实现 $(X+Y)\times Z$，其中，$X=x_2x_1x_0$、$Y=y_2y_1y_0$、$Z=z_1z_0$ 均为二进制数。

解　由于两个 3 位二进制数相加的“和”最大为 $(14)_{10}$，可用 4 位二进制数表示，假定用 $s_3s_2s_1s_0$ 表示；又由于 2 位二进制数最大为$(3)_{10}$，十进制数 14 与 3 相乘的结果为 42，可用 6 位二进制数表示，所以该运算电路共有 8 个输入、6 个输出。设运算结果 $W=w_5w_4w_3w_2w_1w_0$，其运算过程如下。

$$
\begin{array}{cccccc}
 & & & x_2 & x_1 & x_0 \\
 & & + & y_2 & y_1 & y_0 \\
\hline
 & & s_3 & s_2 & s_1 & s_0 \\
\times & & & & z_1 & z_0 \\
\hline
 & & s_3z_0 & s_2z_0 & s_1z_0 & s_0z_0 \\
+ & s_3z_1 & s_2z_1 & s_1z_1 & s_0z_1 & \\
\hline
w_5 & w_4 & w_3 & w_2 & w_1 & w_0
\end{array}
$$

根据以上分析可知，该电路可由两个 4 位并行加法器和 8 个 2 输入与门组成。用一个 4 位并行加法器实现 $X+Y$，8 个 2 输入与门产生 s_iz_j (i=0～3; j=0,1)，另一个 4 位并行加法器实现部分积相加。其逻辑电路如图 4.31 所示。

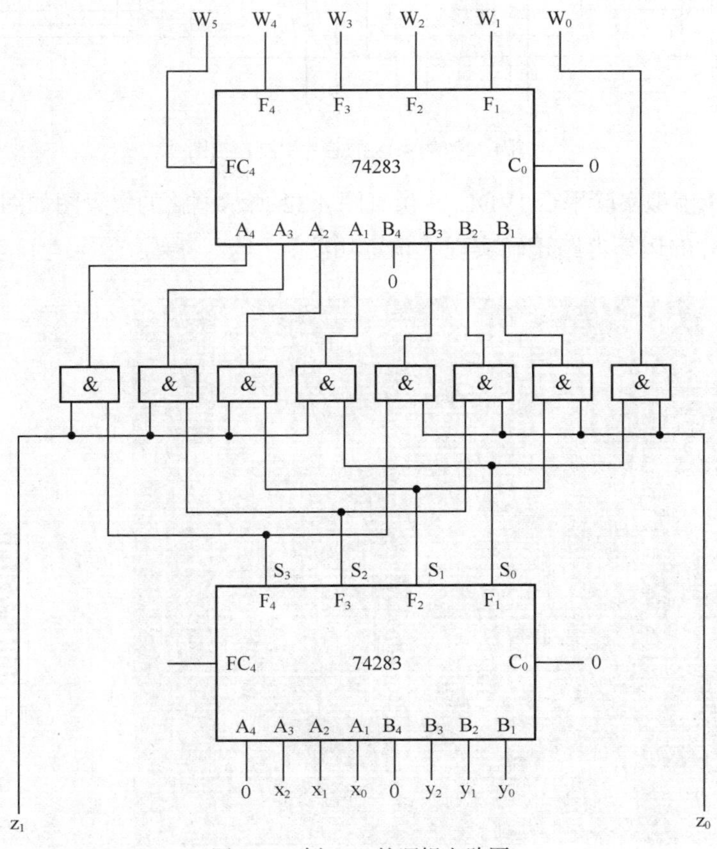

图 4.31　例 4.18 的逻辑电路图

图 4.31 所示逻辑电路可以用两块二进制并行加法器芯片 74283 和两块四 2 输入与门芯片 7408 实现，图 4.32 所示为该电路芯片引脚连接图的方案之一（芯片引脚连接图的方案不是唯一的）。

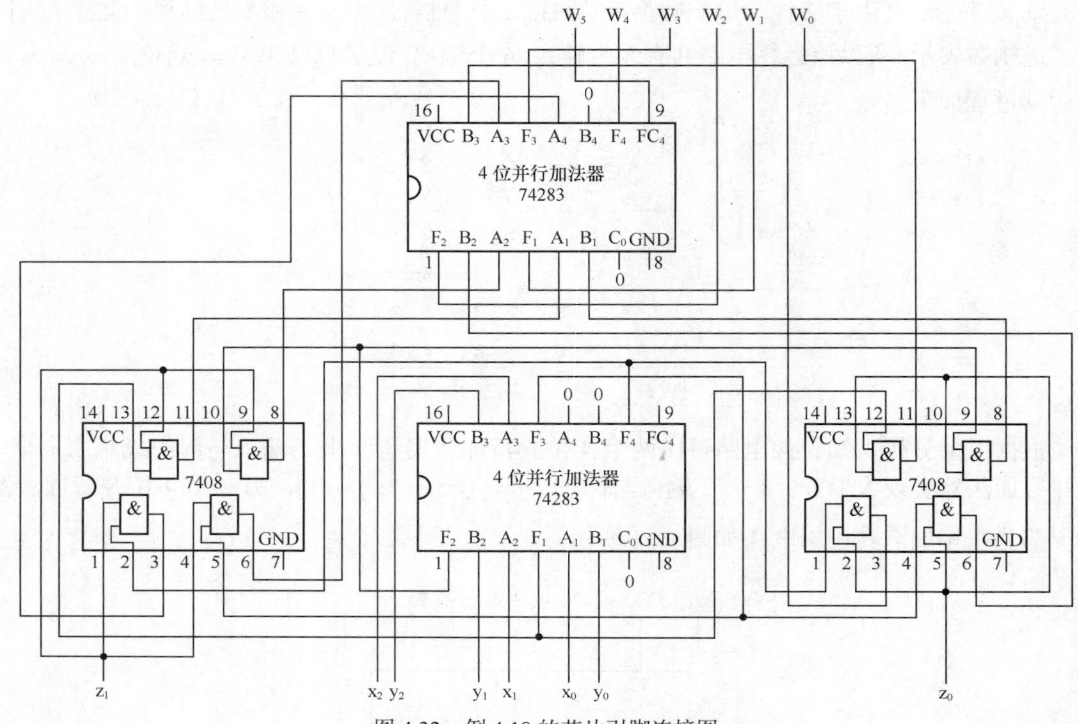

图 4.32　例 4.18 的芯片引脚连接图

利用数字逻辑虚拟实验平台 IVDLEP 仿真图 4.32 所示电路的实景图如图 4.33 所示。仿真结果表明，所设计的运算电路正确实现了预定功能。

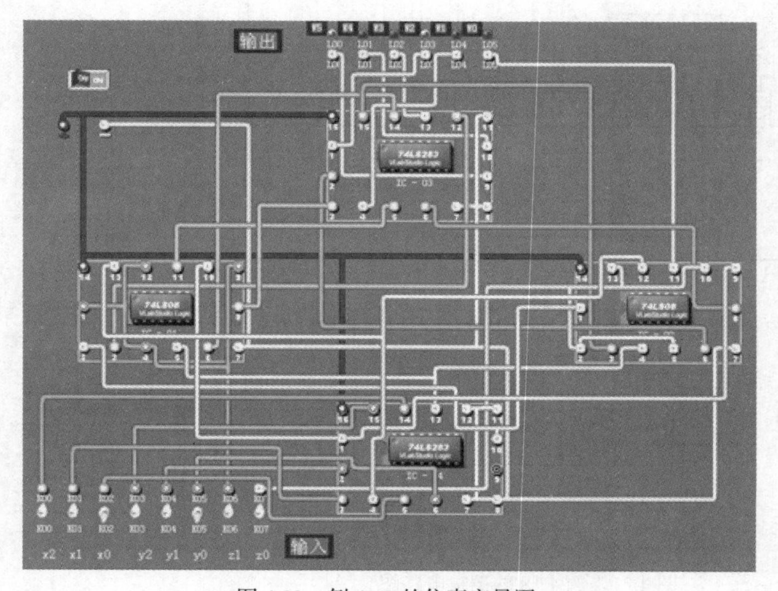

图 4.33　例 4.18 的仿真实景图

例 4.18　电路仿真

4.4.2　译码器与编码器

译码器（Decoder）和编码器（Encoder）是数字系统中广泛使用的多输入多输出组合逻辑部件。译码器的功能是对具有特定含义的输入代码进行“翻译”，将其转换成相应的输出信号。编码器的功能恰好与译码器相反，它是对输入信号按一定规律进行编排，使每组输出代码具有特定的含义。

1. 译码器

译码器

译码器的种类很多，常见的有二进制译码器、二—十进制译码器（又称为 BCD 码—十进制译码器）和数字显示译码器等。下面以二进制译码器为例进行介绍。

二进制译码器是一种能将 n 个输入变量变换成 2^n 个输出函数，且输出函数与输入变量构成的最小项具有对应关系的一种多输出组合逻辑电路。从结构上看，一个二进制译码器一般具有 n 个输入端、2^n 个输出端和一个（或多个）使能输入端。在使能输入端为有效电平时，对应每一组输入代码，仅一个输出端为有效电平，其余输出端为无效电平（与有效电平相反）。输出有效电平可以是高电平（称为高电平译码），也可以是低电平（称为低电平译码）。

（1）典型芯片

常见的 MSI 二进制译码器有 2-4 线（2 输入 4 输出）译码器、3-8 线（3 输入 8 输出）译码器和 4-16 线（4 输入 16 输出）译码器等。下面以 3 输入 8 输出译码器 74138 为例进行介绍。74138 的引脚排列图和逻辑符号分别如图 4.34（a）、图 4.34（b）所示。

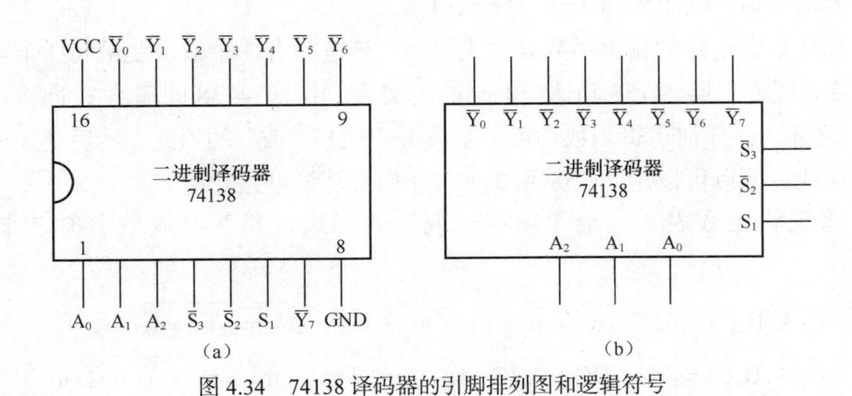

图 4.34　74138 译码器的引脚排列图和逻辑符号

图 4.34 中，A_2，A_1，A_0 为输入端；$\overline{Y_0}$，$\overline{Y_1}$，$\overline{Y_2}$，$\overline{Y_3}$，$\overline{Y_4}$，$\overline{Y_5}$，$\overline{Y_6}$，$\overline{Y_7}$ 为输出端；S_1，$\overline{S_2}$，$\overline{S_3}$ 为使能端，使能端的作用是使译码器处于禁止状态或选通状态。该译码器真值表如表 4.7 所示。

由真值表可知，当 $S_1=1$，$\overline{S_2}+\overline{S_3}=0$ 时，无论 A_2、A_1 和 A_0 取何值，输出 $\overline{Y_0}$，…，$\overline{Y_7}$ 中有且仅有一个为 0（低电平有效），其余都是 1。显然，输出 $\overline{Y}_i$ 即输入变量构成的最大项 M_i，亦最小项之非 $\overline{m_i}$。

表 4.7　　　　74138 译码器真值表

输入					输出							
S1	$\overline{S_2}+\overline{S_3}$	A2	A1	A0	$\overline{Y_0}$	$\overline{Y_1}$	$\overline{Y_2}$	$\overline{Y_3}$	$\overline{Y_4}$	$\overline{Y_5}$	$\overline{Y_6}$	$\overline{Y_7}$
1	0	0	0	0	0	1	1	1	1	1	1	1
1	0	0	0	1	1	0	1	1	1	1	1	1
1	0	0	1	0	1	1	0	1	1	1	1	1
1	0	0	1	1	1	1	1	0	1	1	1	1
1	0	1	0	0	1	1	1	1	0	1	1	1
1	0	1	0	1	1	1	1	1	1	0	1	1
1	0	1	1	0	1	1	1	1	1	1	0	1
1	0	1	1	1	1	1	1	1	1	1	1	0
0	d	d	d	d	1	1	1	1	1	1	1	1
d	1	d	d	d	1	1	1	1	1	1	1	1

（2）应用举例

二进制译码器在数字系统中的应用非常广泛，它的典型用途是实现存储器的地址译码、控制器中的指令译码等。除此之外，还可用译码器实现各种组合逻辑电路功能。下面举例说明。

译码器的应用

【例 4.19】　已知某组合逻辑电路的输出函数表达式为

$$F_1(A,B,C)=AB+\overline{A}C$$

$$F_2(A,B,C)=A\overline{C}+BC+\overline{A}B\overline{C}$$

$$F_3(A,B,C)=\overline{A}B+A\overline{B}\overline{C}$$

试用译码器和适当的逻辑门实现该电路功能。

解　由描述给定电路的输出函数表达式可知，该电路有 3 个输入变量和 3 个输出函数。所以可以用 3-8 线译码器 74138 和适当的与非门实现。由于 74138 的输出 $\overline{Y_i}$ 即输入变量构成的最小项 m_i 之非，而任何逻辑函数均可表示成最小项相“或”的形式，然后变换成最小项之非再与非的形式，所以可以用 74138 和 3 个与非门实现该电路功能。

首先，将逻辑函数表示成最小项相“或”的形式，并变换成最小项之非再与非的形式。

$$F_1(A,B,C)=AB+\overline{A}C=m_1+m_3+m_6+m_7=\overline{\overline{m_1}\cdot\overline{m_3}\cdot\overline{m_6}\cdot\overline{m_7}}$$

$$F_2(A,B,C)=A\overline{C}+B\overline{C}+ABC=m_2+m_4+m_6+m_7=\overline{\overline{m_2}\cdot\overline{m_4}\cdot\overline{m_6}\cdot\overline{m_7}}$$

$$F_3(A,B,C)=\overline{A}B+A\overline{B}\overline{C}=m_2+m_3+m_4=\overline{\overline{m_2}\cdot\overline{m_3}\cdot\overline{m_4}}$$

然后，将函数的变量 A、B、C 分别与译码器的输入 A_2、A_1、A_0 相连接，并令译码器使能输入端 $S_1=1$，$\overline{S_2}=0$，$\overline{S_3}=0$，便可在译码器输出端得到 3 变量的 8 个最小项之非，再根据函数表达式将译码器相应输出和与非门的输入相连接，即可实现给定函数的功能。逻辑电路图如图 4.35 所示。

思考：能否用译码器 74138 和 3 个与门实现该电路功能？

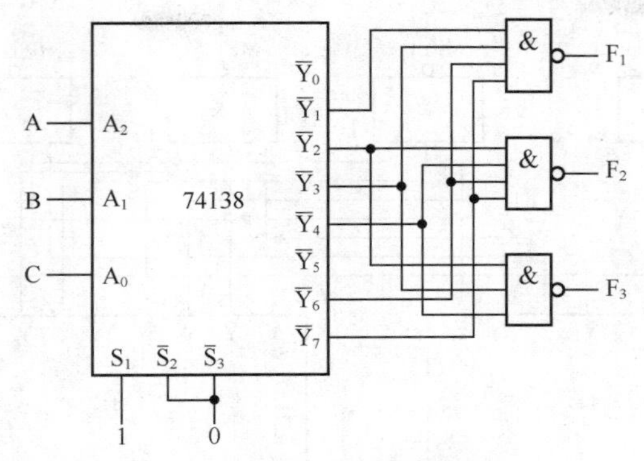

图 4.35　例 4.19 的逻辑电路图

【例 4.20】　用译码器和适当的逻辑门设计一个乘法器，用于产生两个 2 位二进制数相乘的积。

解　因为两个 2 位二进制数相乘的积最大为一个 4 位二进制数，所以该电路有 4 个输入变量，4 个输出函数。设两个二进制数分别为 A_1A_0 和 B_1B_0，相乘的积为 $M_3M_2M_1M_0$，按照二进制数乘法运算法则，可列出真值表，如表 4.8 所示。

表 4.8　　　　例 4.20 的真值表

输入				输出				输入				输出			
A_1	A_0	B_1	B_0	M_3	M_2	M_1	M_0	A_1	A_0	B_1	B_0	M_3	M_2	M_1	M_0
0	0	0	0	0	0	0	0	1	0	0	0	0	0	0	0
0	0	0	1	0	0	0	0	1	0	0	1	0	0	1	0
0	0	1	0	0	0	0	0	1	0	1	0	0	1	0	0
0	0	1	1	0	0	0	0	1	0	1	1	0	1	1	0
0	1	0	0	0	0	0	0	1	1	0	0	0	0	0	0
0	1	0	1	0	0	0	1	1	1	0	1	0	0	1	1
0	1	1	0	0	0	1	0	1	1	1	0	0	1	1	0
0	1	1	1	0	0	1	1	1	1	1	1	1	0	0	1

由表 4.8 可写出输出函数表达式为

$$M_3(A_1,A_0,B_1,B_0)=\sum m(15)=\overline{\overline{m_{15}}}$$

$$M_2(A_1,A_0,B_1,B_0)=\sum m(10,11,14)=\overline{\overline{m_{10}}\,\overline{m_{11}}\,\overline{m_{14}}}$$

$$M_1(A_1,A_0,B_1,B_0)=\sum m(6,7,9,11,13,14)=\overline{\overline{m_6}\,\overline{m_7}\,\overline{m_9}\,\overline{m_{11}}\,\overline{m_{13}}\,\overline{m_{14}}}$$

$$M_0(A_1,A_0,B_1,B_0)=\sum m(5,7,13,15)=\overline{\overline{m_5}\,\overline{m_7}\,\overline{m_{13}}\,\overline{m_{15}}}$$

电路输出为 4 个 4 变量函数，可采用与例 4.19 类似的方法用 1 个 4-16 线的译码器和 4 个与非门实现。除此之外，只要充分利用译码器的使能输入端，也可用 3-8 线译码器实现 4 变量逻辑函数，其方法是利用译码器的一个使能端作为变量输入端，将两个 3-8 线译码器扩展成 4-16 线译码器。

假定用两片 3-8 线译码器 74138 和 4 个与非门实现给定功能。可将逻辑变量 A_0、B_1、B_0 分别接至芯片Ⅰ和芯片Ⅱ的输入端 A_2、A_1、A_0，逻辑变量 A_1 接至芯片Ⅰ的使能端 $\overline{S}_2$ 和芯片Ⅱ的使能端 S_1。再根据输出函数表达式将译码器相应输出和各与非门的输入相连接，即可实现给定要求的功能。逻辑电路图如图 4.36 所示。

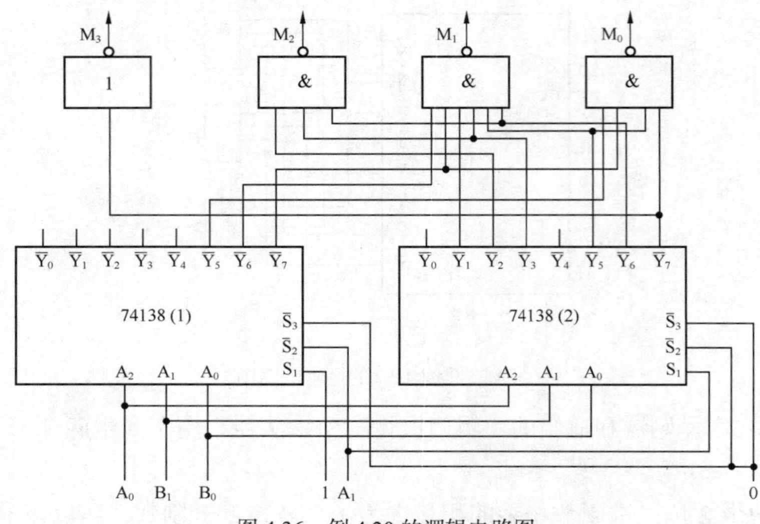

图 4.36　例 4.20 的逻辑电路图

2. 编码器

所谓编码，就是在选定的一系列二进制代码中，赋予每个二进制数码以固定的含义。能完成编码功能的逻辑电路通称为编码器。编码器按照被编信号的不同特点和要求，有各种不同的类型，最常见的有二进制编码器和二—十进制编码器（又称为十进制—BCD 码编码器）。下面以二—十进制编码器为例进行简单介绍。

二—十进制编码器的逻辑功能是将十进制的 10 个数字 0～9 分别编成对应的 BCD 码。这种编码器通常用 10 个输入信号分别代表 10 个不同数字，4 个输出信号代表 BCD 代码。根据对被编信号的不同要求，二—十进制编码器又可进一步分为普通二—十进制编码器和二—十进制优先编码器。

（1）普通二—十进制编码器

普通二—十进制编码器的输入信号是互斥的，即任何时候只允许一个输入端为有效信号。最常见的普通二—十进制编码器有 8421 码编码器，图 4.37 所示为按键式 8421 码编码器的逻辑电路。

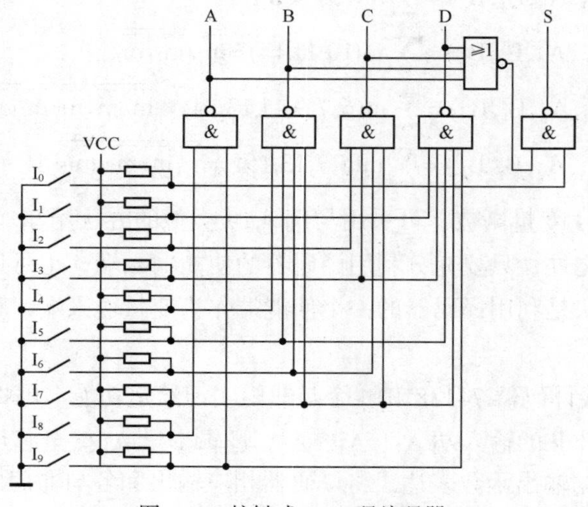

图 4.37　按键式 8421 码编码器

图 4.37 中，I_0～I_9 代表 10 个按键，ABCD 为代码输出端，当按下某一输入键时，在 ABCD 输出相应的 8421 码；S 为使用输出标志，当按下 I_0～I_9 中的任何一个键时，S 为 1，表示输出有效，否则 S 为 0，表示输出无效。设置标志 S 是为了区别按下 I_0 键与不按任何键时均有 ABCD=0000 的两种不同情况。该编码器的真值表如表 4.9 所示。

表 4.9　　8421 码编码器的真值表

输入										输出				
I_0	I_1	I_2	I_3	I_4	I_5	I_6	I_7	I_8	I_9	A	B	C	D	S
1	1	1	1	1	1	1	1	1	1	0	0	0	0	0
0	1	1	1	1	1	1	1	1	1	0	0	0	0	1
1	0	1	1	1	1	1	1	1	1	0	0	0	1	1
1	1	0	1	1	1	1	1	1	1	0	0	1	0	1
1	1	1	0	1	1	1	1	1	1	0	0	1	1	1
1	1	1	1	0	1	1	1	1	1	0	1	0	0	1
1	1	1	1	1	0	1	1	1	1	0	1	0	1	1
1	1	1	1	1	1	0	1	1	1	0	1	1	0	1
1	1	1	1	1	1	1	0	1	1	0	1	1	1	1
1	1	1	1	1	1	1	1	0	1	1	0	0	0	1
1	1	1	1	1	1	1	1	1	0	1	0	0	1	1

（2）二—十进制优先编码器

二—十进制优先编码器的功能与普通二—十进制编码器类似，区别在于它允许多个输入信号同时有效，按照高位优先的规则进行编码。常用的二—十进制优先编码器有中规模集成电路芯片 74147、40147 等。有关详细介绍可查阅集成电路手册。

4.4.3　多路选择器和多路分配器

多路选择器和多路分配器是数字系统中常用的中规模集成电路，其基本功能是完成对多路数据的选择与分配，在公共传输线上实现多路数据的分时传送。此外，还可完成数据的并串转换、序列信号产生等多种逻辑功能以及实现各种逻辑函数功能。

1. 多路选择器

多路选择器

多路选择器（Multiplexer）又称为数据选择器或多路开关，常用 MUX 表示。它是一种多路输入、单路输出的组合逻辑电路，其逻辑功能是从多路输入数据中选中一路送至数据输出端，输出对输入的选择受选择控制变量控制。通常，对于一个具有 2^n 路输入和 1 路输出的 MUX 有 n 个选择控制变量，对应控制变量的每种取值组合选中相应的一路输入送至输出。图 4.38 所示为其原理示意图。

（1）典型芯片

常见的 MSI 多路选择器有双 4 路 MUX 74153、8 路 MUX 74152（无使能控制端）、74151

和 16 路 MUX 74150 等。下面以双 4 路 MUX 74153 为例对其外部特性进行介绍。

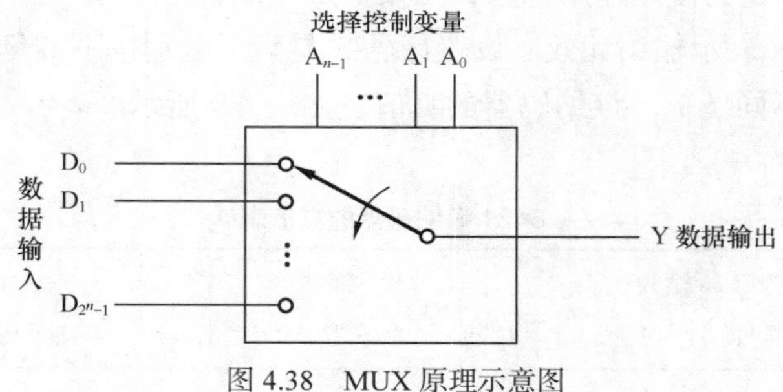

图 4.38 MUX 原理示意图

双 4 路 MUX 74153 的引脚排列图和逻辑符号分别如图 4.39 中的（a）和（b）所示，该芯片中包含两个 4 路 MUX。其中，G 为使能控制端，低电平有效；D_0～D_3 为数据输入端；A_1、A_0 为选择控制端，由两个 MUX 共用；Y 为输出端。

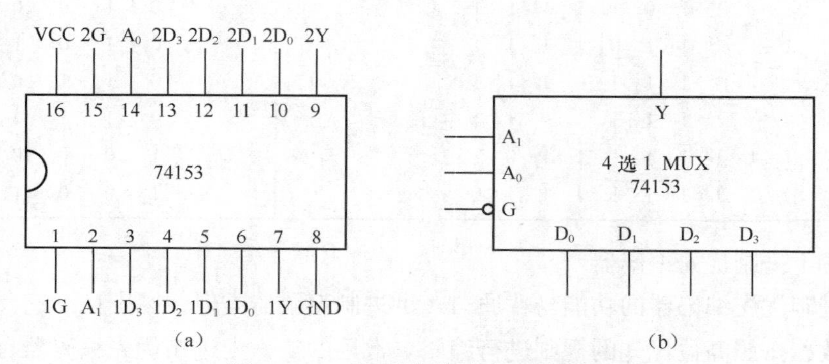

图 4.39 74153 引脚排列图和逻辑符号

4 路 MUX 74153 的功能表如表 4.10 所示。

表 4.10 MUX 74153 功能表

使能输入	选择输入		数据输入				输出
G	A_1	A_0	D_0	D_1	D_2	D_3	Y
1	d	d	d	d	d	d	0
0	0	0	D_0	d	d	d	D_0
0	0	1	d	D_1	d	d	D_1
0	1	0	d	d	D_2	d	D_2
0	1	1	d	d	d	D_3	D_3

由功能表可知，在工作状态下（G=0），当 $A_1A_0 = 00$ 时，$Y=D_0$；当 $A_1A_0 =01$ 时，$Y=D_1$；当 $A_1A_0 =10$ 时，$Y=D_2$；当 $A_1A_0=11$ 时，$Y=D_3$。即在 A_1A_0 的控制下，依次选中 D_0～D_3 端的数据送至输出端。4 路 MUX 的输出函数表达式为

$$Y = \overline{A_1}\,\overline{A_0}D_0 + \overline{A_1}A_0D_1 + A_1\overline{A_0}D_2 + A_1A_0D_3 = \sum_{i=0}^{3} m_iD_i$$

式中，m_i 为选择变量 A_1、A_0 组成的最小项，D_i 为 i 端的输入数据，取值等于 0 或 1。

类似地，可以写出 2^n 路选择器的输出表达式为

$$Y = \sum_{i=0}^{2^n-1} m_i D_i$$

式中，m_i 为选择控制变量 $A_{n-1}, A_{n-2},\cdots, A_1, A_0$ 组成的最小项；D_i 为 2^n 路输入中的第 i 路数据输入，取值为 0 或 1。

（2）应用举例

多路选择器除完成对多路数据进行选择的基本功能外，在逻辑设计中常用来实现各种逻辑函数功能。假定用具有 n 个选择控制变量的 MUX 实现 m 个变量的函数，具体方法可以分为以下 3 种情况讨论。

多路选择器的应用1

① $m=n$（用 n 个选择控制变量的 MUX 实现 n 个变量的函数）。

实现方法：将函数的 n 个变量依次连接到 MUX 的 n 个选择变量端，并将函数表示成最小项之和的形式。若函数表达式中包含最小项 m_i，则令 MUX 相应的 D_i 接 1，否则 D_i 接 0。

多路选择器的应用2

② $m=n+1$（用 n 个选择控制变量的 MUX 实现 $n+1$ 个变量的函数）。

实现方法：从函数的 $n+1$ 个变量中任选 n 个变量作为 MUX 的选择控制变量，并根据所选定的选择控制变量将函数变换成 $Y = \sum_{i=0}^{2^n-1} m_i D_i$ 的形式，以便确定各数据输入 D_i。假定剩余变量为 X，则 D_i 的取值只可能是 0、1、X 或 $\overline{X}$ 四者之一。

③ $m \geqslant n+2$（用 n 个选择控制变量的 MUX，实现 $n+1$ 个以上变量的函数）。

实现方法与②类似，但确定各数据输入 D_i 时，数据输入是去除选择变量之外剩余变量的函数，因此，一般需要增加适当的逻辑门辅助实现，且所需逻辑门的多少通常与选择控制变量的确定相关。

【例 4.21】　用 MUX 实现逻辑函数 $F(A,B,C)=\sum m(3,4,5,7)$的功能。

解　给定函数为一个 3 变量函数，可采用 8 路 MUX 或者 4 路 MUX 实现其功能。

方案 1　采用 8 路数据选择器实现

假定采用 8 路数据选择器 74152 实现，数据选择器的输出表达式为

$$\begin{aligned} Y = {} & \overline{A}_2\overline{A}_1\overline{A}_0D_0 + \overline{A}_2\overline{A}_1A_0D_1 + \overline{A}_2A_1\overline{A}_0D_2 + \overline{A}_2A_1A_0D_3 + \\ & A_2\overline{A}_1\overline{A}_0D_4 + A_2\overline{A}_1A_0D_5 + A_2A_1\overline{A}_0D_6 + A_2A_1A_0D_7 \end{aligned}$$

给定逻辑函数 F 的表达式为

$$F(A,B,C) = \sum m(3,4,5,7) = \overline{A}BC + A\overline{B}\,\overline{C} + A\overline{B}C + ABC$$

比较上述两个表达式可知：要使 Y=F，只需令 8 路数据选择器的 A_2=A，A_1=B，A_0=C 且 $D_3=D_4=D_5=D_7=1$，而 $D_0=D_1=D_2=D_6=0$ 即可。据此可做出用 8 路选择器 74152 实现给定函数功能的逻辑电路，如图 4.40（a）所示。

方案 2　采用 4 路数据选择器实现

假定采用 4 路数据选择器 74153 实现，由于 4 路选择器具有两个选择控制变量，所以用

来实现 3 变量函数功能时，应该首先从函数的 3 个变量中任选两个作为选择控制变量，然后再确定选择器的数据输入。假定选择 A、B 与选择控制端 A_1、A_0 相连，则可将函数 F 的表达式变换成如下形式：

$$\begin{aligned} F(A,B,C) &= \overline{A}BC + A\overline{B}\,\overline{C} + A\overline{B}C + ABC \\ &= \overline{A}\,\overline{B}\bullet 0 + \overline{A}B\bullet C + A\overline{B}\bullet(\overline{C} + C) + AB\bullet C \\ &= \overline{A}\,\overline{B}\bullet 0 + \overline{A}B\bullet C + A\overline{B}\bullet 1 + AB\bullet C \end{aligned}$$

显然，要使 4 路选择器的输出 Y 与函数 F 相等，只需 $D_0 = 0$ 、$D_1 = C$ 、$D_2 = 1$ 、$D_3 = C$ 。据此，可画出用 4 路选择器实现给定函数功能的逻辑电路图，如图 4.40（b）所示。类似地，也可以选择 A、C 或 B、C 作为选择控制变量，选择控制变量不同或者连接顺序不同，都将使数据输入也不相同。

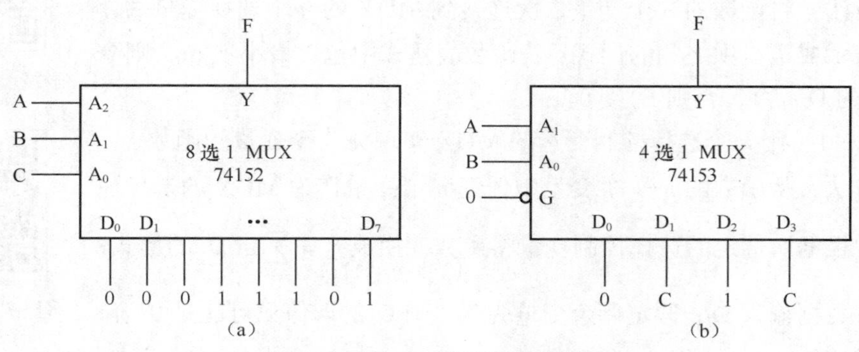

图 4.40　例 4.21 的两种实现方案

上述两种方案表明：用具有 *n* 个选择控制变量的 MUX 实现 *n* 个变量的函数或 *n*+1 个变量的函数时，无须任何辅助电路，可由 MUX 直接实现。

【例 4.22】　用 4 路选择器 74153 实现 4 变量逻辑函数 $F(A,B,C,D)=\sum m(0,2,3,7,8,9,10,13)$ 的功能。

解　采用 4 路数据选择器实现 4 变量逻辑函数时，应首先从函数的 4 个变量中选出 2 个作为 MUX 的选择控制变量。理论上讲，这种选择是任意的，但选择合适时可以简化设计方案。

多路选择器的应用 3

方案 1　选用变量 A 和 B 作为选择控制变量

假定用变量 A 和 B 作为选择控制变量与选择控制端 A_1、A_0 相连，则可对给定逻辑函数进行如下变换。

$$\begin{aligned} F(A,B,C,D) &= \sum m(0,2,3,7,8,9,10,13) \\ &= \overline{A}\,\overline{B}\,\overline{C}\,\overline{D} + \overline{A}\,\overline{B}C\overline{D} + \overline{A}\,\overline{B}CD + \overline{A}BCD + A\overline{B}\,\overline{C}\,\overline{D} + A\overline{B}\,\overline{C}D + A\overline{B}C\overline{D} + AB\overline{C}D \\ &= \overline{A}\,\overline{B}(\overline{C}\,\overline{D} + C\overline{D} + CD) + \overline{A}B\bullet CD + A\overline{B}(\overline{C}\,\overline{D} + \overline{C}D + C\overline{D}) + AB\bullet\overline{C}D \\ &= \overline{A}\,\overline{B}(C + \overline{D}) + \overline{A}B\bullet CD + A\overline{B}(\overline{C} + \overline{D}) + AB\bullet\overline{C}D \end{aligned}$$

根据变换后的逻辑表达式，即可确定各数据输入 D_i 分别为

$$D_0 = C + \overline{D}\text{；}\ D_1 = CD\text{；}\ D_2 = \overline{C} + \overline{D} = \overline{CD}\text{；}\ D_3 = \overline{C}D$$

据此可得到实现给定函数的逻辑电路图，如图 4.41（a）所示。该电路在 4 路选择器的基础上附加了 4 个逻辑门。

方案 2　选用变量 C 和 D 作为选择控制变量

如果选用变量 C 和 D 作为选择控制变量与选择控制端 A_1、A_0 相连，则可对给定逻辑函数进行如下变换。

$$
\begin{aligned}
F(A,B,C,D) &= \sum m(0,2,3,7,8,9,10,13) \\
&= \overline{A}\,\overline{B}\,\overline{C}\,\overline{D} + \overline{A}\,\overline{B}C\overline{D} + \overline{A}\,\overline{B}CD + \overline{A}BCD + A\overline{B}\,\overline{C}\,\overline{D} + A\overline{B}\,\overline{C}D + A\overline{B}C\overline{D} + AB\overline{C}D \\
&= \overline{C}\,\overline{D}(\overline{A}\,\overline{B} + A\overline{B}) + \overline{C}D(A\overline{B} + AB) + C\overline{D}(\overline{A}\,\overline{B} + A\overline{B}) + CD(\overline{A}\,\overline{B} + \overline{A}B) \\
&= \overline{C}\,\overline{D}\bullet\overline{B} + \overline{C}D\bullet A + C\overline{D}\bullet\overline{B} + CD\bullet\overline{A}
\end{aligned}
$$

根据变换后的逻辑表达式，即可确定各数据输入 D_i 分别为

$$D_0 = \overline{B}；\quad D_1 = A；\quad D_2 = \overline{B}；\quad D_3 = \overline{A}$$

相应逻辑电路图如图 4.41（b）所示，在有反变量提供的前提下，无须附加逻辑门。显然，实现给定函数用 C、D 作为选择控制变量更简单。

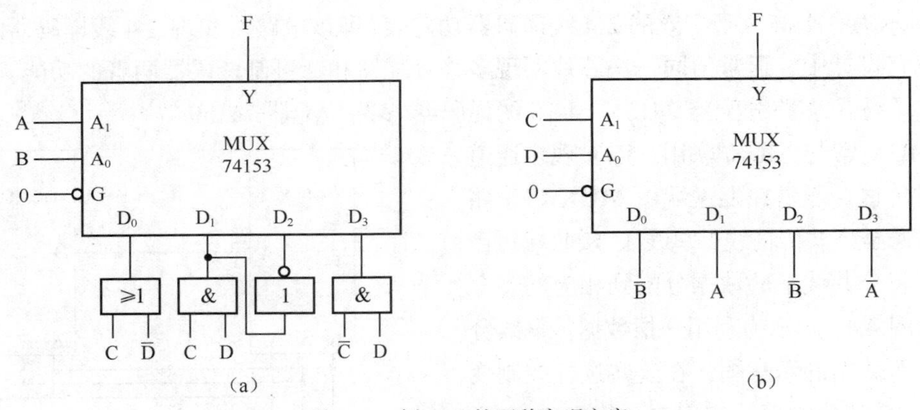

图 4.41　例 4.22 的两种实现方案

该例表明，用 n 个选择控制变量的 MUX 实现等于或大于 n+2 个变量的逻辑函数时，MUX 的数据输入函数 D_i 一般是两个或两个以上变量的函数。函数 D_i 的复杂程度与选择控制变量的确定相关，只有通过对各种方案的比较，才能从中得到简单而且经济的方案。

2. 多路分配器

多路分配器（Demultiplexer）又称数据分配器，常用 DEMUX 表示。其结构与多路选择器正好相反，它是一种单输入、多输出的逻辑部件，输入数据具体从哪一路输出由选择控制变量决定。图 4.42 所示为 4 路 DEMUX 的逻辑符号。图中，D 为数据输入端，A_1、A_0 为选择控制输入端，f_0～f_3 为数据输出端。

多路分配器

4 路 DEMUX 的功能表如表 4.11 所示。

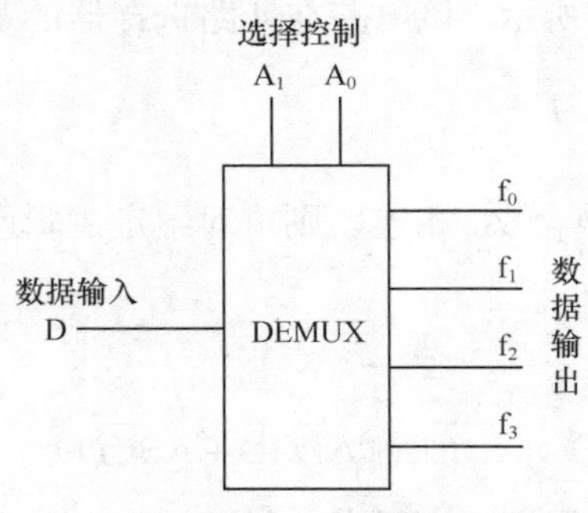

图 4.42　4 路 DEMUX 的逻辑符号

表 4.11　　4 路 DEMUX 的功能表

A_1	A_0	f_0	f_1	f_2	f_3
0	0	D	0	0	0
0	1	0	D	0	0
1	0	0	0	D	0
1	1	0	0	0	D

由功能表可知，4 路 DEMUX 的输出函数表达式为

$$f_0=\overline{A_1}\,\overline{A_0}\bullet D=m_0\bullet D;\quad f_1=\overline{A_1}A_0\bullet D=m_1\bullet D$$

$$f_2=A_1\overline{A_0}\bullet D=m_2\bullet D;\quad f_1=A_1A_0\bullet D=m_3\bullet D$$

式中，m_i（i=0～3）是由选择控制变量构成的 4 个最小项。

由此可见，多路分配器与二进制译码器十分相似，若将图 4.42 中的 D 端接固定的 1，则表 4.11 所示为一个高电平有效的 2-4 线译码器功能表，即该电路可实现 2-4 线译码器的功能。在集成电路设计中，通常由同一块芯片实现多路分配器和二进制译码器两者的功能。例如，双 2-4 线译码器/多路分配器 74155，4-16 线译码器/多路分配器 74159 等。

DEMUX 常与 MUX 联用，以实现多通道数据分时传送。通常在发送端由 MUX 将多路数据分时送至公共传输线（总线），接收端再由 DEMUX 将公共线上的数据分配到相应的多个输出端。图 4.43 所示为利用一根数据传输线分时传送 8 路数据的示意图，在公共选择控制变量 A、B、C 的控制下，实现 D_i—f_i（i=0～7）的分时传送。

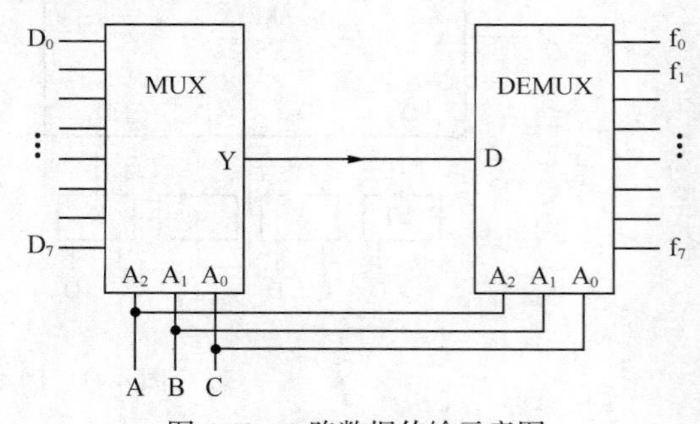

图 4.43　8 路数据传输示意图

以上仅对几种最常用的 MSI 组合逻辑部件进行了介绍，如需了解更多的 MSI 组合逻辑部件可查阅集成电路手册。在逻辑设计时，可以灵活使用各种 MSI 组合逻辑部件并辅之以适当的 SSI 器件实现各种逻辑功能。

本章小结

本章在对组合逻辑电路基本概念进行简单介绍的基础上，较为详细地讨论了组合逻辑电路的分析与设计方法，举例说明了组合逻辑电路分析、设计和实现的全过程以及设计中几个常见的实际问题的处理方法。对组合逻辑电路中的竞争与险象的概念以及险象的处理方法做了一般介绍。在此基础上，介绍了几种最常用的 MSI 组合逻辑部件及其应用。要求了解组合逻辑电路的定义和结构特点，重点掌握组合逻辑电路的分析方法、设计方法和设计中常见实际问题的处理方法，以及并行加法器、二进制译码器、数据选择器等几种常用 MSI 组合逻辑部件的功能及其应用。

思考题与练习题

1. 什么是组合逻辑电路？组合逻辑电路的结构有什么特点？
2. 组合逻辑电路中的竞争现象是什么原因引起的？竞争可以分为哪几种类型？
3. 组合逻辑电路中的险象一般以什么形式出现？有哪些常用的处理方法？
4. 二进制并行加法器按其进位方式的不同可分为哪两种类型？
5. 二进制并行加法器采用超前进位的目的是什么？
6. 二进制译码器的基本功能是什么？74138 的输出与输入构成何种关系？
7. 多路选择器的基本功能是什么？
8. 判断图 4.44 所示的逻辑电路，请问当输入变量取何值时 3 个电路输出取值相同？

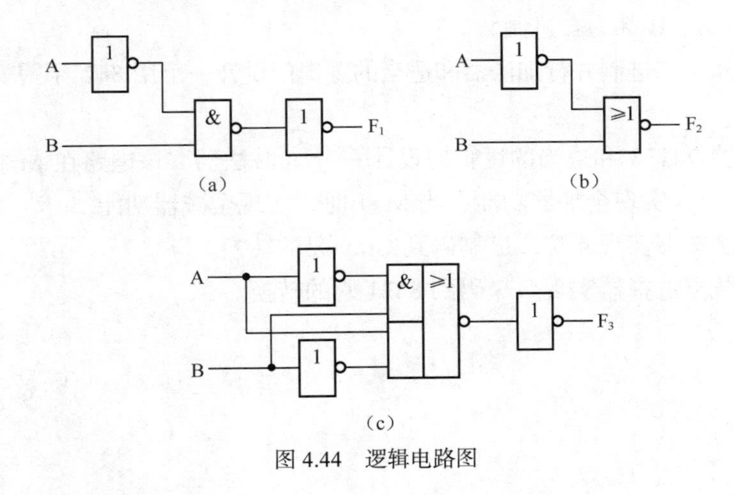

图 4.44　逻辑电路图

9. 分析图 4.45 所示的逻辑电路。

（1）指出在哪些输入取值下，输出 F 的值为 1。

（2）改用异或门实现该电路的逻辑功能。

10. 分析图 4.46 所示组合逻辑电路，列出真值表，说明该电路的逻辑功能。

11. 设计一个组合电路，该电路输入端接收两个 2 位二进制数 $A=A_2A_1$，$B=B_2B_1$。当 $A>B$ 时，输出 Z=1，否则 Z=0。

12. 设计一个代码转换电路，将 1 位十进制数的余 3 码转换成 2421 码。

13. 用与非门设计一个组合电路，该电路输入为 1 位十进制数的 2421 码，当输入的数字为素数时，输出 F 为 1，否则 F 为 0。

14. 设计一个“四舍五入”电路。该电路输入为 1 位十进制数的 8421 码，当其值大于或等于 5 时，输出 F 的值为 1，否则 F 的值为 0。

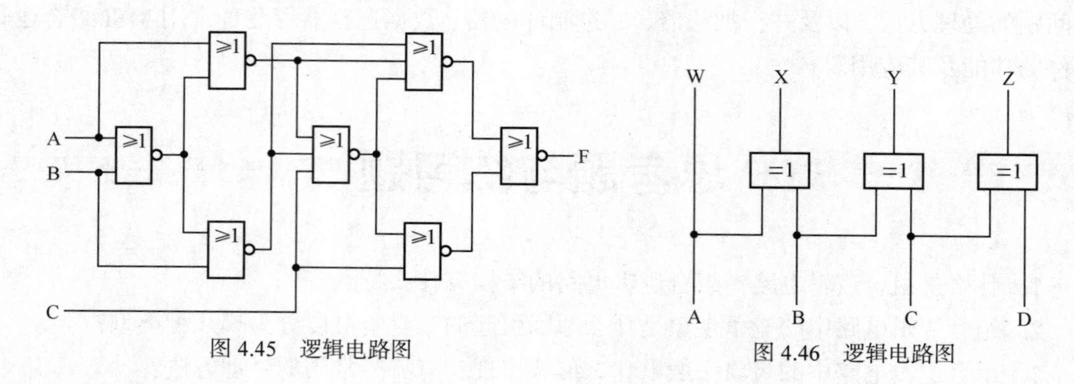

图 4.45　逻辑电路图　　　　图 4.46　逻辑电路图

15. 自选逻辑门设计一个全减器。全减器是一个能对两个 1 位二进制数以及来自低位的“借位”进行减法运算，产生本位“差”及向高位“借位”的逻辑电路。

16. 在输入不提供反变量的情况下，用与非门组成实现逻辑函数 $F=A\overline{B}+\overline{A}C+B\overline{C}$ 功能的最简电路。

17. 用一个 4 位二进制并行加法器和 6 个与门设计一个乘法器，实现 A×B，其中 $A = a_3a_2a_1$，$B = b_2b_1$，A、B 都为二进制数。

18. 用两个 4 位二进制并行加法器和适当的逻辑门设计一个用 8421 码表示的 1 位十进制数加法器。

19. 用译码器 74138 和适当的逻辑门设计一个加/减法器。该电路在 M 控制下进行加、减运算。当 M=0 时，实现全加器功能；当 M=1 时，实现全减器功能。

20. 用 4 路选择器实现 4 位二进制码到 Gray 码的转换。

21. 用 4 路数据选择器实现余 3 码到 8421 码的转换。

第 5 章 集成触发器

为了能在数字系统逻辑设计中构造实现各种功能的逻辑电路，除了需要前面介绍的逻辑门之外，还需要有能够保存信息的逻辑器件。触发器是一种具有记忆功能的存储器件。根据不同应用需求，数字系统中使用的触发器有不同类型，如双稳态触发器、单稳态触发器和施密特触发器等。本章所讨论的触发器是指双稳态触发器，简称触发器（Flip-Flop），它是组成时序逻辑电路的基本器件。

尽管集成触发器有不同的结构，但均具有以下基本特征。

① 触发器有两个互补的输出端 Q 和 $\overline{\mathrm{Q}}$。

② 触发器有两个稳定状态。输出端 Q=1、$\overline{\mathrm{Q}}$=0 称为“1”状态；Q=0、$\overline{\mathrm{Q}}$=1 称为“0”状态。当输入信号不发生变化时，触发器状态稳定不变。

③ 触发器处于稳态时，在一定输入信号作用下可以从一个稳定状态转移到另一个稳定状态；输入信号撤销后，保持新的状态不变。通常把输入信号作用之前的状态称为“现态”，记作 Q^n 和 $\overline{\mathrm{Q}}^n$（为了简单起见，通常省略右上标 n，直接用 Q 和 $\overline{\mathrm{Q}}$ 表示现态），而把在某个现态下输入信号作用后的新状态称为“次态”，记作 Q^{n+1} 和 $\overline{\mathrm{Q}}^{n+1}$。显然，次态是输入和现态的函数。

由上述特性可知，触发器是存储 1 位二进制信息的理想器件。集成触发器的种类很多，分类方法也各不相同，常用触发器按逻辑功能通常将其分为 RS 触发器、D 触发器、JK 触发器和 T 触发器 4 种不同类型。按触发器的结构和工作特征通常将其分为基本 RS 触发器、简单钟控触发器、主从钟控触发器和边沿钟控触发器等。不管如何分类，触发器都由逻辑门加上适当的反馈线路耦合构成。本节从实际应用出发，介绍几种常用集成触发器的结构、逻辑符号、逻辑功能和工作特性，重点讨论它们的逻辑功能及其描述方法。

5.1 基本 RS 触发器

基本 RS（Reset-Set）触发器又称为复位—置位触发器，或者置 0 置 1 触发器。由于它既是一种最简单的触发器，又是构成各种其他功能触发器的基本部件，故称为基本 RS 触发器。

5.1.1 与非门构成的基本 RS 触发器

基本 RS 触发器可由两个与非门交叉耦合构成，其逻辑图和逻辑符号分别如图 5.1（a）和图 5.1（b）所示。图中，Q 和 $\overline{Q}$ 为触发器的两个互补输出端；R 和 S 为触发器的两个输入端，其中 R 称为置 0 端或复位端，S 称为置 1 端或置位端；加在逻辑符号输入端的小圆圈表示低电平或负脉冲有效，即仅当有低电平或负脉冲作用于输入端时，触发器状态才能发生变化（通常称为翻转），有时称这种情况为低电平或负脉冲触发。

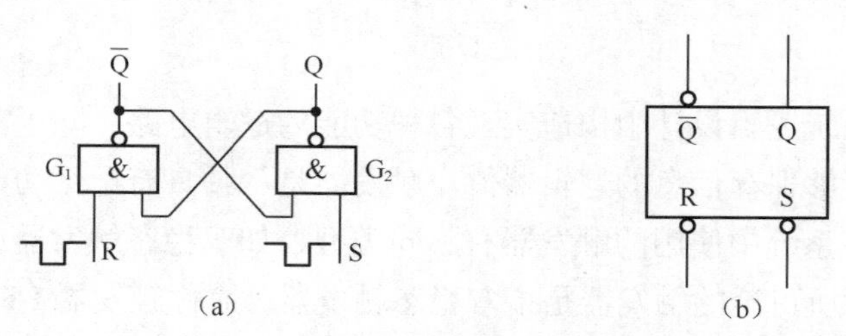

图 5.1 与非门构成的基本 RS 触发器

1. 工作原理

根据与非门的逻辑特性，可分析出图 5.1（a）所示电路的工作原理如下。

① 若 R=1，S=1，则触发器保持原来状态不变。假定触发器原来的状态为 0 状态，即 Q = 0，$\overline{Q}$ =1。由于与非门 G_2 的输出 Q 为 0，反馈到与非门 G_1 的输入端，使 $\overline{Q}$ 保持 1 不变，$\overline{Q}$ 为 1 又反馈到与非门 G_2 的输入端，使 G_2 的两个输入均为 1，从而维持输出 Q 为 0；假定触发器原来的状态为 1 状态，即 Q = 1，$\overline{Q}$ = 0，那么，$\overline{Q}$ 为 0 反馈到与非门 G_2 的输入端，使 Q 保持 1 不变，此时与非门 G_1 的两个端入均为 1，所以 $\overline{Q}$ 保持 0。

② 若 R=1，S=0，则触发器置为 1 状态。此时，无论触发器原来处于何种状态，因为 S 为 0，必然使与非门 G_2 的输出 Q 为 1，且反馈到与非门 G_1 的输入端，由于门 G_1 的另一个输入 R 也为 1，故使门 G_1 输出 $\overline{Q}$ 为 0，触发器状态为 1 状态。该过程称为触发器置 1。

③ 若 R=0，S=1，则触发器置为 0 状态。与②的过程类似，不论触发器原来处于 0 状态还是 1 状态，因为 R 为 0，必然使与非门 G_1 的输出 $\overline{Q}$ 为 1，且反馈到与非门 G_2 的输入端，由于门 G_2 的另一个输入 S 也为 1，故使门 G_2 输出 Q 为 0，触发器状态为 0 状态。该过程称为触发器置 0。

④ 不允许出现 R=0，S=0。因为当 R 和 S 同时为 0 时，将使两个与非门的输出 Q 和 $\overline{Q}$ 均为 1，破坏了触发器两个输出端的状态应该互补的逻辑关系。此外，当这两个输入端的 0 信号被撤销时，触发器的状态将是不确定的，这取决于两个门电路的时间延迟。若 G_1 的时延大于 G_2，则 Q 端先变为 0，使触发器处于 0 状态；反之，若 G_2 的时延大于 G_1，则 $\overline{Q}$ 端先变为 0，从而使触发器处于 1 状态。通常，两个门电路的延迟时间是难以人为控制的，因而在将输入端的 0 信号同时撤去后触发器的状态将难以预测，这是不允许的。因此，规定 R 和 S 不能同时为 0。

2. 功能描述

触发器的逻辑功能通常用功能表、状态表、状态图、次态方程和激励表等进行描述。

（1）功能表

根据上述工作原理，可归纳出由与非门构成的基本 RS 触发器的逻辑功能，如表 5.1 所示，表中“d”表示触发器次态不确定。功能表描述了触发器的次态 Q^{n+1} 与现态、输入之间的函数关系，所以又称为次态真值表。

表 5.1　　与非门构成的基本 RS 触发器功能表

R　S	Q^{n+1}	功能说明
0　0	d	不 定
0　1	0	置 0
1　0	1	置 1
1　1	Q	不 变

（2）状态表

状态表反映了触发器在输入信号作用下现态与次态之间的转移关系，又称为状态转移表。它清晰地给出了触发器的次态与现态、输入之间的取值关系。由与非门构成的 RS 触发器的状态表如表 5.2 所示。

表 5.2　　与非门构成的基本 RS 触发器状态表

现态 Q	次态 Q^{n+1}			
	RS=00	RS=01	RS=11	RS=10
0 1	d d	0 0	0 1	1 1

（3）状态图

状态图是一种反映触发器两种状态之间转移关系的有向图，又称为状态转移图。该触发器的状态图如图 5.2 所示。图中两个圆圈分别代表触发器的两个稳定状态，箭头表示在输入信号作用下状态转移的方向，箭头旁边的标注表示状态转移的条件。

（4）次态方程

触发器的功能也可以用反映次态与现态和输入之间关系的逻辑函数表达式进行描述，通常称该逻辑函数表达式为触发器的次态方程。根据表 5.2 所示的状态表，可画出描述该触发器次态与现态、输入之间函数关系的卡诺图（又称为次态卡诺图），如图 5.3 所示。

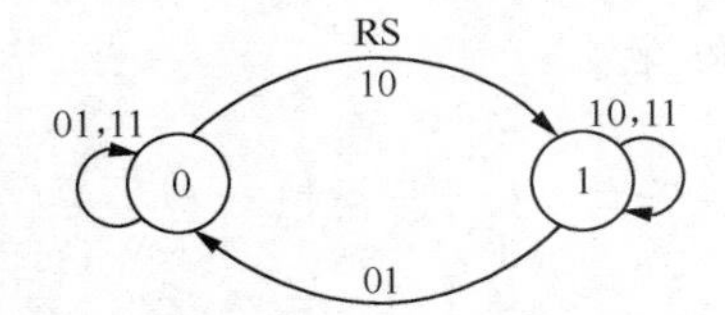

图 5.2　与非门构成的 RS 触发器的状态图

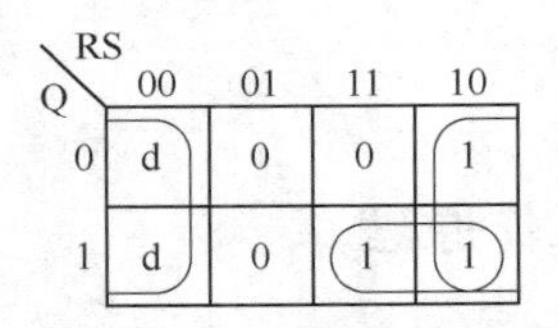

图 5.3　与非门构成的 RS 触发器的次态卡诺图

利用 R、S 不允许同时为 0 的约束条件，化简后可得到该触发器的次态方程为

$$Q^{n+1} = \bar{S} + RQ$$

因为 R、S 不允许同时为 0，所以输入必须满足约束方程

$$R + S = 1$$

（5）激励表

触发器的激励表反映了触发器从现态转移到某种次态时，对输入信号的要求。它以触发器的现态和次态作为自变量，把触发器的输入（或激励）作为因变量。激励表可以由功能表导出，与非门构成的基本 RS 触发器的激励表如表 5.3 所示。

触发器的功能表、状态表、状态图、次态方程和激励表分别从不同角度对触发器的功能进行了描述，它们在时序逻辑电路的分析和设计中有着不同用途。

需注意的是，由与非门构成的基本 RS 触发器当输入端 S 连续出现多个置 1 信号，或者输入端 R 连续出现多个清 0 信号时，仅第 1 个信号使触发器翻转，其工作波形图如图 5.4 所示。

表 5.3　与非门构成的基本 RS 触发器激励表

现态→次态		输入	
Q →	Q^{n+1}	R	S
0	0	d	1
0	1	1	0
1	0	0	1
1	1	1	d

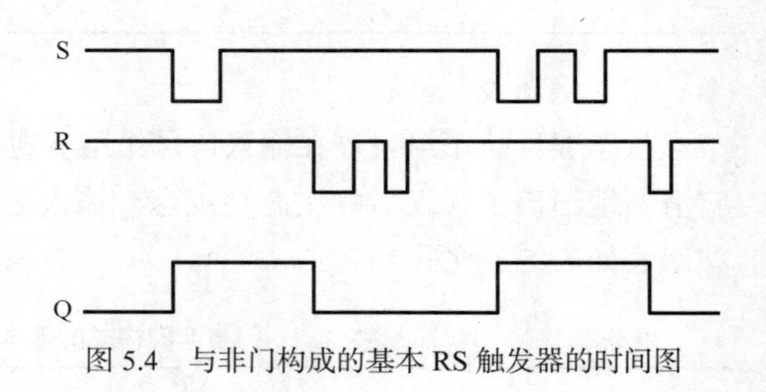

图 5.4　与非门构成的基本 RS 触发器的时间图

由波形图可见，当触发器的输入端 S 或者输入端 R 连续出现多个负脉冲信号时，仅第 1 个负脉冲信号使触发器发生翻转，后面重复出现的负脉冲信号不起作用。

5.1.2　或非门构成的基本 RS 触发器

基本 RS 触发器也可以用两个或非门交叉耦合组成，其逻辑图和逻辑符号分别如图 5.5（a）和图 5.5（b）所示。该电路的输入是正脉冲或高电平有效，故逻辑符号的输入端未加小圆圈。

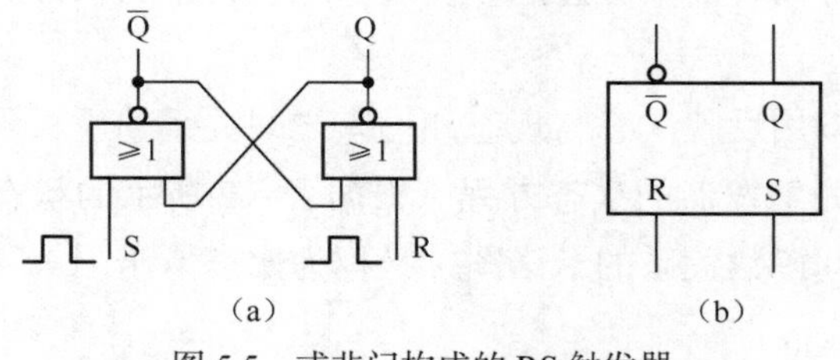

图 5.5　或非门构成的 RS 触发器

1. 工作原理

根据或非门的逻辑特性，可分析出图 5.5（a）所示电路的工作原理如下。

① 若 R=0，S=0，则触发器保持原来状态不变。

② 若 R=0，S=1，则触发器置为 1 状态。

③ 若 R=1，S=0，则触发器置为 0 状态。

④ 不允许出现 R=1，S=1。因为当 R 端和 S 端同时为 1 时，将破坏触发器正常功能的实现。

2. 功能描述

由或非门构成的基本 RS 触发器的逻辑功能同样可以用功能表、状态表、状态图、次态方程和激励表进行描述。

（1）功能表

根据电路工作原理，可以得出由或非门构成的基本 RS 触发器的功能表，如表 5.4 所示。

表 5.4　或非门构成的基本 RS 触发器功能表

R	S	Q^{n+1}	功能说明
0	0	Q	不 变
0	1	1	置 1
1	0	0	置 0
1	1	d	不 定

（2）状态表

由或非门构成的基本 RS 触发器的状态表如表 5.5 所示。

表 5.5　或非门构成的基本 RS 触发器状态表

现态 Q	次态 Q^{n+1}			
	RS=00	RS=01	RS=11	RS=10
0	0	1	d	0
1	1	1	d	0

（3）状态图

由或非门构成的基本 RS 触发器的状态图如图 5.6 所示。

（4）次态方程

根据表 5.5 所示状态表，可画出描述该触发器次态与现态、输入之间函数关系的卡诺图，如图 5.7 所示。

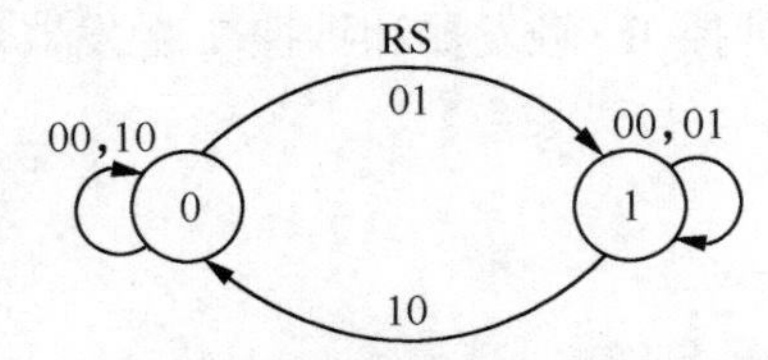

图 5.6　或非门构成的 RS 触发器的状态图

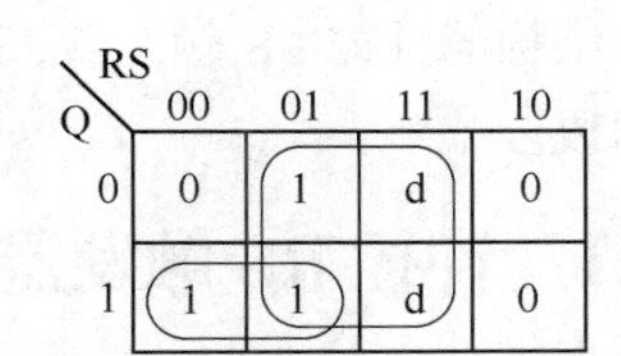

图 5.7　或非门构成的 RS 触发器的次态卡诺图

利用R、S不允许同时为1的约束条件，化简后可得到该触发器的次态方程和约束方程分别为

$$Q^{n+1} = S + \overline{R}Q \text{（次态方程）}$$

$$RS = 0 \text{（约束方程）}$$

（5）激励表

由或非门构成的基本RS触发器的激励表如表5.6所示。

同样，由或非门构成的基本RS触发器当输入端S连续出现多个置1信号，或者输入端R连续出现多个清0信号时，仅第1个信号使触发器翻转，其工作波形图如图5.8所示。

表5.6　或非门构成的基本RS触发器激励表

现态→次态		输入	
Q →	Q^{n+1}	R	S
0	0	d	0
0	1	0	1
1	0	1	0
1	1	0	d

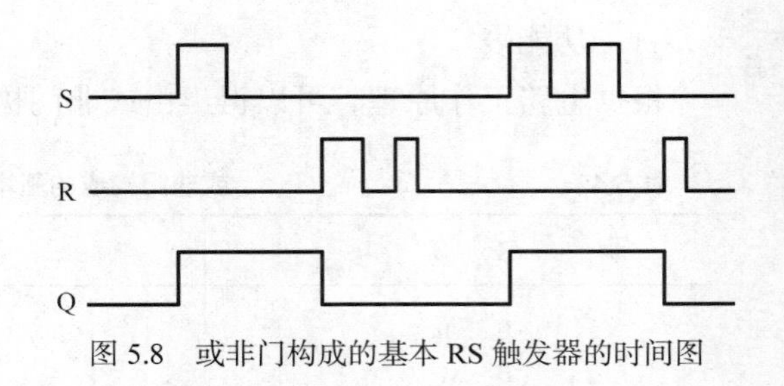

图5.8　或非门构成的基本RS触发器的时间图

基本RS触发器最大的优点是结构简单。它不仅可作为记忆元件独立使用，而且由于它具有直接复位、置位功能，因而被作为各种性能更完善的触发器的基本组成部分。但由于基本RS触发器的输入R、S之间存在约束条件，且无法对其状态转换时刻进行统一定时控制，所以它的使用范围受到一定限制。

5.2　简单钟控触发器

由前面的讨论可知，基本RS触发器的一个特点是触发器状态直接受输入信号R、S控制，一旦输入信号变化，触发器的状态便随之发生变化。但实际应用中，往往要求触发器按一定的时间节拍动作，即让输入信号的作用受到时钟脉冲（CP）的控制，为此，在触发器的输入端增加了时钟控制信号，使触发器状态的变化由时钟脉冲和输入信号共同决定。具体来说，时钟脉冲确定触发器状态转换的时刻（何时转换），输入信号确定触发器状态转换的方向（如何转换）。这种具有时钟脉冲控制的触发器称为“钟控触发器”或者“定时触发器”。加入时钟控制信号后，通常把时钟脉冲作用前的状态称为“现态”，而把时钟脉冲作用后的状态称为触发器的“次态”。

简单结构的钟控RS触发器、钟控D触发器、钟控JK触发器和钟控T触发器均由4个与非门组成。

5.2.1　钟控RS触发器

简单钟控RS触发器的逻辑电路如图5.9（a）所示，相应的逻辑符号如图5.9（b）所示。

该触发器由 4 个与非门构成，上面的两个与非门 G_1、G_2 构成基本 RS 触发器，下面的两个与非门 G_3、G_4 组成控制电路，通常称为控制门。

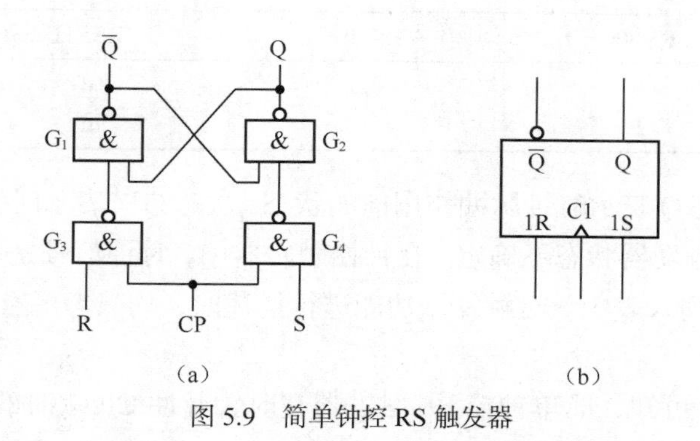

图 5.9　简单钟控 RS 触发器

1. 工作原理

分析图 5.9（a）所示逻辑电路可知，钟控 RS 触发器的工作原理如下。

① 当时钟脉冲 CP=0 时，门 G_3、G_4 被封锁。此时，不管 R、S 端的输入为何值，两个控制门的输出均为 1，触发器状态保持不变。

② 当时钟脉冲 CP=1 时，控制门 G_3、G_4 被打开，这时输入端 R、S 的值可以通过控制门作用于上面的基本 RS 触发器。

- 当 R=0，S=0 时，控制门 G_3、G_4 的输出均为 1，触发器状态保持不变。
- 当 R=0，S=1 时，控制门 G_3、G_4 的输出分别为 1 和 0，触发器状态置成 1 状态。
- 当 R=1，S=0 时，控制门 G_3、G_4 的输出分别为 0 和 1，触发器状态置成 0 状态。
- 当 R=1，S=1 时，控制门 G_3、G_4 的输出均为 0，触发器状态不确定，这是不允许的。

由此可见，该触发器的工作过程受时钟脉冲信号和输入信号 R、S 共同作用的影响。当时钟脉冲信号为低电平（CP=0）时，触发器不接收输入信号，状态保持不变；当时钟脉冲信号为高电平（CP=1）时，触发器接收输入信号，状态随输入信号发生转移。

2. 功能描述

由工作原理可知，当时钟脉冲 CP=1 时，简单钟控 RS 触发器的功能表和状态表如表 5.7 和表 5.8 所示。

表 5.7　　钟控 RS 触发器功能表

R　S	Q^{n+1}	功能说明
0　0	Q	不 变
0　1	1	置 1
1　0	0	置 0
1　1	d	不 定

表 5.8　　钟控 RS 触发器状态表

现态 Q	次态 Q^{n+1}			
	RS=00	RS=01	RS=11	RS=10
0	0	1	d	0
1	1	1	d	0

上述两表中，现态 Q 表示时钟脉冲作用前的状态，次态 Q^{n+1} 表示时钟脉冲作用后的状态。d 表示当 RS=11 时，触发器状态不确定。在钟控触发器中，时钟信号是一种固定的时间基准，通常不作为输入信号列入表中。对触发器功能进行描述时，均只考虑有时钟作用（CP=1）时的情况。

由表 5.7 和表 5.8 可知，简单钟控 RS 触发器在时钟脉冲 CP=1 时的功能表和状态表与由或非门构成的基本 RS 触发器的功能表和状态表完全相同。同样地，简单钟控 RS 触发器在时钟脉冲 CP=1 时的状态图、次态方程、约束方程和激励表也与由或非门构成的基本 RS 触发器完全相同。

尽管简单钟控 RS 触发器的功能描述在形式上与由或非门构成的基本 RS 触发器完全相同，但由或非门构成的基本 RS 触发器的状态变化直接受输入信号 R、S 的影响，而钟控 RS 触发器的状态变化仅当时钟控制信号 CP=1 时才受输入信号 R、S 的影响，当时钟控制信号 CP=0 时，触发器状态保持不变。此外，钟控 RS 触发器虽然解决了对触发器工作进行定时控制的问题，而且具有结构简单的优点；但输入信号依然存在约束条件，即 R、S 不能同时为 1。

5.2.2　钟控 D 触发器

钟控 D（Date）触发器（简称 D 触发器）只有一个输入端，其逻辑电路图和逻辑符号分别如图 5.10（a）和图 5.10（b）所示。钟控 D 触发器是对钟控 RS 触发器的控制电路稍加修改后形成的。修改后的控制电路除了可以实现对触发器工作的定时控制外，另一个功能是在时钟脉冲作用期间（CP=1 时），将输入信号 D 转换成一对互补信号送至基本 RS 触发器的两个输入端，使基本 RS 触发器的两个输入信号只可能为 01 或者 10 两种取值，从而消除触发器状态不确定的现象。

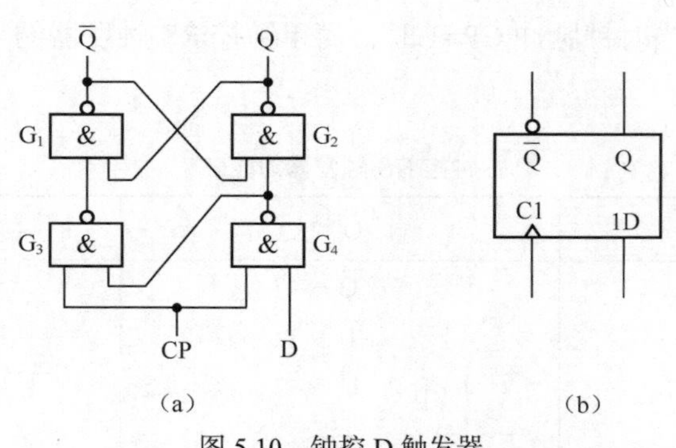

图 5.10　钟控 D 触发器

1. 工作原理

分析图 5.10（a）所示逻辑电路可知，钟控 D 触发器的工作原理如下。

① 当无时钟脉冲作用（CP=0）时，控制门 G_3、G_4 被封锁。此时，不管 D 端为何值，两个控制门的输出均为 1，触发器状态保持不变。

② 当有时钟脉冲作用（CP=1）时，若 D=0，则门 G_4 输出为 1，门 G_3 输出为 0，触发器状态被置 0；若 D=1，则门 G_4 输出为 0，门 G_3 输出为 1，触发器状态被置 1。

2. 功能描述

由工作原理可知，在 CP=1 时，D 触发器状态的变化仅取决于输入信号 D，而与触发器的现态无关。其次态方程为

$$Q^{n+1}=D$$

钟控 D 触发器的功能表、状态表和激励表如表 5.9～表 5.11 所示，状态图如图 5.11 所示。

表 5.9　钟控 D 触发器的功能表

D	Q^{n+1}	功能说明
0	0	置 0
1	1	置 1

表 5.10　钟控 D 触发器的状态表

现态 Q	次态 Q^{n+1}	
	D=0	D=1
0	0	1
1	0	1

表 5.11　钟控 D 触发器的激励表

Q → Q^{n+1}		D
0	0	0
0	1	1
1	0	0
1	1	1

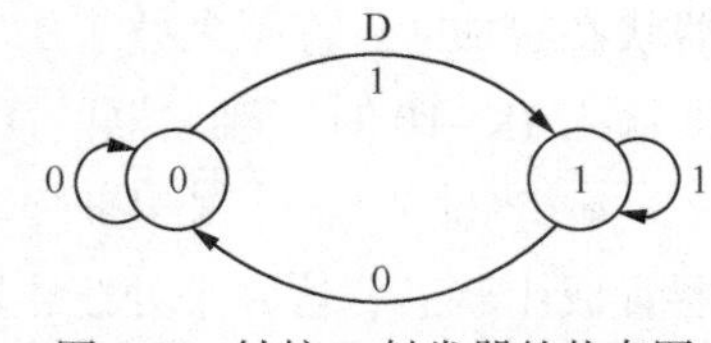

图 5.11　钟控 D 触发器的状态图

由于钟控 D 触发器在时钟脉冲作用后的次态与数据输入端 D 的值完全相同，所以有时又称为数据锁存器。

5.2.3　钟控 JK 触发器

钟控 JK（Jump-Key）触发器（简称 JK 触发器）是将钟控 RS 触发器改进后形成的，如图 5.12（a）所示。它在钟控 RS 触发器的基础上增加了两条反馈线，即将触发器的输出 Q 和 $\overline{Q}$ 交叉反馈到两个控制门的输入端，并把原来的输入端 S 改为 J，R 改为 K，便构成了钟控 JK 触发器，其逻辑符号如图 5.12（b）所示。钟控 JK 触发器利用触发器两个输出端信号始终互补的特点，有效地解决了钟控 RS 触发器在时钟脉冲作用期间两个输入同时为 1 将导致触发器状态不确定的问题。

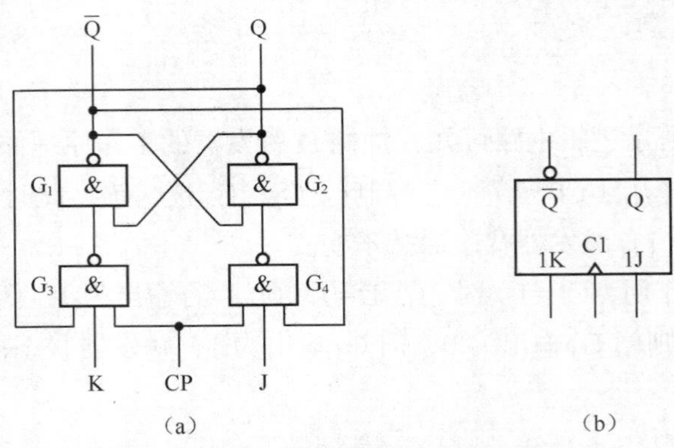

图 5.12　钟控 JK 触发器的逻辑图和逻辑符号

1. 工作原理

分析图 5.12（a）所示逻辑电路可知，钟控 JK 触发器的工作原理如下。

① 在没有时钟脉冲作用（CP=0）时，无论输入端 J 和 K 怎样变化，控制门 G_3、G_4 的输出均为 1，触发器保持原来状态不变。

② 在时钟脉冲作用（CP=1）时，可分为 4 种情况。

- 当输入 J=0，K=0 时，不管触发器原来处于何种状态，控制门 G_3 和 G_4 的输出均为 1，触发器状态保持不变。
- 当输入 J=0，K=1 时，若原来处于 0 状态，则控制门 G_3 和 G_4 输出均为 1，触发器保持 0 状态不变；若原来处于 1 状态，则控制门 G_3 输出为 0，G_4 输出为 1，触发器状态置成 0。即输入 JK=01 时，触发器的次态一定为 0 状态。
- 当输入 J=1，K=0 时，若原来处于 0 状态，则控制门 G_3 输出为 1，G_4 输出为 0，触发器状态置成 1；若原来处于 1 状态，则控制门 G_3 和 G_4 输出均为 1，触发器保持 1 状态不变。即输入 JK=10 时，触发器的次态一定为 1 状态。
- 当输入 J=1，K=1 时，若原来处于 0 状态，则控制门 G_3 输出为 1，G_4 输出为 0，触发器置成 1 状态；若原来处于 1 状态，则控制门 G_3 输出为 0，G_4 输出为 1，触发器置成 0 状态。即输入 JK=11 时，触发器的次态与现态相反。

2. 功能描述

根据上述工作原理，可归纳出钟控 JK 触发器在时钟脉冲作用下（CP=1）的功能表和状态表分别如表 5.12 和表 5.13 所示，相应的状态图和次态卡诺图分别如图 5.13（a）和图 5.13（b）所示。

表 5.12　钟控 JK 触发器功能表

J	K	Q^{n+1}	功能说明
0	0	Q	不 变
0	1	0	置 0
1	0	1	置 1
1	1	$\overline{Q}$	翻 转

表 5.13　钟控 JK 触发器状态表

现态 Q	次态 Q^{n+1}			
	JK=00	JK=01	JK=11	JK=10
0	0	0	1	1
1	1	0	0	1

根据图 5.13（b）所示次态卡诺图可得到钟控 JK 触发器的次态方程为

$$Q^{n+1} = J\overline{Q} + \overline{K}Q$$

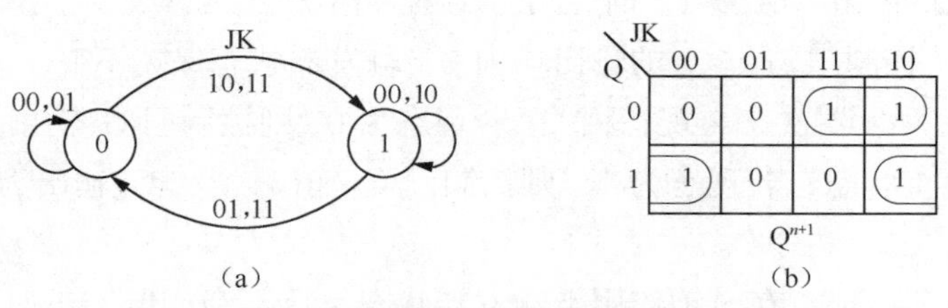

图 5.13　钟控 JK 触发器的状态图和次态卡诺图

钟控 JK 触发器在时钟脉冲作用下（CP=1）的激励表如表 5.14 所示。

表 5.14　钟控 JK 触发器的激励表

现态→次态 $Q \rightarrow Q^{n+1}$		输入 J K	
Q	Q^{n+1}	J	K
0	0	0	d
0	1	1	d
1	0	d	1
1	1	d	0

钟控 JK 触发器的两个输入端 J 和 K 的取值没有约束条件，无论 J、K 取何值，在时钟脉冲作用下都有确定的次态，因此，该触发器具有较强的逻辑功能。

5.2.4　钟控 T 触发器

钟控 T（Toggle）触发器（简称 T 触发器）又称为计数触发器。如果把钟控 JK 触发器的两个输入端 J 和 K 连接起来，并用符号 T 表示，就构成了钟控 T 触发器。图 5.14（a）所示是钟控 T 触发器的逻辑电路图，其逻辑符号如图 5.14（b）所示。

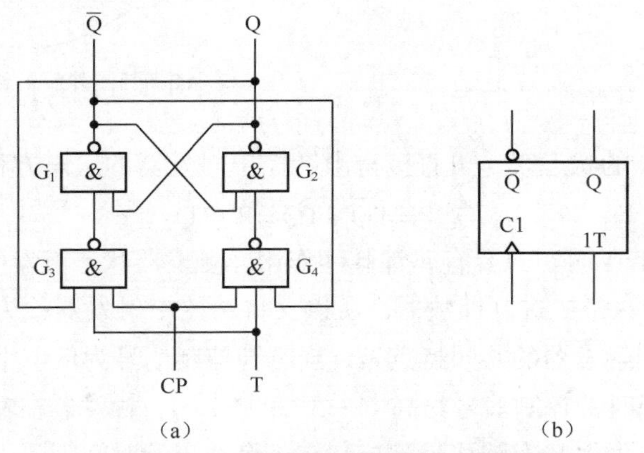

图 5.14　钟控 T 触发器的逻辑电路图和逻辑符号

1. 工作原理

分析图 5.14（a）所示逻辑电路可知，钟控 T 触发器的工作原理如下。

① 当无时钟脉冲作用（CP=0）时，控制门 G_3、G_4 被封锁。此时，不管 T 端为何值，两个控制门的输出均为 1，触发器状态保持不变。

② 当有时钟脉冲作用（CP=1）时，可分为两种情况。

- 当 T=0 时，控制门 G_3、G_4 的输出均为 1，触发器状态保持不变。
- 当 T=1 时，触发器次态与现态相关。若现态为 0，则控制门 G_3 输出为 1，G_4 输出为 0，触发器状态被置为 1 状态；若现态为 1，则控制门 G_3 输出为 0，G_4 输出为 1，触发器状态被置为 0 状态。

归纳起来，当 T=0 时，在时钟作用下触发器状态保持不变；当 T=1 时，在时钟作用下触发器状态发生翻转。

2. 功能描述

钟控 T 触发器在时钟脉冲作用下（CP=1）的功能表、状态表和激励表如表 5.15～表 5.17 所示，其状态图如图 5.15 所示。

表 5.15　钟控 T 触发器功能表

T	Q^{n+1}	功能说明
0	Q	不 变
1	$\overline{Q}$	翻 转

表 5.16　钟控 T 触发器状态表

现态 Q	次态 Q^{n+1}	
	T=0	T=1
0	0	1
1	1	0

表 5.17　钟控 T 触发器激励表

Q	→ Q^{n+1}	T
0	0	0
0	1	1
1	0	1
1	1	0

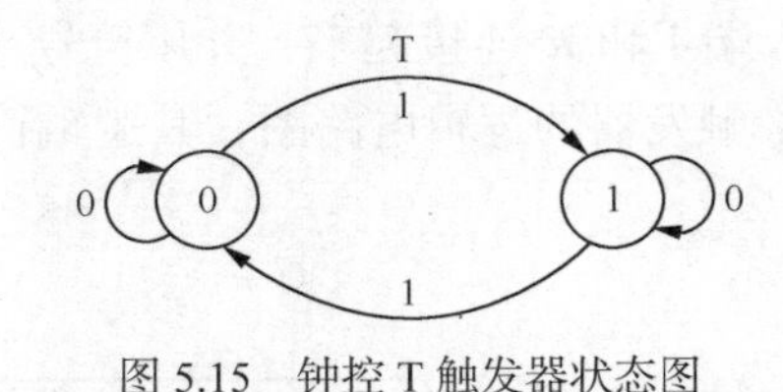

图 5.15　钟控 T 触发器状态图

根据钟控 T 触发器的状态表，可直接得出钟控 T 触发器的次态方程为

$$Q^{n+1} = T\overline{Q} + \overline{T}Q = T \oplus Q$$

钟控 T 触发器当 T=1 时，只要有时钟脉冲作用，触发器状态就发生翻转，或由 1 变为 0 或由 0 变为 1，相当于一位二进制计数器，所以又将钟控 T 触发器称为计数触发器。

上述简单结构钟控触发器的共同特点是，当时钟控制信号为低电平（CP=0）时，触发器保持原来状态不变；当时钟控制信号为高电平（CP=1）时，触发器在输入信号作用下发生状态变化。换而言之，触发器状态转移是被控制在一个约定的时间间隔内，而不是控制在某一时刻进行，触发器的这种钟控方式被称为电位触发方式。

电位触发方式的钟控触发器存在一个共同的问题，就是可能出现“空翻”现象。所谓“空翻”是指在同一个时钟脉冲作用期间触发器状态发生两次或两次以上变化的现象。引起空翻的原因是在时钟脉冲为高电平期间，输入信号的变化直接控制着触发器状态的变化。具体来说，当时钟 CP=1 时，如果输入信号发生变化，则触发器状态会跟着发生变化，从而使得一个时钟脉冲作用期间引起多次翻转。“空翻”将造成状态的不确定和系统工作的混乱，这是不允许的。如果要使这类触发器在每个时钟脉冲作用期间仅发生一次翻转，则必须一方面对时钟信号的宽度加以限制，另一方面要求在时钟脉冲作用期间输入信号保持不变。由于这一缺点，使这种触发器的应用受到一定限制。为了克服简单钟控触发器所存在的“空翻”现象，必须对控制电路的结构进行改进。为此，引出了主从钟控触发器、边沿钟控触发器等不同类型的集成触发器。

5.3　主从钟控触发器

主从结构的钟控触发器采用具有存储功能的控制电路，避免了“空翻”现象。下面以主从 RS 触发器和主从 JK 触发器为例进行介绍。

5.3.1　主从 RS 触发器

主从 RS 触发器由两个简单结构的钟控 RS 触发器组成，一个称为主触发器，另一个称为从触发器。图 5.16（a）所示是主从 RS 触发器的逻辑电路图，其逻辑符号如图 5.16（b）所示。

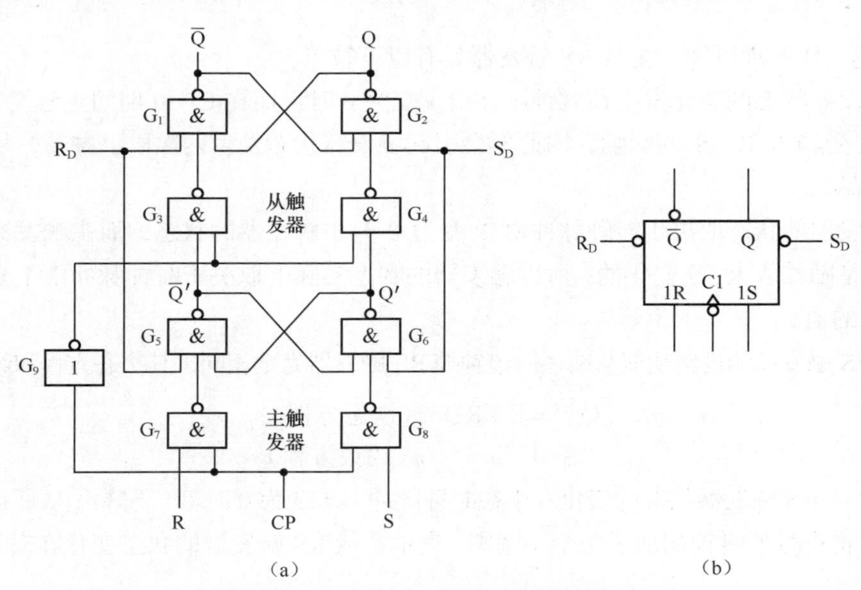

图 5.16　主从 RS 触发器的逻辑图和逻辑符号

由图 5.16（a）可知，主触发器和从触发器的时钟脉冲是反相的，时钟脉冲作为主触发器的控制信号，经反相后的 $\overline{CP}$ 作为从触发器的控制信号。输入信号 R、S 送至主触发器输入端，主触发器的状态 Q′ 和 $\overline{Q'}$ 作为从触发器的输入，从触发器的输出 Q 和 $\overline{Q}$ 作为整个主从触发器的状态输出。图 5.16 中的 R_D 和 S_D 分别为直接置 0 端和直接置 1 端（低电平有效，平时为高电平）。

该触发器的工作原理如下。

- 当时钟脉冲 CP=1 时，控制门 G_7、G_8 被打开，主触发器的状态取决于输入 R、S 的值；

而对于从触发器来说，由于此时 $\overline{CP}=0$，控制门 G_3、G_4 被封锁，从触发器状态不受到主触发器的状态变化的影响，即整个主从触发器状态保持不变。

● 当时钟脉冲由 1 变为 0 后，由于 CP=0，控制门 G_7、G_8 被封锁，主触发器的状态不再受输入 R、S 的影响，即主触发器状态保持不变；而对于从触发器来说，由于此时 $\overline{CP}=1$，控制门 G_3、G_4 被打开，主触发器的状态通过控制门作用于从触发器，使从触发器状态与主触发器状态相同（若 $Q'=0$、$\overline{Q'}=1$，则 $Q=0$、$\overline{Q}=1$；反之若 $Q'=1$、$\overline{Q'}=0$，则 $Q=1$、$\overline{Q}=0$）。换而言之，当时钟脉冲由 1 变为 0 时，主触发器状态被转为整个主从触发器状态。

主从 RS 触发器的工作波形如图 5.17 所示。

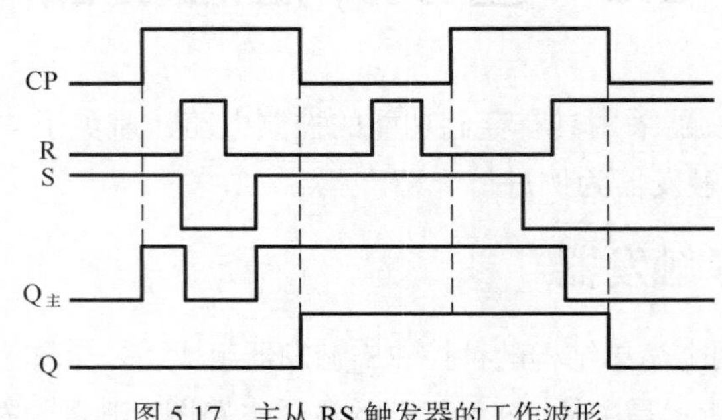

图 5.17　主从 RS 触发器的工作波形

由上述工作原理可知，主从 RS 触发器具有以下特点。

① 触发器状态的变化发生在时钟脉冲由 1 变为 0 时，而在 CP=0 期间主触发器被封锁，其状态不再受输入 R、S 的影响，因此不会引起触发器状态发生两次以上翻转，从而克服了“空翻”现象。

② 触发器的状态取决于时钟脉冲由 1 变为 0 时主触发器的状态，而主触发器的状态在 CP=1 期间是随输入 R、S 变化的，所以触发器的状态实际上取决于时钟脉冲由 1 变为 0 之前输入 R、S 的值。

主从 RS 触发器的逻辑功能与前述简单钟控 RS 触发器完全相同，其次态方程和约束方程为

$$Q^{n+1}=S+\overline{R}Q \quad （次态方程）$$

$$RS=0 \quad （约束方程）$$

由于主从 RS 触发器状态的变化发生在时钟脉冲由 1 变为 0 时刻（下降沿），所以在图 5.16（b）所示逻辑符号的时钟端加了一个小圆圈，表示主从 RS 触发器的状态变化在时钟脉冲由 1 变为 0 时发生。

5.3.2　主从 JK 触发器

主从 JK 触发器是对主从 RS 触发器稍加修改后形成的，其逻辑图和逻辑符号分别如图 5.18（a）和图 5.18（b）所示。

由图 5.18（a）可知，主从 JK 触发器通过将输出 Q 和 $\overline{Q}$ 交叉反馈到两个控制门的输入端，克服了主从 RS 触发器两个输入不能同时为 1 的约束条件。此外，修改后实际上使原主从 RS 触发器的 $R=KQ$、$S=J\overline{Q}$，将其代入主从 RS 触发器的次态方程 $Q^{n+1}=S+\overline{R}Q$，即可得到主

从 JK 触发器的次态方程为

$$
\begin{aligned}
Q^{n+1} &= S + \overline{R}Q \\
&= J\overline{Q} + \overline{KQ}Q \\
&= J\overline{Q} + (\overline{K} + \overline{Q})Q \\
&= J\overline{Q} + \overline{K}Q
\end{aligned}
$$

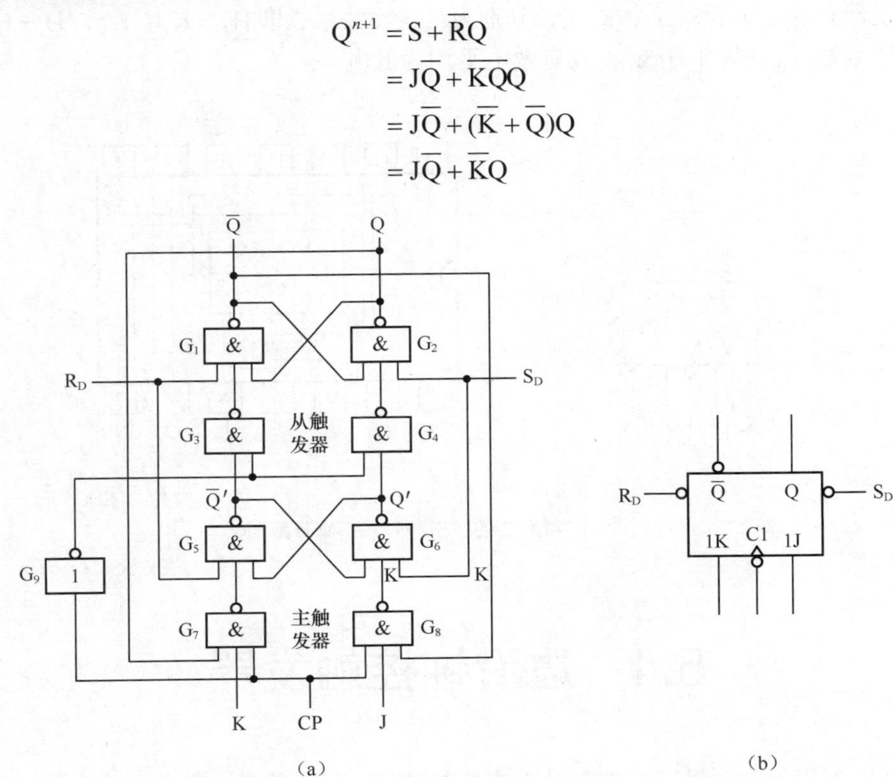

图 5.18　主从 JK 触发器的逻辑图和逻辑符号

主从 JK 触发器的逻辑功能与简单结构的钟控 JK 触发器完全相同，但它克服了“空翻”现象。

5.3.3　常用主从触发器芯片

常用集成主从触发器芯片有 TTL 与输入主从 RS 触发器 74LS71、TTL 与输入主从 JK 触发器 74LS72 和双主从 JK 触发器 74LS73 等。图 5.19 所示为主从 RS 触发器 74LS71 的逻辑符号和引脚分配图。该触发器有 3 个 R 端和 3 个 S 端，分别为与逻辑关系，即 $1R = R_1R_2R_3$，$1S = S_1S_2S_3$。触发器带有置 0 端 R_D 和置 1 端 S_D，其有效电平均为低电平。

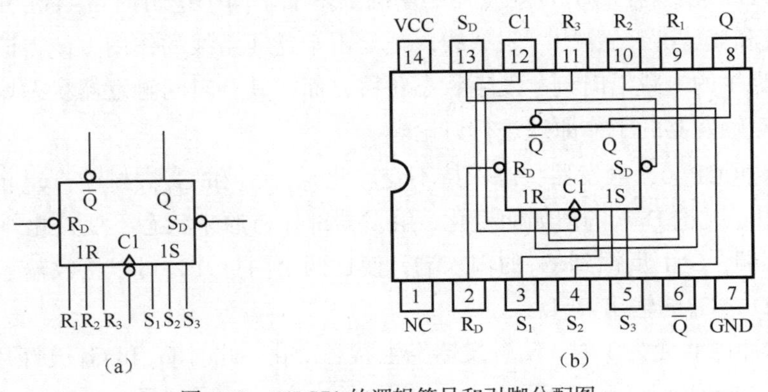

图 5.19　74LS71 的逻辑符号和引脚分配图

图 5.20 所示为主从 JK 触发器 74LS72 的逻辑符号和引脚分配图。74LS72 与 74LS71 类似，该触发器有 3 个 J 端和 3 个 K 端，分别为与逻辑关系，即 $1K = K_1K_2K_3$，$1J = J_1J_2J_3$。触发器带有置 0 端 R_D 和置 1 端 S_D，其有效电平均为低电平。

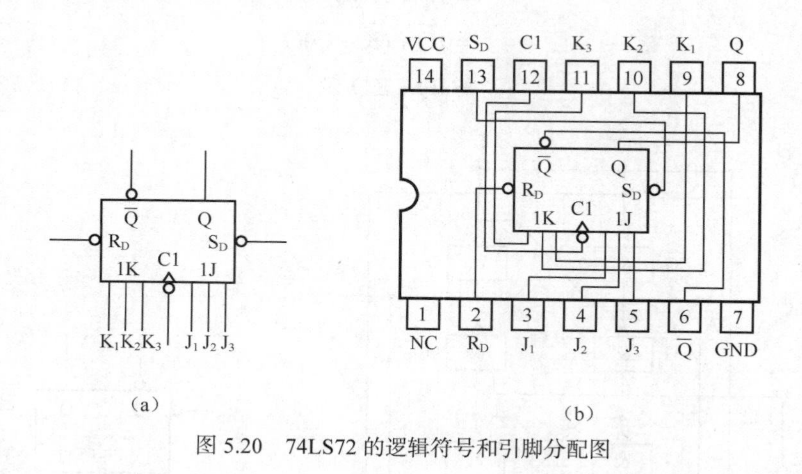

图 5.20　74LS72 的逻辑符号和引脚分配图

5.4　边沿钟控触发器

边沿触发器仅仅在时钟脉冲的上升沿或下降沿响应输入信号，不仅能克服简单钟控触发器的“空翻”现象，而且大大提高了触发器的抗干扰能力。维持-阻塞触发器是一种广泛使用的边沿触发器。下面以维持-阻塞 D 触发器为例进行介绍。

5.4.1　维持-阻塞 D 触发器

典型维持-阻塞 D 触发器的逻辑图和逻辑符号分别如图 5.21（a）和图 5.21（b）所示。图中 D 称为数据输入端；R_D 和 S_D 分别称为直接置“0”端和直接置“1”端，它们均为低电平有效，即在不进行直接置“0”和置“1”操作时，保持为高电平。

维持-阻塞 D 触发器在简单 D 触发器的基础上增加了两个逻辑门 G_5、G_6，并安排了置“0”、置“1”维持线和置“0”、置“1”阻塞线，正是由于这 4 条线的作用，使得该触发器仅在时钟脉冲由 0 变为 1 的上跳沿时刻才发生状态转移，而在其余时间触发器状态均保持不变。下面分 3 种情况对触发器的工作原理进行讨论。

① 时钟脉冲 CP=0，触发器状态保持不变。此时，G_3 和 G_4 被封锁，G_3 的输出 R 和 G_4 的输出 S 均为 1，无论 D 端的值如何变化，触发器都保持原来状态不变；此外，由于 R=1 反馈到 G_5 的输入端，S=1 反馈到 G_6 的输入端，使这两个门打开，可以接收输入信号 D，使得 G_5 的输出 $A = \overline{D}$，G_6 的输出 B=D。

② 时钟脉冲由 0 变为 1 时，使触发器发生状态变化。此时 G_3 和 G_4 被打开，它们的输出 R、S 由 G_5、G_6 的输出 A、B 决定，此时 $R = \overline{A} = \overline{\overline{D}} = D$，$S = \overline{B} = \overline{D}$。若 D=0，则 R=0、S=1，

触发器的状态为 0；若 D=1，则 R=1、S=0，触发器的状态为 1，即工作结果使触发器状态与 D 相同。

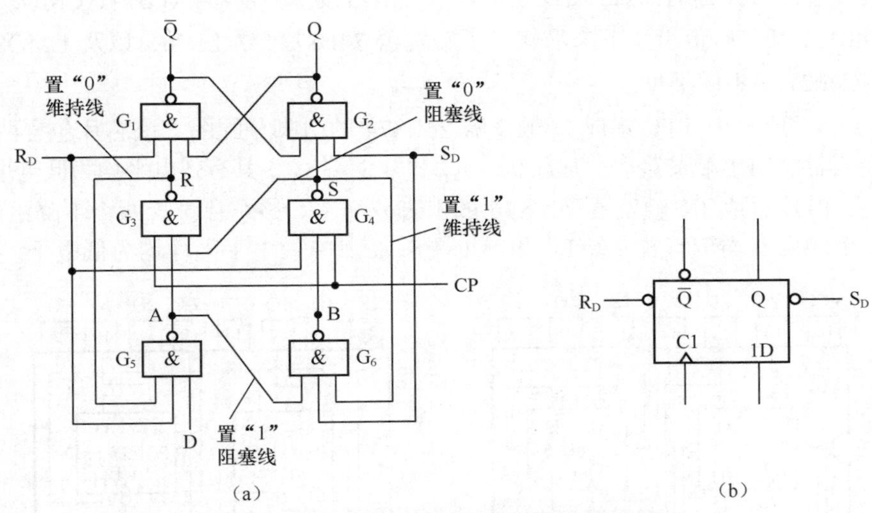

图 5.21　维持-阻塞 D 触发器的逻辑图和逻辑符号

③ 触发器被触发后，在时钟脉冲 CP=1 时，不受输入影响，维持原状态不变。此时 G_3 和 G_4 被打开，其输出 R、S 是互补的，即有 R=0、S=1 或者 R=1、S=0 两种情况。

若 R=0、S=1（触发器处于 0 状态），则此时 R=0 有如下 3 个方面的作用。

- 继续将触发器状态置“0”，即 $\overline{Q}=1$，Q=0。
- 通过置“0”维持线反馈到 G_5 输入，使 G_5 的输出 A=1，从而维持了 R=0，即维持了触发器的置 0 功能。
- 使 G_5 的输出 A=1 后，A 点的 1 信号通过置“1”阻塞线送至 G_6 的输入，使 G_6 的输出 B=0，G_4 的输出 S=1，从而阻止了触发器置 1。

若 R=1、S=0（触发器处于 1 状态），则此时 S=0 有如下 3 个方面的作用。

- 继续将触发器状态置“1”，即 $\overline{Q}=0$，Q=1。
- 通过置“1”维持线反馈到 G_6 输入，使 G_6 的输出 B=1，G_4 的输出 S=0，从而维持了触发器的置 1 功能。
- 通过置“0”阻塞线送至 G_3 的输入，保持 R=1，从而阻止了触发器置 0。

由上述分析可知，由于维持阻塞线路的作用，使触发器在时钟脉冲的上升沿将 D 输入端的数据可靠地转换成触发器状态，而在上升沿过后的时钟脉冲期间，不论 D 的值如何变化，触发器的状态始终以时钟脉冲上升沿时所采样的值为准。由于是在时钟脉冲的上升边沿采样 D 输入端的数据，所以要求 D 输入端在时钟脉冲由 0 变为 1 之前将数据准备好。

维持-阻塞 D 触发器不仅克服了“空翻”现象，而且由于是边沿触发，抗干扰能力强，因而应用十分广泛。

5.4.2 常用边沿触发器芯片

常用集成边沿触发器有 TTL 双 D 正沿（上升沿触发）触发器 74LS74、CMOS 双 D 正沿触发器 CC4013，双 JK 负沿（下降沿触发）触发器 74LS73、74LS76，以及 CMOS 双 JK 正沿触发器 CC4027 等不同类型。

图 5.22（a）所示为 TTL 集成 D 触发器 74LS74 的引脚分配图。该芯片包含两个上升沿触发的 D 触发器，每个触发器均带有置 0 端 R_D 和置 1 端 S_D，其有效电平均为低电平。图 5.22（b）所示为 TTL 集成 JK 触发器 74LS76 的引脚分配图。该芯片包含两个下降沿触发的 JK 触发器，每个触发器均带有置 0 端 R_D 和置 1 端 S_D，其有效电平同样均为低电平。

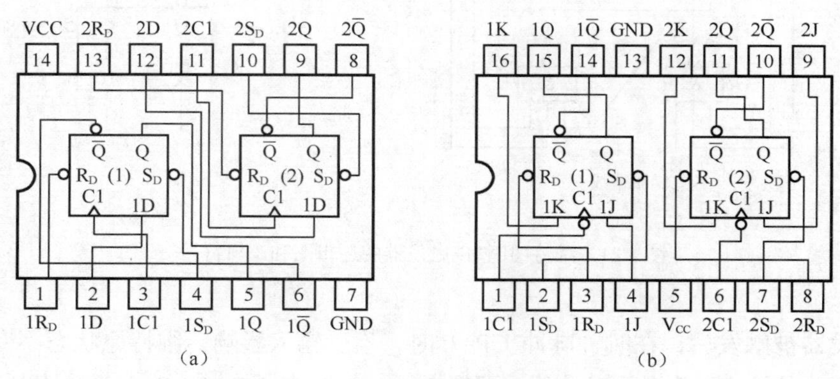

图 5.22 74LS74 和 74LS76 的引脚分配图

由于用上述性能优越的 JK 触发器、维持-阻塞 D 触发器可以十分方便地转换成 T 触发器，所以集成电路厂家很少生产专门的 T 触发器产品。根据用于实现 T 触发器功能的触发器类型的不同，T 触发器的逻辑符号分别如图 5.23（a）和图 5.23（b）所示。图 5.23（a）表示下降沿触发的 T 触发器，图 5.23（b）表示上升沿触发的 T 触发器。

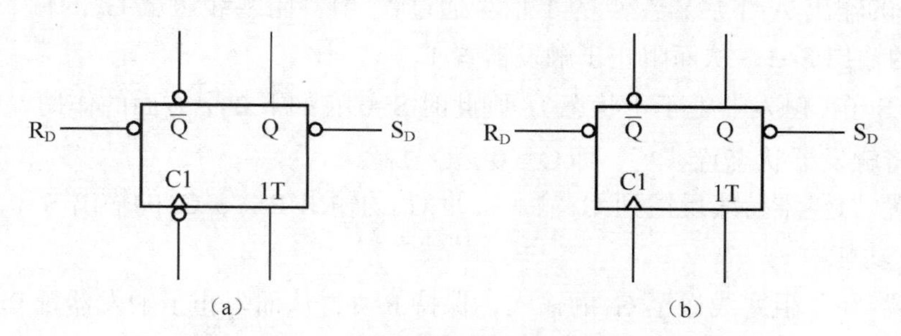

图 5.23 T 触发器逻辑符号和状态图

集成触发器的性能参数通常分为直流参数和开关参数两类。直流参数包括电源电流、低电平输入电流、高电平输入电流、输出高电平、输出低电平和扇出系数等。开关参数有最高时钟频率、时钟信号的延迟时间和直接置 0（R_D）或置 1（S_D）端的延迟时间等。具体可查阅有关集成电路手册。

为了帮助读者更好地掌握常用触发器功能，表 5.18 给出了几种常用触发器的逻辑符号和功能描述。

表 5.18　　　　常用触发器的逻辑符号和功能描述

名称		逻辑符号	功能表		激励表		次态方程
基本RS触发器	与非门构成	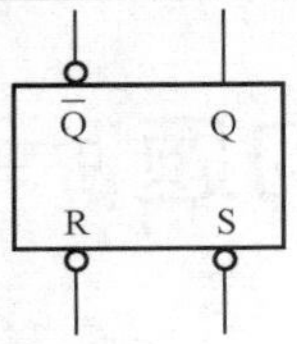 $\overline{Q}$ Q R S	R S 0 0 0 1 1 0 1 1	Q^{n+1} d 0 1 Q	Q Q^{n+1} 0 0 0 1 1 0 1 1	R S d 1 1 0 0 1 1 d	$Q^{n+1}=\overline{S}+RQ$ R+S=1（约束方程）
	或非门构成	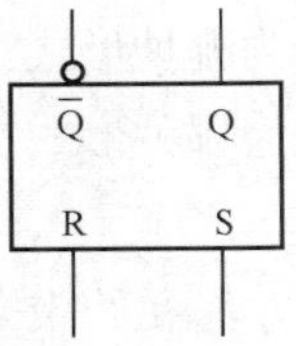 $\overline{Q}$ Q R S	R S 0 0 0 1 1 0 1 1	Q^{n+1} Q 1 0 d	Q Q^{n+1} 0 0 0 1 1 0 1 1	R S d 0 0 1 1 0 0 d	$Q^{n+1}=S+\overline{R}Q$ R·S=0（约束方程）
钟控触发器	钟控 RS 触发器	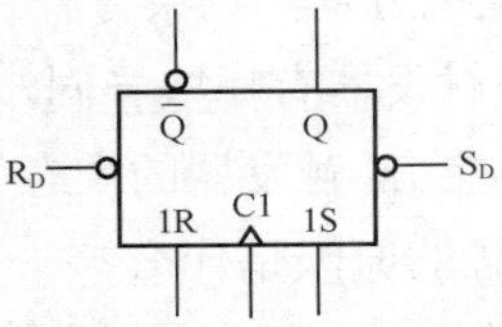 $\overline{Q}$ Q R_D S_D 1R C1 1S	R S 0 0 0 1 1 0 1 1	Q^{n+1} Q 1 0 d	Q Q^{n+1} 0 0 0 1 1 0 1 1	R S d 0 0 1 1 0 0 d	$Q^{n+1}=S+\overline{R}Q$ R·S=0（约束方程）
	钟控 D 触发器	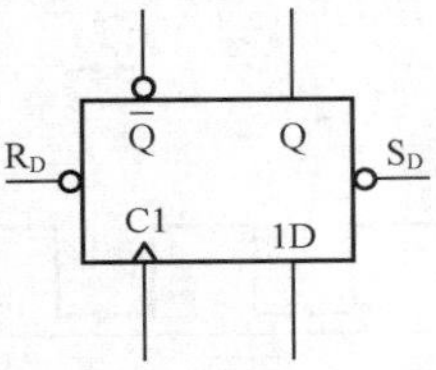 $\overline{Q}$ Q R_D S_D C1 1D	D 0 1	Q^{n+1} 0 1	Q Q^{n+1} 0 0 0 1 1 0 1 1	D 0 1 0 1	$Q^{n+1}=D$
	钟控 T 触发器	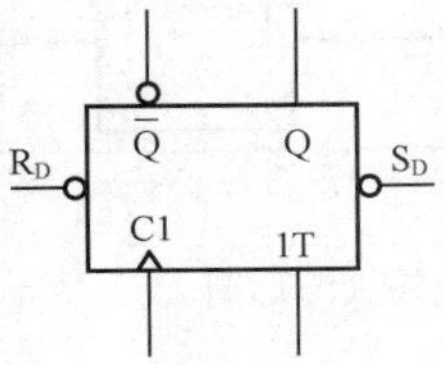 $\overline{Q}$ Q R_D S_D C1 1T	T 0 1	Q^{n+1} Q $\overline{Q}$	Q Q^{n+1} 0 0 0 1 1 0 1 1	T 0 1 1 0	$Q^{n+1}=T\oplus Q$
	钟控 JK 触发器	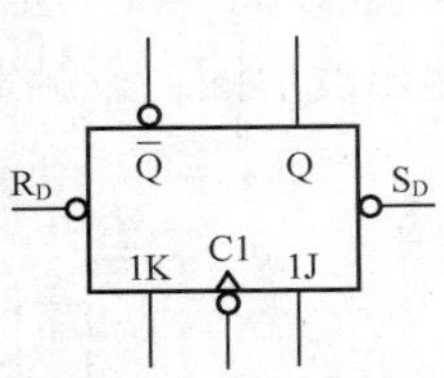 $\overline{Q}$ Q R_D S_D 1K C1 1J	J K 0 0 0 1 1 0 1 1	Q^{n+1} Q 0 1 $\overline{Q}$	Q Q^{n+1} 0 0 0 1 1 0 1 1	J K 0 d 1 d d 1 d 0	$Q^{n+1}=J\overline{Q}+\overline{K}Q$

本章小结

本章在对触发器概念进行简单介绍的基础上，分别对两种基本 RS 触发器和 4 种简单钟控触发器的结构、原理和功能进行了较为详细的介绍。针对简单钟控触发器的不足，对广泛使用的集成主从触发器和边沿触发器的工作原理进行了讨论。要求了解触发器的基本工作原理，掌握常用集成触发器的逻辑符号、功能描述（包括功能表、状态表、状态图、次态方程和激励表）及其使用方法。

思考题与练习题

1. 触发器具有哪些基本特征？
2. 用与非门组成的基本 RS 触发器的有效输入信号为哪种形式？对输入信号有哪些约束？
3. 用或非门组成的基本 RS 触发器的有效输入信号为哪种形式？对输入信号有哪些约束？
4. 触发器的逻辑功能通常采用哪些方式进行描述？
5. 试写出用与非门组成的基本 RS 触发器的次态方程和约束方程。
6. 试写出用或非门组成的基本 RS 触发器的次态方程和约束方程。
7. 钟控 RS 触发器和用或非门组成的基本 RS 触发器有哪些异同？
8. 试写出钟控 D 触发器、钟控 T 触发器和钟控 JK 触发器的次态方程。
9. 触发器的“空翻”现象是指什么？产生空翻的原因是什么？
10. 在图 5.24（a）所示的触发器电路中，若输入端 D 的波形如图 5.24（b）所示，试画出输出端 Q 的波形图（设触发器初态为 0）。

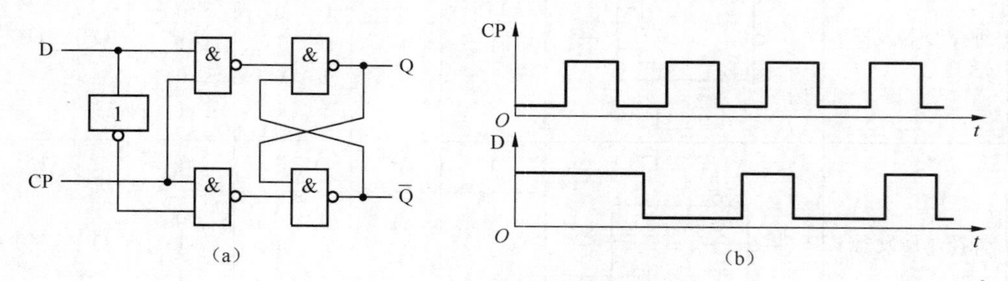

图 5.24　触发器电路图及输入波形图

11. 已知时钟信号 CP 与输入信号 A 和 B 的波形如图 5.25（a）所示，试画出图 5.25（b）、图 5.25（c）所示的两个逻辑电路中触发器 Q 端的输出波形图，设触发器初态为 0。

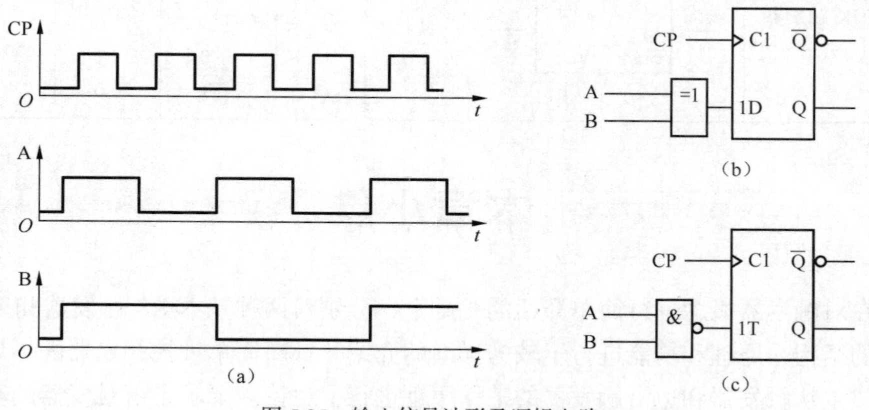

图 5.25　输入信号波形及逻辑电路

12. 分析图 5.26 所示的 3 个逻辑电路，说明各实现什么功能。

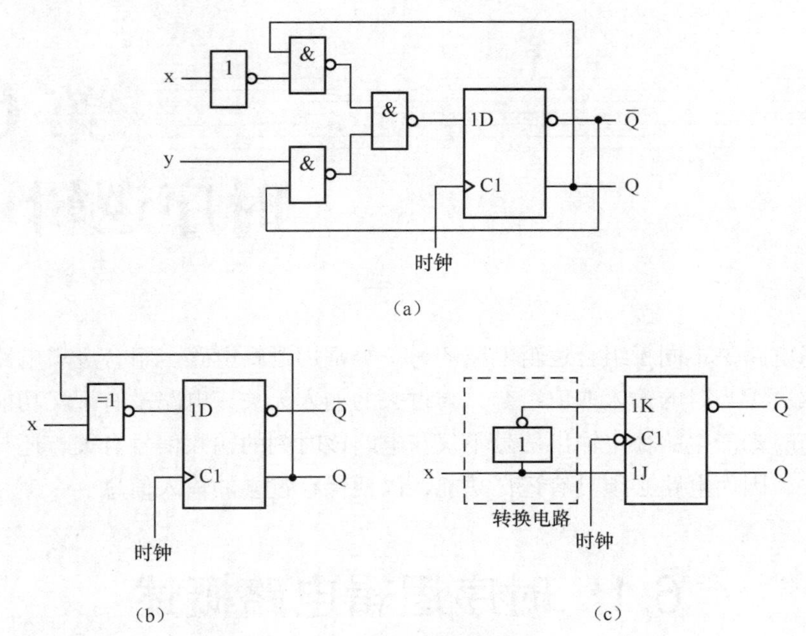

图 5.26　逻辑电路图

第 6 章 时序逻辑电路

时序逻辑电路是不同于组合逻辑电路的另一类常用逻辑电路。组合逻辑电路任意时刻的稳定输出仅取决于当时的输入取值组合，与过去的输入无关，电路没有记忆功能。而时序逻辑电路在任何时刻产生的稳定输出信号不仅与电路该时刻的输入信号有关，还与电路过去的输入信号有关，因而电路必须具有记忆功能，以便保存过去的输入信息。

6.1 时序逻辑电路概述

6.1.1 时序逻辑电路的结构

时序逻辑电路的一般结构如图 6.1 所示，它由组合电路和存储电路两部分组成，通过反馈回路将两部分连成一个整体。

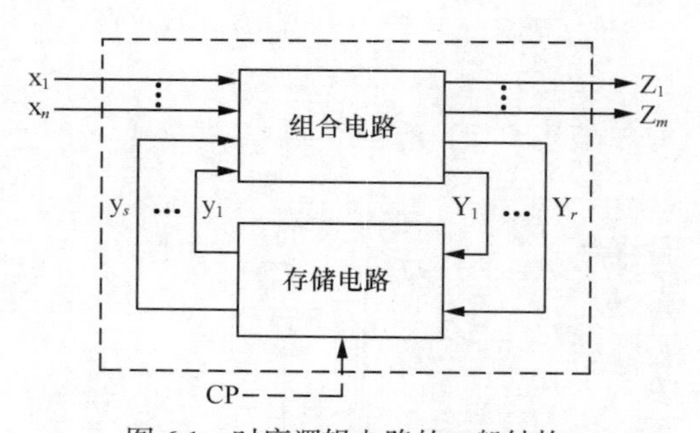

图 6.1 时序逻辑电路的一般结构

图 6.1 中，$x_1,\cdots,x_n$ 为时序逻辑电路的输入信号，又称为组合电路的外部输入信号；$Z_1,\cdots,Z_m$ 为时序逻辑电路的输出信号，又称为组合电路的外部输出信号；$y_1,\cdots,y_s$ 为时序逻辑电路的“状态”，又称为组合电路的内部输入信号；$Y_1,\cdots,Y_r$ 为时序逻辑电路中的激励信号，又称为组合电路的内部输出信号，激励信号决定电路下一时刻的状态；CP 为时钟脉冲信号，用于实现对整个电路状态转移的同步，该信号是否存在取决于时序逻辑电路的类型。

时序逻辑电路的状态 $y_1,\cdots,y_s$ 是存储电路对过去输入信号记忆的结果，它随着外部信号的作用而变化。在对电路功能进行研究时，通常将某一时刻的状态称为“现态”，记为 y^n，简记为 y；而把在某一现态下，外部信号发生变化时将要到达的新的状态称为“次态”，记作 y^{n+1}。

从电路结构可知，时序逻辑电路具有以下特征。

① 电路由组合电路和存储电路组成，具有对过去输入进行记忆的功能。

② 电路中包含反馈回路，通过反馈使电路功能与“时序”相关。

③ 电路的输出由电路当时的输入和状态（对过去输入记忆的结果）共同决定。

6.1.2　时序逻辑电路的分类

时序逻辑电路通常可以按照电路的工作方式、电路的输出/输入关系或者输入信号的形式进行分类。

1. 按照电路的工作方式分类

按照电路的工作方式，时序逻辑电路可分为同步时序逻辑电路（简称同步时序电路）和异步时序逻辑电路（简称异步时序电路）两种类型。

同步时序逻辑电路的存储电路由带有时钟控制端的触发器组成，各触发器的时钟端与统一的时钟脉冲信号（CP）相连接，触发器状态的改变受到同一时钟信号的控制。仅当时钟脉冲到来时，电路状态才可能发生转换，而且每一个时钟脉冲只允许状态改变一次。若时钟脉冲没有到来，则任何输入信号的变化都不可能引起电路状态的改变。因此，时钟脉冲信号对电路状态的变化起着同步的作用，它决定状态转换时刻并实现“等状态时间”。

异步时序逻辑电路的存储电路可以由触发器或者延时元件组成，电路中无统一的时钟信号同步，电路输入信号的变化将直接导致电路状态的变化，各状态的维持时间不一定相同。

2. 按照电路的输出/输入关系分类

根据电路的输出是否与输入直接相关，时序逻辑电路可以分为 Mealy 型和 Moore 型两种不同的模型。若时序逻辑电路的输出是电路输入和电路状态的函数，则称为 Mealy 型时序逻辑电路；若时序逻辑电路的输出仅仅是电路状态的函数，则称为 Moore 型时序逻辑电路。换而言之，Mealy 型时序逻辑电路是将过去的输入转换成电路状态后与输出建立联系，当前的输入直接和输出建立联系；而 Moore 型时序逻辑电路则是将全部输入转换成电路状态后再和输出建立联系。两种模型的输出/输入关系示意图如图 6.2 所示。

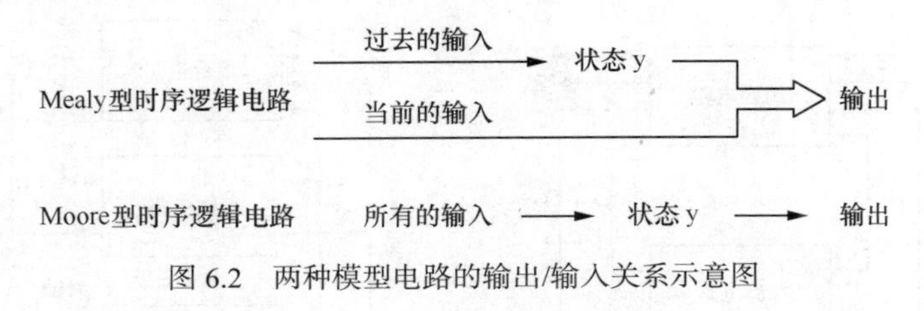

图 6.2　两种模型电路的输出/输入关系示意图

若一个时序逻辑电路没有专门的外部输出信号，而是以电路状态作为输出，则可视为 Moore 型时序逻辑电路的特殊情况。无论是同步时序逻辑电路或是异步时序逻辑电路，均有 Mealy 型和 Moore 型两种模型。

3. 按输入信号的形式进行分类

时序逻辑电路的输入信号可以是脉冲信号也可以是电平信号。根据输入信号形式的不同，时序逻辑电路通常又被分为脉冲型和电平型两种类型。图 6.3 所示为不同输入信号的波形图。

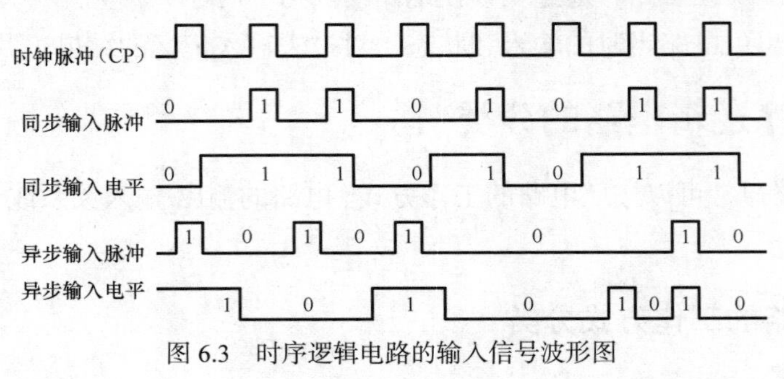

图 6.3 时序逻辑电路的输入信号波形图

6.2 同步时序逻辑电路

在研究同步时序逻辑电路时，通常不把同步时钟信号作为输入信号处理，而是将它当成一种默认的时间基准。若把某个时钟脉冲到来前电路所处的状态作为现态，则该时钟脉冲作用后电路的状态便称为次态。值得注意的是，前一个脉冲的次态即后一个脉冲的现态。现态和次态之间的相对关系如图 6.4 所示。

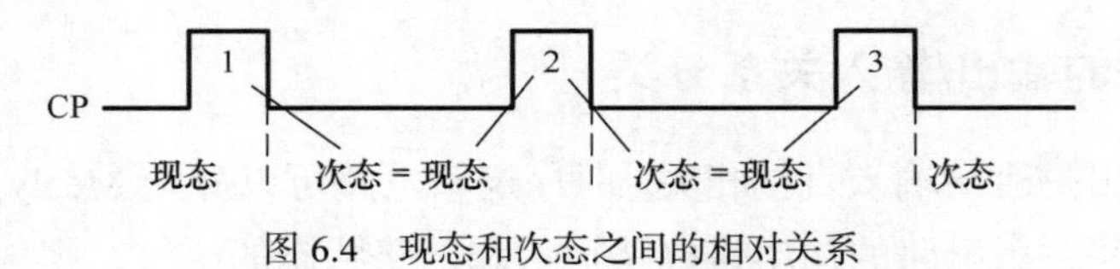

图 6.4 现态和次态之间的相对关系

为了使同步时序逻辑电路稳定、可靠地工作，对时钟脉冲的频率有一定要求，脉冲的频率必须保证前一个脉冲引起的电路响应完全结束后，后一个脉冲才能到来。否则，电路状态的变化将发生混乱。

同步时序逻辑电路中两种模型的结构框图如图 6.5 所示。

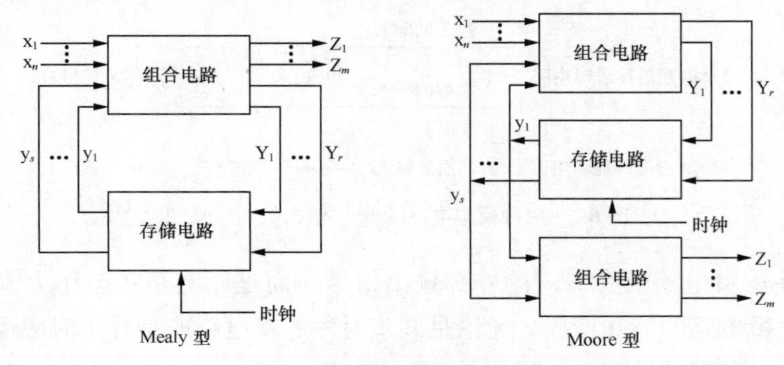

图 6.5 两种模型的结构框图

6.2.1　描述方法

同步时序逻辑电路的功能可采用逻辑表达式、状态表、状态图等进行描述。状态表和状态图是同步时序逻辑电路分析和设计的重要工具。此外，必要时还可以借助时间图进行描述。

1. 逻辑函数表达式

要完整地描述同步时序逻辑电路的结构和功能，必须用如下 3 组逻辑函数表达式。

（1）输出函数表达式

输出函数表达式是一组反映电路输出 Z 与输入 x 和状态 y 之间关系的表达式。对于 Mealy 型电路，其函数表达式为

$$Z_i=f_i\ (x_1,\cdots,x_n,y_1,\cdots,y_s) \qquad i=1,2,\cdots,m$$

对于 Moore 型电路，其函数表达式为

$$Z_i=f_i\ (y_1,\cdots,y_s) \qquad i=1,2,\cdots,m$$

（2）激励函数表达式

激励函数又称为控制函数，它反映了存储电路的输入 Y 与外部输入 x 和电路状态 y 之间的关系。其函数表达式为

$$Y_j=g_j\ (x_1,\cdots,x_n,y_1,\cdots,y_s) \qquad j=1,2,\cdots,r$$

（3）次态函数表达式

次态函数用来反映同步时序电路的次态 y^{n+1} 与激励函数 Y 和电路现态 y 之间的关系，它与电路中触发器的类型相关。其函数表达式为

$$y_1^{n+1}=k_1(Y_j,y_1) \qquad j=1,2,\cdots,r;\ l=1,2,\cdots,s$$

2. 状态表

状态表是一种能够完全描述同步时序逻辑电路逻辑功能的表格形式，它清晰地反映了同步时序逻辑电路输出 Z、次态 y^{n+1} 与电路输入 x、现态 y 之间的关系，又称为状态转移表。对于同步时序逻辑电路的两种模型，其状态表的格式略有区别。

Mealy 型同步时序逻辑电路状态表的格式如表 6.1 所示。表格的上方从左到右列出一位输入 x 的全部组合，表格左边从上到下列出电路的全部状态 y，表格的中间列出对应不同输入组合和现态、在时钟作用后的次态 y^{n+1} 和输出 Z。

在表 6.1 中，列数等于一位输入的所有取值组合数，行数等于电路中触发器的状态组合数。

Moore 型电路状态表的格式如表 6.2 所示。考虑到 Moore 型电路的输出 Z 仅与电路的现态 y 有关，即其值完全由现态确定，为了清晰起见，将输出单独作为一列。至于次态 y^{n+1}，依然和 Mealy 型电路状态表中一样，由输入的取值组合和电路现态共同确定。

状态表是同步时序逻辑电路分析和设计中常用的工具，它非常清晰地给出了同步时序电路处在各种不同现态下输入作用后的次态和输出。

表 6.1　　Mealy 型电路状态表格式

现态	次态/输出		
		输入 x	
y		y^{n+1}/Z	

表 6.2　　Moore 型电路状态表格式

现态	次态			输出
		输入 x		
y		y^{n+1}		Z

3. 状态图

状态图是一种反映同步时序逻辑电路状态转换规律及相应输入、输出取值关系的有向图。图中用带圆圈的字母或数字表示电路的状态，连接圆圈的有向线段表示状态的转换关系，箭头起点于现态，终点指向次态。当箭头起止于同一状态时，表明在指定输入下状态保持不变。

Mealy 型电路状态图的形式如图 6.6（a）所示。图中，在有向箭头的旁边标出发生该状态转移的输入条件，以及在该现态和输入作用下的相应输出。Moore 型电路状态图的形式如图 6.6（b）所示，由于 Moore 型电路的输出与输入无关，所以将电路输出标在圆圈内的状态右下方，表示该状态下的输出。

用状态图描述同步时序电路的逻辑功能具有直观、形象等优点。状态图和状态表是同步时序电路分析和设计的重要工具。

图 6.6　两种模型的状态图

4. 时间图

时间图用波形图的形式来表示输入信号、输出信号、电路状态等的取值在各时刻的对应关系，通常又称为工作波形图。在时间图上，可以把电路状态转换的时刻形象地表示出来。

6.2.2 电路分析

同步时序逻辑电路的工作特点是，随着时间的推移和外部输入的不断变化，在时钟脉冲作用下电路的状态和输出将发生相应变化。因此，分析一个给定电路的关键是找出电路状态和输出随输入变化而变化的规律，进而确定其逻辑功能。

1. 分析的方法与步骤

分析同步时序逻辑电路有两种常用的方法，一种是表格法，另一种是代数法。两种方法的分析过程如图 6.7 所示。

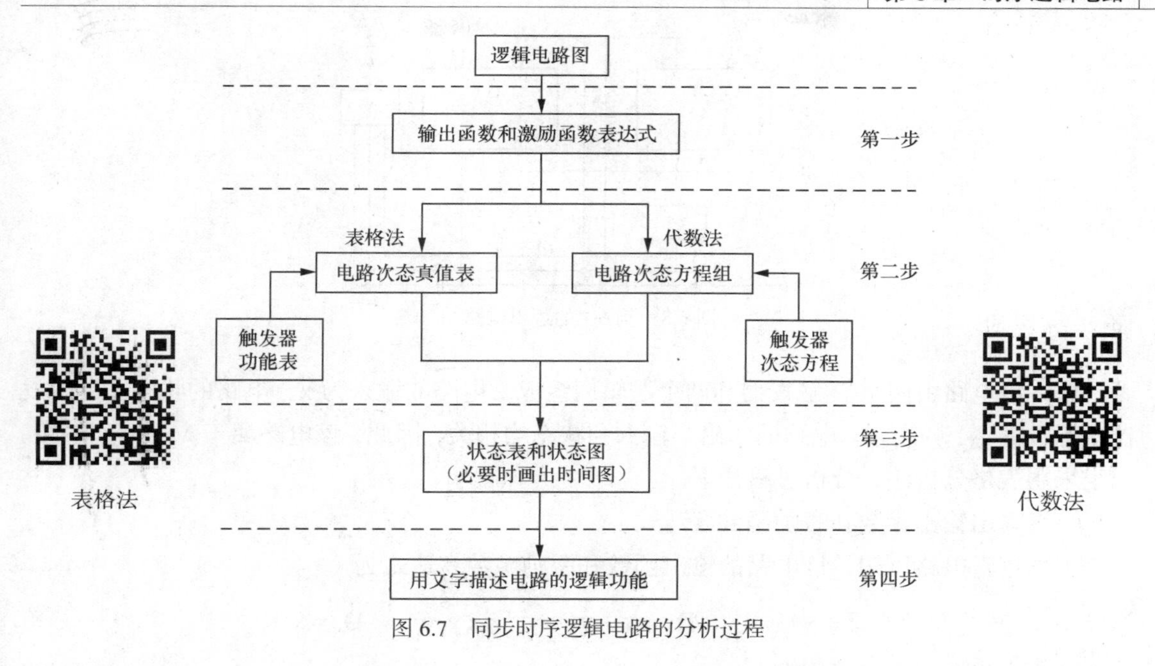

图 6.7　同步时序逻辑电路的分析过程

由图 6.7 可知，分析过程一般分为 4 个步骤。表格法和代数法仅在第二步略有不同。分析的一般步骤如下。

第一步：写出电路的输出函数和激励函数表达式。输出函数是指电路的外部输出，根据输出函数表达式可确定电路的模型以及在时钟脉冲作用下电路输出对输入和状态的响应；激励函数是存储电路的输入，激励函数的个数与电路中触发器的数量和类型相关。

第二步：列出电路的次态真值表或次态方程组。完成该步骤的目的是为做状态表和状态图提供依据。当采用表格法时，应列出电路的次态真值表。列次态真值表一般借助激励函数真值表和触发器功能表，具体可根据输入和现态各种取值下的激励函数值以及触发器的功能表，确定电路的相应次态。

当采用代数法时，应列出电路的次态方程组。列次态方程组时一般借助触发器的次态方程，把电路中各触发器对应的激励函数表达式代入相应触发器的次态方程，即可导出电路的次态方程组。

分析同步时序逻辑电路时，是采用次态真值表还是次态方程组可视具体问题灵活选用。

第三步：列出电路的状态表并画出状态图（必要时画出时间图）。根据电路的次态真值表（或者次态方程组）和输出函数表达式，列出给定电路的状态表并画出状态图。为了直观起见，必要时可拟定一个典型输入序列，并画出输入/输出时间图。

第四步：描述电路的逻辑功能。状态图和时间图直观、形象地描述了电路的工作过程以及电路输出对输入的响应，根据电路的状态图或时间图可用文字归纳出电路的逻辑功能。

2. 分析举例

【例 6.1】　分析图 6.8 所示的同步时序逻辑电路，说明该电路的功能。

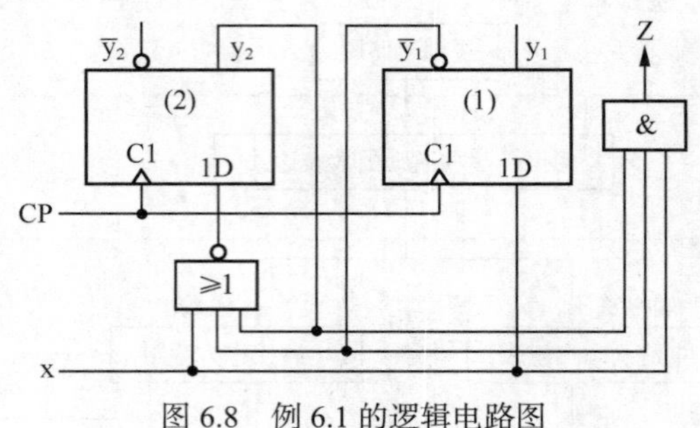

图 6.8　例 6.1 的逻辑电路图

解　该电路由两个 D 触发器和两个逻辑门组成，电路的输入为 x，电路的状态（即触发器状态）用 y_2、y_1 表示。电路的输出与输入和状态均相关，因此，该电路属于 Mealy 型电路。假定采用表格分析法，分析过程如下。

（1）写出输出函数和激励函数表达式

根据逻辑电路可知，该电路的输出函数和激励函数表达式为

$$Z = xy_2\overline{y}_1 \qquad D_2 = \overline{x + y_2 + \overline{y}_1} = \overline{x}\,\overline{y}_2 y_1 \qquad D_1 = x$$

（2）列出电路次态真值表

根据激励函数表达式和 D 触发器的功能表，可列出该电路的次态真值表，如表 6.3 所示。

表 6.3　　例 6.1 电路的次态真值表

输入 x	现态 y_2 y_1	激励函数 D_2 D_1	次态 $y_2^{n+1}y_1^{n+1}$
0	0 0	0 0	0 0
0	0 1	1 0	1 0
0	1 0	0 0	0 0
0	1 1	0 0	0 0
1	0 0	0 1	0 1
1	0 1	0 1	0 1
1	1 0	0 1	0 1
1	1 1	0 1	0 1

（3）做出状态表和状态图

根据表 6.3 的次态真值表和输出函数表达式，可做出该电路的状态表和状态图，分别如表 6.4 和图 6.9 所示。

表 6.4　　例 6.1 电路的状态表

现态 y_2 y_1	次态 $y_2^{n+1}y_1^{n+1}$/输出 Z	
	X=0	X=1
0 0	00/0	01/0
0 1	10/0	01/0
1 0	00/0	01/1
1 1	00/0	01/0

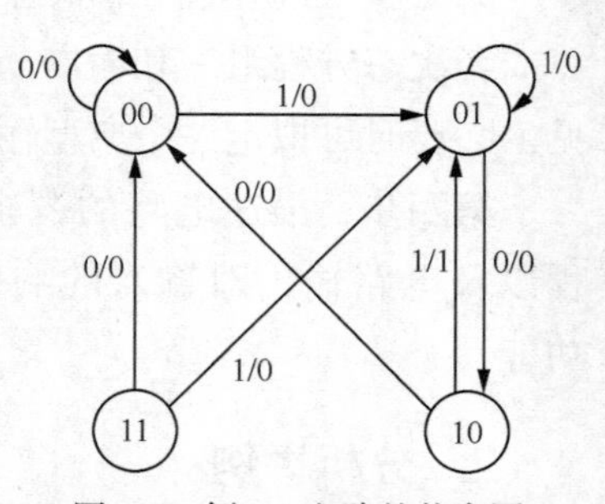

图 6.9　例 6.1 电路的状态图

在时序逻辑电路分析中，除了状态表和状态图之外通常还使用时间图。时间图能较形象、生动地体现时序逻辑电路的工作过程，并可和实验观察的波形相比较，是描述时序逻辑电路工作特性的一种常用方式。画时间图的一般步骤如下。

① 假设电路初始状态，并拟定一个典型输入序列。

② 列出在输入作用下的状态和输出响应序列。

③ 根据输入序列和响应序列画出波形图。

设图 6.8 所示电路的初始状态 y_2y_1=00，输入 x 为电平信号，输入序列为 010110100，根据状态图可列出电路的状态响应序列如下。

CP:	1	2	3	4	5	6	7	8	9
x:	0	1	0	1	1	0	1	0	0
y_2:	0	0	0	1	0	0	1	0	1
y_1:	0	0	1	0	1	1	0	1	0
y_2^{n+1}:	0	0	1	0	0	1	0	1	0
y_1^{n+1}:	0	1	0	1	1	0	1	0	0
Z:	0	0	0	1	0	0	1	0	0

根据状态响应序列，可画出时间图，如图 6.10 所示。由于前一个时钟脉冲的次态即后一个时钟脉冲的现态，所以，时间图中只需要画出现态的波形即可。

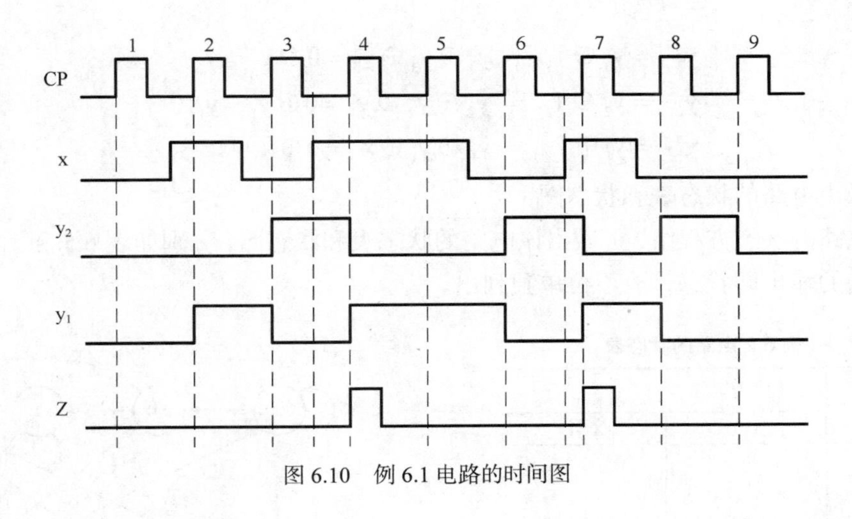

图 6.10　例 6.1 电路的时间图

（4）电路逻辑功能描述

由状态图和波形图可知，当电路输入端连续输入的 3 位代码为“101”时，输出 Z 产生一个 1 输出，其他情况下输出 Z 均为 0。数字系统中，通常将从随机输入序列中发现某个特定序列的时序逻辑电路称为序列检测器。因此，该电路是一个“101”序列检测器。

【例 6.2】 分析图 6.11 所示同步时序逻辑电路，说明该电路功能。

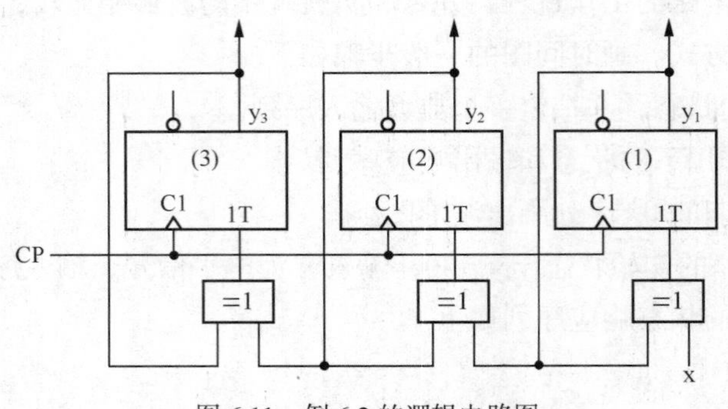

图 6.11 例 6.2 的逻辑电路图

解 该电路由 3 个 T 触发器和 3 个异或门组成，电路的输入为 x，电路的状态（即触发器状态）用 y_3、y_2、y_1 表示。电路的输出即电路状态，因此，该电路属于 Moore 型电路的特例。假定采用代数法分析，其分析过程如下。

（1）写出输出函数和激励函数表达式

该电路的输出即电路状态，故只需写出激励函数表达式。根据逻辑电路可写出激励函数表达式为

$$T_3 = y_3 \oplus y_2; \qquad T_2 = y_2 \oplus y_1; \qquad T_1 = y_1 \oplus x$$

（2）列出电路的次态方程组

根据 T 触发器的次态方程 $Q^{n+1} = Q \oplus T$ 和该电路的激励函数表达式，可列出该电路的次态方程组为

$$\begin{aligned} y_3^{n+1} &= y_3 \oplus T_3 = y_3 \oplus y_3 \oplus y_2 = 0 \oplus y_2 = y_2 \\ y_2^{n+1} &= y_2 \oplus T_2 = y_2 \oplus y_2 \oplus y_1 = 0 \oplus y_1 = y_1 \\ y_1^{n+1} &= y_1 \oplus T_1 = y_1 \oplus y_1 \oplus x = 0 \oplus x = x \end{aligned}$$

（3）做出电路的状态表和状态图

根据电路的次态方程组，可做出该电路的状态表和状态图，分别如表 6.5 和图 6.12 所示。由于该电路的输出即状态，故不再单独列出。

表 6.5 例 6.2 电路的状态表

现态 $y_3\ y_2\ y_1$	次态 $y_3^{n+1}y_2^{n+1}y_1^{n+1}$ X=0	X=1
0 0 0	0 0 0	0 0 1
0 0 1	0 1 0	0 1 1
0 1 0	1 0 0	1 0 1
0 1 1	1 1 0	1 1 1
1 0 0	0 0 0	0 0 1
1 0 1	0 1 0	0 1 1
1 1 0	1 0 0	1 0 1
1 1 1	1 1 0	1 1 1

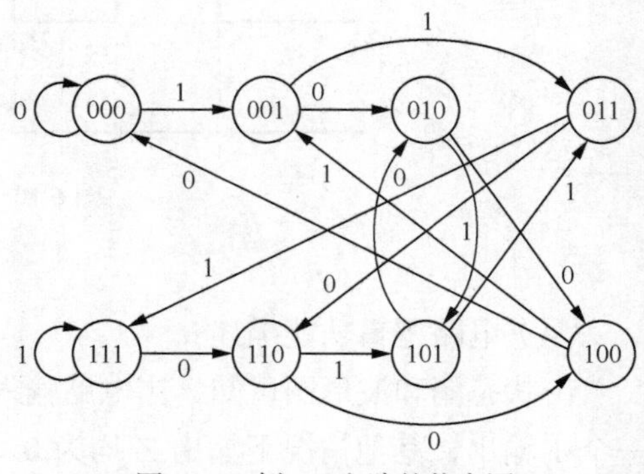

图 6.12 例 6.2 电路的状态图

（4）电路逻辑功能描述

由状态表和状态图可知，该电路是一个 3 位串行输入移位寄存器。输入 x 与寄存器低位相连，在时钟脉冲作用下，寄存器的内容从低往高左移一位，输入端 x 的信号置入寄存器最低位。

【例 6.3】 某同步时序逻辑电路的芯片引脚连接图如图 6.13 所示，它由双 JK 触发器 7476、异或门 7486 和或非门 7402 构成，试分析该电路并说明电路功能。

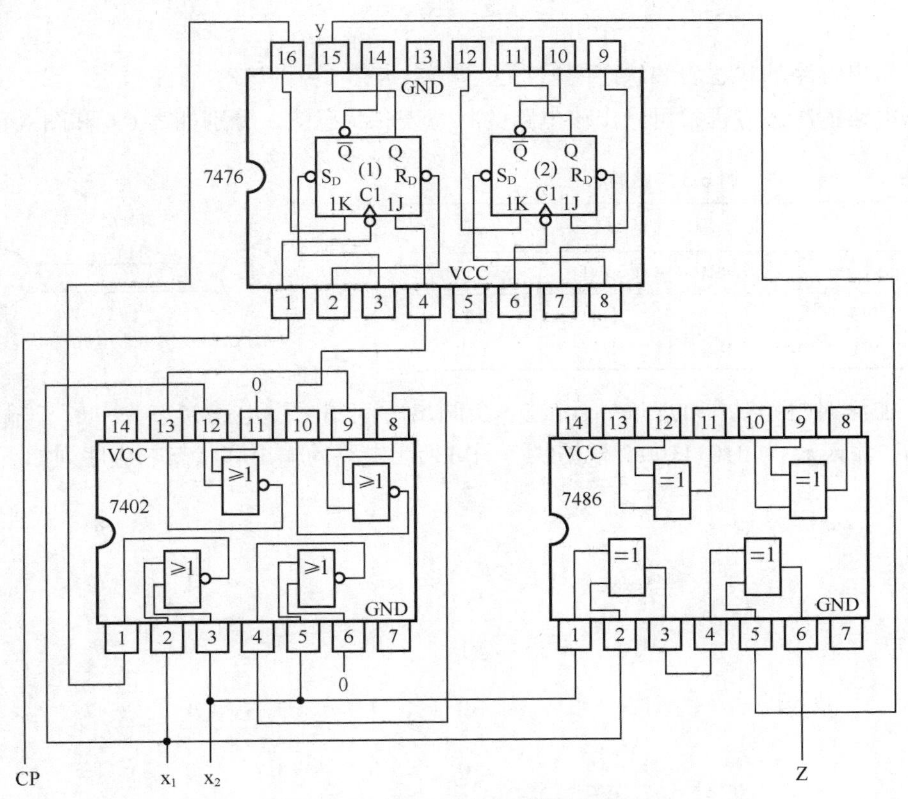

图 6.13　例 6.3 的芯片引脚连接图

解　由图 6.13 所示芯片引脚连接图可知，该电路由 1 个 JK 触发器、4 个或非门和两个异或门组成。电路有两个输入信号（x_1、x_2），1 个时钟控制信号 CP 和 1 个输出信号 Z，电路输出与输入和状态均相关，因此，该电路属于 Mealy 型电路。

（1）写出输出函数和激励函数表达式

根据芯片引脚连接图可写出该电路的输出函数和激励函数表达式为

$$Z = x_1 \oplus x_2 \oplus y$$

$$J = \overline{\overline{x_1 + 0} + \overline{x_2 + 0_1}} = \overline{\overline{x}_1 + \overline{x}_2} = \overline{\overline{x}}_1 \cdot \overline{\overline{x}}_2 = x_1 x_2$$

$$K = \overline{x_1 + x_2}$$

（2）列出电路的次态方程组

该电路的存储电路只有 1 个触发器，故电路只有 1 个次态方程。据 JK 触发器的次态方

程和该电路的激励函数表达式，把激励函数表达式代入触发器的次态方程，可得到该电路的次态方程为

$$
\begin{aligned}
y^{n+1} &= J\bar{y} + \bar{K}y \\
&= x_1x_2\bar{y} + \overline{\overline{x_1 + x_2}}y \\
&= x_1x_2\bar{y} + x_1y + x_2y \\
&= x_1x_2 + x_1y + x_2y
\end{aligned}
$$

（3）做出电路的状态表和状态图

根据电路的次态方程，可做出该电路的状态表和状态图，分别如表 6.6 和图 6.14 所示。

表 6.6　　例 6.3 电路的状态表

现态 y	次态/输出（y^{n+1}/Z）			
	x_2x_1=00	x_2x_1=01	x_2x_1=11	x_2x_1=10
0	0/0	0/1	1/0	0/1
1	0/1	1/0	1/1	1/0

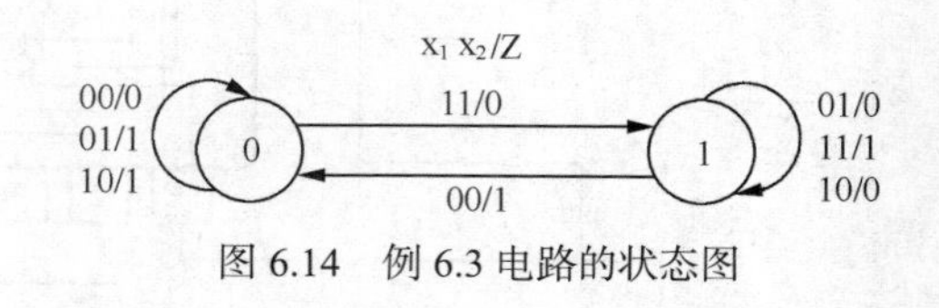

图 6.14　例 6.3 电路的状态图

为了加深对电路功能的理解，可进一步画出时间图。设电路初态为“0”，输入 x_1 为 00110110，输入 x_2 为 01011100，根据状态图可列出电路的输出和状态响应序列如下。

CP:	1	2	3	4	5	6	7	8
x_1:	0	0	1	1	0	1	1	0
x_2:	0	1	0	1	1	1	0	0
y:	0	0	0	0	1	1	1	1
Z:	0	1	1	0	0	1	0	1

根据电路的输出和状态响应序列，可画出时间图，如图 6.15 所示。

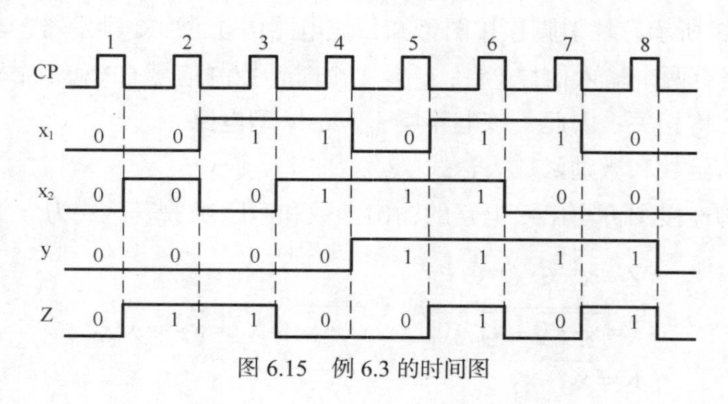

图 6.15　例 6.3 的时间图

（4）电路逻辑功能描述

由时间图可知，该电路是一个串行加法器。电路输入 x_1 和 x_2 按照先低位后高位的顺序串

行地输入被加数和加数。每位相加产生的进位由触发器保存下来参加下一位相加，输出 Z 从低位到高位串行输出相加产生的“和”。该时间图给出了两个二进制数 x_1=01101100 与 x_2=00111010 相加得到“和”Z=10100110 的过程。状态 y=11110000 是两数相加依次产生的进位信号。

为了更好地理解电路逻辑功能，也可从人们日常习惯出发按照左高右低的记数顺序将输入/输出序列表示如下。

CP:	8	7	6	5	4	3	2	1
x_1:	0	1	1	0	1	1	0	0
x_2:	0	0	1	1	1	0	1	0
y:	1	1	1	1	0	0	0	0
Z:	1	0	1	0	0	1	1	0

至此，已介绍了采用两种方法分析同步时序逻辑电路的全过程。在进行实际电路分析时，根据给定逻辑电路的复杂程度不同通常可以省去某些步骤，如有的问题可视具体情况省略列次态真值表或画时间图等步骤。总之，应以充分理解电路功能为原则灵活运用分析方法，而不是机械地执行全过程。

6.2.3 电路设计

同步时序逻辑电路设计是根据问题提出的功能要求，求出能正确实现预定功能的逻辑电路，又称为同步时序逻辑电路综合设计。理论设计追求的目标是使用尽可能少的触发器和逻辑门实现预定的逻辑功能。

同步时序逻辑电路的设计

1. 设计的一般步骤

同步时序逻辑电路设计的一般步骤如图 6.16 所示。

第一步：形成原始状态图和原始状态表。由于状态图和状态表能够直观、清晰、形象地反映同步时序电路的逻辑特性，所以设计的第一步是根据对设计要求的文字描述，抽象出电路的输入/输出及状态之间的关系，进而形成状态图和状态表。由于开始得到的状态图和状态表是对逻辑问题最原始的描述，其中可能包含多余的状态，所以称为原始状态图和原始状态表。

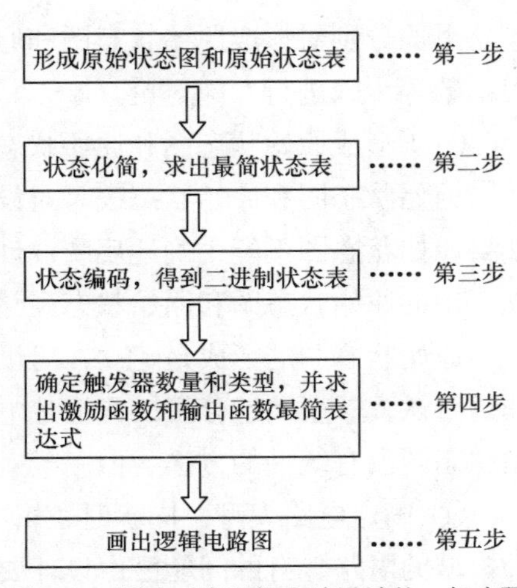

图 6.16　同步时序逻辑电路设计的一般步骤

在建立原始状态图和原始状态表时，大部分问题对于所设立的每一个状态，在不同输入取值下都有确定的次态和输出，通常将这类状态图和状态表称为完全确定状态图和状态表，由它们所描述的电路称为完全确定同步时序逻辑电路；但实际应用中的某些问题，可能出现对于所设立的某些状态，在某些输入取值下的次态或输出是不确定的，这种状态图和状态表被称为不完全确定状态图和状态表，所描述的电路称为不完全确定同步时序逻辑电路。本书中只讨论完全确定同步时序逻辑电路的设计。

第二步：状态化简，求出最简状态表。所谓状态化简是指采用某种化简技术从原始状态表中消去多余状态，得到一个既能正确地描述给定的逻辑功能，又能使所包含的状态数目达到最少的状态表，通常称这种状态表为最简状态表或最小化状态表。状态化简的目的是简化电路结构。状态数目的多少直接决定电路中所需触发器数目的多少。为了降低电路的复杂度和电路成本，应尽可能使状态表中包含的状态数达到最少。

第三步：状态编码，得到二进制状态表。状态编码是指给最简状态表中用字母或数字表示的状态，指定一个二进制代码，将其转换成二进制状态表，目的是将最简状态表与电路中触发器的状态对应。状态编码也称状态分配，或者状态赋值。

第四步：确定触发器数目和类型，并求出激励函数和输出函数最简表达式。电路中所需触发器数目是根据二进制状态表中二进制代码的位数确定的，所需触发器数即二进制代码的位数。触发器类型可根据问题的要求确定，当问题中没有具体要求时，可由设计者挑选。

根据二进制状态表和所选触发器的激励表或者次态方程，求出触发器的激励函数表达式和电路的输出函数表达式，并予以化简。激励函数表达式和输出函数表达式的复杂度决定了同步时序逻辑电路中组合逻辑部分的复杂度。

第五步：画出逻辑电路图。根据触发器数目和类型实现电路的存储电路部分，根据激励函数和输出函数的最简表达式选择合适的逻辑门实现组合逻辑部分，画出完整的逻辑电路图。

以上步骤是就一般设计问题而言的。实际应用中设计者可以根据具体问题灵活掌握。例如，有的问题对电路的状态数目和状态编码均已给定，因此，可省去状态化简和状态编码两个步骤。而有的设计方案包含有冗余状态，因而在完成上述步骤后，还必须对这些状态的处理结果加以讨论，以确保电路逻辑功能的可靠实现等。总之，在实际设计过程中不必拘泥于固定的步骤。

下面分别对形成原始状态图和原始状态表、状态化简、状态编码以及确定激励函数和输出函数等步骤进行专门讨论。

（1）形成原始状态图和原始状态表

原始状态图和原始状态表是对设计要求的最原始的抽象，是构造相应电路的原始依据。如果原始状态图不能正确地反映设计要求，则依此设计出来的电路必然是错误的。因此，建立正确的原始状态图和原始状态表是同步时序电路设计中最关键的一步。

原始状态图的形成是建立在对设计要求充分理解的基础之上的，设计者必须对给定的问题进行认真、全面地分析，弄清楚电路输出和输入的关系以及状态的转换关系。尽管建立原始状态图没有统一的方法，但一般应考虑以下几个方面的问题。

① 确定电路模型。同步时逻辑序电路有 Mealy 型和 Moore 型两种模型，具体设计成哪种模型的电路，有的问题已由设计要求规定，有的问题则可由设计者选择。不同模型对应的电路结构不同，设计时应根据问题中的信号形式、电路所需器件的多少等综合考虑。

② 设立初始状态。时序逻辑电路在输入信号开始作用之前的状态称为初始状态。描述某个电路的状态图或状态表中，用不同状态作为初始状态时，对相同输入序列所产生的状态响应序列和输出响应序列一般是不相同的。因此，在建立原始状态图时，应首先设立初始状态，然后从初始状态出发考虑在各种输入作用下的状态转移和输出响应。

③ 根据需要记忆的信息增加新的状态。同步时序逻辑电路中状态数目的多少取决于需要记忆和区分的信息量。在建立原始状态图时，切忌盲目地设立各种状态，而应该根据问题中要求记忆和区分的信息去考虑设立每一个状态。一般来说，当在某个状态下输入信号作用的结果能用已有的某个状态表示时，应转向相应的已有状态。仅当在某个状态下输入信号作用的结果不能用已有状态表示时，才令其转向新的状态。这样，从初始状态出发，同步时序逻辑电路中的状态数目随着输入信号的变化逐步增加，直到每个状态下各种输入取值均已考虑，而无须增加新的状态为止。

④ 确定各时刻电路的输出。时序逻辑电路的功能是通过输出对输入的响应来体现的。因此，在建立原始状态图时，必须确定各时刻的输出值。在 Moore 型电路中，应指明每种状态下对应的输出；在 Mealy 型电路中则应指明从每一个状态出发，在不同输入作用下的输出值。

在描述逻辑问题的原始状态图和原始状态表中，状态数目不一定能达到最少，这一点无关紧要，因为可以对其再进行状态化简。设计者应把清晰、正确地描述设计要求放在第一位。其次，由于在开始时往往不知道描述一个给定的逻辑问题需多少状态，故在原始状态图和原始状态表中一般用字母或数字表示状态。下面举例说明建立原始状态图和原始状态表的方法。

建立原始状态图

【例 6.4】 设计一个模 5 可逆计数器，该电路有一个输入 x 和一个输出 Z。输入 x 为加、减控制信号，当 x=0 时，计数器在时钟脉冲作用下进行加 1 计数，输出 Z 为进位输出信号；当 x=1 时，计数器在时钟脉冲作用下进行减 1 计数，输出 Z 为借位输出信号。建立该计数器的 Mealy 型原始状态图和原始状态表。

解 该问题已指定电路模型为 Mealy 型，且状态数目以及输入和状态、输出之间的关系也非常清楚，所以可以很容易地建立原始状态图。假设计数器的 5 个状态分别用 0、1、2、3、4 表示，其中 0 为初始状态。根据题意可建立原始状态图如图 6.17 所示，该原始状态图对应的原始状态表如表 6.7 所示。

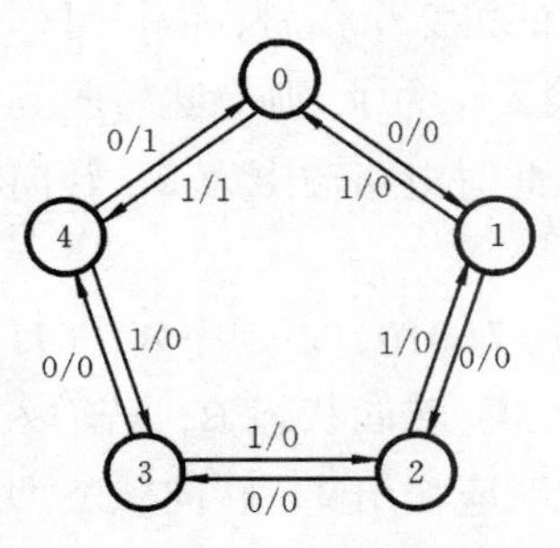

图 6.17 例 6.4 的原始状态图

表 6.7 例 6.4 的原始状态表

现态	次态/输出	
	x=0	x=1
0	1/0	4/1
1	2/0	0/0
2	3/0	1/0
3	4/0	2/0
4	0/1	3/0

【例 6.5】 某序列检测器有一个输入端 x 和一个输出端 Z。从输入端 x 输入一串随机的二进制代码，当输入序列中出现 011 时，输出 Z 产生一个 1 输出，平时 Z 输出 0。典型输入、输出序列如下。

输入 x： 1 0 1 0 1 1 1 0 0 1 1 0

输出 Z： 0 0 0 0 0 1 0 0 0 0 1 0

试画出该序列检测器的原始状态图并列出原始状态表。

解 该问题未指定电路模型，可以分两种情况讨论。假定用 Mealy 型同步时序逻辑电路实现该序列检测器的逻辑功能，则原始状态图的建立过程如下。

设电路的初始状态为 A。当处在初始状态下电路输入为 0 时，输出 Z 为 0，由于输入 0 是序列“011”中的第 1 个信号，所以应该用一个状态将它记住，假定用状态 B 记住收到了第 1 个 0，则在状态 A 输入 0 时应转向状态 B；当处在初始状态 A 电路输入为 1 时，输出 Z 为 0，由于输入 1 不是序列“011”的第 1 个信号，故不需要记住，可令其停留在状态 A。该转换关系如图 6.18（a）所示。

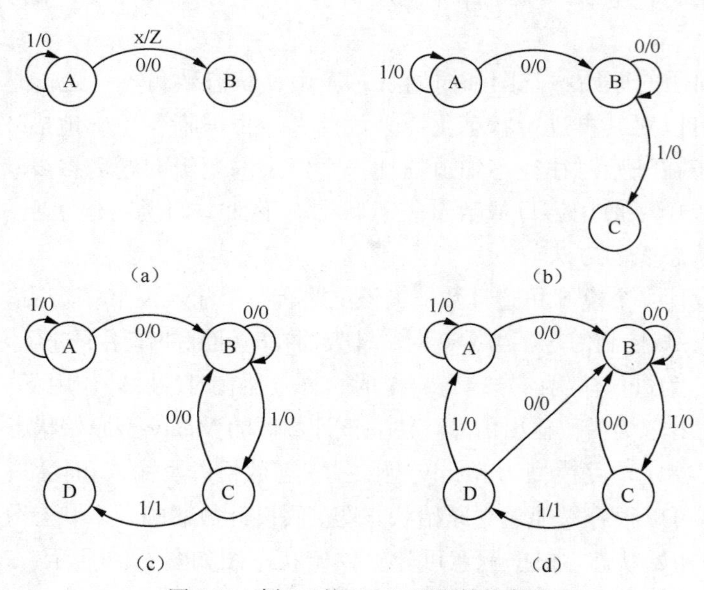

图 6.18 例 6.5 的 Mealy 型原始状态图

当电路处于状态 B 时，若输入 x 为 0，则它不是序列“011”的第 2 个信号，但仍可作为序列中的第 1 个信号，故可令电路输出为 0，停留在状态 B；若输入 x 为 1，则意味着收到了序列“011”的前面两位 01，应该用一个新的状态 C 将它记住，此时电路输出为 0，转向状态 C。部分状态图如图 6.18（b）所示。

当电路处于状态 C 时，若输入 x 为 0，则收到的连续 3 位代码为 010，不是序列“011”，但此时输入的 0 依然可以作为序列的第 1 个信号，故此时应输出 0，转向状态 B；若输入 x 为 1，则表示收到了序列“011”，可用一个新的状态 D 记住，此时应输出 1，转向状态 D。部分状态图如图 6.18（c）所示。

当电路处于状态 D 时，若输入 x 为 0，则应输出 0，转向状态 B；若输入 x 为 1，则应输出 0，转向状态 A。至此，得到该序列检测器完整的 Mealy 型原始状态图，如图 6.18（d）所示。

根据图 6.18 所示原始状态图，可以列出相应的原始状态表，如表 6.8 所示。

表 6.8　　例 6.5 的 Mealy 型原始状态表

现态	次态/输出	
	x=0	x=1
A	B/0	A/0
B	B/0	C/0
C	B/0	D/1
D	B/0	A/0

从上述建立原始状态图的过程可知，描述一个序列检测器的功能所需要的状态数与要识别的序列长度相关，序列越长，需要记忆的代码位数越多，状态数也就越多。实际上在建立序列检测器的原始状态图时，可以先根据序列中要记忆的信息设立好每一个状态，并建立起当输入信号按照要发现的指定序列变化时各状态的相互关系；然后再确定每个状态下输入出现不同取值时的输出和状态转移方向，即可得到一个完整的状态图。

若用 Moore 型同步时序逻辑电路实现“011”序列检测器的逻辑功能，则电路输出完全取决于状态，而与输入无直接联系。在画状态图时，应将输出标记在代表各状态的圆圈内。

假定电路初始状态为 A，并用状态 B、C、D 分别表示收到了输入 x 送来的 0、01、011。显然，根据题意，仅当处于状态 D 时电路输出为 1，其他状态下输出均为 0。当从初始状态开始，输入端 x 正好依次输入 0、1、1 时，则状态应从 A 转至 B、B 转至 C、C 转至 D，据此可得到部分状态图，如图 6.19（a）所示。然后，考虑到 A 状态下输入为 1 时，它不是指定序列中的第 1 位信号，不必记忆，可令状态停留在 A；B 状态下输入为 0 时，它不是指定序列的第 2 位，但可作为指定序列的第一位，故可令其停留在 B；C 状态下输入 0 时，它不是指定序列的第 3 位，但同样可作为第 1 位，故令其转向状态 B；D 状态下输入 0 时，同样应转向 B，而输入为 1 时，则应令其进入状态 A。完整的 Moore 型原始状态图如图 6.19（b）所示，相应的原始状态表如表 6.9 所示。

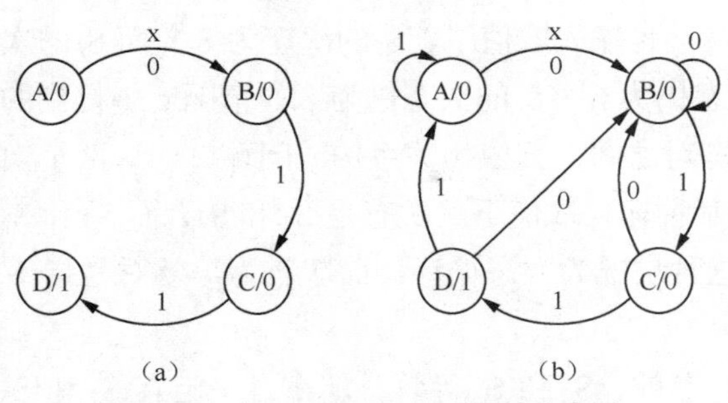

图 6.19　例 6.5 的 Moore 型原始状态图

表 6.9　　例 6.5 的 Moore 型原始状态表

现态	次态		输出
	x=0	x=1	
A	B	A	0
B	B	C	0
C	B	D	0
D	B	A	1

（2）状态化简

在建立原始状态图和原始状态表时，主要考虑如何清晰、正确地反映设计要求，而没有刻意追求如何使状态数目达到最少。因此，在构造的原始状态图和原始状态表中往往存在多余状态。但在实现电路功能时，状态数目的多少将决定电路中所需触发器数目的多少，进而影响到激励函数的多少。为了降低电路的复杂性和电路成本，应该尽可能地使描述设计要求的状态表中包含的状态数达到最少。

所谓状态化简，就是采用某种化简技术从原始状态表中消去多余状态，得到一个既能正确地描述给定的逻辑功能，又能使所包含的状态数目达到最少的状态表，通常称这种状态表为最简状态表，又称为最小化状态表。

状态化简是建立在状态"等效"概念基础之上的。下面首先了解化简时涉及的几个概念，然后讨论状态化简的具体方法和步骤。

① 等效状态和等效类。

a. 等效状态。

定义 假设状态 S_i 和 S_j 是完全确定状态表中的两个状态，如果对于所有可能的输入序列，分别从 S_i 和 S_j 出发，所得到的输出响应序列完全相同，则状态 S_i 和 S_j 是等效的，记作(S_i,S_j)，通常将 S_i 和 S_j 称为状态"等效对"。

定义中所说的所有可能的输入序列，是指输入序列的长度和结构是任意的，它包含无穷多位，且有无穷多种组合。如果企图通过检测所有可能输入序列下的输出来确定两个状态是否等效，显然是不现实的。事实上，由于在形成原始状态表时，对每个状态均考虑了在一位输入各种取值下将到达的次态和所产生的输出，因此从整体上讲，原始状态表已经反映了各状态在任意输入序列下的输出。从而，可以根据原始状态表上所列出的一位输入各种取值组合下的次态和输出来判断某两个状态是否等效。

判断方法 假定 S_i 和 S_j 是原始状态表中的两个现态，则 S_i 和 S_j 等效的条件可归纳为在一位输入的各种取值组合下同时满足以下两个条件。

第一，输出相同。

第二，次态属于下列情况之一。

- 次态相同。
- 次态交错或为各自的现态。
- 次态循环或为等效对。

这里，情况 b 中所提到的次态交错，是指在某种输入取值下，S_i 的次态为 S_j，而 S_j 的次态为 S_i。所谓的次态为各自的现态，即 S_i 的次态仍为 S_i，S_j 的次态仍为 S_j。情况 c 中提到的次态循环是指确定两个状态是否等效的关联状态对之间，其依赖关系构成闭环，而这两个次态为循环体中的一个状态对。例如，S_1 和 S_2 在某种输入取值下的次态是 S_3 和 S_4，而 S_3 和 S_4 在该种输入取值下的次态又是 S_1 和 S_2，则称这种情况为次态循环。而次态为等效对是指 S_i 和 S_j 的次态已被确认为等效状态。

性质 等效状态具有传递性。假若 S_1 和 S_2 等效，S_2 和 S_3 等效，那么，一定有 S_1 和 S_3 等效。记为

$$(S_1, S_2),(S_2, S_3)\rightarrow(S_1, S_3)$$

b. 等效类。

所谓等效类，是指由若干彼此等效的状态构成的集合。在一个等效类中的任意两个状态都是等效的。根据等效状态的传递性，可以由各状态等效对确定等效类。例如，由(S_1,S_2)和(S_2,S_3)可以推出(S_1,S_3)，进而可知S_1、S_2、S_3属于同一等效类，记为

$$(S_1, S_2),(S_2, S_3)\rightarrow\{S_1, S_2, S_3\}$$

等效类是一个广义的概念，两个状态或多个状态均可以组成一个等效类，甚至一个状态也可以称为等效类，因为任何状态和它的自身必然是等效的。

c. 最大等效类。

所谓最大等效类，是指不被任何别的等效类所包含的等效类。这里所指的最大，并不是指包含的状态最多，而是指它的独立性，即使是一个状态，只要它不被包含在别的等效类中，也是最大等效类。换而言之，如果一个等效类不是任何其他等效类的子集，则该等效类被称为最大等效类。

化简原始状态表的过程，就是寻找出原始状态表中的所有最大等效类，然后将每个最大等效类中的状态合并为一个新的状态，从而得到一个最简状态表的过程。最简状态表中包含的状态数等于原始状态表中最大等效类的个数。

② 化简的方法与步骤。

常用的状态化简方法有观察法、输出分类法、隐含表法等，下面介绍最常用的一种方法——隐含表法。

利用隐含表进行状态化简的一般步骤如图 6.20 所示。

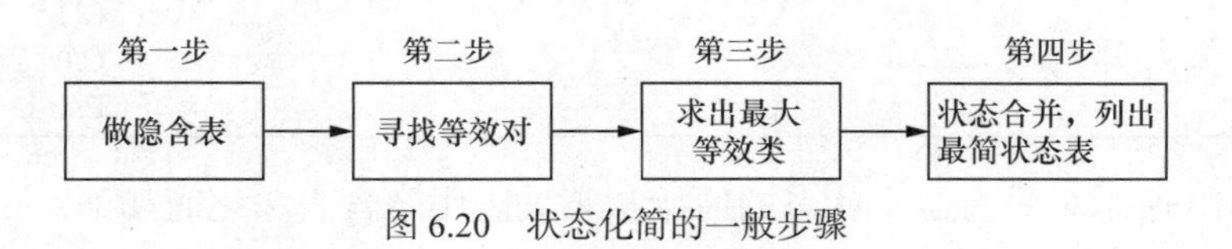

图 6.20　状态化简的一般步骤

第一步：做隐含表。隐含表是一个等腰直角三角形阶梯网格，其横向和纵向的网格数相同，等于原始状态表中的状态数 n 减 1。隐含表中的方格是用原始状态表中的状态名称来标注的，横向从左到右按原始状态表中的状态顺序依次标上第 1 个状态至倒数第 2 个状态的名称，纵向自上到下依次标上第 2 个状态至最后一个状态的名称。表中每个方格代表一个状态对。

第二步：寻找等效对。利用隐含表寻找状态表中的全部状态等效对时，一般要按照等效对的判断方法进行两轮比较，首先进行顺序比较，然后进行关联比较。

所谓顺序比较是按照隐含表中从上至下、从左至右的顺序，对照原始状态表依次对所有状态对进行逐一检查和比较，并将检查结果以简单明了的方式标注在隐含表中的相应方格内。每个状态对的检查结果有 3 种情况：一是明确为等效的，在相应方格内填上“√”；二是明确为不等效的，在相应方格内填上“×”；三是与其他状态对相关的，在相应方格内填上相关的状态对，并根据相关状态进行进一步的检查。

所谓关联比较，是指对那些在顺序比较时尚未确定是否等效的状态对进行进一步的检查。关

联比较时，首先应确定隐含表中那些与之相关的状态对是否等效，然后由此确定原状态对是否等效。只要隐含表中某方格内列出的状态对中有一个不等效，则该方格所代表的状态对就不等效，于是在相应方格中增加标志“/”。若方格内的状态对均为等效对，则该方格所代表的状态对等效，该方格不增加任何标志。这种判别有时要反复进行多次，直到得出肯定或否定的结论为止。

第三步：求出最大等效类。在找出原始状态表中的所有等效对之后，可利用等效状态的传递性，求出最大等效类。确定最大等效类时应注意两点：一是各个最大等效类之间不应出现相同状态，因为若两个等效类之间有相同状态，则根据等效的传递性可令其合为一个等效类；二是原始状态表中的每一个状态都必须属于某一个最大等效类，换句话说，由各最大等效类所包含的状态之和必须覆盖原始状态表中的全部状态，否则，化简后的状态表不能描述原始状态表所描述的功能。

第四步：状态合并，列出最简状态表。根据求出的最大等效类，将每个最大等效类中的全部状态合并为一个状态，即可得到所描述的功能和原始状态表完全相同的最简状态表。下面举例说明化简过程。

【例 6.6】 化简表 6.10 所示原始状态表。

表 6.10　例 6.6 的原始状态表

现态	次态/输出	
	X=0	X=1
A	B/0	E/0
B	A/0	G/0
C	F/0	D/0
D	F/0	C/0
E	A/0	G/1
F	C/0	C/0
G	A/0	E/1

解　表 6.10 所示为具有 7 个状态的原始状态表。用隐含表法化简如下。

① 作隐含表。根据画隐含表的规则，可得到与给定状态表对应的隐含表框架如图 6.21 所示。由于原始状态表中有 A～G 共 7 个状态，所以隐含表的横向和纵向各有 6 个方格。纵向从上到下依次为 B～G，横向从左到右依次为 A～F。表中每个方格代表一个状态对，如左上角的方格代表状态对 A 和 B，右下角的方格代表状态对 F 和 G。

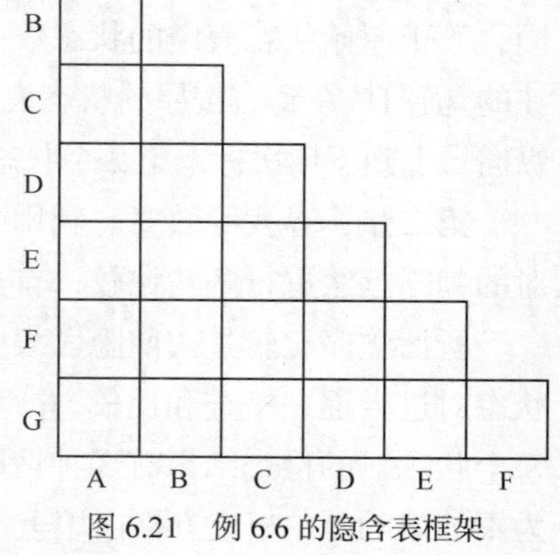

图 6.21　例 6.6 的隐含表框架

② 寻找等效对。首先进行顺序比较，根据等效状态的判断标准，依次检查每个状态对，可得到顺序比较结果如图 6.22（a）所示。由图 6.22（a）可知，顺序比较的结果有 2 个状态对 CD 和 EG 是等效的，所以在隐含表的相应方格内填入“√”；有 AE 等 10 个状态对是不等效的，故在隐含表的相应方格内填入“×”；此外，有 AB 等 9 个状态对与其他状态对相关，因此，将相关的状态对填入相应方格中，有待接下来进行关联比较。

关联比较的结果如图 6.22（b）所示。例如，状态对 AB 是否等效与状态对 EG 是否等效相关，而状态对 EG 对应的方格标有“√”号，表明状态对 EG 等效，所以状态对 AB 也是等效的；状态对 AC 是否等效与状态对 BF 和 DE 是否等效相关，两者只要有一个不等效，则状态对 AC 不等效，由于状态对 DE 是不等效的，所以状态对 AC 也不等效，故在对应的方格内填入“/”表示否定。

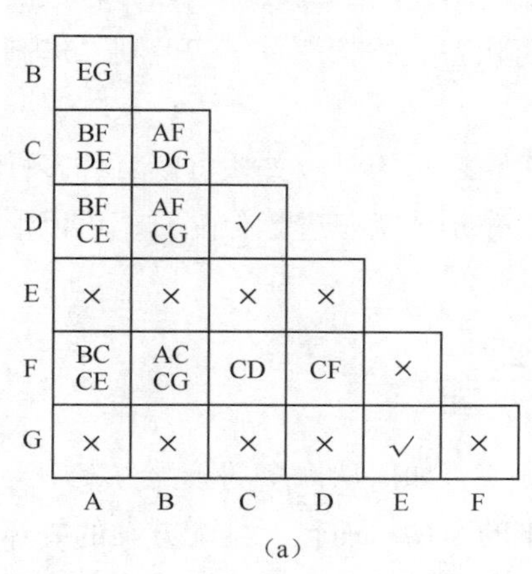

（a）

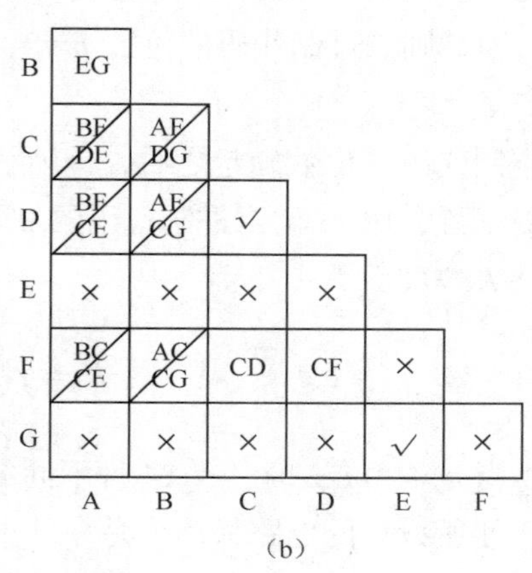

（b）

图 6.22　例 6.6 的隐含表

由图 6.22（b）可知，原始状态表的 7 个状态中有(A,B)、(C,D)、(C,F)、(D,F)和(E,G)共 5 个状态等效对。

③ 求出最大等效类。由所得出的 5 个等效对和最大等效类的定义可知，等效对(C,D)、(C,F)、(D,F)构成一个最大等效类{C,D,F}，其次，(A,B)和(E,G)各自构成一个最大等效类。由此可见，原始状态表中的 7 个状态由 3 个最大等效类覆盖，分别表示为

{A,B}，{C,D,F}，{E,G}

④ 列出最小化状态表。将最大等效类{A,B}，{C,D,F}，{E,G}分别用新的字母 a、b、c 表示，并对状态表 6.10 中的状态作相应取代，即可得到化简后的最小化状态表，如表 6.11 所示。

表 6.11　　例 6.6 的最小化状态表

现态	次态/输出	
	x=0	x=1
a	a/0	c/0
b	b/0	b/0
c	a/0	c/1

（3）状态编码

所谓状态编码，是指给最简状态表中用字母或数字表示的状态，指定一个二进制代码，形成二进制状态表。状态编码也称状态分配，或者状态赋值。

为了使状态表中的状态和电路中触发器的状态对应，在得到最简状态表后，必须将状态表中的状态用二进制代码表示。一般情况下，采用的状态编码方案不同，所得到的输出函数和激励函数的表达式也不同，从而导致设计的电路复杂度也不同。状态编码的任务如下。

① 确定二进制代码的位数（即所需触发器个数或者说状态变量个数）。

② 寻找一种最佳的或接近最佳的状态分配方案，使所设计的电路尽可能简单。

二进制代码的位数是根据最简状态表中的状态数来确定的。假设最简状态表中的状态数为 n，二进制代码的长度为 m，则状态数 n 与二进制代码长度 m 的关系为

$$2^m \geqslant n > 2^{m-1}$$

根据已知状态数，即可确定状态分配所需的二进制代码的位数。例如，若最简状态表中的状态数 n=4，则二进制代码的位数 m=2；若最简状态表的状态数 n=7，则二进制代码的位数应为 m=3。

在二进制代码的位数确定之后，具体状态与代码之间的对应关系可以有许多种状态分配方案。一般来说，用 m 位二进制代码的 2^m 种组合对 n 个状态进行分配时，可以形成的状态分配方案数 K_S 为

$$K_S = \mathrm{A}_{2^m}^{n} = \frac{2^m!}{(2^m - n)!}$$

例如，当 n=4，m=2 时，有 24 种不同的分配方案。如何从众多的分配方案中寻找出一种最佳方案，使所设计的电路最简，是一件十分困难的事情。而且，分配方案的好坏还与所采用的触发器类型相关，即一种分配方案对某种触发器是最佳的，但对另一种触发器则不一定是最佳的。因此，状态分配的问题是一个比较复杂的问题。在实际工作中，工程技术人员通常按照一定的原则、凭借设计经验去寻找相对最佳的编码方案。一种常用的编码方法称为相邻编码法，这是一种比较直观、简单的方法。相邻编码法的基本思想是：在选择状态编码时，尽可能有利于激励函数和输出函数的化简。

相邻编码法遵循下述编码原则。

① 在相同输入条件下，具有相同次态的现态应尽可能分配相邻的二进制代码。

② 在相邻输入条件下，同一现态的次态应尽可能分配相邻的二进制代码。

③ 在不同输入下输出均相同的现态应尽可能分配相邻的二进制代码。

上述 3 条原则在大多数情况下是有效的。但就一般状态表来说，很难同时满足上述 3 条原则。此时，可按从①至③的优先顺序考虑，即把原则①放在首位。此外，从电路实际工作状态考虑，一般将初始状态分配为“0”状态。下面举例说明相邻编码法的应用。

【例 6.7】 对表 6.12 所示的状态表进行状态编码。

表 6.12　　例 6.7 的状态表

现态	次态/输出 Z	
	x=0	x=1
A	A/0	B/0
B	C/0	B/0
C	D/0	A/1
D	B/1	A/0

解 在表 6.12 所示的状态表中，共有 4 个状态，即 n=4，所以二进制代码的长度应为 m=2。也就是说，实现该状态表的功能需要两个触发器。设状态变量用 y_2 和 y_1 表示。根据相

邻编码法的编码原则，表中 4 个状态的相邻关系如下。

由原则①得到状态 A 和 B、C 和 D 应分配相邻的二进制代码。

由原则②得到状态 A 和 B、B 和 C、A 和 D 应分配相邻的二进制代码。

由原则③得到状态 A 和 B 应分配相邻的二进制代码。

综合原则①至原则③可知，状态分配时要求满足 A 和 B、A 和 D、C 和 D、B 和 C 相邻。在进行状态分配时，为了使状态之间的相邻关系一目了然，通常用卡诺图作为状态分配的工具。假定将状态 A 分配“0”，即 A 的编码为 y_2y_1=00，一种满足上述相邻关系的分配方案如图 6.23 所示。

由图 6.23 所示状态分配方案可知，状态 A、B、C、D 的二进制代码依次为 y_2y_1 的取值 00、01、11、10。将表 6.12 中的状态 A、B、C、D 用各自的编码代替，即可得到该状态表的二进制状态表，如表 6.13 所示。

y_1 \ y_2	0	1
0	A	D
1	B	C

图 6.23　例 6.7 的状态分配方案

表 6.13　　例 6.7 的二进制状态表

现态 y_2 y_1	次态 $y_2^{n+1}y_1^{n+1}$/输出 Z	
	x=0	x=1
0　0	00/0	01/0
0　1	11/0	01/0
1　1	10/0	00/1
1　0	01/1	00/0

最后需要指出的是，一般来说，满足某种分配原则的方案不是唯一的，设计者可以从多种方案中任选一种。

（4）求出激励函数和输出函数最简表达式

在通过状态编码得到二进制状态表之后，即可根据二进制状态表和所选定的触发器的激励表或者次态方程，求出电路的激励函数表达式和输出函数表达式，并通过化简得到其最简表达式。

根据二进制状态表和触发器激励表，求激励函数和输出函数的最简表达式一般分为两步：首先列出激励函数和输出函数真值表；然后画出激励函数和输出函数卡诺图，化简后写出最简表达式。在十分熟练的情况下，也可以直接根据二进制状态表和触发器激励表，画出激励函数和输出函数卡诺图，进行化简后写出最简表达式。下面举例说明。

【例 6.8】　用 T 触发器作为存储元件实现表 6.14 所示二进制状态表的功能。T 触发器的激励表如表 6.15 所示。

表 6.14　　例 6.8 的二进制状态表

现态 y_2 y_1	次态 $y_2^{n+1}y_1^{n+1}$/输出 Z	
	x=0	x=1
0　0	00/0	11/1
0　1	01/0	00/0
1　0	10/0	01/0
1　1	11/0	10/0

表 6.15　　T 触发器的激励表

Q→　Q^{n+1}	T
0　0	0
0　1	1
1　0	1
1　1	0

解 根据表 6.14 所示二进制状态表和表 6.15 所示 T 触发器的激励表可列出激励函数和输出函数的真值表，如表 6.16 所示。

表 6.16 例 6.8 的激励函数和输出函数的真值表

输入和现态 x　y_2　y_1	次态 $y_2^{n+1}y_1^{n+1}$	激励函数 T_2　T_1	输出函数 Z
0　0　0	0　0	0　0	0
0　0　1	0　1	0　0	0
0　1　0	1　0	0　0	0
0　1　1	1　1	0　0	0
1　0　0	1　1	1　1	1
1　0　1	0　0	0　1	0
1　1　0	0　1	1　1	0
1　1　1	1　0	0　1	0

根据表 6.16 所示激励函数和输出函数的真值表，可画出图 6.24 所示激励函数和输出函数卡诺图。

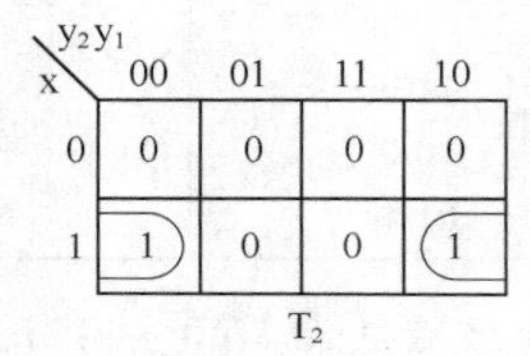

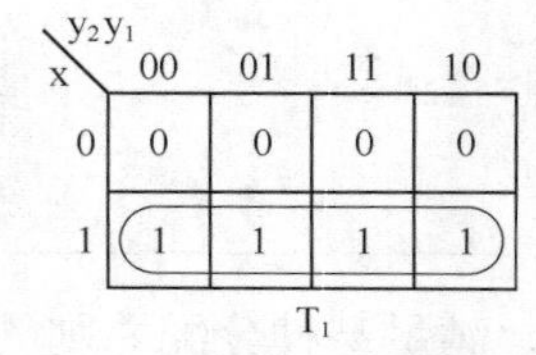

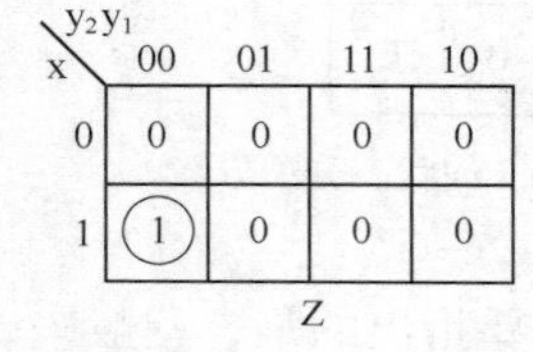

图 6.24 例 6.8 的激励函数和输出函数卡诺图

经化简后得到激励函数和输出函数的最简表达式为

$$T_2 = x\overline{y_1} \qquad T_1 = x \qquad Z = x\overline{y_2}\,\overline{y_1}$$

此外，激励函数表达式也可以根据二进制状态表和触发器的次态方程确定。具体方法是：首先列出所选触发器的次态方程，并根据二进制状态表画出次态卡诺图，求出次态函数表达式；然后将次态函数表达式与所用触发器的次态方程相比较，确定激励函数表达式。

例如，根据表 6.14 所示二进制状态表和 T 触发器的次态方程，确定激励函数的过程如下。

T 触发器的次态方程为

$$Q^{n+1} = T \oplus Q \tag{6-1}$$

根据表 6.14 可画出次态卡诺图，如图 6.25 所示。

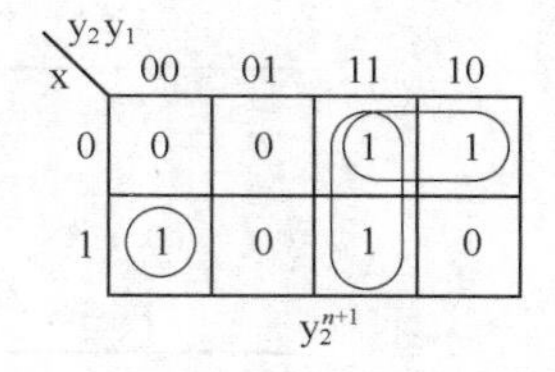

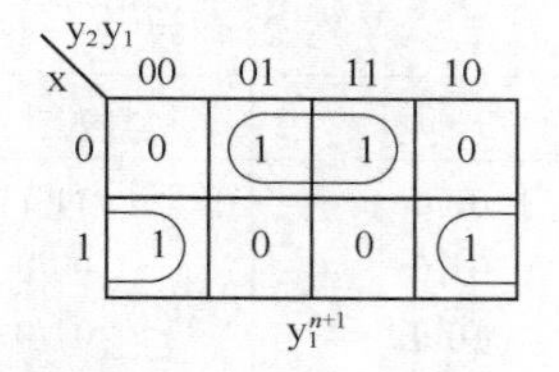

图 6.25 例 6.8 的次态卡诺图

由 6.25 所示次态卡诺图可求出次态函数表达式为

$$\begin{aligned} y_2^{n+1} &= \overline{x}y_2 + y_2y_1 + x\overline{y_2}\,\overline{y_1} \\ &= (\overline{x} + y_1)y_2 + x\overline{y_1}\,\overline{y_2} \\ &= \overline{x\overline{y_1}}\cdot y_2 + x\overline{y_1}\cdot\overline{y_2} \\ &= x\overline{y_1} \oplus y_2 \end{aligned} \tag{6-2}$$

$$y_1^{n+1} = \overline{x}y_1 + x\overline{y_1} == x \oplus y_1 \tag{6-3}$$

将次态函数表达式（6-2）和式（6-3）与 T 触发器的次态方程式（6-1）相比较，可以得出

$$T_2 = x\overline{y_1} \qquad T_1=x$$

结果表明，利用触发器次态方程得到的激励函数表达式与前面利用触发器激励表得到的激励函数表达式完全相同。设计中具体采用哪种方法可由设计者灵活处理。

（5）画出逻辑电路图

在确定了电路中所需触发器数目（即二进制状态表中二进制代码的位数）和类型，并求出激励函数和输出函数的最简表达式之后，即可画出相应的逻辑电路图。例如，在例 6.8 中，由问题要求和给定状态表可知，电路的存储电路部分由两个 T 触发器组成，根据所得激励函数和输出函数的最简表达式可知，组合逻辑部分只需要两个与门即可。据此，可画出相应的逻辑电路图如图 6.26 所示。

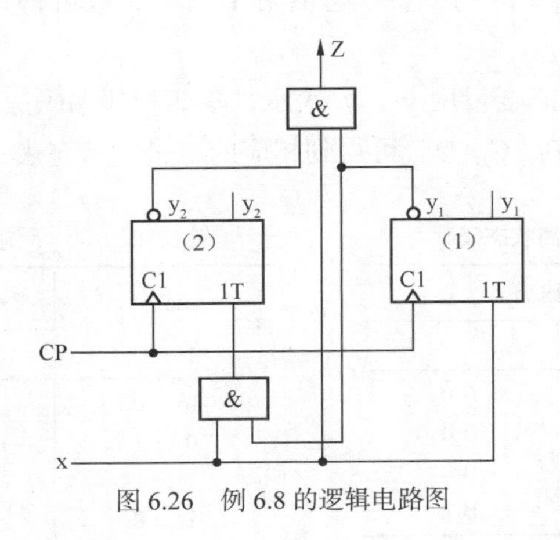

图 6.26　例 6.8 的逻辑电路图

2. 设计举例

同步时序逻辑电路的应用举例 1

上面分别讨论了同步时序逻辑电路设计的一般步骤，实际应用中设计者可以根据具体问题灵活掌握。在数字系统中，同步时序逻辑电路的应用十分广泛，下面给出几个设计实例。

【例 6.9】　用 JK 触发器作为存储元件设计一个序列检测器。该电路有一个输入端 x 和一个输出端 Z。电路从输入端 x 接收随机输入的二进制码，当输入序列中

出现“1001”时，输出 Z 产生一个 1 输出，平时 Z 输出 0。典型输入、输出序列为

输入 x：　1　1　0　0　1　0　0　1　1　1　0

输出 Z：　0　0　0　0　1　0　0　1　0　0　0

解　① 建立原始状态图和原始状态表。假定采用 Mealy 型同步时序逻辑电路实现该序列检测器的逻辑功能。设状态 A 为电路的初始状态，状态 B 表示收到了序列“1001”中的第一个信号“1”，状态 C 表示收到了序列“1001”中的前面两位“10”，状态 D 表示收到了序列“1001”中的前面三位“100”，状态 E 表示收到了序列“1001”。根据题意和典型输入、输出序列可画出该序列检测器的原始状态图，如图 6.27 所示，相应的原始状态表如表 6.17 所示。

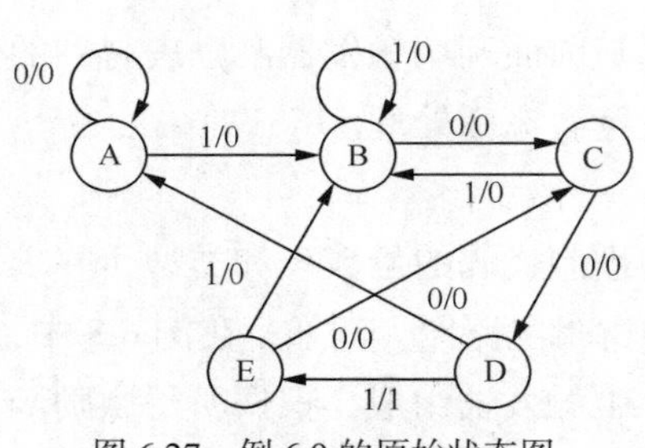

图 6.27　例 6.9 的原始状态图

表 6.17　例 6.9 的原始状态表

现态	次态/输出 Z	
	x=0	x=1
A	A/0	B/0
B	C/0	B/0
C	D/0	B/0
D	A/0	E/1
E	C/0	B/0

② 状态化简。观察表 6.17 可知，状态 B 和 E 等效，故可将其合并为状态 B，简化后的状态表如表 6.18 所示。

③ 状态编码。假定状态变量用 y_2、y_1 表示，参照相邻编码法则，令 y_2y_1 取值 00、01、11、10 分别表示状态 A、B、C、D。可得到相应的二进制状态表，如表 6.19 所示。

表 6.18　例 6.9 的最简状态表

现态	次态/输出 Z	
	x=0	x=1
A	A/0	B/0
B	C/0	B/0
C	D/0	B/0
D	A/0	B/1

表 6.19　例 6.9 的二进制状态表

现态 y_2 y_1	次态 $y_2^{n+1}y_1^{n+1}$/输出 Z	
	x=0	x=1
0　0	00/0	01/0
0　1	11/0	01/0
1　1	10/0	01/0
1　0	00/0	01/1

④ 确定触发器数目和类型并求出激励函数和输出函数最简表达式。

问题要求用 JK 触发器作为存储元件，由于二进制状态表中有两个状态变量，故电路中需要两个 JK 触发器。

根据二进制状态表和 JK 触发器激励表，可列出激励函数和输出函数真值表，如表 6.20 所示。

表 6.20　　例 6.9 的激励函数和输出函数真值表

输入和现态 x	y_2	y_1	次态 y_2^{n+1}	y_1^{n+1}	激励函数 J_2	K_2	J_1	K_1	输出函数 Z
0	0	0	0	0	0	d	0	d	0
0	0	1	1	1	1	d	d	0	0
0	1	0	0	0	d	1	0	d	0
0	1	1	1	0	d	0	d	1	0
1	0	0	0	1	0	d	1	d	0
1	0	1	0	1	0	d	d	0	0
1	1	0	0	1	d	1	1	d	1
1	1	1	0	1	d	1	d	0	0

由真值表可画出激励函数和输出函数卡诺图，如图 6.28 所示。

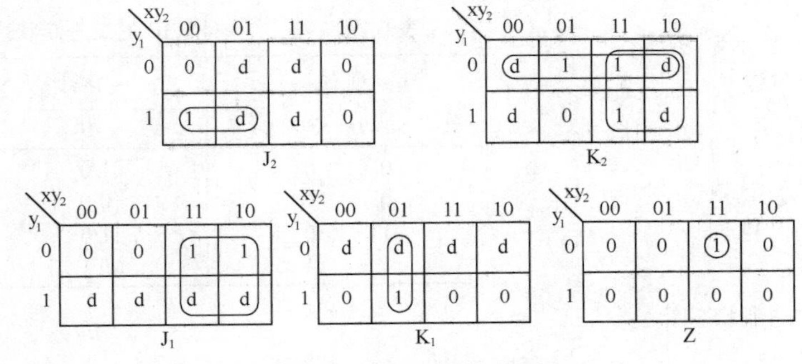

图 6.28　例 6.9 的卡诺图

化简后的激励函数和输出函数表达式为

$$J_2 = \overline{x}y_1 = \overline{x + \overline{y_1}}$$
$$K_2 = x + \overline{y_1}$$
$$J_1 = x$$
$$K_1 = \overline{x}y_2 = \overline{x + \overline{y_2}}$$
$$Z = xy_2\overline{y_1}$$

⑤ 画出逻辑电路图。根据触发器的类型和数目，以及所得激励函数和输出函数最简表达式，可画出实现预定功能的逻辑电路图，如图 6.29 所示。

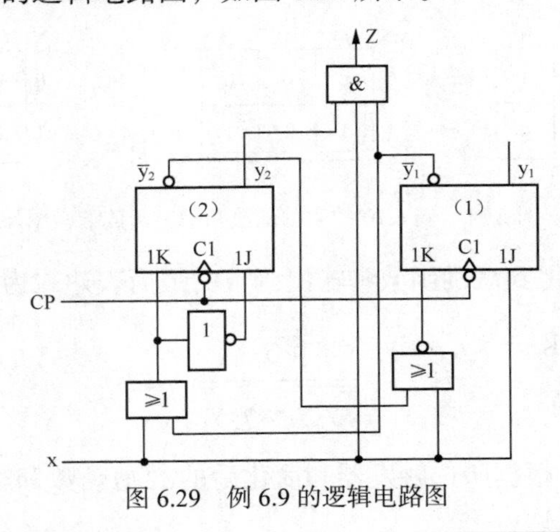

图 6.29　例 6.9 的逻辑电路图

【例 6.10】 设计一个 2 位二进制数加/减可逆计数器。该电路有一个输入信号 x 和一个输出信号 Z，在输入 x 控制下实现加 1、减 1 计数。当输入 x=0 时，计数器进行加 1 计数，计数序列为 00→01→10→11，Z 为进位输出信号；当输入 x=1 时，计数器进行减 1 计数，计数序列为 00→11→10→01，Z 为借位输出信号。

同步时序逻辑电路的应用举例 2

解 该电路的状态数及状态转换关系均十分清楚，故可跳过建立原始状态图和原始状态表、状态化简、状态编码等步骤，直接做出二进制状态图和二进制状态表。

① 做出状态图和状态表。假定采用 Mealy 型电路实现给定功能，设状态变量用 y_2、y_1 表示，可画出二进制状态图如图 6.30 所示，二进制状态表如表 6.21 所示。

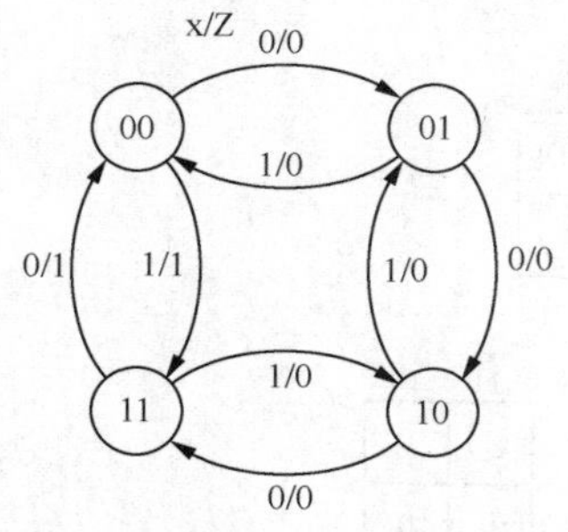

图 6.30 例 6.10 的二进制状态图

表 6.21 例 6.10 的二进制状态表

现态		次态 $y_2^{n+1}y_1^{n+1}$/输出 Z	
y_2	y_1	x=0	x=1
0	0	01/0	11/1
0	1	10/0	00/0
1	0	11/0	01/0
1	1	00/1	10/0

② 确定触发器数目和类型并求出激励函数和输出函数最简表达式。显然，2 位二进制数加/减可逆计数器需要两个触发器，假定采用 JK 触发器作为存储元件，根据表 6.21 所示二进制状态表和 JK 触发器激励表，可以画出激励函数和输出函数卡诺图，如图 6.31 所示。

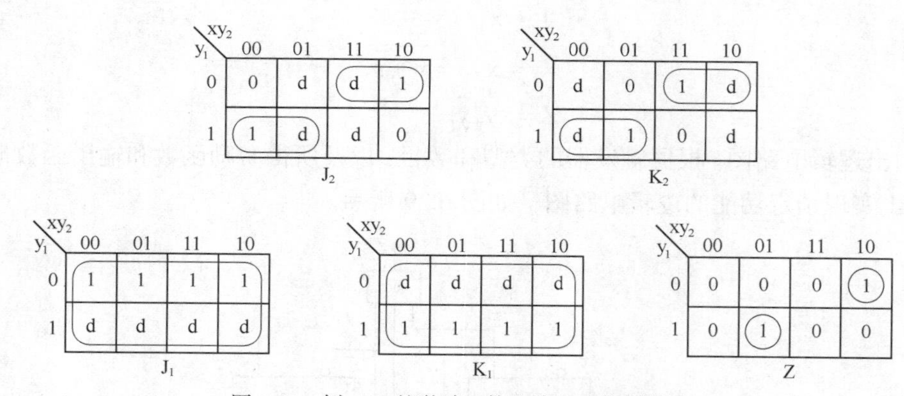

图 6.31 例 6.10 的激励函数和输出函数卡诺图

利用卡诺图化简后可得到激励函数和输出函数的最简表达式为

$$J_2 = K_2 = \bar{x}y_1 + x\bar{y}_1 = x \oplus y_1 \qquad J_1 = K_1 = 1$$

$$Z = \bar{x}y_2y_1 + x\bar{y}_2\bar{y}_1 = \overline{\overline{\bar{x}y_2y_1} \cdot \overline{x\bar{y}_2\bar{y}_1}}$$

③ 画出逻辑电路图。根据所选触发器和简化后的激励函数和输出函数表达式，可画出

2 位二进制数加/减可逆计数器的逻辑电路图，如图 6.32 所示。

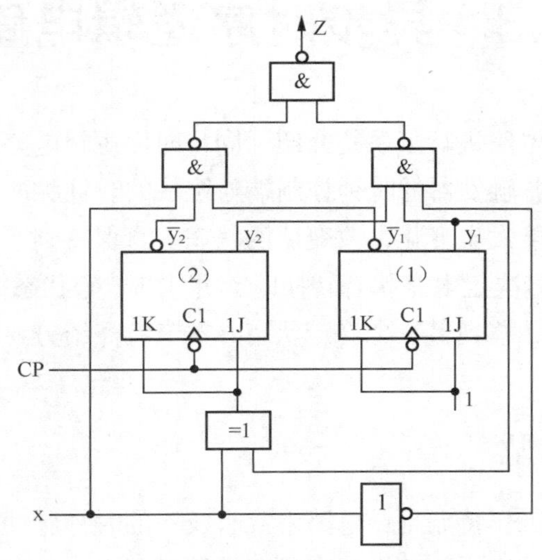

图 6.32　例 6.10 的逻辑电路图

假定选择双 JK 触发器芯片 7473，与非门芯片 7420、7400，异或门芯片 7486 和反相器芯片 7404 实现图 6.32 所示电路功能，在数字逻辑虚拟实验平台 IVDLEP 环境下仿真图 6.32 所示电路的实景图如图 6.33 所示。仿真结果表明，所设计的逻辑电路正确实现了预定功能。

例 6.10 电路仿真

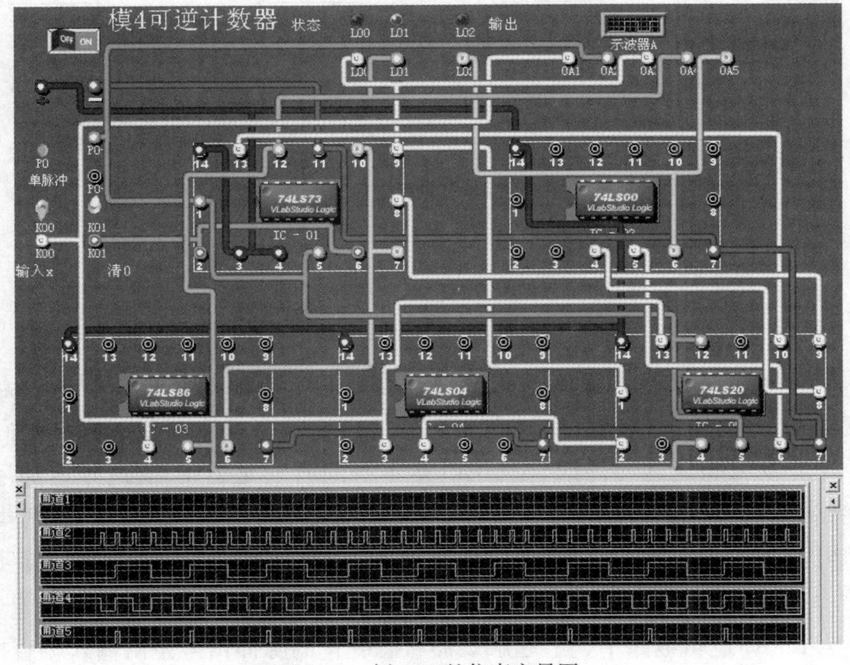

图 6.33　例 6.10 的仿真实景图

6.3 异步时序逻辑电路

前面对同步时序逻辑电路进行了系统介绍，同步时序逻辑电路的特点是：存储元件采用时钟控制触发器，电路中各触发器的时钟控制端与统一的时钟脉冲（CP）相连接，仅当时钟脉冲作用时，电路状态才能发生变化，改变后的状态一直保持到下一个时钟脉冲作用之时。换而言之，由时钟脉冲信号决定电路状态转换时刻并实现“等状态时间”，整个电路在时钟脉冲作用下由一个稳定状态转移到另一个稳定状态。本节将介绍另一类时序逻辑电路——异步时序逻辑电路。

6.3.1 特点与类型

异步时序逻辑电路的工作特点是：电路中没有统一的时钟脉冲信号同步，电路状态的改变是外部输入信号变化直接作用的结果；在状态转移过程中，各存储元件的状态变化不一定发生在同一时刻，不同状态的维持时间不一定相同。并且在研究异步时序逻辑电路时，无论输入信号是脉冲信号还是电平信号，对其变化过程均有一定约束。

根据电路结构模型和输入信号形式的不同，异步时序逻辑电路可分为脉冲异步时序逻辑电路和电平异步时序逻辑电路两种类型。脉冲异步时序逻辑电路的结构模型如图 6.34（a）所示，电平异步时序逻辑电路的结构模型如图 6.34（b）所示。

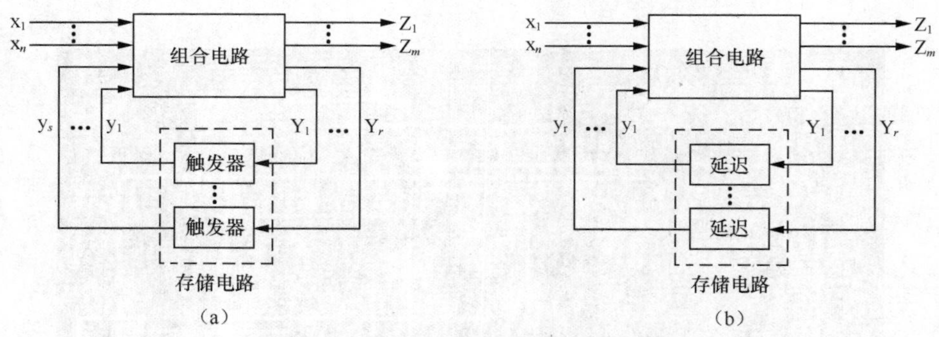

图 6.34 异步时序逻辑电路的结构模型

脉冲异步时序逻辑电路的存储电路由触发器组成（可以是时钟控制触发器或者非时钟控制触发器），电路输入信号为脉冲信号；电平异步时序逻辑电路的存储电路由延迟元件组成（可以是专用的延迟元件或者利用电路本身固有的延迟），通过延迟加反馈实现记忆功能，电路输入信号为电平信号。根据电路输出是否与输入直接相关，两类异步时序逻辑电路均可分为 Mealy 型和 Moore 型两种不同的模型。本书只讨论脉冲异步时序逻辑电路。

在脉冲异步时序逻辑电路中，引起触发器状态变化的脉冲信号是由输入端直接提供的。为了保证电路可靠地工作，输入脉冲信号必须满足以下约束条件。

① 输入脉冲的宽度，必须保证触发器可靠翻转。

② 输入脉冲的间隔，必须保证前一个脉冲引起的电路响应完全结束后，后一个脉冲才能到来。

③ 不允许在两个或两个以上输入端同时出现脉冲。因为客观上两个或两个以上脉冲很难绝对准确的"同时"，在没有时钟脉冲同步的情况下，由不可预知的时间延迟造成的微小时差，可能导致电路产生错误的状态转移。

此外，在脉冲异步时序逻辑电路中，Mealy 型和 Moore 型电路的输出信号会有所不同。对于 Mealy 型电路来说，由于输出不仅是状态变量的函数，而且是输入的函数，所以，输出通常是脉冲信号；而对于 Moore 型电路来说，由于输出仅仅是状态变量的函数，输出信号的值被定义在两个间隔不定的输入脉冲之间，即由两个输入脉冲之间的状态决定，所以输出是电平信号。

6.3.2 电路分析

1. 分析方法

脉冲异步时序逻辑电路的分析方法与同步时序逻辑电路大致相同。分析过程中同样采用状态表、状态图、时间图等作为工具，分析步骤如下。

第一步：写出输出函数和激励函数表达式。

第二步：列出次态真值表或次态方程组。

第三步：列出状态表并画出状态图（必要时画出时间图）。

第四步：用文字描述电路的逻辑功能。

显然，脉冲异步时序逻辑电路的分析步骤与同步时序逻辑电路的分析步骤完全相同。但由于脉冲异步时序逻辑电路没有统一的时钟脉冲以及对输入信号的约束，因此，在具体步骤执行时有一定的区别。其区别主要表现为以下两点。

① 当存储元件采用时钟控制触发器时，应将触发器的时钟控制端作为激励函数处理。分析时应特别注意触发器时钟端何时有脉冲作用，仅当时钟端有脉冲作用时，才能根据触发器的输入确定状态转移方向，否则，触发器状态不变。若采用非时钟控制触发器，则应注意作用到触发器输入端的脉冲信号。

② 由于不允许两个或两个以上输入端同时出现脉冲，加之输入端无脉冲出现时电路状态不会发生变化，因此，分析时可以排除这些情况，从而使分析过程中使用的图、表得到简化。具体来说，对 n 个输入端的一位输入，只需考虑各自单独出现脉冲的 n 种情况，而不像同步时序逻辑电路中那样需要考虑 2^n 种情况。例如，假定电路有 x_1、x_2 和 x_3 共 3 个输入，并用取值 1 表示有脉冲出现，则一位输入允许的取值只有 000、001、010、100 共 4 种，加之输入端无脉冲出现时电路状态不变，所以分析时只需要讨论后 3 种情况。下面举例说明脉冲异步时序逻辑电路的分析方法。

2. 分析举例

【例 6.11】 分析图 6.35 所示脉冲异步时序逻辑电路，说明该电路功能。

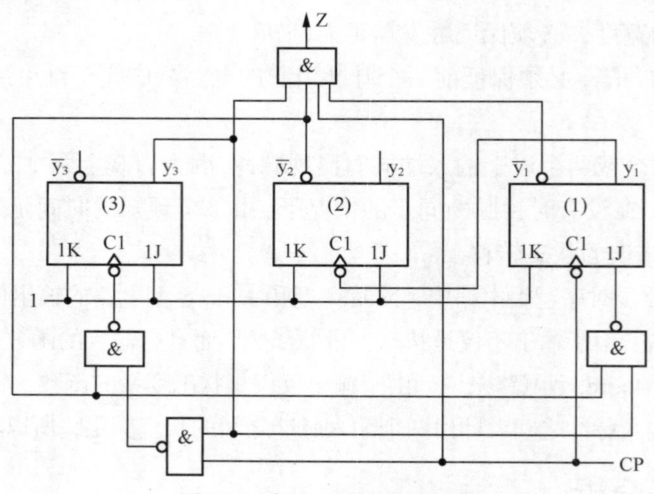

图 6.35 例 6.11 的逻辑电路图

解 该电路由 3 个 JK 触发器和 3 个与非门组成，触发器不受统一时钟脉冲控制。电路有一个输入信号 CP，输出与电路输入和状态相关，属于 Mealy 型脉冲异步时序电路。

（1）写出输出函数和激励函数表达式

输出函数和激励函数表达式为

$$J_3 = K_3 = 1 \qquad C_3 = \overline{\overline{CPy_3} \cdot \overline{y_2}} = CPy_3 + y_2$$

$$J_2 = K_2 = 1 \qquad C_2 = y_1$$

$$J_1 = \overline{y_3 \overline{y_2}} = \overline{y_3} + y_2 \qquad K_1 = 1 \qquad C_1 = CP$$

$$Z = CPy_3 \overline{y_2}\, \overline{y_1}$$

（2）列出电路的次态真值表

由于电路中 JK 触发器的状态转移发生在时钟端脉冲负跳变的瞬间，为了强调在触发器时钟端 C_1、C_2、C_3 何时有负跳变产生，在次态真值表中用"↓"表示下跳。仅当时钟端有"↓"出现时，相应触发器状态才能发生变化，否则状态不变。根据激励函数表达式和 JK 触发器功能表，可列出该电路的次态真值表，如表 6.22 所示。

表 6.22　　例 6.11 电路的次态真值表

CP	y_3	y_2	y_1	J_3	K_3	C_3	J_2	K_2	C_2	J_1	K_1	C_1	y_3^{n+1}	y_2^{n+1}	y_1^{n+1}
↓	0	0	0	1	1		1	1		1	1	↓	0	0	1
↓	0	0	1	1	1		1	1	↓	1	1	↓	0	1	0
↓	0	1	0	1	1		1	1		1	1	↓	0	1	1
↓	0	1	1	1	1	↓	1	1	↓	1	1	↓	1	0	0
↓	1	0	0	1	1	↓	1	1		0	1	↓	0	0	0
↓	1	0	1	1	1	↓	1	1	↓	0	1	↓	0	1	0
↓	1	1	0	1	1	↓	1	1		1	1	↓	0	1	1
↓	1	1	1	1	1	↓	1	1	↓	1	1	↓	0	0	0

（3）列出状态表并画出状态图和时间图

根据电路的次态真值表，可列出电路状态表，如表 6.23 所示，相应的状态图如图 6.36 所示，时间图如图 6.37 所示。

表 6.23　　例 6.11 电路的状态表

输入 CP	现态 y_3 y_2 y_1	次态/输出 $y_3^{n+1}y_2^{n+1}y_1^{n+1}$ / z
↓	0 0 0	0 0 1 / 0
↓	0 0 1	0 1 0 / 0
↓	0 1 0	0 1 1 / 0
↓	0 1 1	1 0 0 / 0
↓	1 0 0	0 0 0 / 1
↓	1 0 1	0 1 0 / 0
↓	1 1 0	0 1 1 / 0
↓	1 1 1	0 0 0 / 0

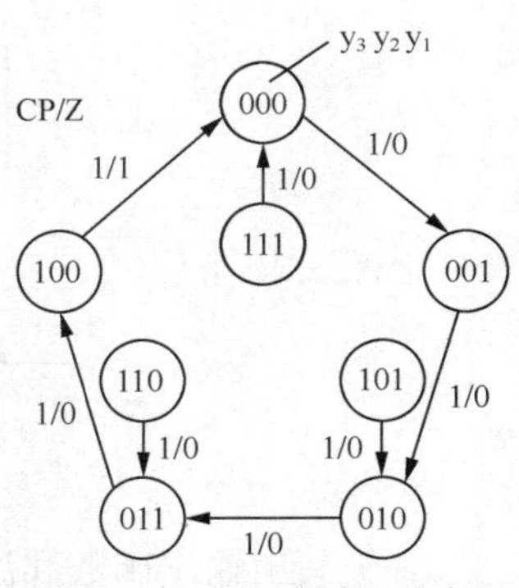

图 6.36　例 6.11 电路的状态图

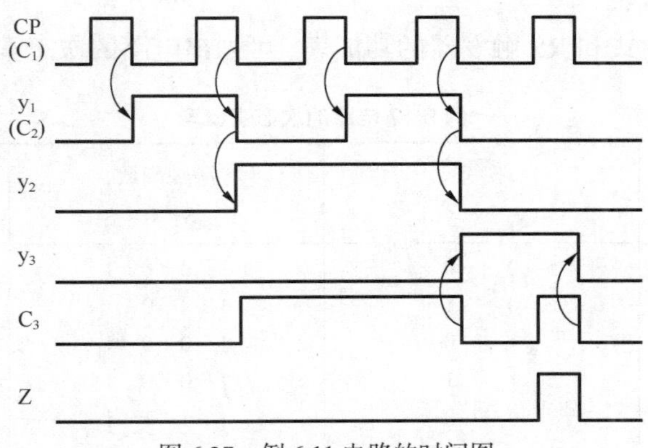

图 6.37　例 6.11 电路的时间图

（4）说明电路功能

由状态图和时间图可以看出，该电路是一个具有自恢复功能的异步模 5 加 1 计数器，电路在输入信号 CP 的作用下进行加 1 计数，Z 为进位信号。

【例 6.12】　分析图 6.38 所示脉冲异步时序逻辑电路。

解　该电路的存储电路部分包含两个由与非门构成的基本 RS 触发器，组合电路部分包含 5 个逻辑门。电路有 3 个输入端 x_1、x_2 和 x_3，一个输出端 Z，输出 Z 是状态变量的函数，属于 Moore 型脉冲异步时序电路。

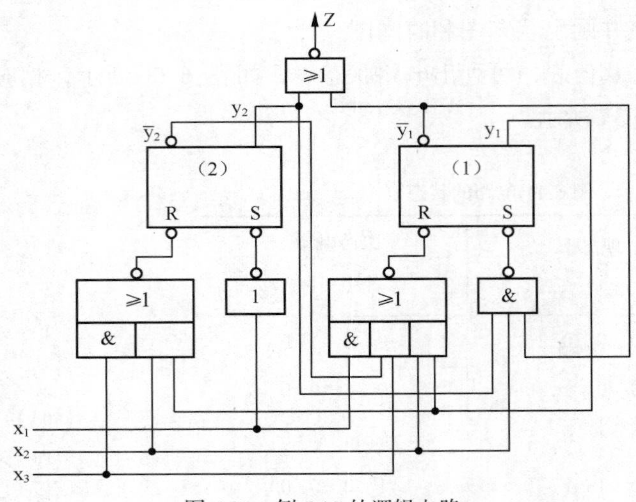

图 6.38　例 6.12 的逻辑电路

（1）写出输出函数和激励函数表达式

输出函数和激励函数表达式为

$$R_2=\overline{x_3+x_2y_1} \quad S_2=\overline{x_1}$$

$$R_1=\overline{x_1+x_3\overline{y_2}+x_2y_1} \quad S_1=\overline{x_2y_2\overline{y_1}} \quad Z=\overline{y_2+\overline{y_1}}=\overline{y_2}y_1$$

（2）列出次态真值表

根据激励函数表达式和 RS 触发器的功能表，可列出电路的次态真值表，如表 6.24 所示。

表 6.24　　例 6.12 电路的次态真值表

输入 x_1	x_2	x_3	现态 y_2	y_1	激励函数 R_2	S_2	R_1	S_1	次态 y_2^{n+1}	y_1^{n+1}
1	0	0	0	0	1	0	0	1	1	0
1	0	0	0	1	1	0	0	1	1	0
1	0	0	1	0	1	0	0	1	1	0
1	0	0	1	1	1	0	0	1	1	0
0	1	0	0	0	1	1	1	1	0	0
0	1	0	0	1	0	1	0	1	0	0
0	1	0	1	0	1	1	1	0	1	1
0	1	0	1	1	0	1	0	1	0	0
0	0	1	0	0	0	1	0	1	0	0
0	0	1	0	1	0	1	0	1	0	0
0	0	1	1	0	0	1	1	1	0	0
0	0	1	1	1	0	1	1	1	0	1

（3）列出状态表并画出状态图和时间图

根据表 6.24 所示次态真值表和电路输出函数表达式，可列出该电路的状态表，如表 6.25 所示，相应的状态图如图 6.39 所示。

表 6.25　　例 6.12 电路的状态表

现态 y_2	现态 y_1	次态 $y_2^{n+1}\ y_1^{n+1}$ x_1		x_2		x_3		输出 Z
0	0	1	0	0	0	0	0	0
0	1	1	0	0	0	0	0	1
1	0	1	0	1	1	0	0	0
1	1	1	0	0	0	0	1	0

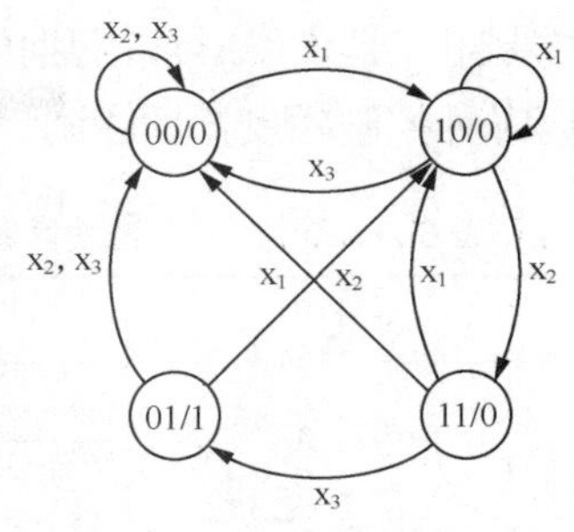

图 6.39　例 6.12 电路的状态图

假定输入端 x_1、x_2、x_3 出现脉冲的顺序依次为 $x_1—x_2—x_1—x_3—x_1—x_2—x_3—x_1—x_3—x_2$，根据状态表或状态图可画出时间图，如图 6.40 所示。图中，假定电路状态转换发生在输入脉冲作用结束时，因此，转换时刻与脉冲后沿对齐。

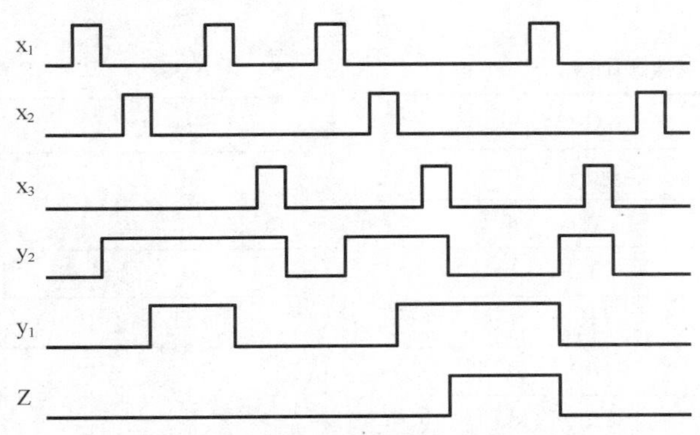

图 6.40　例 6.12 电路的时间图

（4）说明电路功能

由状态图和时间图可知，当电路的 3 个输入端按顺序 x_1、x_2、x_3 依次出现脉冲时，输出端产生一个“1”信号，其他情况下输出为“0”。因此，该电路是一个“$x_1—x_2—x_3$”序列检测器。

6.3.3　电路设计

脉冲异步时序逻辑电路设计的一般过程与同步时序逻辑电路设计的一般过程大体相同，同样分为建立原始状态图和状态表、状态化简、状态编码、确定激励函数和输出函数、画逻辑电路图等步骤。但由于在脉冲异步时序逻辑电路中没有统一的时钟脉冲信号，以及对输入脉冲信号的约束，所以在某些步骤的处理细节上有所不同。

设计脉冲异步时序逻辑电路时，主要应注意以下两点。

① 由于不允许两个或两个以上输入信号同时为 1（用 1 表示有脉冲出现），所以在形成原始状态图和原始状态表时，若有多个输入信号，则只需考虑多个输入信号中仅一个为 1 的情况，从而使问题的描述得以简化。此外，在确定激励函数和输出函数时，可将两个或两个以上输入同时为 1 的情况作为无关条件处理，以有利于函数的简化。

② 由于电路中没有统一的时钟脉冲，因此当存储电路采用带时钟控制端的触发器时，触发器的时钟端应作为激励函数处理。这就意味着可以通过控制其时钟端输入脉冲的有、无来

控制触发器的翻转或不翻转。基于这一思想，在设计脉冲异步时序逻辑电路时，可对4种常用时钟控制触发器的激励表按表6.26～表6.29所示处理。

表6.26 D触发器激励表

$Q \to Q^{n+1}$	CP D
0 0	d 0
	0 d
0 1	1 1
1 0	1 0
1 1	d 1
	0 d

表6.27 JK触发器激励表

$Q \to Q^{n+1}$	CP J K
0 0	d 0 d
	0 d d
0 1	1 1 d
1 0	1 d 1
1 1	d d 0
	0 d d

表6.28 T触发器激励表

$Q \to Q^{n+1}$	CP T
0 0	d 0
	0 d
0 1	1 1
1 0	1 1
1 1	d 0
	0 d

表6.29 RS触发器激励表

$Q \to Q^{n+1}$	CP R S
0 0	d d 0
	0 d d
0 1	1 0 1
1 0	1 1 0
1 1	d 0 d
	0 d d

从表6.26～表6.29可知，在要求触发器状态保持不变时，有两种不同的处理方法：一是令CP为d，输入取相应值；二是令CP为0，输入取任意值。例如，当要使D触发器维持0不变时，可令CP为d，D为0；也可令CP为0，D为d。显然，这将使激励函数的确定变得更加灵活，究竟选择哪种处理方法，应看怎样更有利于电路简化。一般选CP为0，输入任意，因为这样显得更清晰。

下面举例说明异步时序逻辑电路设计的方法和步骤。

【例6.13】 用D触发器作为存储元件，设计一个异步模6加1计数器，电路从输入端x接受计数脉冲，当收到第6个脉冲时，输出端Z产生一个进位输出脉冲。

解 计数器的状态数和状态转换关系均非常清楚，故可直接画出二进制状态图并列出相应的状态表。此外，由题意可知该电路属于Mealy模型。

（1）画出状态图并列出相应的状态表

设电路初始状态为“000”，状态变量用y_3、y_2、y_1表示，可画出二进制状态图如图6.41所示，相应二进制状态表如表6.30所示。

（2）确定激励函数和输出函数

假定状态不变时，令触发器的时钟端为0，输入端D任意；而状态需要改变时，令触发器的时钟端为1（有脉冲出现），D的值与次态相同。根据表6.30所示状态表，可列出x为1时的激励函数和输出函数真值表，如表6.31所示。

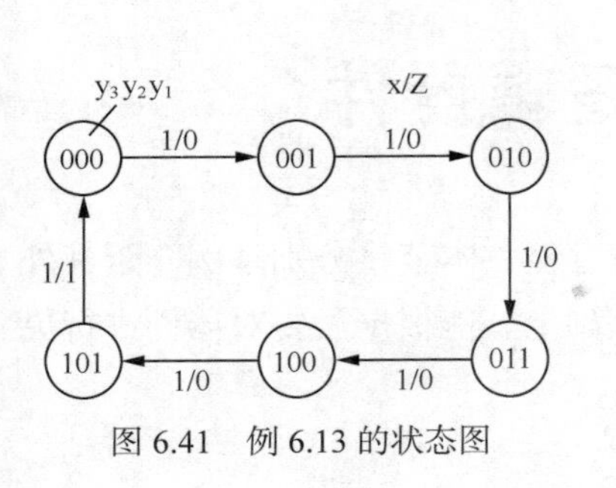

图 6.41　例 6.13 的状态图

表 6.30　　　例 6.13 的二进制状态表

现态 y_3	y_2	y_1	次态 $y_3^{n+1}y_2^{n+1}y_1^{n+1}$/输出 Z x=1		
0	0	0	0	0	1/0
0	0	1	0	1	0/0
0	1	0	0	1	1/0
0	1	1	1	0	0/0
1	0	0	1	0	1/0
1	0	1	0	0	0/1

表 6.31　　　例 6.13 的激励函数和输出函数真值表

输入脉冲 x	现态 $y_3\ y_2\ y_1$	次态 $y_3^{n+1}y_2^{n+1}y_1^{n+1}$	激励函数 C_3	D_3	C_2	D_2	C_1	D_1	输出 Z
1	0 0 0	0 0 1	0	d	0	d	1	1	0
1	0 0 1	0 1 0	0	d	1	1	1	0	0
1	0 1 0	0 1 1	0	d	0	d	1	1	0
1	0 1 1	1 0 0	1	1	1	0	1	0	0
1	1 0 0	1 0 1	0	d	0	d	1	1	0
1	1 0 1	0 0 0	1	0	0	d	1	0	1

根据激励函数和输出函数真值表，可画出激励函数和输出函数卡诺图，并进行化简（卡诺图略）。化简时考虑到 x 为 0 时（无脉冲输入）电路状态不变，可令各触发器时钟端为 0，输入端 D 随意；其次，对多余状态 110 和 111，化简时可作为无关条件处理。化简后的激励函数和输出函数表达式为

$$C_3 = xy_3y_1 + xy_2y_1 \qquad D_3 = \overline{y}_3$$
$$C_2 = x\overline{y}_3y_1 \qquad D_2 = \overline{y}_2$$
$$C_1 = x \qquad D_1 = \overline{y}_1$$
$$Z = xy_3\overline{y}_2y_1$$

（3）画出逻辑电路图

根据激励函数和输出函数表达式，可画出实现给定要求的逻辑电路图，如图 6.42 所示。

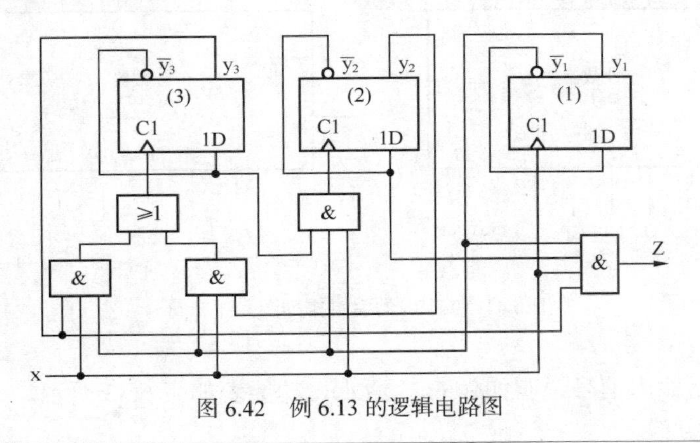

图 6.42　例 6.13 的逻辑电路图

6.4 常用中规模时序逻辑器件

数字系统中最常用的中规模时序逻辑器件有计数器和寄存器，本节将分别举例介绍其外部特性以及在逻辑设计中的应用。要求在掌握外部特性的基础上，能根据需要对器件进行灵活使用。

6.4.1 计数器

计数器是一种能在输入信号作用下依次通过预定状态的时序逻辑电路。计数器中的“数”是用触发器的状态组合来表示的，在计数脉冲作用下使一组触发器的状态依次转换成不同的状态组合来表示数的变化，即可达到计数的目的。计数器在运行时，所经历的状态是周期性的，总是在有限个状态中循环，通常将一次循环所包含的状态总数称为计数器的“模”。

集成计数器的种类很多，通常有不同的分类方法。例如，按其进位制可分为二进制计数器、十进制计数器和任意进制计数器；按其功能又可分为加法计数器、减法计数器和加/减可逆计数器等。为了满足实际应用的需要，集成计数器一般具有计数、保存、清零、预置等功能。

1. 典型器件

（1）集成二进制计数器

常用的集成二进制计数器有 4 位二进制同步加法计数器 74161、74163、单时钟 4 位二进制同步可逆计数器 74191、双时钟 4 位二进制同步可逆计数器 74193 等。下面以 74193 为例对其外部特性进行介绍。

二进制同步可逆计数器 74193 的引脚排列图及逻辑符号分别如图 6.43（a）和图 6.43（b）所示。

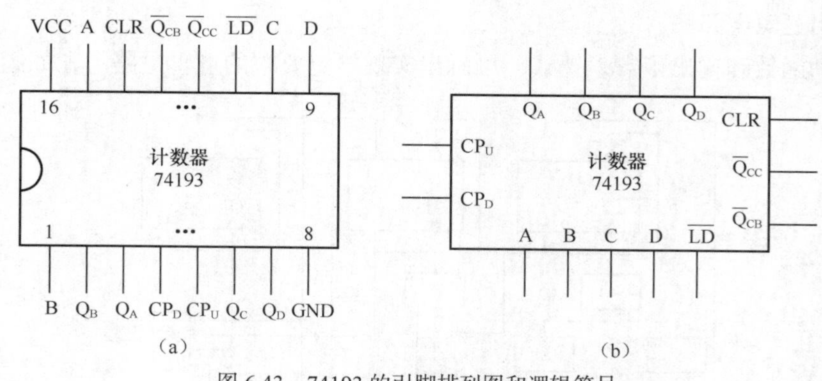

图 6.43 74193 的引脚排列图和逻辑符号

该芯片的输入/输出信号说明如表 6.32 所示，功能表如表 6.33 所示。

表 6.32　　74193 的输入/输出信号说明

引线名称		说明
输入端	CLR	清零
	$\overline{LD}$	预置控制
	D，C，B，A	预置初置
	$CP_U\uparrow$	累加计数脉冲
	$CP_D\uparrow$	累减计数脉冲
输出端	$Q_DQ_CQ_BQ_A$ $\overline{Q}_{CC}$ $\overline{Q}_{CB}$	记数值 进位输出负脉冲 借位输出负脉冲

表 6.33　　74193 的功能表

输入				输出
CLR	$\overline{LD}$	D　C　B　A	CP_U　CP_D	Q_D　Q_C　Q_B　Q_A
1	d	d　d　d　d	d　d	0　0　0　0
0	0	x_3　x_2　x_1　x_0	d　d	x_3　x_2　x_1　x_0
0	1	d　d　d　d	↑　1	累　加　计　数
0	1	d　d　d　d	1　↑	累　减　计　数

由表 6.33 可知，当 CLR 为高电平时，计数器被“清零”；当 $\overline{LD}$ 为低电平时，计数器被预置为 D、C、B、A 端的输入值 x_3、x_2、x_1、x_0；当计数脉冲由 CP_U 端输入时，计数器进行累加计数；当计数脉冲由 CP_D 端输入时，计数器进行累减计数。

二进制计数器 74193 是模为 16 的计数器。在实际应用中，可根据需要用 4 位二进制计数器构成模为任意 R（R 小于 16 或大于 16）的计数器。

（2）集成十进制计数器

常用的集成十进制计数器有同步十进制计数器 74162、可预置十进制计数器 74690、二-五-十进制计数器 74290、十进制同步可逆计数器 74696 等。下面以 74290 为例对其外部特性进行介绍。

中规模集成加法计数器 74290 的内部包括 4 个主从 JK 触发器。触发器 0 组成模 2 计数器，计数脉冲由 CP_A 提供；触发器 1～触发器 3 组成异步模 5 计数器，计数脉冲由 CP_B 提供。该芯片的引脚排列图和逻辑符号如图 6.44（a）和图 6.44（b）所示，功能表如表 6.34 所示。

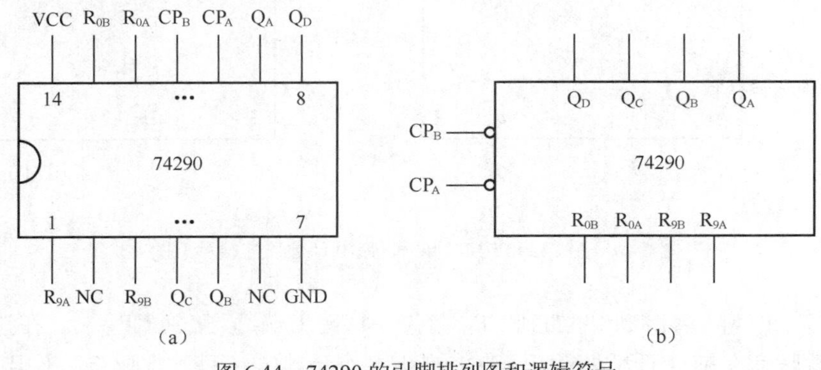

图 6.44　74290 的引脚排列图和逻辑符号

表 6.34　　74290 的功能表

输入						输出
R_{0A}	R_{0B}	R_{9A}	R_{9B}	CP_A	CP_B	Q_D　Q_C　Q_B　Q_A
1	1	0	d	d	d	0　0　0　0
1	1	d	0	d	d	0　0　0　0
d	d	1	1	d	d	1　0　0　1
d	0	d	0	↓	0	二进制计数
0	d	0	d	0	↓	五进制计数
0	d	d	0	↓	Q_A	8421 码十进制计数
d	0	0	d	Q_D	↓	5421 码十进制计数

计数器 74290 共有 6 个输入和 4 个输出。其中，R_{0A}、R_{0B} 为清零输入信号，高电平有效；R_{9A}、R_{9B} 为置 9（即二进制 1001）输入信号，高电平有效；CP_A、CP_B 为计数脉冲信号；Q_D、Q_C、Q_B、Q_A 为数据输出信号。由表 6.34 可以归纳出 74290 具有如下功能。

① 异步清零功能。当 $R_{9A} \cdot R_{9B}=0$ 且 $R_{0A}=R_{0B}=1$ 时，不需要输入脉冲配合，电路可以实现异步清零操作，使 $Q_DQ_CQ_BQ_A=0000$。

② 异步置 9 功能。当 $R_{9A}=R_{9B}=1$ 时，不论 R_{0A}、R_{0B} 及输入脉冲为何值，均可实现异步置 9 操作，使 $Q_DQ_CQ_BQ_A=1001$。

③ 计数功能。当 $R_{9A} \cdot R_{9B}=0$ 且 $R_{0A} \cdot R_{0B}=0$ 时，电路实现如下几种计数功能。

- **模 2 计数器**：若将计数脉冲加到 CP_A 端，并从 Q_A 端输出，则可实现 1 位二进制加法计数。
- **模 5 计数器**：若将计数脉冲加到 CP_B 端，并从 $Q_DQ_CQ_B$ 端输出，则可实现五进制加法计数，状态（转移）表如表 6.35 所示。
- **模 10 计数器**：用 74290 构成模 10 计数器有两种不同的方法，一种是构成 8421 码十进制计数器，另一种是构成 5421 码十进制计数器。两种方法的连接示意图分别如图 6.45（a）和图 6.45（b）所示。

表 6.35　74290 模 5 计数器状态表

序号	Q_D	Q_C	Q_B
0	0	0	0
1	0	0	1
2	0	1	0
3	0	1	1
4	1	0	0

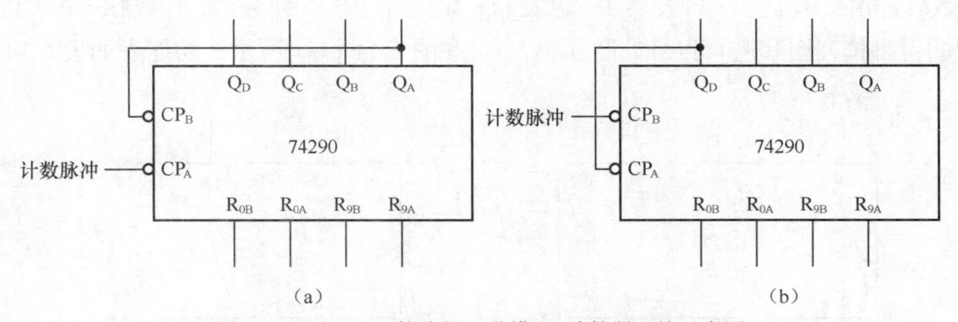

图 6.45　用 74290 构成的两种模 10 计数器连接示意图

在图 6.45（a）中，计数脉冲加到 CP_A 端，并将输出端 Q_A 接到 CP_B 端。在这种方式下，每来 2 个计数脉冲，模 2 计数器输出端 Q_A 产生一个负跳变信号，在该信号作用下模 5 计数器增 1，经过 10 个脉冲作用后，模 5 计数器循环一周，实现 8421 码十进制加法计数。状态（转移）表如表 6.36 所示。

在图 6.45（b）中，计数脉冲加到模 5 计数器的 CP_B 端，并将模 5 计数器的高位输出端 Q_D 接到模 2 计数器的 CP_A 端。在这种方式下，每来 5 个计数脉冲，模 5 计数器输出端 Q_D 产生一个负跳变信号，在该信号作用下模 2 计数器加 1，经过 10 个脉冲作用后，模 2 计数器循环一周，实现 5421 码十进制加法计数。状态（转移）表如表 6.37 所示。

表 6.36　8421 码模 10 计数器状态表

序号	Q_D	Q_C	Q_B	Q_A
0	0	0	0	0
1	0	0	0	1
2	0	0	1	0
3	0	0	1	1
4	0	1	0	0
5	0	1	0	1
6	0	1	1	0
7	0	1	1	1
8	1	0	0	0
9	1	0	0	1

表 6.37　5421 码模 10 计数器状态表

序号	Q_A	Q_D	Q_C	Q_B
0	0	0	0	0
1	0	0	0	1
2	0	0	1	0
3	0	0	1	1
4	0	1	0	0
5	1	0	0	0
6	1	0	0	1
7	1	0	1	0
8	1	0	1	1
9	1	1	0	0

集成异步计数器 74290 除了可完成上述基本功能外，还可用来构成其他计数器。

2. 应用举例

【例 6.14】　设计一个顺序脉冲发生器，电路工作波形如图 6.46 所示。

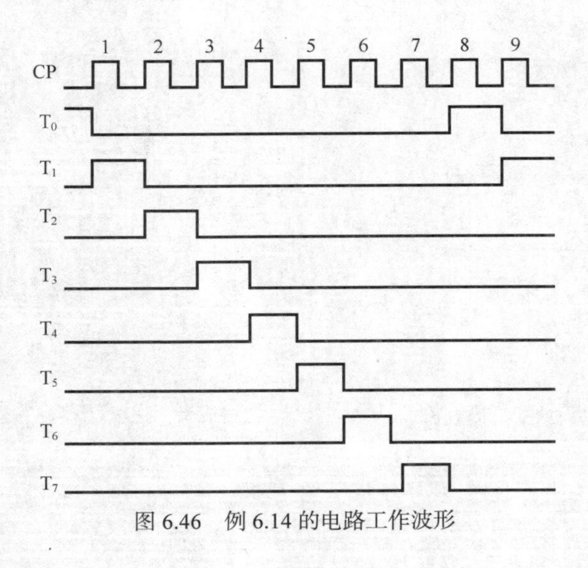

图 6.46　例 6.14 的电路工作波形

解　顺序脉冲发生器又称为节拍脉冲发生器，用于产生一组在时间上有先后顺序的脉冲。用这样的节拍脉冲可以使数字系统中的控制器形成所需的各种控制信号，控制系统按照事先规定的顺序进行一系列操作。通常，顺序脉冲发生器可由计数器和译码器构成，也可由计数器外加适当的逻辑门构成。

由图 6.46 所示电路工作波形可知，节拍脉冲的周期为 8，即以 8 个脉冲为一个循环，所以要求有一个模 8 计数器。据此，可首先用二进制可逆计数器 74193 构成模 8 加 1 计数器，然后用 3-8 线译码器 74138 对计数器状态进行译码产生 8 个负脉冲信号，再经 8 个非门反相后即可产生图 6.51 所示的工作波形。例 6.14 的逻辑电路图如图 6.47 所示。

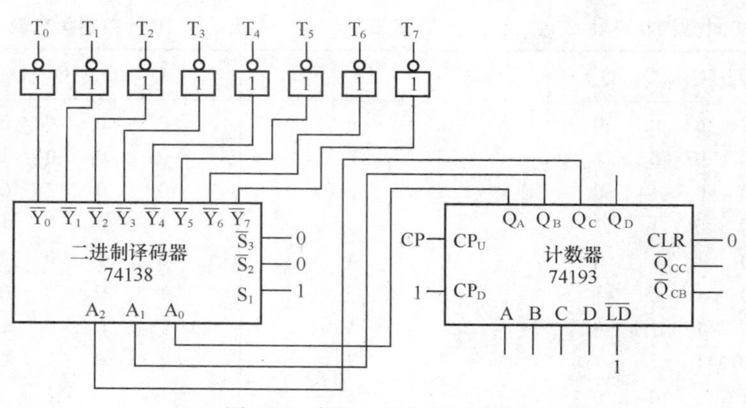

例 6.14 电路仿真

图 6.47　例 6.14 的逻辑电路图

该设计方案已通过仿真验证，图 6.48 所示为在数字逻辑虚拟实验平台 IVDLEP 环境下，使用计数器芯片 74193、3-8 线译码器芯片 74138 和非门芯片 7404 仿真图 6.47 所示电路的实景图。仿真结果表明，所设计的逻辑电路正确实现了预定功能。

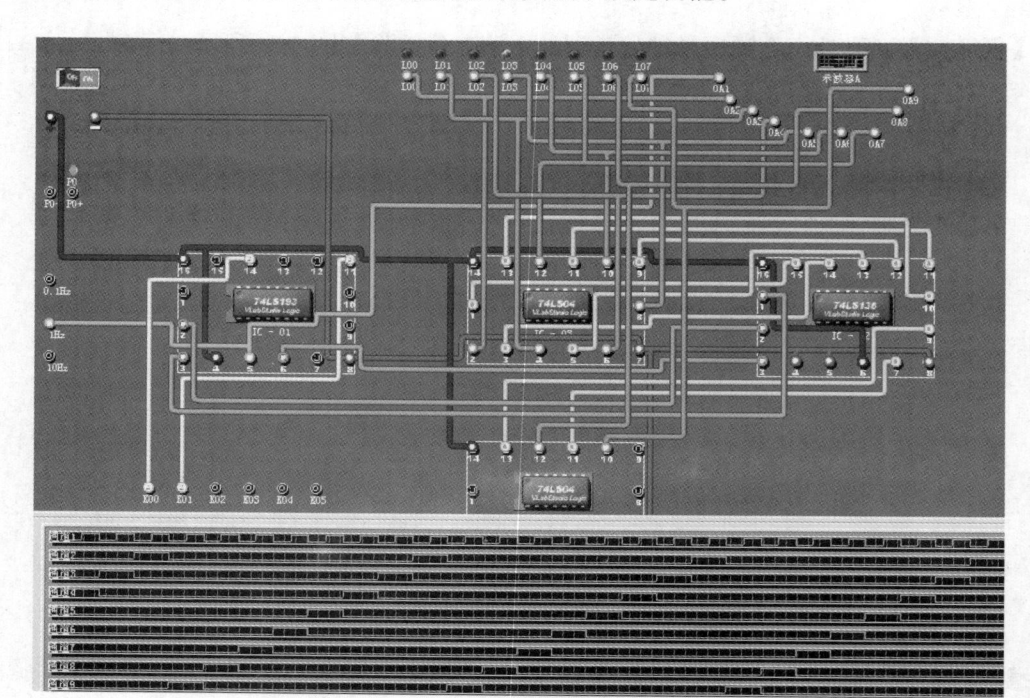

图 6.48　例 6.14 的仿真实景图

6.4.2　寄存器

寄存器是数字系统中用来存放数据或运算结果的一种常用逻辑部件。寄存器的主要组成部分是触发器，一个触发器能存储 1 位二进制代码，所以要存放 n 位二进制代码的寄存器应包含 n 个触发器。中规模集成寄存器除了具有接收数据、保存数据和传送数据等基本功能外，通常还具有左、右移位，串、并输入，串、并输出以及预置、清零等多种功能，属于多功能寄存器。

1. 典型芯片

中规模集成电路寄存器的种类很多，常用的集成器件有 4 位寄存器 7495、74175、74194，5 位寄存器 7496，8 位寄存器 7491 等。74194 是一种常用的 4 位双向移位寄存器。下面以 74194 为例对其外部特性及应用进行讨论。

集成器件 74194 是一种常用的 4 位双向移位寄存器，其管脚排列图和逻辑符号如图 6.49（a）和图 6.49（b）所示。

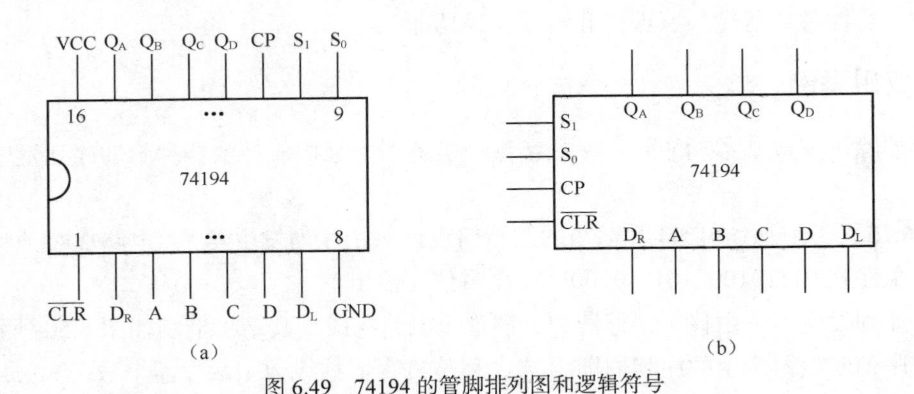

图 6.49　74194 的管脚排列图和逻辑符号

74194 输入/输出引线的说明如表 6.38 所示，功能表如表 6.39 所示。

表 6.38　74194 输入/输出引线的说明

引脚名称		说明
输入	$\overline{CLR}$	清零
	A，B，C，D	并行数据输入
	D_R	右移串行数据输入
	D_L	左移串行数据输入
	S_1，S_0	工作方式选择控制：S_1S_0 取值 00—保持，01—右移，10—左移，11—并行输入
	CP	工作脉冲
输出	Q_A，Q_B，Q_C，Q_D	寄存器的状态

表 6.39　　74194 的功能表

输入				输出
$\overline{\mathrm{CLR}}$ CP	S_1 S_0	D_R D_L	A B C D	Q_A^n Q_B^n Q_C^n Q_D^n
0 d	d d	d d	d d d d	0 0 0 0
1 0	d d	d d	d d d d	Q_A^n Q_B^n Q_C^n Q_D^n
1 ↑	1 1	d d	x_3 x_2 x_1 x_0	x_3 x_2 x_1 x_0
1 ↑	0 1	1 d	d d d d	1 Q_A^n Q_B^n Q_C^n
1 ↑	0 1	0 d	d d d d	0 Q_A^n Q_B^n Q_C^n
1 ↑	1 0	d 1	d d d d	Q_B^n Q_C^n Q_D^n 1
1 ↑	1 0	d 0	d d d d	Q_B^n Q_C^n Q_D^n 0
1 d	0 0	d d	d d d d	Q_A^n Q_B^n Q_C^n Q_D^n

从功能表可知，双向移位寄存器在 $\overline{\mathrm{CLR}}$ 、S_1 和 S_0 的控制下可实现数据的并行输入、右移串行输入、左移串行输入、保持和清零 5 种功能。

2. 应用举例

寄存器除了完成基本功能外，在数字系统中还能用来构成计数器和脉冲序列发生器等逻辑部件。

【例 6.15】 用一片 74194 和适当的逻辑门设计一个序列发生器，该电路在时钟脉冲作用下重复产生序列 01110100、01110100……（右位先输出）

解 序列发生器可由移位寄存器和反馈逻辑电路构成，其结构框图如图 6.50 所示。

假定序列发生器产生的序列周期为 T_p，移位寄存器的级数（触发器个数）为 n，应满足关系式 $2^n \geqslant T_p$。本例的 $T_p=8$，故 $n \geqslant 3$，选择 $n=3$。设输出序列 $Z=a_0a_1a_2a_3a_4a_5a_6a_7$，图 6.51 所示为所要产生的序列（以周期 $T_p=8$ 重复，最右边信号先输出）与移位寄存器状态的关系。

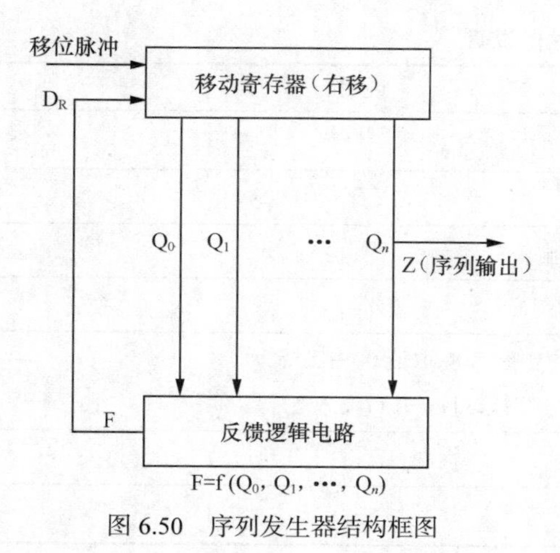

图 6.50　序列发生器结构框图

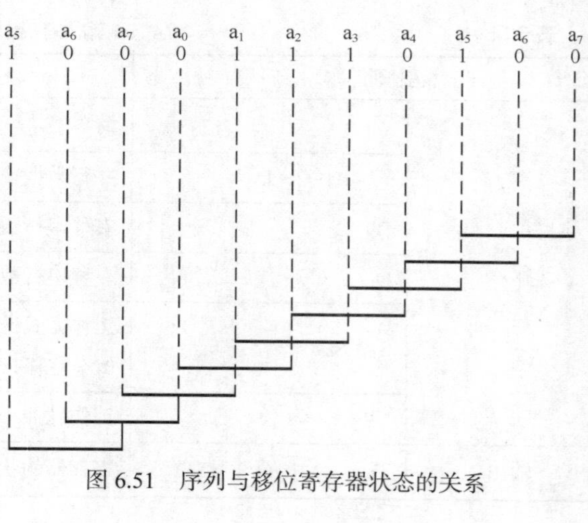

a_5 a_6 a_7 a_0 a_1 a_2 a_3 a_4 a_5 a_6 a_7
1 0 0 0 1 1 1 0 1 0 0

图 6.51　序列与移位寄存器状态的关系

在图 6.51 中，序列下面的水平线段对应的数码表示移位寄存器的状态。将 $a_5a_6a_7$=100 作为寄存器的初始状态，令 74194 的初始状态 $Q_AQ_BQ_C$=100，从 Q_C 产生输出，由反馈电路依次形成 a_4、a_3、a_2、a_1、a_0、a_7、a_6、a_5 作为右移串行输入端的输入，这样便可在时钟脉冲作用下，产生要求的输出序列。电路在时钟作用下的状态变化过程及右移输入值如表 6.40 所示。

表 6.40　例 6.15 的状态变化过程及右移输入值

CP	$F(D_R)$	$Q_A\ Q_B\ Q_C$
0	0	1 0 0
1	1	0 1 0
2	1	1 0 1
3	1	1 1 0
4	0	1 1 1
5	0	0 1 1
6	0	0 0 1
7	1	0 0 0

由表 6.40 可得到反馈函数 F 的逻辑表达式为

$$
\begin{aligned}
F&=\overline{Q}_A\overline{Q}_B\overline{Q}_C+\overline{Q}_AQ_B\overline{Q}_C+Q_A\overline{Q}_BQ_C+Q_AQ_B\overline{Q}_C\\
&=\overline{Q}_A\overline{Q}_C+Q_B\overline{Q}_C+Q_A\overline{Q}_BQ_C\\
&=(\overline{Q}_A+Q_B)\overline{Q}_C+Q_A\overline{Q}_BQ_C\\
&=(\overline{Q}_A+Q_B)\overline{Q}_C+\overline{(\overline{Q}_A+Q_B)}\,Q_C\\
&=(\overline{Q}_A+Q_B)\oplus Q_C
\end{aligned}
$$

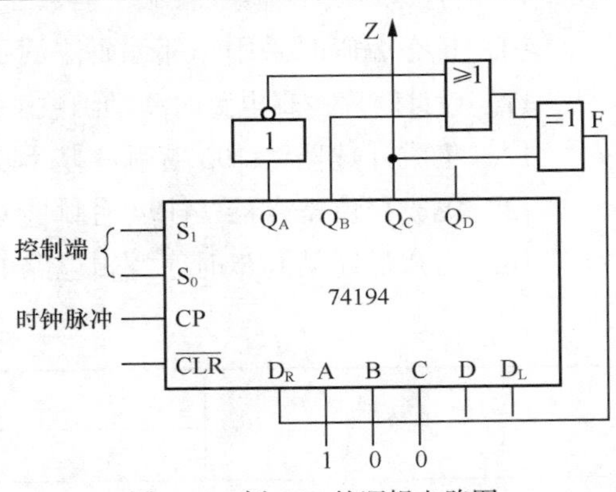

图 6.52　例 6.15 的逻辑电路图

根据反馈函数 F 的逻辑表达式和 74194 的功能表，可画出该序列发生器的逻辑电路，如图 6.52 所示。

该电路的工作过程为：在 S_1S_0 的控制下，先置寄存器 74194 的初始状态为 $Q_AQ_BQ_C$=100，然后令其工作在右移串行输入方式，即可在时钟脉冲作用下从 Z 端产生所要求的脉冲序列。

本章小结

本章在对时序逻辑电路基本概念进行介绍的基础上，较为详细地讨论了同步时序逻辑电路分析与设计的方法，举例说明了同步时序逻辑电路分析和设计的全过程以及实现方法；介绍了异步时序逻辑电路的特点和类型，讨论了脉冲异步时序逻辑电路分析与设计与同步时序逻辑电路的主要区别，并举例说明了脉冲异步时序逻辑电路分析和设计的全过程；在此基础上，介绍了几种最常用的中规模时序逻辑部件及其应用。要求了解时序逻辑电路的定义、类型和结构特点，重点掌握时序逻辑电路的分析方法、设计方法和常用器件的使用方法。掌握常用中规模时序逻辑器件计数器、寄存器的功能、器件特征和使用方法，能综合运用各类逻辑器件完成各种实际问题的设计。

思考题与练习题

1. 什么是时序逻辑电路？它与组合逻辑电路的主要区别是什么？
2. 时序逻辑电路按其工作方式可以分为哪两种类型？主要区别是什么？
3. 如何区分一个时序逻辑电路是属于Mealy型还是Moore型？
4. 同步时序逻辑电路一般由哪两部分组成？各部分的作用是什么？
5. 同步时序逻辑电路采用什么作为记忆元件？
6. 脉冲异步时序逻辑电路对输入信号的取值有哪些要求？
7. 采用逻辑表达式描述一个同步时序逻辑电路时，一般需要哪几组逻辑表达式？
8. 设计某个时序逻辑电路时如果允许采用Mealy型和Moore型，哪种模型需要的状态数多？
9. 时序逻辑电路中所需触发器数目的多少取决于什么？
10. 状态编码时采用相邻编码法的目的是什么？
11. 设计时序逻辑电路时激励函数由什么决定？输出函数的复杂度与触发器类型相关吗？
12. 集成计数器74193有哪些基本功能？它是如何控制加、减计数的呢？
13. 集成移位寄存器74194有哪些基本功能？它的控制输入端S_1、S_0有哪些作用？
14. 已知描述某同步时序逻辑电路的状态表如表6.41所示，请画出对应的状态图。

表6.41 习题14的状态表

现态	次态/输出Z	
	x=0	x=1
A	B/0	A/0
B	C/0	A/0
C	C/0	D/0
D	B/0	A/1

15. 描述某个同步时序逻辑电路的状态图如图6.53所示，请列出对应的状态表。
16. 分析图6.54所示同步时序逻辑电路，列出状态表并画出状态图，说明该电路的逻辑功能。

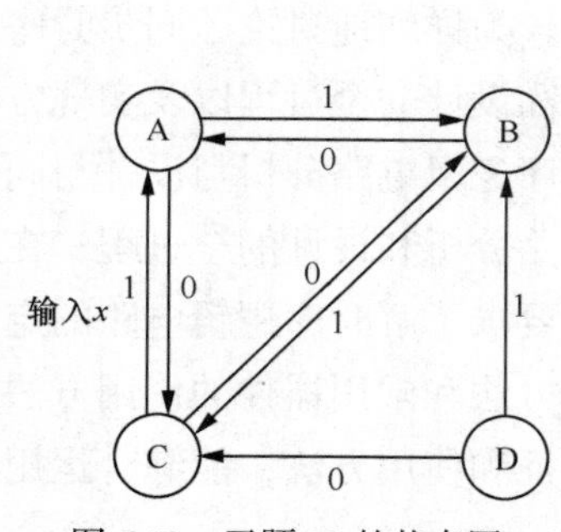

图6.53 习题15的状态图

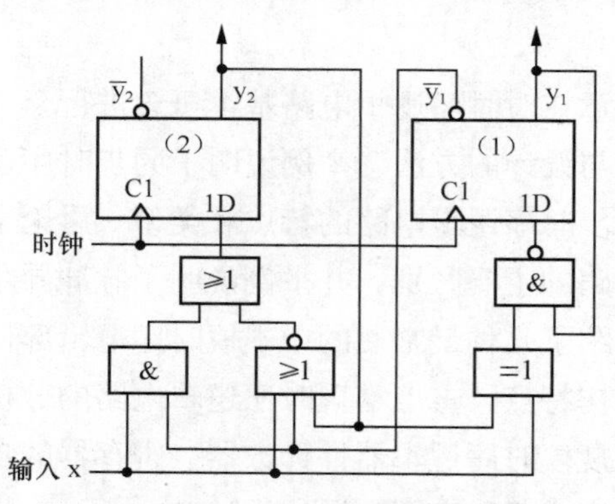

图6.54 习题16的同步时序逻辑电路图

17. 分析图 6.55 所示同步时序逻辑电路，做出状态表并画出状态图，说明该电路的逻辑功能。

18. 某同步时序逻辑电路的状态图如图 6.56 所示，设电路的初始状态为 00，求出当输入序列 x=10111001 时该电路的输出响应序列。

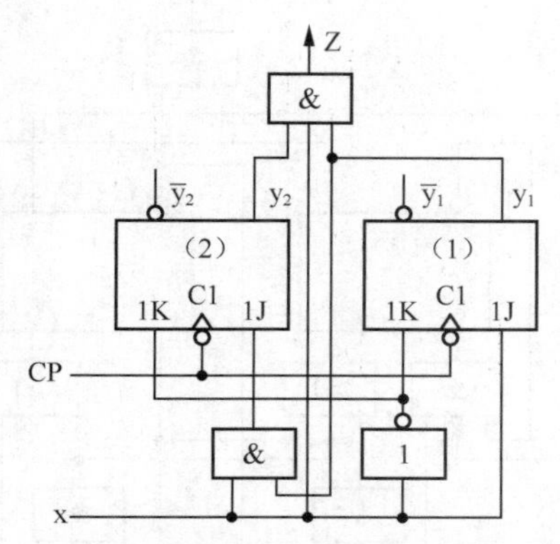

图 6.55 习题 17 的同步时序逻辑电路图

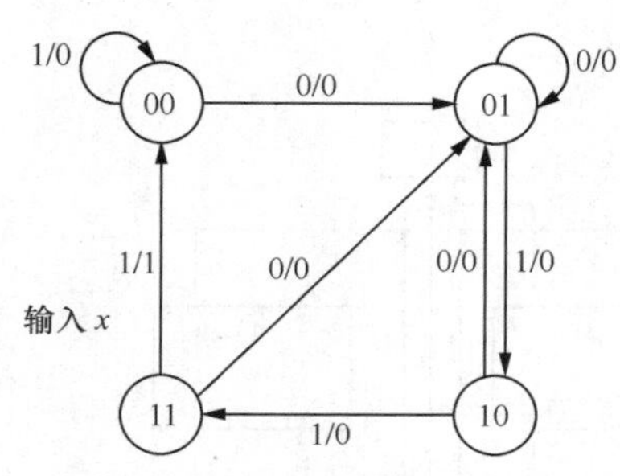

图 6.56 习题 18 的状态图

19. 设计一个同步时序逻辑电路作为序列检测器，该电路的输入/输出序列为

输入 x: 1 0 1 0 1 0 0 0 0 1 0

输出 Z: 0 0 0 1 0 1 0 0 0 0 1

试画出该电路的 Moore 型原始状态图。

20. 设计一个同步时序逻辑电路作为代码检测器，该电路从输入端 x 串行输入余 3 码（先低位后高位），当出现非法数字时输出 Z 为 1，其他情况下输出 Z 为 0。试画出该电路的 Mealy 型原始状态图。

21. 化简表 6.42 所示的原始状态表，列出最简状态表并画出最简状态图。

22. 用 T 触发器作为存储元件，实现表 6.43 所示状态表的逻辑功能。

表 6.42 习题 21 的原始状态表

现态	次态/输出 Z	
	x=0	x=1
A	B/0	C/0
B	A/0	F/0
C	F/0	E/0
D	A/0	C/0
E	A/0	A/1
F	C/0	E/0

表 6.43 习题 22 的状态表

现态 y_2y_1	次态 $y_2^{n+1}y_1^{n+1}$/输出 z	
	x=0	x=1
0 0	00/0	01/0
0 1	00/0	11/0
1 1	10/1	00/0
1 0	01/0	01/0

23. 用 JK 触发器作为存储元件，设计一个模 8 加 1 计数器。

24. 分析图 6.57 所示脉冲异步时序逻辑电路。

（1）做出状态表并画出状态图。

（2）说明电路逻辑功能。

25. 分析图 6.58 所示脉冲异步时序逻辑电路。

（1）做出状态表并画出状态图。

（2）说明电路逻辑功能。

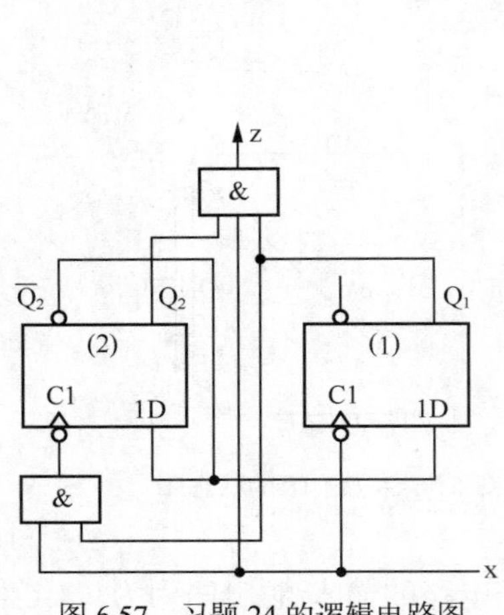

图 6.57　习题 24 的逻辑电路图

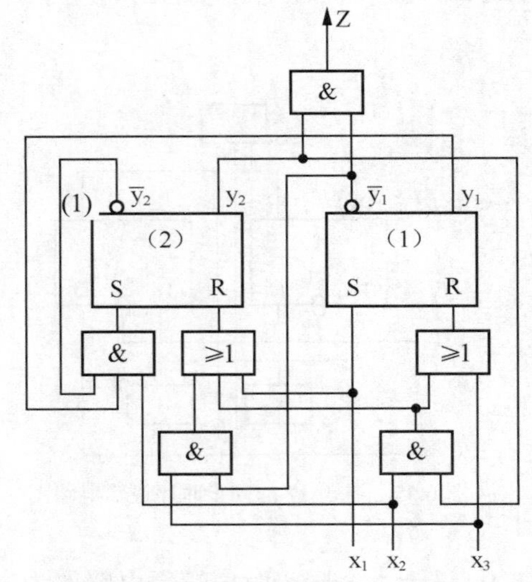

图 6.58　习题 26 的逻辑电路图

26. 用 T 触发器作为存储元件，设计一个脉冲异步时序逻辑电路，该电路有两个输入 x_1 和 x_2，一个输出 Z，当输入序列为“x_1—x_1—x_2”时，在输出端 Z 产生一个脉冲，平时 Z 输出为 0。

27. 用集成计数器 74193 设计一个模 9 减法计数器。

28. 用集成计数器 74193 设计一个模 15 加法计数器。

29. 用集成移位寄存器 74194 设计一个“11100010”序列发生器（右位先输出）。

第 7 章 可编程逻辑器件

数字系统设计中广泛使用的可编程逻辑器件（Programmable Logic Device，PLD）属于集成电路中的半定制电路，它被作为一种通用型器件生产，而其逻辑功能可由用户通过对器件编程设定。PLD 具有生产批量大、制造成本低、设计简单、性能优越、功能变更灵活等特点，是构成数字系统的理想器件。

7.1 PLD 概述

7.1.1 PLD 的发展

PLD 是 20 世纪 70 年代开始发展起来的一种新型大规模集成电路。一片 PLD 所容纳的逻辑门可达数百、数千、数万乃至数百万以上，其逻辑功能可由用户编程指定。特别适宜于构造小批量生产的系统，或在系统开发研制过程中使用。

20 世纪 70 年代推出的 PLD 主要有可编程只读存储器（PROM）、可编程逻辑阵列（PLA）和可编程阵列逻辑（PAL）。最初问世的 PROM 由一个与阵列和一个或阵列组成，与阵列是固定的，或阵列是可编程的。20 世纪 70 年代中期出现了 PLA，PLA 同样由一个与阵列和一个或阵列组成，但其与阵列和或阵列都是可编程的。20 世纪 70 年代末期产生了 PAL，PAL 器件的与阵列是可编程的，而或阵列是固定的，它有多种输出和反馈结构，因而给逻辑设计带来了更大的灵活性。

20 世纪 80 年代，PLD 的发展十分迅速，先后推出了通用阵列逻辑（GAL）、复杂可编程逻辑器件（CPLD）和现场可编程门阵列（FPGA）等可编程器件。这些器件在集成规模、工作速度以及设计的灵活性等方面都有显著提高。与此同时，相应的支持软件也得到了迅速发展。

20 世纪 90 年代，诞生了在系统编程（ISP）技术。这种技术使用户具有在自己设计的目标系统中或线路板上为重构逻辑而对逻辑器件进行编程或反复改写的能力。ISP 器件为用户提供了传统的 PLD 技术无法达到的灵活性，带来了极大的时间效益和经济效益，使可编程逻辑技术产生了实质性飞跃。

PLD 的发展和应用，不仅简化了数字系统设计过程、缩短了设计时间、降低了系统的体积和成本、提高了系统的可靠性和保密性，而且使用户从被动地选用厂商提供的通用芯片发展到主动地投入到对芯片的设计和使用中来，从根本上改变了系统设计方法，使各种逻辑功能的实现变得十分灵活、方便。

7.1.2 PLD 的一般结构

由于任何一个组合逻辑电路都可以用与-或逻辑表达式描述，而任何一个时序逻辑电路总可以用组合逻辑电路、触发器加上必要的反馈信号来实现。因此，如果 PLD 包含了与门阵列（简称与阵列）、或门阵列（简称或阵列）、触发器和反馈机制，就可以实现任意逻辑电路的功能。PLD 的一般结构如图 7.1 所示，它由输入电路、与阵列、或阵列和输出电路组成。

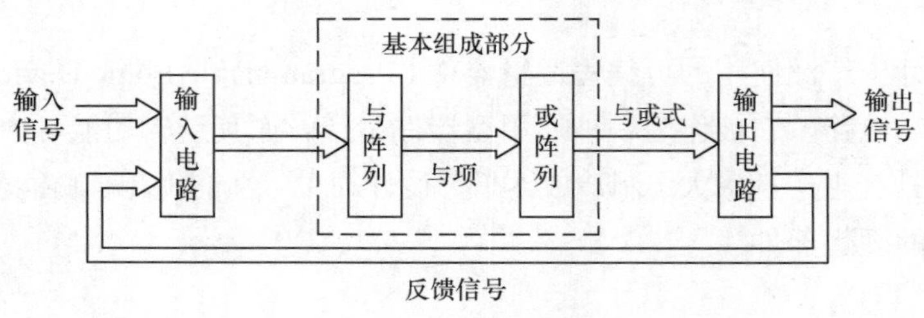

图 7.1　PLD 的一般结构

在图 7.1 中，输入电路起缓冲作用，并形成互补的输入信号和反馈信号送到与阵列；与阵列将接收的互补输入信号和反馈信号按一定的规律连接到各个与门的输入端，产生所需与项作为或阵列的输入；或阵列将接收的与项按一定的要求连接到相应或门的输入端，产生输入变量的与-或函数表达式；输出电路既有缓冲作用，又能提供不同的输出结构，如输出寄存器、内部反馈、输出宏单元等。其中，与阵列和或阵列是 PLD 的基本组成部分，各种不同的 PLD 都是在与阵列和或阵列的基础上，附加适当的输入电路和输出电路构成的。

7.1.3 PLD 的电路表示法

由于 PLD 的阵列规模大，用逻辑电路的一般表示法很难描述其内部电路结构，这给 PLD 的设计和应用带来了诸多不便。为了在芯片的内部配置和逻辑图之间建立一一对应关系，构成一种紧凑而易于识读的描述形式，对描述 PLD 基本结构的有关逻辑符号和规则做出了某些约定。现对这些约定做简单介绍。

组成 PLD 的基本器件是与门和或门。图 7.2 给出了 3 输入与门和 3 输入或门的两种表示法，图 7.2（a）所示为传统表示法，图 7.2（b）所示为 PLD 表示法。

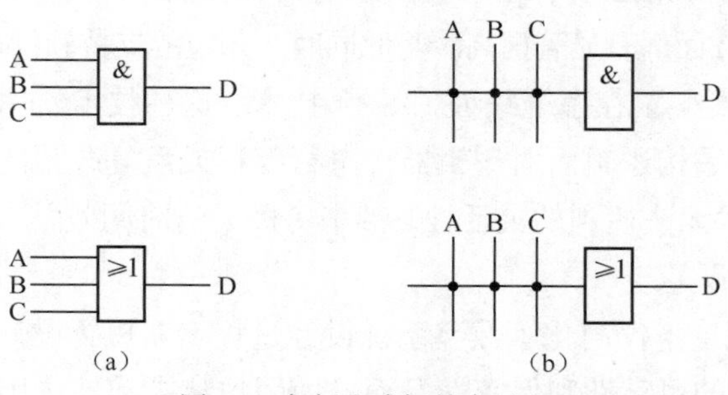

图 7.2　与门和或门的表示法

图 7.3（a）所示为 PLD 的典型输入缓冲器。它的两个输出 B 和 C 是其输入 A 的原码和反码，如图 7.3（b）的真值表所示，B=A，$C=\overline{A}$。

图 7.4（a）给出了 PLD 阵列交叉点上的 3 种连接方式。实心点“•”表示硬线连接，也就是固定连接；“×”表示可编程连接；没有“×”也没有“•”的表示两线不连接。图 7.4（b）中所示的输出 F=A•C。

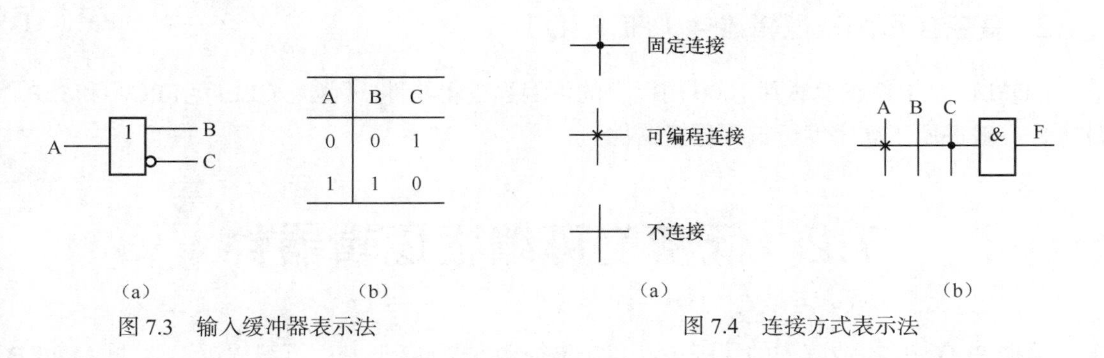

A	B	C
0	0	1
1	1	0

图 7.3　输入缓冲器表示法　　　　图 7.4　连接方式表示法

图 7.5 列出了与门不执行任何功能的连接表示法。在图 7.5 中，输出为 D 的与门连接了所有的输入项，其输出方程为

$$D=\overline{A}\cdot A\cdot \overline{B}\cdot B=0$$

它表示将输入缓冲器的互补输出全部连接到同一个与门的输入时，该与门的输出总为逻辑“0”，有时称这种状态为与门的默认（Default）状态。为了方便起见，通常用标有“×”标记的与门来表示所有输入缓冲器输出全部连到某一个与门输入的情况，如图 7.5 中输出 E。相反地，图 7.5 中输出 F 表示无任何输入项和与门的输入相连，因此，该与门输出总是处于“浮动”的逻辑“1”。

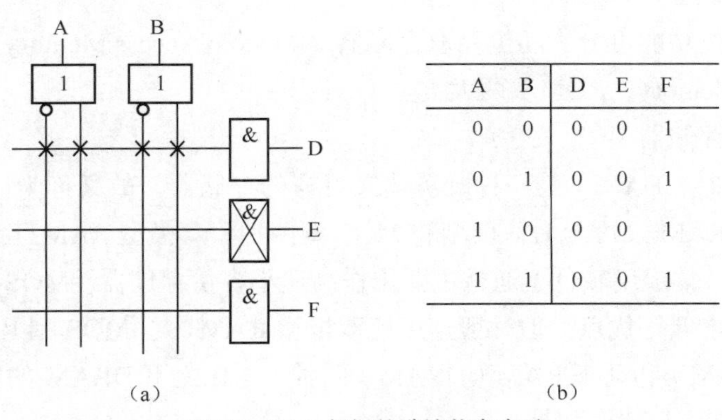

A	B	D	E	F
0	0	0	0	1
0	1	0	0	1
1	0	0	0	1
1	1	0	0	1

图 7.5　PLD 与门的默认状态表示

7.1.4　PLD 的分类

PLD 有多种结构形式和制造工艺，产品种类繁多，存在着不同的分类方法。根据集成规模，通常将 PLD 分为低密度可编程逻辑器件（LDPLD）和高密度可编程逻辑器件（HDPLD）

两大类。

1. 低密度可编程逻辑器件（LDPLD）

LDPLD是指集成度小于1000门的可编程逻辑器件。例如，PROM、PLA、PAL和GAL等，一般属于低密度可编程逻辑器件。

2. 高密度可编程逻辑器件（HDPLD）

HDPLD是指集成度达到1000门以上的可编程逻辑器件。例如，CPLD、FPGA和ISP器件等，一般都属于高密度可编程逻辑器件。

7.2 低密度可编程逻辑器件

根据PLD中与、或阵列的编程特点和输出结构的不同，低密度可编程逻辑器件（LDPLD）有可编程只读存储器、可编程逻辑阵列、可编程阵列逻辑和通用阵列逻辑4种主要类型。下面分别对这4种器件予以介绍。

7.2.1 可编程只读存储器

1. 半导体存储器的分类

存储器（Memory）是数字计算机和其他数字系统中存放信息的重要部件。随着大规模集成电路的发展，半导体存储器因其具有集成度高、速度快、功耗小、价格低等优点而被广泛应用于各种数字系统中。

半导体存储器按功能可分为随机存取存储器（Random Access Memory，RAM）和只读存储器（Read Only Memory，ROM）两大类。

（1）随机存取存储器

随机存取存储器（RAM）是一种既可读又可写的存储器，故又称为读/写存储器。根据制造工艺的不同，RAM又可分为双极型和MOS型两种。双极型RAM工作速度快，但相对成本高、功耗较大、集成度较低，通常主要用作高速小容量存储器。MOS型RAM具有功耗小、集成度高、成本低等优点，但一般速度比双极型RAM慢。MOS型RAM又可进一步分为静态RAM（SRAM）和动态RAM（DRAM）两种，相比之下DRAM的集成度更高。MOS型RAM适用于构造大容量存储器。

RAM的优点是读/写方便，使用灵活；缺点是一旦断电，所存储的信息便会丢失，它属于易失性存储器。

（2）只读存储器

只读存储器（ROM）是一种在正常工作时只能读出、不能写入的存储器，通常用来存放那些固定不变的信息。工作时将一个给定的地址码加到ROM的地址码输入端，便可在它的输出端得到一个事先存入的固定数据。若把地址码视为自变量，输出数据视为因变量，则 ROM 相当于一个组合逻辑电路。

只读存储器存入数据的过程通常称为编程。根据编程方法的不同，可分为掩模编程 ROM（MROM）和用户可编程 ROM 两类。MROM 中存放的内容是由生产厂家在芯片制造时利用掩模技术写入的。一旦制成，内容便已固定，用户无法进行改变，通常又称为固定 ROM。这类 ROM 的优点是可靠性高、集成度高、批量生产时价格便宜；缺点是用户不能重写或改写，使用不灵活。可编程 ROM 中存放的内容是由用户根据自己的需要在编程设备上写入的。优点是使用灵活、方便，特别适宜用来实现各种逻辑功能，属于可编程逻辑器件。

只读存储器 ROM 属于非易失性存储器，即使切断电源，ROM 中存放的信息也不会丢失，因而在数字系统中获得广泛应用。

RAM 和 ROM 是计算机和其他数字系统中不可缺少的重要组成部分，通常用来存放各种程序和数据。有关它们的内部电路及工作原理在计算机组成原理、微机原理等有关书籍中会进行详细讨论。下面仅从逻辑设计的角度出发，对可编程 ROM 的结构、类型及应用予以介绍。

2. 可编程 ROM 的结构

可编程 ROM 的结构框图如图 7.6（a）所示，它主要由地址译码器和存储体两部分组成。图中，A_0～A_{n-1} 为地址输入线；W_0～W_{2^n-1} 为地址译码输出线，通常又称为**字线**；D_0～D_{m-1} 为数据输出线，通常又称为**位线**。地址译码器根据输入地址码译出相应字线，使之有选择地去驱动相应存储单元，并通过输出端 D_0～D_{m-1} 读出该单元中存放的 m 位代码。通常，将一个具有 n 位地址输入和 m 位数据输出的可编程 ROM 的存储容量定义为 $2^n×m$，这意味着存储体中有 $2^n×m$ 个存储单元，每个存储单元的状态代表一位二进制代码。图 7.6（b）给出了存储体的结构示意图。

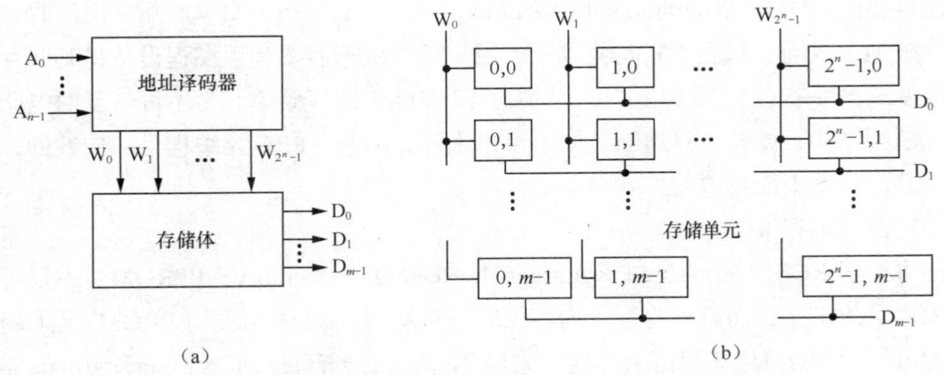

图 7.6 可编程 ROM 的结构框图和存储体的结构示意图

从逻辑器件的角度理解，可编程 ROM 的基本结构是由一个固定连接的与阵列和一个可编程连接的或阵列所组成的组合电路。图 7.7（a）给出了一个容量为 8 × 3 的可编程 ROM 的逻辑结构。图中上半部分的与阵列构成一个 3 变量全译码器，下半部分的或阵列是由 3 个或门组成的一个或门网络。8 个与门用来产生 3 变量的 8 个最小项，3 个或门用来将通过编程后的相应最小项进行或运算构成3个指定的逻辑函数。

为了设计的方便，常将图7.7（a）所示可编程ROM的逻辑结构图简化为图7.7（b）所示的阵列逻辑图，简称为阵列图。画阵列图时，将可编程ROM中的每个与门和或门都简化成一根线。图7.7（b）中虚线上面6根水平线分别表示输入线A、B、C的原和反。与阵列的8根垂直线代表8个与门，或阵列中标有D_2、D_1和D_0的3根水平线代表3个或门。

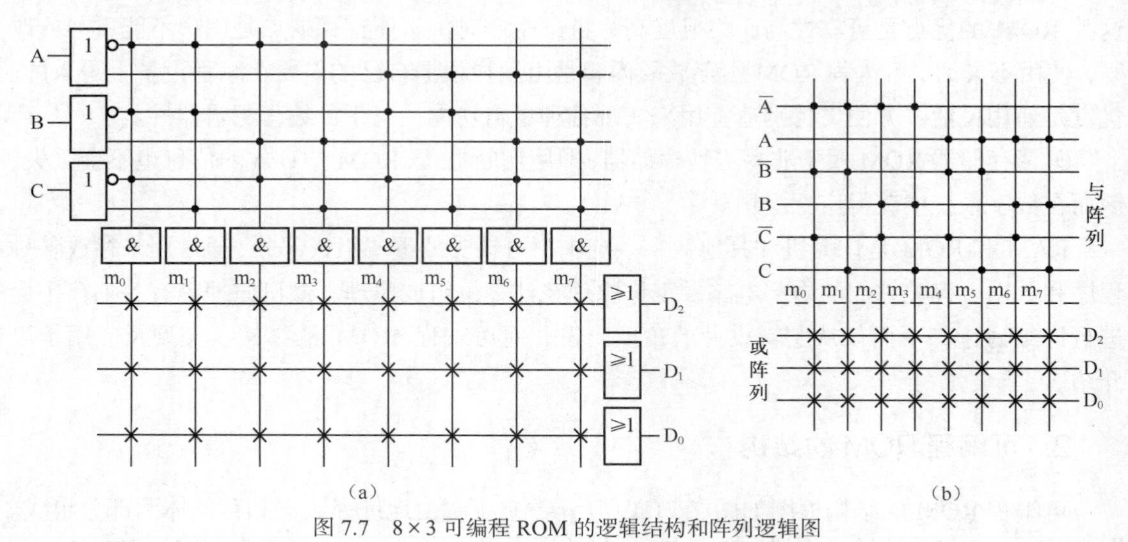

图7.7　8×3可编程ROM的逻辑结构和阵列逻辑图

3. 可编程ROM的类型

根据存储体中存储单元电路构造的不同和编程方法的不同，目前使用的可编程ROM大致可分为以下4种不同的类型。

（1）一次编程的ROM

一次编程的ROM（Programmable Read-Only Memory，PROM）产品在出厂时，所有存储单元均被加工成同一状态“0”（或“1”），用户可以根据需要利用编程设备将某些存储单元的状态改变成另一状态“1”（或“0”）。但由于PROM的存储单元为不可恢复的电路结构，如熔丝烧断型结构，熔丝一旦熔断，便不可再恢复，因此，PROM编程是一次性的，一旦编程完毕，其内容便不能再改变。

（2）可擦可编程ROM

可擦可编程ROM（Erasable Programmable-Read Only Memory，EPROM）不仅可由用户编程写入指定的信息，而且可将写入内容擦除，重新写入新的内容。EPROM是采用浮栅技术生产的可编程ROM，其存储单元通常采用N沟道叠栅注入MOS（Stacked-gate Injection Metal-Oxide-Semiconductor，SIMOS）管。可以利用SIMOS管浮栅上是否带有负电荷来实现“0”或“1”的存储。一般在产品出厂时，浮栅上均不带负电荷，存储单元全为“1”。

可利用硬件编程器在某些SIMOS管的漏极和源极之间加上足够高的电压（如+25V），使这些SIMOS管的浮栅带上负电荷，从而使相应存储单元的读出数据变为“0”（又称为写0）。外加电压撤销后，EPROM中的信息能够长期保存。为了使编程后能进行擦除重写，在EPROM

芯片的封装外壳装有透明的石英窗口，通过专用的紫外线灯照射芯片上的受光窗口，可将 SIMOS 管浮栅上积累的电子形成光电流而泄放，从而使管子恢复写入前的状态。EPROM 虽然具有可反复编程的优点而被广泛使用，但也有其不足之处，就是编程和擦除均比较麻烦，而且只能整体擦除，不能对存储单元一个一个地独立擦除。

（3）电可擦可编程 ROM

电可擦可编程 ROM（Electrically-Erasable Programmable Read Only Memory，EEPROM 或 E^2PROM）的结构与 EPROM 相似，也是采用浮栅技术生产的可编程 ROM。但 EEPROM 与 EPROM 的不同之处是构成存储单元的是浮栅隧道氧化层 MOS（Floating Gate Tunnel Oxide MOS，FLOTOX）管，FLOTOX 管与叠栅 MOS 管的差别在于它在浮栅与漏极区 N^+之间的交叠处有一个极薄的绝缘层区域，称为“隧道”。当 FLOTOX 管的漏极接地，控制栅加上足够高的电压时，交叠区将产生一个很强的电场，在强电场作用下，电子通过绝缘层注入浮栅，使浮栅带上负电荷，这一现象称为“隧道效应”。相反，当 FLOTOX 管的控制栅接地，漏极加上足够高的电压时，则浮栅上的电子通过隧道返回衬底，从而擦除了浮栅上的电子电荷。同样，利用浮栅上是否带有负电荷可以实现“1”或“0”的存储。

EEPROM 的编程和擦除都是通过加电信号完成的，而且是以字为单位进行的。因此，它既具有 ROM 的非易失性，又具有类似 RAM 的功能，可以随时改写。一般 EEPROM 集成芯片可重复擦写 1 万次以上，而且擦写速度快（一般为毫秒数量级）。目前，大部分 EEPROM 集成芯片内部都备有升压电路，因此只需提供单电源供电，便可完成读、擦除、改写操作，使用灵活、方便，为数字系统的设计和调试提供了极大的方便，应用十分广泛。

（4）快闪存储器

快闪存储器（Flash Memory）是新一代用电信号擦除的可编程 ROM，它既吸收了 EPROM 结构简单、编程可靠的优点，又具有 EEPROM 用隧道效应擦除的快速性，而且集成度可以很高。快闪存储器存储单元的结构类似于 SIMOS 管，但有两点区别：一是快闪存储器存储单元 MOS 管的源极 N^+区大于漏极 N^+区，而 SIMOS 管的源极 N^+区和漏极 N^+区是对称的；二是快闪存储器存储单元 MOS 管从浮栅到 P 型衬底间的氧化绝缘层比 SIMOS 管的更薄。这样，可以通过在源极上加一正电压，使浮栅放电，从而擦除写入的数据。

快闪存储器中数据的擦除和写入是分开进行的，数据写入方式与 EPROM 相同，擦除方法是利用隧道效应进行的。由于快闪存储器中存储单元 MOS 管的源极是连在一起的，所以擦除是类似 EPROM 一样将全部存储单元同时擦除，而不能像 EEPROM 那样按字擦除。但擦除速度比 EPROM 快得多，一般整片擦除只需要几秒。快闪存储器自问世以来，以其集成度高、容量大、成本低和使用方便等优点而备受欢迎，其应用越来越广泛。

4. 应用举例

由于可编程 ROM 是由一个固定连接的与阵列和一个可编程连接的或阵列组成的，所以，用户只要改变或阵列上连接点的数量和位置，就可以在输出端排列出输入变量的任何一种最小项的组合，实现不同的逻辑函数。因此，采用可编程 ROM 进行逻辑设计时，只需首先根据逻辑要求列出真值表，然后把真值表的输入作为可编程 ROM 的输入，并把真值表上的函数值用对可编程 ROM 或阵列进行编程的代码来代替，画出相应的阵列图。

【例 7.1】 用 EPROM 设计一个π发生器，电路输入为 4 位二进制码，输出为 8421 码。该电路串行输出常数π，假定取小数点后 15 位数字，即π=3.141 592 653 589 793。

解 根据题意，可用一个 4 位同步计数器的输出控制 EPROM 的地址输入端，使 EPROM 的地址码按 4 位二进制加 1 计数的顺序从 0000～1111 发生周期性的变化，以便依次对所有存储单元逐个进行访问，其结构框图如图 7.8 所示。图中，EPROM 的输入为同步计数器的状态 $Q_DQ_CQ_BQ_A$，输出为 8421 码 $B_8B_4B_2B_1$。输出和输入关系的真值表如表 7.1 所示。

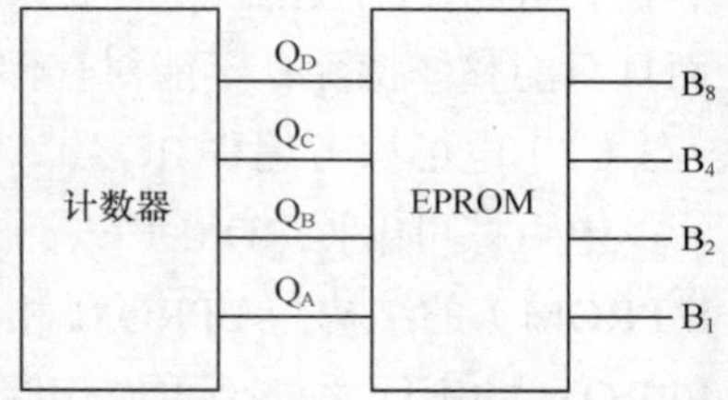

图 7.8 例 7.1 的结构框图

表 7.1 例 7.1 的真值表

计数器状态				8421 码				π	计数器状态				8421 码				π
Q_D	Q_C	Q_B	Q_A	B_8	B_4	B_2	B_1		Q_D	Q_C	Q_B	Q_A	B_8	B_4	B_2	B_1	
0	0	0	0	0	0	1	1	3	1	0	0	0	0	1	0	1	5
0	0	0	1	0	0	0	1	1	1	0	0	1	0	0	1	1	3
0	0	1	0	0	1	0	0	4	1	0	1	0	0	1	0	1	5
0	0	1	1	0	0	0	1	1	1	0	1	1	1	0	0	0	8
0	1	0	0	0	1	0	1	5	1	1	0	0	1	0	0	1	9
0	1	0	1	1	0	0	1	9	1	1	0	1	0	1	1	1	7
0	1	1	0	0	0	1	0	2	1	1	1	0	1	0	0	1	9
0	1	1	1	0	1	1	0	6	1	1	1	1	0	0	1	1	3

根据表 7.1 可直接画出π发生器的 EPROM 阵列图，如图 7.9 所示。

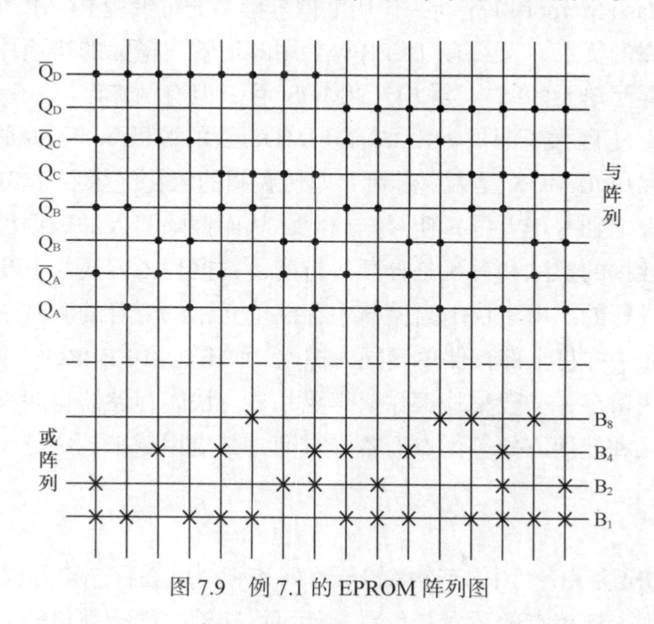

图 7.9 例 7.1 的 EPROM 阵列图

从图 7.9 可以看出，EPROM 的与阵列产生了输入变量 Q_D、Q_C、Q_B、Q_A 的全部最小项（m_0～m_{15}），EPROM 的或阵列根据真值表进行编程，实现对有关最小项的或运算，产生 4 个输出函数

B_8、B_4、B_2、B_1。因此，用可编程 ROM 实现逻辑函数时，主要是解决或阵列的编程问题。用阵列图表示时，就是交叉点是否连接的问题，图 7.9 中标“×”处代表“1”，否则代表“0”。

该设计方案已通过仿真验证，图 7.10 所示为在数字逻辑虚拟实验平台 IVDLEP 环境下使用计数器芯片 74193 和 EPROM 芯片 2764 仿真π发生器的实景图。仿真验证该设计方案时，首先根据图 7.9 所示的阵列图对 EPROM2764 进行编程，然后将编程好的 EPROM 芯片与计数器芯片 74193 连接，即可进行仿真验证。仿真结果表明，所设计的逻辑电路正确实现了预定功能。

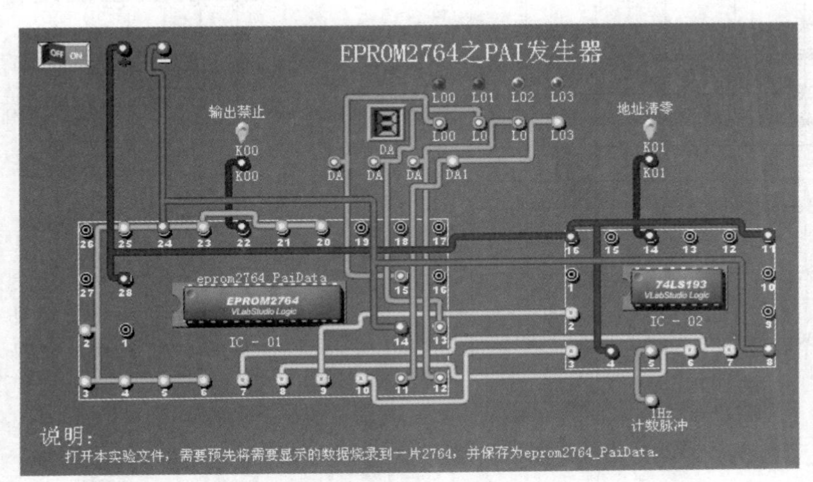

例 7.1 电路仿真

图 7.10 例 7.1 的仿真实景图

7.2.2 可编程逻辑阵列

由前面的介绍可知，可编程 ROM 的地址译码器采用全译码方式，n 个地址码可选中 2^n 个不同的存储单元，而且地址码与存储单元有一一对应的关系。因此，即使有多个存储单元所存放的内容完全相同也必须重复存放，而无法节省这些单元。从实现逻辑函数的角度看，可编程 ROM 的与阵列固定地产生 n 个输入变量的全部最小项，或阵列通过编程实现由最小项之和表示的逻辑函数。而对于大多数逻辑函数而言，并不需要使用全部最小项，有许多最小项是无用的，尤其对于包含约束条件的逻辑函数，许多最小项是不可能出现的。因此，许多情况下可编程 ROM 的与阵列未能获得充分利用而造成硬件浪费，使得芯片面积的利用率不高。为了克服其不足，在可编程 ROM 的基础上出现了一种与阵列和或阵列均可编程的逻辑器件，即可编程逻辑阵列（Programmable Logic Array，PLA）。

1. PLA 的逻辑结构

PLA 的逻辑结构与可编程 ROM 类似，也是由一个与阵列和一个或阵列构成。不同的是，它的与阵列和或阵列都是可编程的。而且，n 个输入变量的与阵列不再是固定产生 2^n 个与项，而是由 p 个与门提供 p 个与项，每个与项与哪些变量相关可由编程决定。或阵列通过编程可选择需要的与项相“或”、形成逻辑函数的与-或表达式。一般用 PLA 实现逻辑函数时，实现的是逻辑函数的最简与-或表达式。图 7.11（a）给出了一个具有 3 个输入变量、可提供 6 个与项、产生 3 个输出函数的 PLA 逻辑结构图，其相应阵列图如图 7.11（b）所示。

PLA 的存储容量不仅与输入变量个数和输出端个数有关，而且还和它的与项数（即与门数）有关，存储容量一般用输入变量数（n）、与项数（p）、输出端数（m）来表示。如图 7.11 所示，PLA 的容量为 3—6—3。实际使用中的 PLA 器件的容量有 16—48—8 和 14—96—8 等。

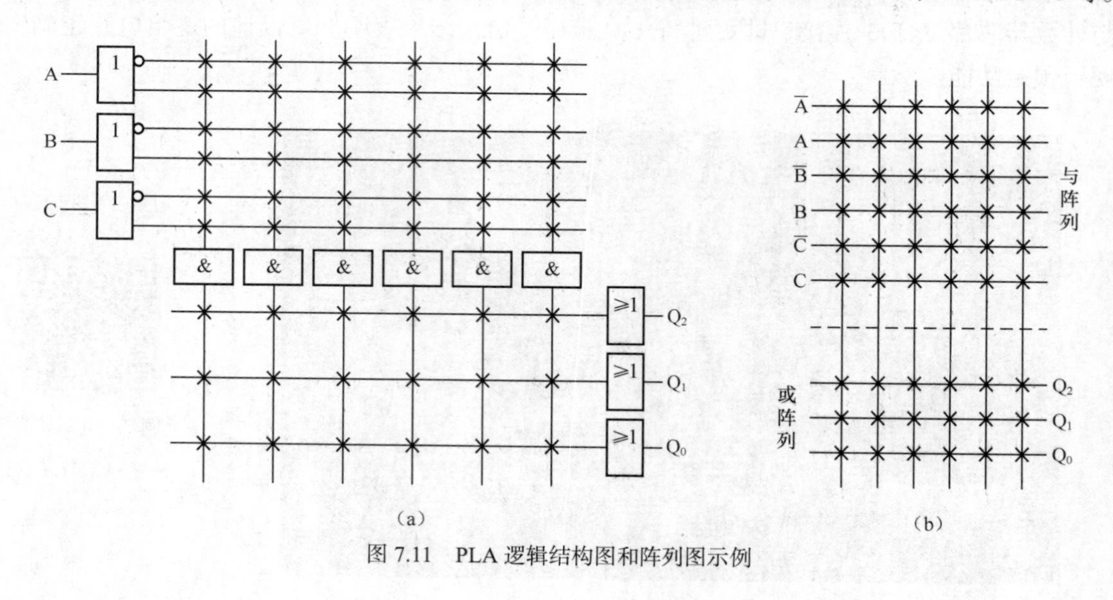

图 7.11　PLA 逻辑结构图和阵列图示例

2. PLA 应用举例

采用 PLA 进行逻辑设计，可以十分有效地实现各种逻辑功能。相对可编程 ROM 而言，PLA 结构更简单，使用更灵活。用 PLA 设计组合逻辑电路时，一般首先将描述给定问题的逻辑函数按多输出逻辑函数的化简方法简化成最简与-或表达式；然后，根据所有最简表达式中包含的不同与项形成与阵列，根据各函数式所包含的与项形成或阵列，并画出阵列逻辑图。

【例 7.2】　用 PLA 设计一个代码转换电路，将一位十进制数的 8421 码转换成余 3 码。

解　设 A、B、C、D 表示 8421 码的各位，W、X、Y、Z 表示余 3 码的各位，可列出转换电路的真值表，如表 7.2 所示。

表 7.2　例 7.2 的真值表

8421 码 A B C D	余 3 码 W X Y Z	8421 码 A B C D	余 3 码 W X Y Z
0 0 0 0	0 0 1 1	1 0 0 0	1 0 1 1
0 0 0 1	0 1 0 0	1 0 0 1	1 1 0 0
0 0 1 0	0 1 0 1	1 0 1 0	d d d d
0 0 1 1	0 1 1 0	1 0 1 1	d d d d
0 1 0 0	0 1 1 1	1 1 0 0	d d d d
0 1 0 1	1 0 0 0	1 1 0 1	d d d d
0 1 1 0	1 0 0 1	1 1 1 0	d d d d
0 1 1 1	1 0 1 0	1 1 1 1	d d d d

根据表 7.2 写出函数表达式，并按照多输出函数化简法则用卡诺图进行化简，可得到输出函数的最简与-或表达式为

$$W=A+BC+BD$$

$$X=\overline{B}C+\overline{B}D+B\overline{C}\,\overline{D}$$

$$Y=CD+\overline{C}\,\overline{D}$$

$$Z=\overline{D}$$

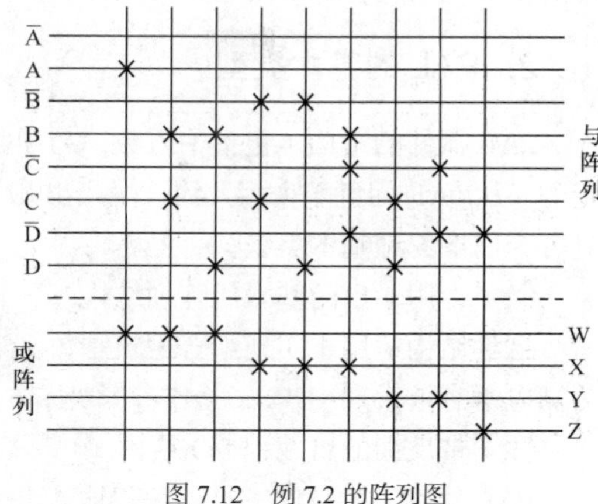

图 7.12　例 7.2 的阵列图

由输出函数的最简与-或表达式可知，全部输出函数一共包含了 9 个不同的与项。所以，该代码转换电路可用一个容量为 4—9—4 的 PLA 实现，其阵列图如图 7.12 所示。

虽然 PLA 提高了芯片的利用率，但存在制造工艺复杂、器件工作速度较慢、辅助开发系统的设计难度较大等不足，因而 PLA 器件现已很少使用。

7.2.3　可编程阵列逻辑

可编程阵列逻辑（Programmable Array Logic，PAL）是在可编程 ROM 和 PLA 的基础上发展起来的一种可编程逻辑器件。它相对于可编程 ROM 而言，使用更灵活，且易于完成多种逻辑功能，同时又比 PLA 工艺简单。

1. PAL 的逻辑结构

PAL 由一个可编程的与阵列和一个固定连接的或阵列组成。图 7.13（a）给出了一个 3 输入 3 输出 PAL 的逻辑结构图，通常将其表示成图 7.13（b）所示的形式。

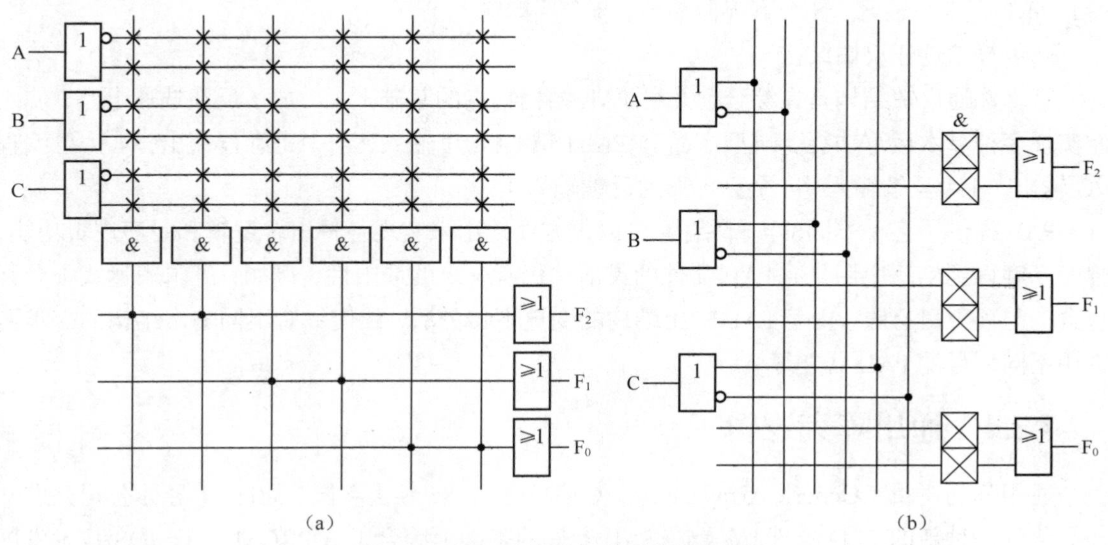

图 7.13　PAL 逻辑结构图的两种表示形式

PAL 每个输出包含的与项数目是由固定连接的或阵列提供的。在典型逻辑设计中，一般

函数包含 3～4 个与项，而一般 PAL 器件可为每个输出提供 8 个左右与项，因此使用这种器件能很好地完成各种常用电路的设计。

2. PAL 的基本类型

PAL 器件的结构（包括输入数、与项数、输出数以及输出和反馈结构）是由生产厂家固定的。从 PAL 问世至今，大约已生产出几十种不同的产品，按其输出和反馈结构，大致可将其分为以下 5 种基本类型。

（1）专用输出的基本门阵列结构

这种结构适用于实现组合逻辑函数。常见产品有 PAL10H8（10 个输入，8 个输出，输出为高电平有效），PAL12L6（12 个输入，6 个输出，输出为低电平有效）等。

（2）带反馈的可编程 I/O 结构

PAL 器件的特点之一是可编程输入/输出，即允许由可编程与项对 PAL 的输出进行控制，同时该输出端又可作为一个输入反馈到 PAL 与阵列。该类 PAL 器件的常见产品有 PAL16L8（10 个输入，8 个输出，6 个反馈输入）及 PAL20L10（12 个输入，10 个输出，8 个反馈输入）。这种结构通常又称为异步可编程 I/O 结构。

（3）带反馈的寄存器输出结构

带反馈的寄存器输出结构使 PAL 构成了典型的时序网络结构，从而能十分方便地实现时序逻辑电路功能。例如，加减计数、移位等操作。该类器件的典型产品有 PAL16R8（8 个输入，8 个寄存器输出，8 个反馈输入，1 个公共时钟，1 个公共选通）。

（4）加“异或”、带反馈的寄存器输出结构

这种结构是在带反馈的寄存器输出结构的基础上增加了一个异或门。可以通过对异或门的一个输入端进行编程，把输出端置为高电位有效或者低电位有效。该类电路的典型产品有 PAL16RP8（8 个输入，8 个寄存器输出，8 个反馈输入）。

（5）算术选通反馈结构

算术选通反馈结构是在综合前几种 PAL 结构特点的基础上，增加了反馈选通电路，使之能实现多种算术运算功能。典型产品有 PAL16A4（8 个输入，4 个寄存器输出，4 个可编程 I/O 输出，4 个反馈输入，4 个算术选通反馈输入）。

PAL 提供了多种不同的内部结构，可以很方便地用来实现各种组合逻辑和时序逻辑功能，曾经一度得到广泛应用。但 PAL 器件的灵活性仍有一定的局限性，例如，逻辑表达式中允许包含的与项数目有限，由于 PAL 输出结构的变更不够灵活，致使针对不同输出结构的需求要选用不同型号的 PAL 器件等。

7.2.4 通用阵列逻辑

通用阵列逻辑（Generic Array Logic，GAL）是 1985 年由美国 Lattice 半导体公司开发并商品化的一种新的 PLD 器件。它是在 PAL 器件的基础上综合了 E^2PROM 和 CMOS 技术发展起来的一种新型产品。GAL 器件具有可电擦除、可重复编程、可设置加密及其结构可组态的特点。这些特点形成了器件的可测试性和高可靠性，且具有更大的灵活性。

1. GAL 的基本逻辑结构

GAL 的基本结构与 PAL 类似，都是由一个可编程的与阵列去驱动一个固定连接的或阵列，所不同的是输出部件结构不同。GAL 在每一个输出端都集成有一个输出逻辑宏单元（Output Logic Macro Cell，OLMC），允许使用者定义每个输出的结构和功能。下面以 GAL16V8 为例对 GAL 的基本结构特点进行简单介绍。

GAL16V8 芯片是一个具有 8 个固定输入引脚、最多可达 16 个输入引脚，8 个输出引脚，输出可编程的 GAL。GAL16V8 的逻辑结构如图 7.14 所示。

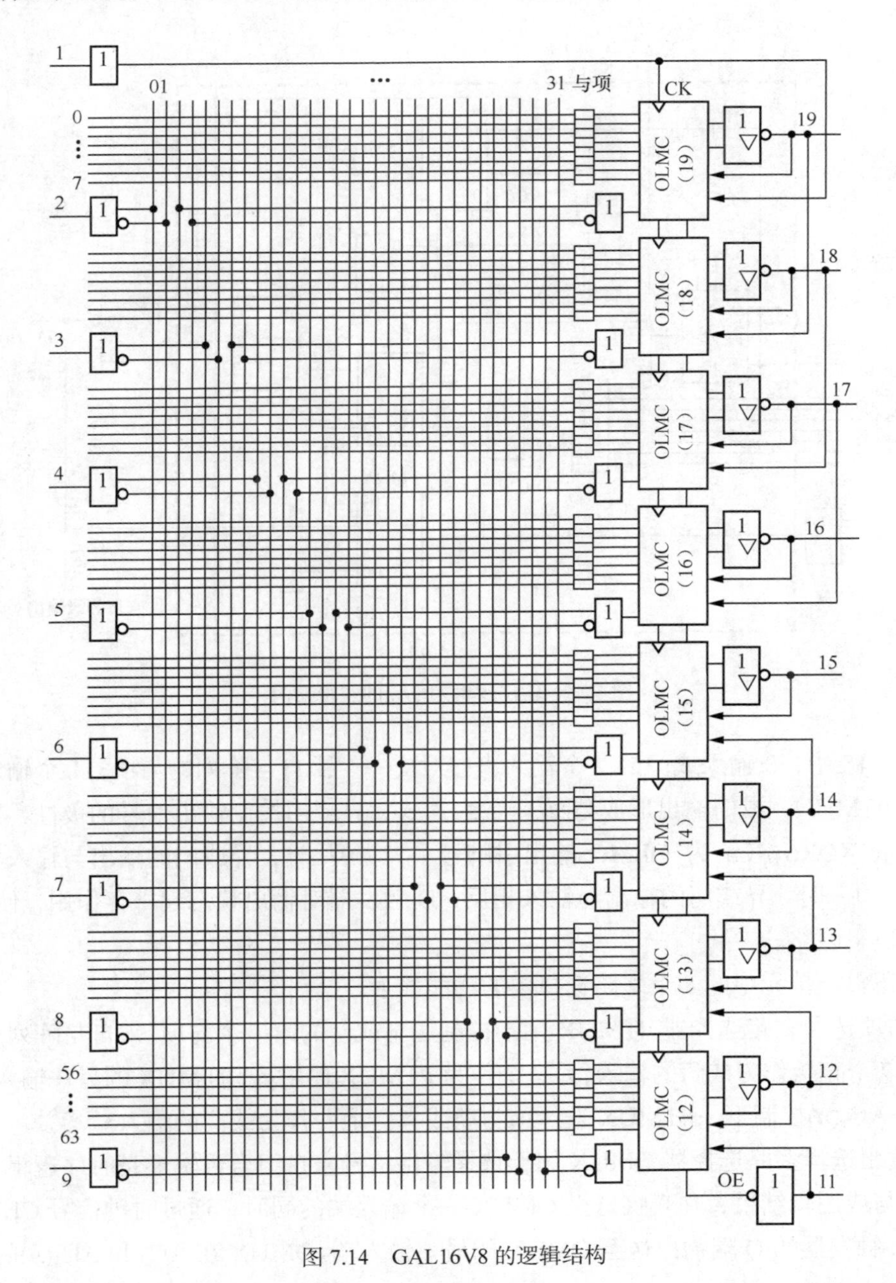

图 7.14　GAL16V8 的逻辑结构

由图 7.14 可见，它由 8 个输入缓冲器、8 个反馈输入缓冲器、8 个输出逻辑宏单元 OLMC，8 个输出三态缓冲器、与阵列和系统时钟、输出选通信号等组成。其中，与阵列包含 32 列和 64 行，32 列表示 8 个输入的原变量和反变量及 8 个输出反馈信号的原变量和反变量；64 行表示与阵列可产生 64 个与项，对应 8 个输出，每个输出包括 8 个与项。

2. 输出逻辑宏单元

输出逻辑宏单元（OLMC）的逻辑结构如图 7.15 所示。它由一个 8 输入或门、极性选择异或门、D 触发器、4 个多路选择器等组成。

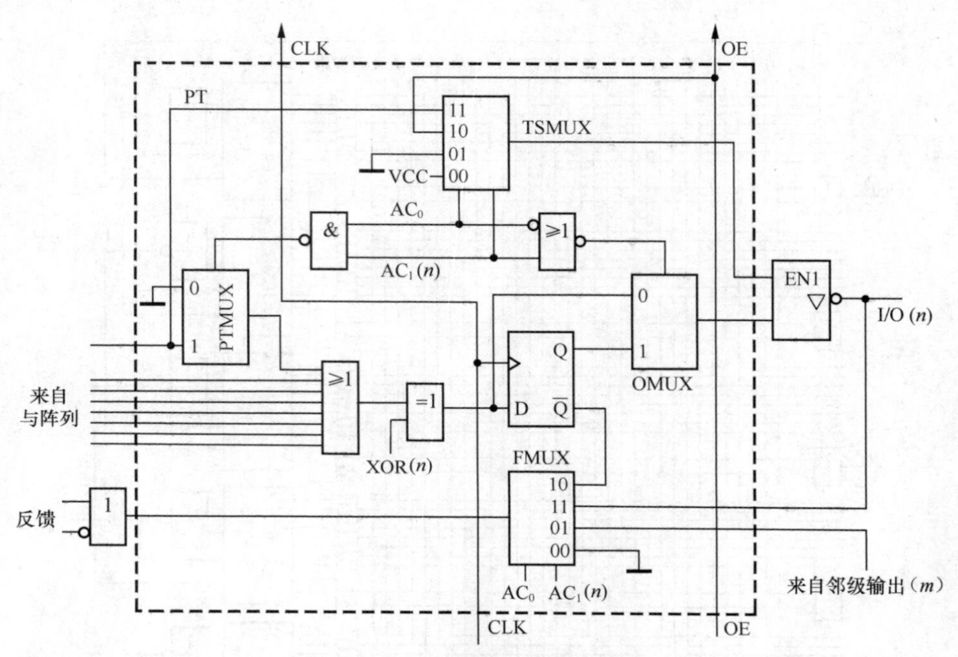

图 7.15　输出逻辑宏单元的逻辑结构

在图 7.15 中，8 输入或门的 7 个输入直接对应一个来自与阵列的与项，1 个输入对应多路选择器 PTMUX，或门输出形成与-或函数表达式；异或门控制输出信号的极性，当异或门的控制变量 XOR(*n*)（*n* 为 OLMC 输出引脚号）为“0”时，异或门的输出与输入相同，当 XOR(*n*)为“1”时，异或门的输出与输入相反；D 触发器对输出状态起寄存作用，使 GAL 适应于时序逻辑电路。

输出逻辑宏单元中的 4 个多路选择器的功能如下。

① 与项选择多路选择器 PTMUX 用于控制送至或门的第一个与项。来自与阵列的 8 个与项当中有 7 个直接作为或门的输入，另一个作为 PTMUX 的输入，PTMUX 的另一输入接“地”。在 AC_0 和 $AC_1(n)$控制下，PTMUX 选择该与项或者“地”作为或门的输入。

② 输出选择多路选择器 OMUX 用于选择输出信号来自组合逻辑还是时序逻辑。经异或门输出的与或逻辑结果，在直接送至 OMUX 一个输入端的同时，通过时钟信号 CLK 送入 D 触发器中，触发器的 Q 端输出送至 OMUX 的另一输入端。OMUX 在 AC_0 和 $AC_1(n)$的控制下，

选择组合型或寄存器型输出结果。

③ 输出允许控制选择多路选择器 TSMUX 用于选择输出三态缓冲器的选通信号。在 AC_0 和 $AC_1(n)$的控制下，TSMUX 选择 VCC、“地”、OE 或者一个与项（PT）作为允许输出的控制信号。

④ 反馈选择多路选择器 FMUX 用于控制反馈信号的来源。在 AC_0 和 $AC_1(n)$的控制下，FMUX 选择“地”、来自相邻位的输出、本位的输出或者触发器的输出 $\overline{Q}$ 作为反馈信号，送回与阵列输入端，作为反馈输入信号。

由输出逻辑宏单元的各部分功能可知，只要恰当地给出各控制信号的值，就能形成输出逻辑宏单元的不同输出结构。事实上，只需少数几种型号的 GAL 器件便可取代几十种 PAL 器件。可以说，在适应不同要求方面，输出逻辑宏单元给设计者提供了最大的灵活性。

7.3 高密度可编程逻辑器件

通常将集成度达到 1000 门以上的可编程逻辑器件归属为高密度可编程逻辑器件（HDPLD）。目前，广泛使用的高密度可编程逻辑器件有复杂可编程逻辑器件（CPLD）、现场可编程门阵列（FPGA）和在系统可编程逻辑器件（ISPLD）等主要类型。其中，在系统可编程逻辑器件可以说是目前最流行的高密度可编程逻辑器件。

在系统可编程（ISP）逻辑器件是 20 世纪 90 年代问世的一种新型可编程逻辑器件。所谓在系统编程，是指用户可以在自己设计的目标系统上为实现预定逻辑功能而对逻辑器件进行编程或改写。

ISP 逻辑器件采用先进的 E^2CMOS 工艺，综合了简单 PLD、CPLD 和 FPGA 的易用性、灵活性、高性能、高密度等特点，具有集成度高、可靠性高、速度快、功耗低、可反复改写和在系统内进行编程等优点。ISP 器件就像 PLD 中的一朵奇葩，以其优越的综合性能，使数字系统设计更加灵活、方便，为用户带来了显著的经济效益和时间效益。可以说，ISP 技术是 PLD 设计技术发展中的一次重要变革。下面以 Lattice 半导体公司生产的 ISP 逻辑器件为例进行介绍。

7.3.1 器件的类型

美国 Lattice 半导体公司生产的 ISP 系列器件大致分为 ispLSI、ispGAL 和 ispGDS 3 种类型。

1. ispLSI 器件

ispLSI（在系统编程大规模集成）器件具有集成度高、速度快、可靠性好、灵活方便等优点，能满足在高性能系统中实现各种复杂逻辑功能的需要，被广泛应用于数据处理、图形处理、空间技术、军事装备及通信、自动控制等领域。常见的 ispLSI 器件有 4 个系列：

① 基本系列 ispLSI1000。该系列适用于高速编码、总线管理等。

② 高速系列 ispLSI2000。该系列 I/O 端口数较多，适用于高速计数、定时等场合，并可用作高速 RISC/CISC 微处理器的接口。

③ 高密系列 ispLSI3000。该系列是集成密度很高的系列，能实现非常复杂的逻辑功能，适用于数字信号处理、图形处理、数据压缩以及数据加密、解密等。

④ 模块化系列 ispLSI6000。该系列带有存储器和寄存器/计数器，适用于数据处理、数据通信等。

表 7.3 给出了 ispLSI1000 系列的几种主要产品。

表 7.3　　ispLSI1000 系列的主要产品

产品型号	PLD 门数	宏单元数	寄存器数	输入/输出数
ispLSI1016	2000	64	96	36
ispLSI1024	4000	96	144	54
ispLSI1032	6000	128	192	72
ispLSI1048	8000	192	288	106/110

2. ispGAL 器件

ispGAL（在系统编程通用阵列逻辑）是把 ISP 技术引入到标准的低密度系列可编程逻辑器件中形成的 ISP 器件。例如，ispGAL22V10 就是把流行的 GAL22V10 与 ISP 技术相结合形成的产品，在功能和结构上与 GAL22V10 完全相同。ispGAL22V10 的传输时延低于 7.5ns，系统速度高达 111MHz，不仅适用于高速图形处理和高速总线管理，而且由于它的每个输出单元平均能容纳 12 个乘积项，最多的单元可达 16 个乘积项，因而更适用于状态控制、数据处理、通信工程、测量仪器等。此外，利用它还可以非常容易地实现诸如地址译码器之类的基本逻辑功能。ispGAL22V10 的 4 个在系统编程控制信号 SDI（串行数据输入）、MODE（方式选择）、SDO（串行数据输出）和 SCLK（串行时钟）巧妙地利用了 GAL22V10 的 4 个空脚，从而使两种器件的引脚相互兼容。ispGAL22V10 的在系统编程电源为+5V，无须外接编程高压电源，在系统编程次数可达 1 万次以上。

3. ispGDS 器件

ispGDS（在系统可编程通用数字开关）是 ISP 技术与开关矩阵相结合的产物。它标志着 ISP 技术已从系统逻辑领域扩展到系统互连领域。ispGDS 器件能提供的一种独特功能是，在不拨动机械开关或不改变系统硬件的情况下，快速地改变或重构印制电路板的连接关系。ispGDS 系列的器件非常适合于重构目标系统的连接关系，它使系统硬件可以通过软件控制进行重构而无须人工干预。此外，由于这种器件的传输时延短，所以还非常适用于高性能的信号分配与布线。ispGDS 系列产品具有多种矩形尺寸和封装形式，使用十分方便。

7.3.2 器件的基本结构

ISP 器件中最早问世的、最具代表性的是 ispLSI 器件。现以 ispLSI1000 系列器件为例，对其基本结构做大致介绍。

ispLSI1000 系列逻辑器件采用如图 7.16 所示的大块结构。它主要由若干大块、全局布线区（Global Routing Pool，GRP）和时钟分配网络（Clock Distribution Network，CDN）构成。每个大块包括通用逻辑块（Generic Logic Block，GLB）、输入/输出单元（Input/Output Cell，IOC）、输出布线区（Output Routing Pool，ORP）和输入总线。

全局布线区位于器件的中心，它可以连接大块中的任何一个 I/O 单元到任何一个通用逻辑块，也可以连接任何一个通用逻辑块输出到其他通用逻辑块。换而言之，它可以将器件内的所有逻辑连接起来，并提供固定的传输延迟时间，以实现各种逻辑功能。

大块中的通用逻辑块位于全局布线区的四周，每个通用逻辑块相当于一个 GAL 器件，它可以通过编程设置不同的工作模式，逻辑设计十分灵活；输入/输出单元位于器件的最外层，它可以编程设置为输入、输出和双向 I/O 模式；输出布线区是介于通用逻辑块和输入/输出单元之间的可编程互连阵列，用于连接通用逻辑块的输出到 I/O 单元，这种可编程连接的特点是，在通用逻辑块和 I/O 单元之间没有一一对应的关系，因而使外部引出端的分配具有更大的灵活性。

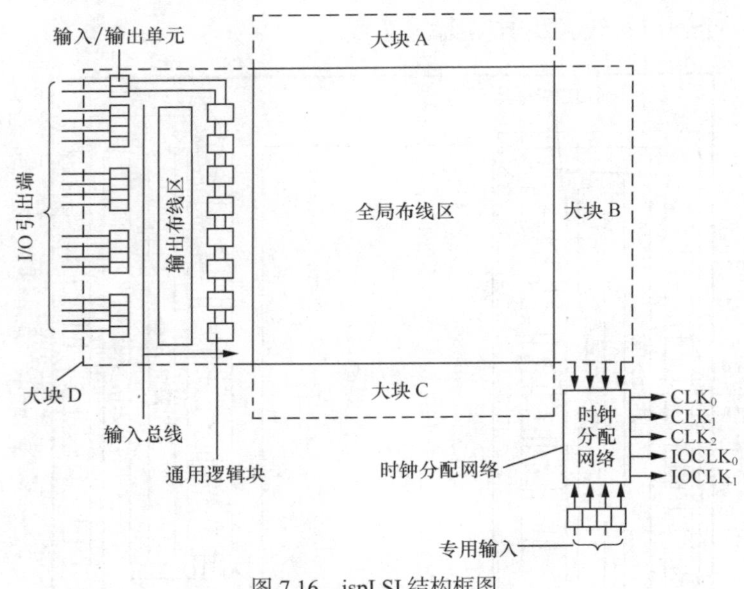

图 7.16 ispLSI 结构框图

7.3.3 典型器件

下面以 ispLSI1000 系列的 ispLSI1016 为例，对 ispLSI 的结构予以介绍。ispLSI1016 的引脚排列图和芯片实物图如图 7.17（a）和图 7.17（b）所示。该器件采用 E^2CMOS 工艺制造，芯片共有 44 个引脚，其中有 32 个 I/O 引脚；集成密度为 2000 等效门，每片含 64 个触发器和 32 个锁存器；最高工作频率为 125 MHz。

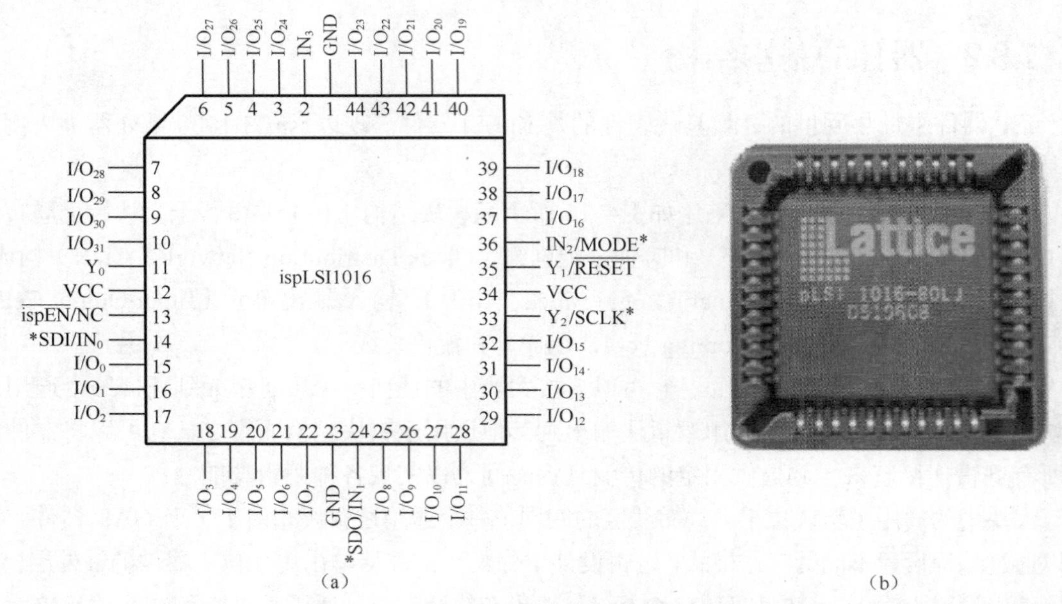

（a）　（b）

图 7.17　ispLSI1016 的引脚排列图和芯片实物图

ispLSI1016 的内部结构如图 7.18 所示。它由两个巨块、一个全局布线区和一个时钟分配网络构成。每个巨块包括 8 个通用逻辑单元、16 个 I/O 单元、两个专用输入引脚（IN_0、IN_1 或 IN_2、IN_3）、一个输出布线区及 16 位输入总线。

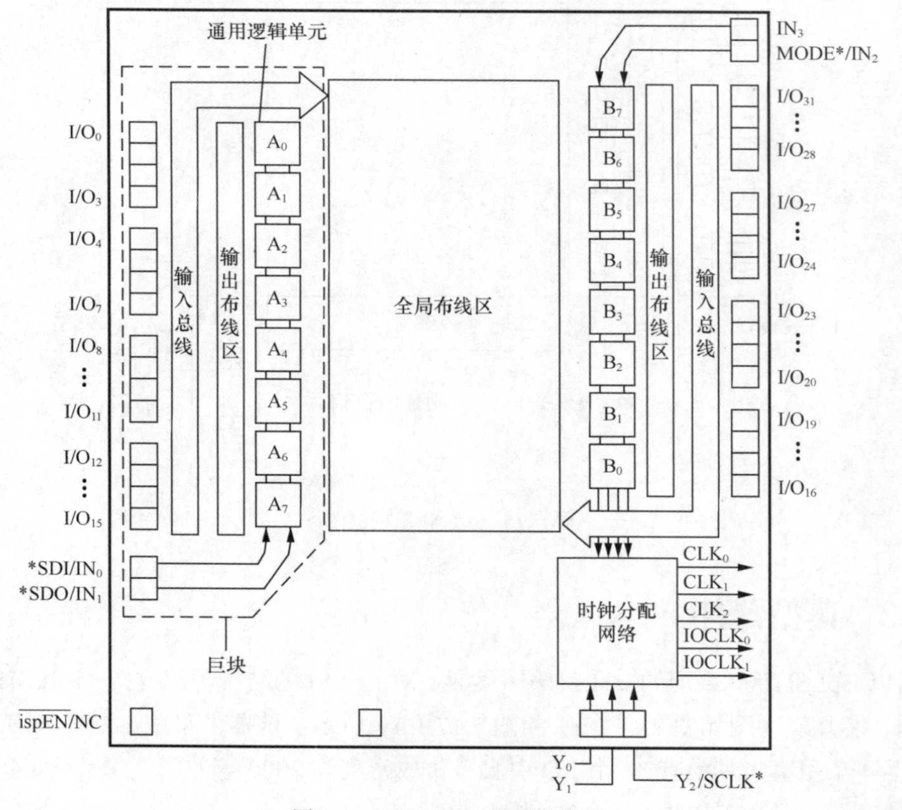

图 7.18　ispLSI1016 的结构框图

图 7.18 中，A_0～A_7 及 B_0～B_7 是 16 个相同的通用逻辑块，器件型号 ispLSI1016 中的“16”表示器件含有 16 个通用逻辑块。下面对各主要功能块做简要说明。

1. 全局布线区

全局布线区（GRP）位于两个巨块之间。除了经过各个 I/O 单元的输入信号由 16 位输入总线送至全局布线区之外，各通用逻辑块的输出在送往输出布线区的同时也送往全局布线区。全局布线区用许许多多的 E^2CMOS 单元实现上述信号和各个通用逻辑块输入之间的灵活互连，将所有片内逻辑联系在一起供设计者使用，设计者可以根据需要方便地实现各种复杂的逻辑功能。

2. 通用逻辑块

通用逻辑块（GLB）是 ispLSI 器件最基本的逻辑单元，它由与阵列、乘积项共享阵列、输出逻辑宏单元和控制逻辑电路组成。其逻辑结构如图 7.19 所示。

由图 7.19 可知，ispLSI1016 的与阵列有 18 个输入，其中 16 个来自全局布线区，两个为专用输入（被同一巨块内的 8 个通用逻辑块共用）。18 个输入经过输入缓冲器后形成 18 个输入信号的原信号和非信号，送至 20 个与门的输入端。相应电路中含有 18×2×20 个 E^2CMOS 单元，这些构成了通用逻辑块中的可编程与阵列，通过编程可形成 20 个与项（又称乘积项 PT）。

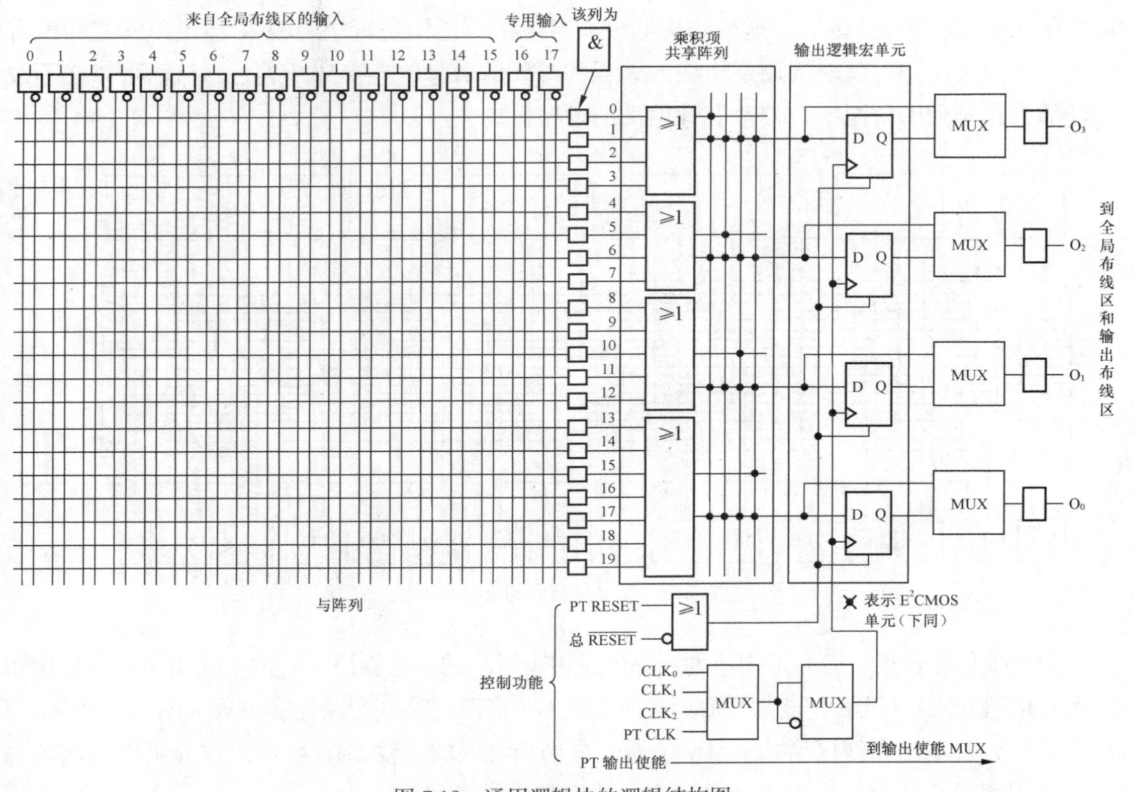

图 7.19 通用逻辑块的逻辑结构图

20 个与项 PT_0～PT_{19} 被分组送到 4 个或门的输入端，对 4 个或门的输出进行可编程“线或”后，再送到输出逻辑宏单元中的可重构触发器。该部分被称为乘积项共享阵列。

输出逻辑宏单元中有 4 个可重构触发器，由 4 个数据选择器 MUX 分别选择通用逻辑块的 4 个输出 O_3～O_0 为组合输出或者寄存器输出。组合电路可有“与或”和“异或”两种方式，触发器也可组态为 D、T、JK 等形式。

输出逻辑宏单元中 4 个触发器的时钟是连在一起的，因此，同一通用逻辑块中的触发器必须同步工作。通过控制逻辑可使触发器的时钟是全局时钟 CLK_0～CLK_3，也可以是由片内与项产生的与项时钟 PT CLK，且时钟的极性也是可选的。因而不同通用逻辑块中的触发器可以使用不同的时钟。同样，4 个触发器的复位信号是相连的，而且是可选的，这就使得同一通用逻辑块中的 4 个触发器只能同时复位，而各通用逻辑块中的触发器则可以不同时复位。

3. 输出布线区

输出布线区（ORP）是介于通用逻辑块和输入/输出单元之间的可编程互连阵列，其可编程连接关系如图 7.20 所示。

阵列的输入是 8 个通用逻辑块的 32 个输出端，阵列有 16 个输出端，分别与相应侧的 16 个输入/输出单元相连。通过对输出布线区编程，可以将任何一个通用逻辑块的输出灵活地送到 16 个输入/输出单元中的任何一个（每个通用逻辑块有 4 个输出，每个输出通往 4 个输入/输出单元中的一个）。显然，这种结构的最大特点是，通用逻辑块与输入/输出单元之间没有一一对应的关系，可将对通用逻辑块的编程和对外部引脚的连接分开进行，从而可以在不改变外部引脚排列的情况下，修改芯片内部的逻辑设计。

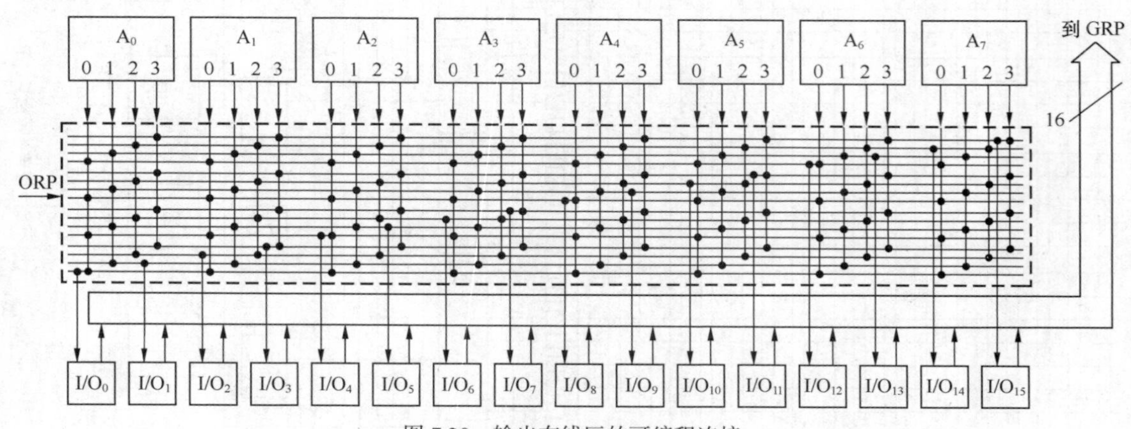

图 7.20　输出布线区的可编程连接

为减少传输延迟，提高工作速度，每个通用逻辑块的 4 个输出中有两个输出可跨过输出布线区直接通向固定的输入/输出单元，这种方式称为旁路连接。旁路连接方式如图 7.21 所示。

此外，在输出布线区旁边有 16 条通向全局布线区的总线。输入/输出单元可以使用该总线，通用逻辑块的输出也可以通过输出布线区使用该总线。

4. 输入/输出单元

输入/输出单元（IOC）用于将输入信号、输出信号或输入/输出双向信号与具体的 I/O 管脚相连接形成输入、输出、三态输出的双向 I/O 口，具体由控制输出三态缓冲器使能端的 MUX 来选择。输入/输出单元工作于输入状态时，包括有输入缓冲、锁存输入及寄存器输入；输入/输出单元工作于输出状态时，包括有输出缓冲、反向输出缓冲及三态输出缓冲；输入/输出单元工作于双向状态时，则有双向 I/O 及带有寄存器的双向 I/O。各种 I/O 组态与通用逻辑块组态相组合，可构成几十种电路。

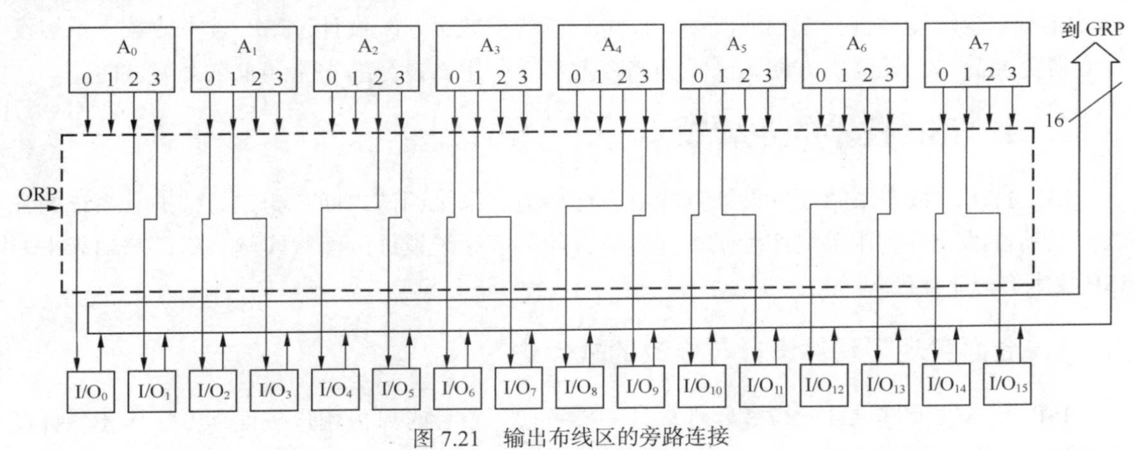

图 7.21　输出布线区的旁路连接

5. 时钟分配网络

时钟分配网络（CDN）的输入信号由 3 个专用输入端 Y_0、Y_1、Y_2 提供，其中 Y_1 兼有时钟或复位的功能。输出有 5 个，其中 CLK_0、CLK_1、CLK_2 提供给通用逻辑块，$IOCLK_0$ 和 $IOCLK_1$ 提供给 I/O 单元。

此外，还可如图 7.22 所示，将时钟专用通用逻辑块 B_0 的 4 个输出 O_0～O_3 送入时钟分配网络，分别作为 CLK_1、CLK_2、$IOCLK_0$ 和 $IOCLK_1$，以建立用户定义的内部时钟。CLK_0 是外部时钟。

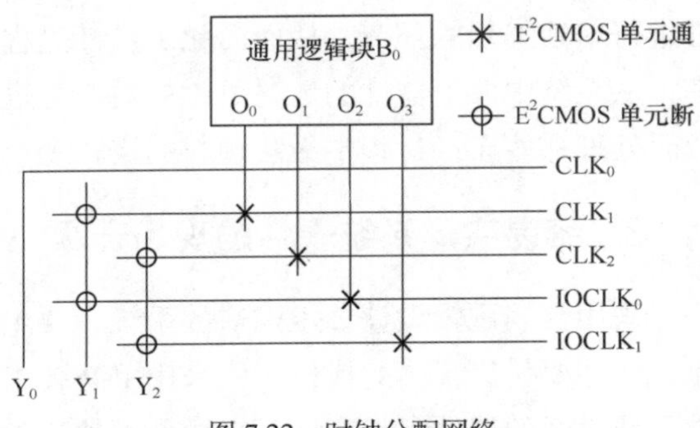

图 7.22　时钟分配网络

6. 巨块输出使能控制电路

巨块是通用逻辑块、输出布线区及输入/输出单元等的总称。巨块内 8 个通用逻辑块中的与项 PT_{19} 都能用作输出使能控制。8 个 PT_{19} 接到一个 8 选 1 输出使能数据选择器 OEMUX 的数据输入端，通过对 3 个选择输入的“熔丝”值编程，可选择其中一个 PT_{19} 作为巨块内 16 个输入/输出单元的公共输出使能控制信号。该方法的优点是，避免了每个需要三态输出的通用逻辑块皆要产生 OE 信号，从而有可能正好利用某个不用作逻辑项的

PT_{19}作为巨块的公共 OE，而让其他 7 个 PT_{19}作为逻辑项使用。

7.4 在系统编程技术简介

在系统编程（ISP）技术包含了前面介绍的 ISP 器件及相应的开发软件。如前所述，ISP 技术是 20 世纪 90 年代发展起来的一种新的 PLD 技术，所谓在系统编程，是指不需要使用编程器，只需要通过计算机接口和编程电缆，直接在用户自己设计的目标系统上为实现预定逻辑功能而对逻辑器件进行编程或改写，即可完成各类数字系统设计。ISP 技术使数字系统设计变得更加简单、灵活、方便，已成为当今数字系统逻辑设计的主流和未来发展方向。

7.4.1 ISP 技术的主要特点

ISP 技术对数字系统硬件设计方法、设计环境、系统调试周期、测试与维护、系统的升级以及器件的充分利用等均产生了重要影响，使数字系统设计的面貌焕然一新。归纳起来，ISP 技术有以下主要特点。

1. 全面实现了硬件设计与修改的软件化

ISP 技术使硬件设计变得和软件设计一样方便。设计时可由用户按编程方法构建各种逻辑功能，并且对器件实现的逻辑功能可以像软件一样随时进行修改和重构。这不仅实现了数字系统中硬件逻辑功能的软件化，而且实现了硬件设计和修改方法的软件化。从根本上改变了传统的硬件设计方法与步骤，成功地实现了硬件、软件技术的有机结合，形成了一种全新的硬件设计方法。

2. 简化了设计与调试过程

由于采用了 ISP 技术，所以在用器件实现预定功能时，省去了利用专门的编程设备对器件进行单独编程的环节，从而简化了设计过程。并且，利用 ISP 技术进行功能修改时，可以在不从系统中取下器件的情况下直接对芯片进行重新编程，使方案调整验证十分方便，能够及时处理那些设计过程中无法预料的逻辑变动，大大缩短了系统的设计与调试周期。

3. 容易实现系统硬件的现场升级

采用常规逻辑设计技术构造的系统，要想对安装在应用现场的系统进行硬件升级非常困难，往往要付出很高的代价。而采用 ISP 技术设计的系统，可利用系统本身的资源和 ISP 软件，通过新的器件组态程序，由微处理器 I/O 端口产生 ISP 控制信号及数据，立即实现硬件现场升级。

4. 可降低系统成本，提高系统可靠性

ISP 技术不仅使逻辑设计技术产生了变革，而且推动了生产制造技术的发展。利用 ISP

技术可以实现多功能硬件设计，即将具有一种或几种功能的硬件设计成可以实现多种系统级功能的硬件，从而大大减少在同一系统中使用不同部件的数目，使系统成本显著下降。由于 ISP 器件支持为系统测试而进行的功能重构，因此，可以在不浪费电路板资源或电路板面积的情况下进行电路板级的测试，从而提高电路板级的可测试性，使系统可靠性得以改善。此外，利用 ISP 技术还可以简化标准 PLD 制造流程、降低生产成本等。

5. 器件制造工艺先进，性能参数好

ISP 器件采用 E^2CMOS 工艺，具有集成度高、可靠性高、速度快、功耗低、可反复改写等优点，而且有 100%的参数可测试性及 100%的编程正确率，编程或擦除次数可达 10 000 次以上，编程内容 20 年不丢失。ISP 器件还具有加密功能，用来防止对片内编程模式的非法复制。

7.4.2　编程原理与接口电路

常规 PLD 的编程是由编程器负责写入/擦除控制，并产生高压脉冲信号完成的。而 ISP 可编程逻辑器件是将原本属于编程器的写入/擦除控制电路和高压脉冲产生电路都集成在 PLD 中，使其能够利用 PC 的并行接口和简单的编程电缆进行编程，不再需要编程器，从而实现了“在系统”编程。

1. ISP 的编程原理

用 ISP 器件实现各种逻辑功能时，是由其内部的可编程单元控制的。可编程单元一般采用 E^2CMOS 结构，并按行和列排成阵列。在系统编程的过程就是将编程数据写入 E^2CMOS 单元阵列的过程，与普通编程操作类似，数据写入是逐行进行的。下面以 ispLSI 器件为例进行说明。

每种 ispLSI 器件预先规定一个 $n\times m$ 的 E^2CMOS 单元阵列，n 为阵列的行数，m 为每行的数据位数，$n\times m$ 就是要编程的总位数。例如，ispLSI1016 器件的 n=96，m=160，编程的总位数为 15 360 位。图 7.23 所示为 ispLSI1016 的编程结构示意图。

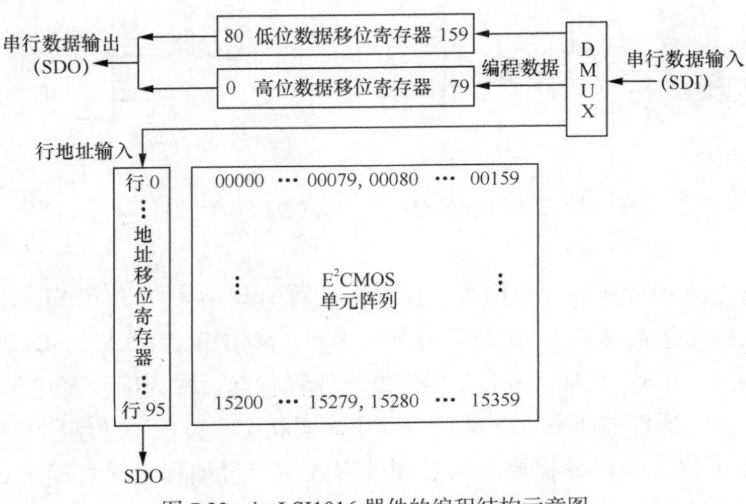

图 7.23　ispLSI1016 器件的编程结构示意图

图 7.23 中，给出了一个 96×160 的 E^2CMOS 单元阵列、一个 96 位的地址移位寄存器和两个数据移位寄存器（高位数据移位寄存器和低位数据移位寄存器）。地址移位寄存器存放行地址信号，行地址信号中只有一位为 1，其余各位全为 0，为 1 位所对应的行被选中。两个数据移位寄存器均为 80 位，分别对应 160 位编程数据的高 80 位和低 80 位。

编程时，首先从串行数据输入端（SDI）输入行地址信号，通过数据分配器（DMUX）送至地址移位寄存器。最初为 1 位处于行 0 的位置，此时只能对第 0 行的 E^2CMOS 单元编程。行地址送完后，接着将第 0 行的编程数据串行移入数据移位寄存器，160 位编程数据分两次送入。先将 80 位编程数据 00000～00079 经 DMUX 送至高位数据移位寄存器，在编程脉冲作用下，对第 0 行左边的 80 位 E^2CMOS 单元进行编程；再将 80 位编程数据 00080～00159 经 DMUX 送至低位数据移位寄存器，同样地，在编程脉冲作用下，对第 0 行右边的 80 位 E^2CMOS 单元进行编程。第 0 行编程完毕，地址移位寄存器下移一位，将唯一的 1 移至行 1 对应的位置，让行 1 被选中。接着将第 1 行的编程数据 00160～00319 依次移入高位数据移位寄存器和低位数据移位寄存器，对行 1 的 E^2CMOS 单元进行编程。以此类推，直至对器件行 95 的各 E^2CMOS 单元编程完毕为止。

2. ISP 的编程接口

ISP 器件的编程是在计算机控制下进行的，编程环境包括 PC、ISP 专用编程电缆和 ISP 编程软件。编程时，用户将 ISP 编程电缆的一端与 PC 的并行接口相连接，另一端与电路板上被编程器件的 ISP 接口相连接，连接示意图如图 7.24（a）所示。图 7.24（b）所示为 ispLSI1000 及 ispLSI2000 系列器件所使用的接口电路，其中 $\overline{\text{ispEN}}$ 为编程使能信号，MODE 为方式控制信号，SCLK 为串行时钟输入信号，SDI 为串行数据和命令输入端，SDO 为串行数据输出端。

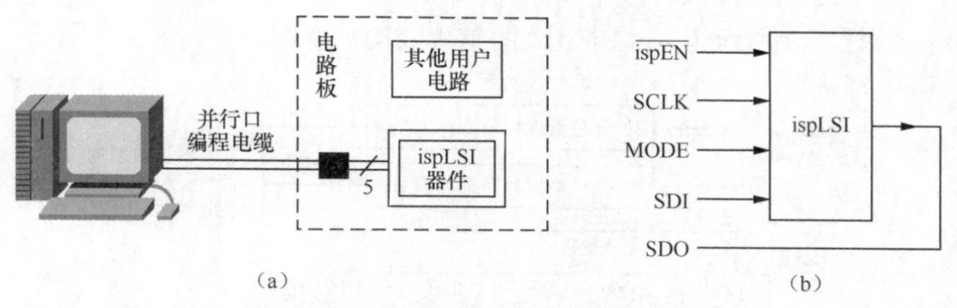

图 7.24 ISP 的编程连接示意图及接口电路

印刷电路板上的 ispLSI 器件有两种工作模式。当 $\overline{\text{ispEN}}=1$ 时，ispLSI 器件正常工作，称为工作模式（或称为正常模式）。在正常工作模式下，MODE、SCLK、SDI 可作为器件的信号输入端使用。当 $\overline{\text{ispEN}}=0$ 时，ispLSI 器件处于编程状态，称为编程模式。

在编程模式下，器件的所有 I/O 端口均处于高阻状态，以便切断编程芯片与外部电路的联系，避免相互干扰。各种编程控制信号和编程数据经过编程电缆直接送到印刷电路板上 ispLSI 器件的 MODE 端、SDI 端、SCLK 端，控制器件内部的一个“编程状态机”完成编程工作。其中，串行输入端 SDI 在工作方式控制信号 MODE 的控制下完成两种功能：当 MODE=0 时，SDI 作为串行移位寄存器的输入；当 MODE=1 时，SDI 作为“编程状态机”的一个控制信号。串行时钟 SCLK 提供串行移位寄存器和片内时序机的时钟信号。此外，器件编程时，编程数据通过 SDO 反馈给计算机进行校验。

7.4.3　开发软件与设计流程

伴随着 ISP 器件的诞生和迅速发展，各半导体器件生产厂商及专业的电子设计自动化软件开发公司相继推出了各种 ISP 器件开发软件。例如，美国 Lattice 半导体公司开发的 isp Synario System、isp Expert System 和 ispLEVER 等。

1. ISP 器件开发软件

（1）isp Synario System

isp Synario System 是一个运行于 PC Windows 环境下的完整的在系统编程开发软件系统。它具有设计输入、编译、逻辑模拟等功能，支持 ispLSI 器件、ispGAL 器件、ispGDS 器件以及全系列 GAL 器件的开发。该软件系统有一个包括各种常用逻辑器件和模块的较完善的宏库，库中的宏是用 ABEL 语言编写的，这些宏通常被做成电路符号。调用宏一般采用逻辑图输入方式，即将这些宏当成电路符号，然后像逻辑元件那样画在逻辑图中，并绘出它们之间的连线以及各个输入/输出缓冲电路。此外，isp Synario System 为用户建立设计源文件提供了多种方式，可以采用硬件描述语言 ABEL-HDL 编写设计源文件，也可以通过编辑原理图建立设计源文件，还可以采用混合输入方式。

（2）isp Expert System

isp Expert System 是一套完整的电子设计自动化软件系统。该软件系统的设计输入可采用原理图、硬件描述语言（包括 ABEL-HDL、VHDL 和 Verilog-HDL）和混合输入 3 种方式。系统拥有一个包含 500 个宏元件的宏库供用户调用。isp Expert System 软件系统较先前的 isp Synario System 开发软件而言，在仿真功能上有了很大的改进，它不但可以进行功能仿真（Functional Simulation），而且可以进行时序仿真（Timing Simulation）。在仿真过程中系统提供了单步运行、断点设置以及跟踪调试等新的功能，并能进行静态时序分析。isp Expert System 编译器是该软件的核心，它能进行逻辑优化，实现逻辑功能到器件的映射（即可将用户的设计通过编译适配到指定的 ISP 器件之中），自动完成布局、布线并生成编程所需要的熔丝图文件。该软件支持 Lattice 半导体公司的各类 ISP 器件。

（3）ispLEVER

ispLEVER 是一套适用于 Lattice 半导体公司各类可编程逻辑器件（包括 SPLD、CPLD、FPGA 和 ispLD 等）的开发软件，该软件设计定位于能够从业界最多、最强的在系统可编程逻辑器件中获得最佳的性能和使用效果。各种不同版本的 ispLEVER 都包含一组全方位的、功能强大的工具，包括项目管理、设计输入、设计调整、HDL 综合、仿真验证、器件适配、平面规划、布局布线、器件编程和在系统设计调试等。该软件包含支持 ispLSI 器件的宏库，设计输入可采用原理图、硬件描述语言（包括 ABEL-HDL、VHDL 和 Verilog-HDL）、电子设计交换格式（Electronic Design Interchange Format，EDIF）以及原理图和硬件描述语言混合输入方式。进行设计验证时，软件能够对所设计的系统分别进行功能仿真和时序仿真。软件的编译器能进行逻辑优化，实现逻辑功能到器件的映射，自动完成布局与布线，生成编程所需要的熔丝图文件等。总之，ispLEVER 软件具有功能强大、界面友好、操作简便等优点，给开发者提供了一个简单而有力的工具。

2. 设计流程

利用 ISP 器件开发软件进行设计一般可以分为设计规划、设计输入、设计仿真、设计实施、设计验证、编程下载、器件测试等步骤，如图 7.25 所示。

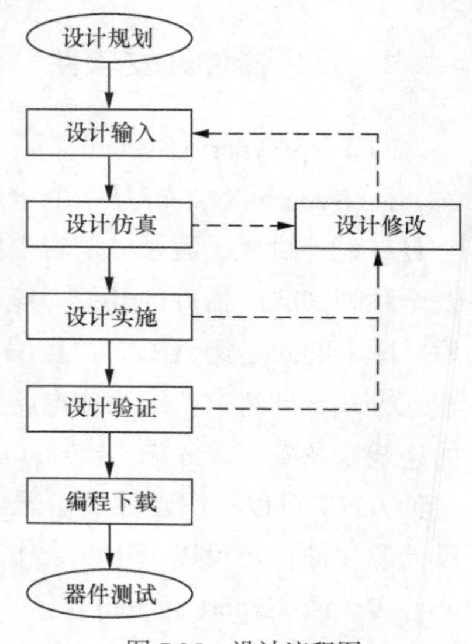

图 7.25 设计流程图

（1）设计规划

设计规划是利用开发软件进行设计的前期工作，目的是选择合适的器件实现预定功能。进行设计规划时，首先要定义目标系统的 I/O 端口，以便考虑器件的 I/O 单元是否够用。然后对目标系统进行功能划分，并根据目标系统的功能需求查阅相关 ISP 器件的性能参数，即将要求完成的设计任务与具体器件挂钩，以便确定器件型号。确定器件型号时，一般应对器件资源留有一定的余地，最好让器件所能提供的资源大于目标系统所需资源。

（2）设计输入

所谓设计输入，就是将设计者所设计的系统，按照开发软件要求的某种形式表达出来，并输入到计算机中。设计输入是整个设计过程中至关重要的一步，设计者的全部设计思想都是在这一步通过源文件的形式来表达的，一个设计项目可以由一个或多个源文件组成。设计输入可采用原理图、硬件描述语言或者混合输入方式。原理图输入是一种基本输入方式，不仅容易掌握，而且直观方便，所画的电路原理图与常规的器件连接方式完全一样，很容易被人们接受，比较适合于较小规模的系统设计。硬件描述语言输入是一种最具一般化的输入方式，输入的是硬件描述语言程序的文本方式。这种方式与传统的计算机语言编辑输入方式基本一致，不仅可以适用于各种不同规模的系统设计，而且便于多人协作完成同一个系统的设计，协作者可以很方便地将已设计好的、经过验证的功能模块以组件的形式供合作者调用。当然，对于一个熟练者而言，也许采用混合输入方式会显得更加灵活方便。

（3）设计仿真

设计仿真是对用原理图、硬件描述语言或其他输入形式描述的逻辑功能进行模拟测试，以了解所描述的功能是否满足原设计要求。当发现错误时，应及时进行设计修改并返回设计输入。设计仿真过程不涉及任何具体器件的硬件特性，有时又称为功能仿真或者前期仿真。

（4）设计实施

设计实施包括编译、综合、适配等内容。编译主要是对设计文件进行检查和处理，产生用于编程、仿真和定时分析的有关文件；综合是将软件设计与硬件实现挂钩，目的是使软件描述的各种逻辑功能可以用目标器件中的相应硬件实现，它是将软件设计转化为硬件电路的关键步骤，综合后一般形成网表文件，它具有硬件可实现性；适配的任务是实现逻辑功能到目标器件的直接映射，它根据综合后的网表文件，针对目标器件进行一系列操作，包括底层器件配置、逻辑分割、逻辑优化、布局布线等，适配后将产生适配报告（包括芯片内资源的分配与利用、引脚锁定、设计描述等）、时序仿真网表文件、下载文件等。如果设计实施未能顺利通过，则应根据出现的问题进行设计修改并返回设计输入。

（5）设计验证

在编程下载之前必须根据适配生成的结果进行设计验证。设计验证一般包括时序仿真和时序分析。时序仿真是接近真实器件运行的仿真。在适配生成的时序仿真网表文件中包含了器件的硬件特性参数（例如，较为精确的延时信息等），因而仿真精度高。时序仿真后需对时序仿真结果进行定时分析，直至确认时序仿真正确无误、完全满足原设计要求，则设计验证通过。

（6）编程下载

编程下载是指将编程数据写入目标器件。设计验证通过后，即可将适配生成的下载文件（如JED文件）写入具体的器件。实际编程时，开发软件在收到设计者发出的下载命令后，首先检查编程电缆是否接上，计算机与器件之间通信是否正常，然后执行编程操作，并对编程结果进行检验。为防止自己的设计被非法回读，设计者可以在下载设计的时候对器件进行加密。

（7）器件测试

为了确保所设计的系统能正确投入实际使用，通常将编程后的器件在测试仪上加上输入信号，测试对应的输出，以便在更真实的环境下检验系统功能的正确性和实际运行的效果。

以上内容对常用的ISP器件开发软件及设计流程进行了简单介绍，有关ISP器件的编程原理和开发软件的使用等请参考相关书籍。

本章小结

本章在对可编程逻辑器件的一般结构、表示方法等基本概念进行介绍的基础上，较详细地介绍了可编程只读存储器（PROM）、可编程逻辑阵列（PLA）、可编程阵列逻辑（PAL）和通用阵列逻辑（GAL）4种低密度可编程逻辑器件的结构特点和应用，并以在系统可编程逻辑器件为例，介绍了高密度可编程逻辑器件的结构特点。最后对在系统可编程（ISP）技术的主要特点、编程原理、接口电路以及开发软件与设计流程进行了简单介绍。要求了解可编程逻辑器件的类型和结构特点，掌握PROM、PLA等在电路逻辑设计中的应用，熟悉在系统可编程（ISP）技术的主要特点、编程原理、接口电路以及开发软件与设计流程。

思考题与练习题

1. 可编程逻辑器件一般包括哪些基本组成部分？

2. 根据集成度通常将可编程逻辑器件分为哪两大类？

3. 低密度可编程逻辑器件有哪几种主要类型？

4. 可编程只读存储器有哪几种类型？各自的特点是什么？

5. 用可编程只读存储器进行逻辑设计有哪些优点和缺点？

6. 用可编程只读存储器（PROM）实现组合逻辑电路功能时，应将逻辑函数表示成什么形式？

7. 可编程逻辑阵列（PLA）在结构上与可编程只读存储器有哪些不同？

8. 用可编程逻辑阵列（PLA）实现组合逻辑电路功能时，应将逻辑函数表示成什么形式？

9. 可编程阵列逻辑（PAL）在结构上与可编程逻辑阵列（PLA）有哪些不同？PAL 可分为哪几种基本类型？

10. 通用阵列逻辑（GAL）中的输出逻辑宏单元（OLMC）由哪几部分组成？

11. ispLSI 器件一般包括哪些主要部分？

12. ispLSI 器件中的通用逻辑块（GLB）由哪几部分组成？

13. 简述采用 ISP 技术的设计流程。

14. 用可编程只读存储器设计一个 3 位二进制平方器，指出实现该平方器需要的 ROM 容量并画出阵列逻辑图。

15. 已知可编程只读存储器的阵列逻辑图如图 7.26 所示，试列出描述该电路功能的真值表，说明电路功能。

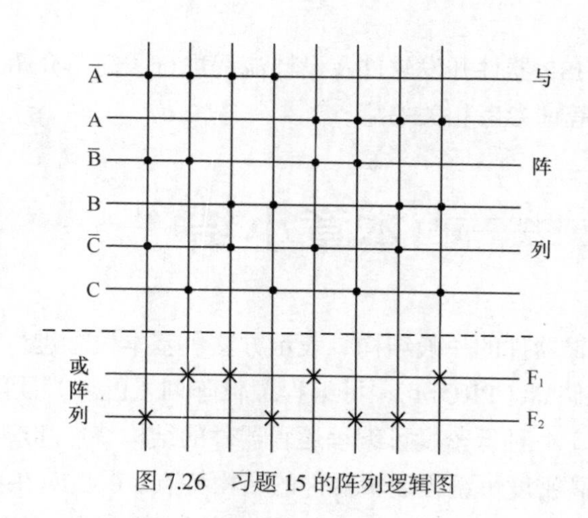

图 7.26 习题 15 的阵列逻辑图

16. 用可编程逻辑阵列实现 4 位二进制数到 Gray 码的转换。

17. 用可编程逻辑阵列实现全减器的功能。

18. 已知可编程逻辑阵列的阵列逻辑图如图 7.27 所示，试列出描述该电路功能的真值表。假定 A_1A_0、B_1B_0 均为 2 位二进制数，试说明该电路的功能。

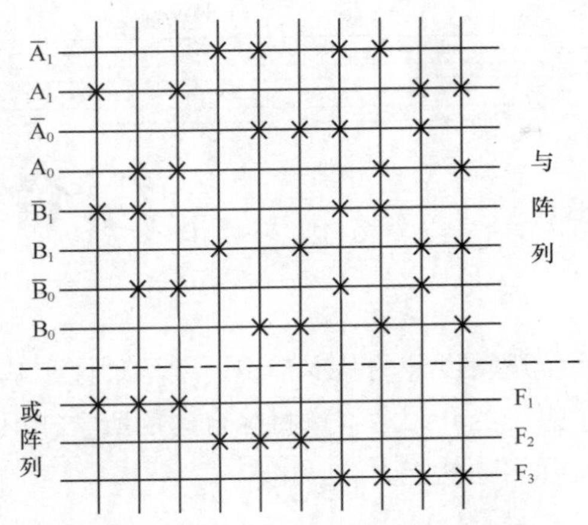

图 7.27　习题 7.18 的阵列逻辑图

第8章 综合应用举例

前面分别对有关数字系统逻辑设计的基本知识、基本理论、基本器件，以及逻辑电路分析与设计的基本方法进行了系统的介绍。本章将综合运用所学知识，通过不同类型的设计实例，进一步提高读者解决实际问题的能力。

8.1 汽车尾灯控制器设计

随着时代的发展和人们生活水平的日益提高，汽车已成为随处可见的交通工具。你一定留意过形状各异、貌似简单的汽车尾灯，它们对行车安全可是至关重要！汽车行驶中尾灯的状态代表了驾驶员给出的左转、右转以及临时刹车等信号。如何控制汽车尾灯给出各种不同提示信号呢？我们不妨首先来了解一下汽车尾灯控制器的设计。

汽车尾灯控制器仿真

8.1.1 设计要求

设计一个汽车尾灯控制器，实现对汽车尾灯显示状态的控制。假定在汽车尾部左右两侧各有3个指示灯，根据汽车运行情况，指示灯具有如下4种不同的显示模式。

① 汽车正向行驶时，左右两侧的指示灯全部处于熄灭状态。

② 汽车右转弯行驶时，右侧的3个指示灯按右循环顺序点亮。

③ 汽车左转弯行驶时，左侧的3个指示灯按左循环顺序点亮。

④ 汽车临时刹车时，左右两侧的指示灯同时处于闪烁状态。

8.1.2 功能描述

根据设计要求，为了区分汽车尾灯的4种不同显示模式，首先必须设置两个控制变量。假定用开关K_1和K_0进行显示模式控制，可列出汽车尾灯显示状态与汽车运行状态的关系，如表8.1所示。

表8.1 汽车尾灯显示状态与汽车运行状态的关系

控制变量 K_1 K_0	汽车运行状态	左侧的3个指示灯 D_{L1} D_{L2} D_{L3}	右侧的3个指示灯 D_{R1} D_{R2} D_{R3}
0 0	正向行驶	熄灭状态	熄灭状态
0 1	右转弯行驶	熄灭状态	按 D_{R1} D_{R2} D_{R3} 顺序循环点亮

续表

控制变量 K_1 K_0	汽车运行状态	左侧的 3 个指示灯 D_{L1} D_{L2} D_{L3}	右侧的 3 个指示灯 D_{R1} D_{R2} D_{R3}
1 0	左转弯行驶	按 D_{L1} D_{L2} D_{L3} 顺序循环点亮	熄灭状态
1 1	临时刹车	左右两侧的指示灯在时钟脉冲（CP）作用下同时闪烁	

因为在汽车左、右转弯行驶时要求与之对应的 3 个指示灯被循环顺序点亮，所以可用一个三进制计数器的状态控制译码电路顺序输出控制电平，按要求依次点亮 3 个指示灯。假定三进制计数器的状态用 Q_1 和 Q_0 表示，可得出描述指示灯 D_{L1}、D_{L2}、D_{L3}、D_{R1}、D_{R2}、D_{R3} 与开关控制变量 K_1、K_0 和计数器的状态 Q_1、Q_0 以及时钟脉冲之间关系的功能表，如表 8.2 所示（表中指示灯的状态"1"表示点亮，"0"表示熄灭）。

表 8.2　汽车尾灯控制器功能表

控制变量 K_1 K_0	计数器状态 Q_1 Q_0	汽车尾灯 D_{L1} D_{L2} D_{L3}	汽车尾灯 D_{R1} D_{R2} D_{R3}
0 0	d d	0 0 0	0 0 0
0 1	0 0	0 0 0	1 0 0
	0 1	0 0 0	0 1 0
	1 0	0 0 0	0 0 1
1 0	0 0	0 0 1	0 0 0
	0 1	0 1 0	0 0 0
	1 0	1 0 0	0 0 0
1 1	d d	CP CP CP	CP CP CP

由上述功能分析可知，该汽车尾灯控制器可由尾灯显示模式控制电路、三进制计数器、译码电路、显示驱动电路和尾灯状态显示 5 部分组成，其结构框图如图 8.1 所示。

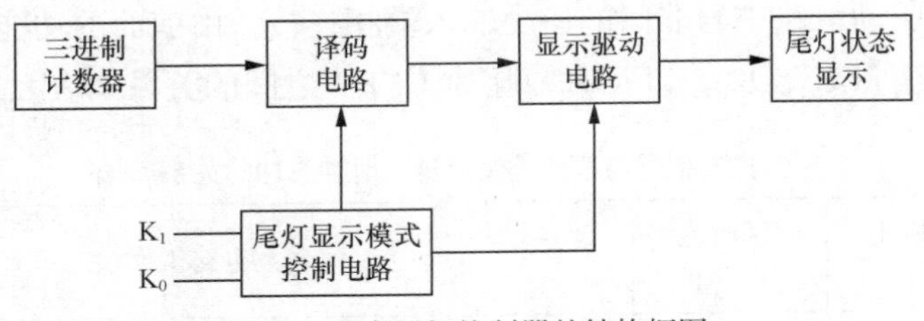

图 8.1　汽车尾灯控制器的结构框图

图 8.1 中，译码电路与显示驱动电路的功能是在尾灯显示模式控制电路输出和三进制计数器状态的作用下，提供 6 个尾灯控制信号。

8.1.3 电路设计

根据汽车尾灯控制器的功能描述，假定译码电路采用 3-8 线译码器 74138，尾灯状态显示电路采用发光二极管（由 6 个发光二极管和 6 个电阻组成）模拟，显示驱动电路由 6 个与非门和 6 个反相器构成，三进制计数器采用 JK 触发器实现，可设计出汽车尾灯控制器的逻辑电路，如图 8.2 所示。

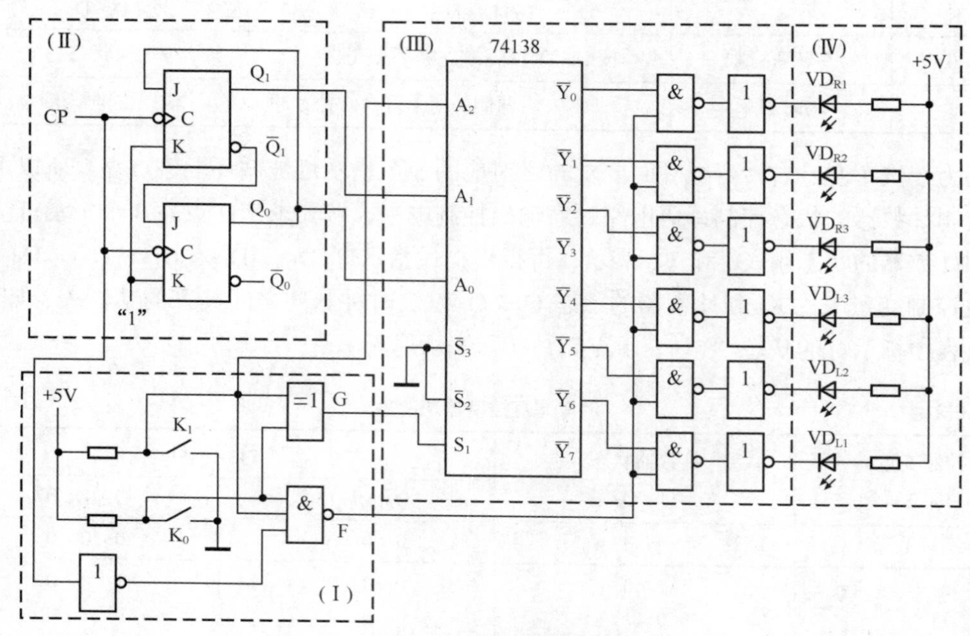

图 8.2　汽车尾灯控制器的逻辑电路图

图 8.2 中，用虚线框将整个电路分为尾灯显示模式控制电路（Ⅰ）、三进制计数器（Ⅱ）、译码与显示驱动电路（译码电路和显示驱动电路，图中的（Ⅲ））和尾灯状态显示电路（Ⅳ）4 部分。下面对各部分电路的设计方法做简单介绍。

1. 尾灯显示模式控制电路

假定译码与显示驱动电路的控制信号分别为 G 和 F，G 与译码器 74138 的使能输入端 S_1 相连接，F 与显示驱动电路中与非门的一个输入端相连接。由前面的功能分析与描述可知，G 和 F 与开关控制变量 K_1、K_0，以及时钟脉冲（CP）之间的关系如表 8.3 所示。

表 8.3　控制信号与模式控制变量、时钟脉冲的关系

模式控制 K_1 K_0	时钟脉冲 CP	控制信号 G F	电路工作状态
0 0	d	0 1	汽车正向行驶（此时译码器不工作，译码器输出全部为高电平，显示驱动电路中的与非门输出均为低电平，反相器输出均为高电平，尾灯全部熄灭）
0 1	d	1 1	汽车右转弯行驶（此时译码器在计数器控制下工作，显示驱动电路中的与非门输出取决于译码器输出，右侧尾灯 D_{R1}、D_{R2}、D_{R3} 在译码器输出作用下顺序循环点亮）
1 0	d	1 1	汽车左转弯行驶（此时译码器在计数器控制下工作，显示驱动电路中的与非门输出取决于译码器输出，左侧尾灯 D_{L1}、D_{L2}、D_{L3} 在译码器输出作用下顺序循环点亮）

续表

模式控制 K_1 K_0	时钟脉冲 CP	控制信号 G F	电路工作状态
1 1	CP	0 CP	汽车临时刹车（此时译码器不工作，译码器输出全部为高电平，时钟脉冲（CP）通过显示驱动电路中的与非门作用到反相器输出端，使左右两侧的指示灯在时钟脉冲作用下同时闪烁）

根据表8.3所示关系，可求出控制信号G和F的逻辑表达式为

$$G=\overline{K_1}K_0+K_1\overline{K_0}=K_1\oplus K_0$$

$$\begin{aligned}F&=\overline{K_1}\,\overline{K_0}+\overline{K_1}K_0+K_1\overline{K_0}+K_1K_0CP\\&=\overline{K_1}+\overline{K_0}+K_1K_0CP\\&=\overline{K_1K_0}+K_1K_0CP\\&=\overline{K_1K_0}+CP\\&=\overline{K_1K_0\overline{CP}}\end{aligned}$$

根据G和F的逻辑表达式可画出尾灯显示模式控制电路，如图8.2中的（Ⅰ）所示。

2. 三进制计数器

三进制计数器的状态表如表8.4所示。假定采用JK触发器作为存储元件，则设计出的逻辑电路如图8.2中的（Ⅱ）所示。

表8.4　三进制计数器的状态表

现态 Q_1	现态 Q_0	次态 Q_1^{n+1}	次态 Q_0^{n+1}
0	0	0	1
0	1	1	0
1	0	0	0
1	1	d	d

3. 译码与显示驱动电路

译码电路和显示驱动电路可分别用3-8线译码器74138和6个与非门、6个反相器构成，逻辑电路如图8.2中的（Ⅲ）所示。图中，译码器74138的输入端A_2、A_1、A_0分别接K_1、Q_1、Q_0。当图中G=F=1、K_1=0时，对应计数器状态Q_1Q_0为00、01、10，译码器输出$\overline{Y_0}$、$\overline{Y_1}$、$\overline{Y_2}$依次为0，使与指示灯D_{R1}、D_{R2}、D_{R3}相连的反相器输出依次为低电平，从而使指示灯按$D_{R1}\to D_{R2}\to D_{R3}$的顺序依次被点亮，示意汽车右转弯；当图中G=F=1、K_1=1时，对应计数器状态Q_1Q_0为00、01、10，译码器输出$\overline{Y_4}$、$\overline{Y_5}$、$\overline{Y_6}$依次为0，使与指示灯D_{L3}、D_{L2}、D_{L1}对应的反相器输出依次为低电平，从而使指示灯按$D_{L3}\to D_{L2}\to D_{L1}$顺序依次被点亮，示意汽车左转弯；当图中G=0、F=1时，译码器输出为全1，使所有与指示灯相连的反相器输出全部为高电平，指示灯全部熄灭，示意汽车正向行驶；当图中G=0、F=CP时，所有指示灯随CP的

频率闪烁。从而实现了 4 种不同模式下的尾灯状态显示。

4. 尾灯状态显示电路

尾灯状态显示电路可由 6 个发光二极管和 6 个电阻组成，逻辑电路如图 8.2 中的（Ⅳ）所示。图中，当反相器的输出为低电平时，相应发光二极管被点亮。

8.1.4 功能仿真

在数字逻辑虚拟实验平台 IVDLEP 环境下使用译码器 74138，JK 触发器芯片 7473，逻辑门芯片 7400、7410 和 7486 以及开关、指示灯、时钟信号源等器件对图 8.2 所示电路的功能进行了仿真验证，仿真结果表明所设计的汽车尾灯控制器正确实现了预定功能。图 8.3 所示为仿真实景图。

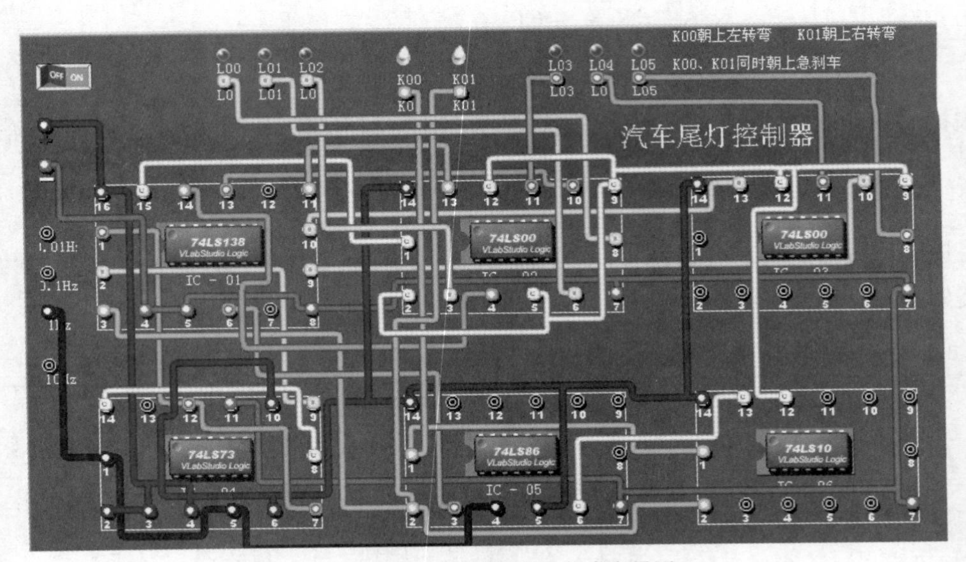

图 8.3　汽车尾灯控制器的仿真实景图

8.2 简单交通灯控制器设计

在任何一座城市，为了优化车辆在交通路口的等待时间，交通灯控制器都需要经过精心设计。想了解交通灯控制器的设计原理吗？不妨来看一个简单的单行道交叉路口交通灯控制器实例。

8.2.1 设计要求

一个单行道交叉路口的交通管理方案如图 8.4 所示。在图 8.4 中，1、2 为两条单行道路；SEN_1 和 SEN_2 为道路 1、2 上的传感器。当有车辆越过传感器时，相应传感器产生逻辑“1”

信号，否则为逻辑“0”信号。TL_1 和 TL_2 为道路 1、2 方向的信号灯。信号灯有红（禁止通行状态，用 R 表示）、绿（允许通行状态，用 G 表示）和黄（切换过渡状态，用 Y 表示）三色。在交通控制器中，传感器是输入装置，信号灯是输出装置。

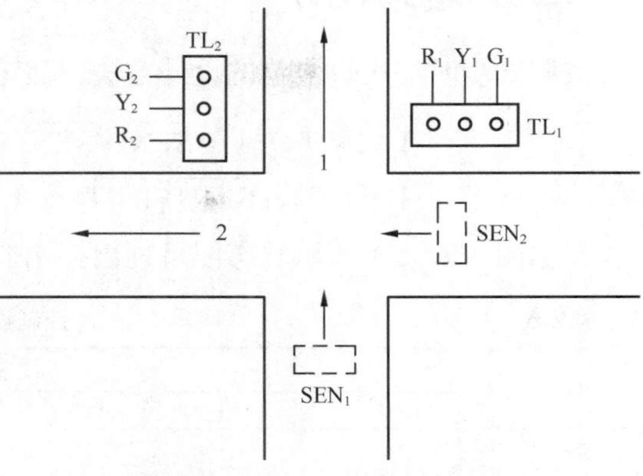

图 8.4　交通灯控制器管理方案

8.2.2　功能描述

根据设计要求，考虑到不同颜色信号灯点亮的时间长短应受到统一定时信号的控制，控制器可设计为一个同步时序电路。设 CP 为时钟脉冲信号，INIT 为初始化信号（用来设置系统初始状态），可画出控制器的框图，如图 8.5（a）所示。设控制器的初始状态为 S_0，可画出描述该电路功能的状态图，如图 8.5（b）所示。

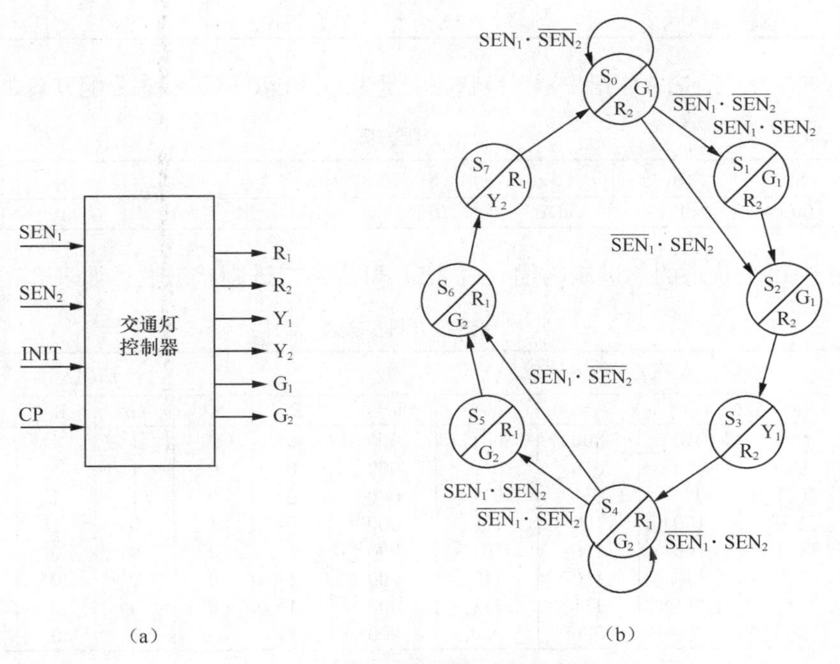

图 8.5　交通灯控制器框图和状态图

图 8.5（b）所示的状态图中，首先利用初始化信号 INIT 将控制器置于初始状态 S_0（允许道路 1 方向通行，禁止道路 2 方向通行）。当处于 S_0 状态，道路 1 有车辆要求通过且道路 2 无车辆要求通过时，电路停在 S_0 状态；否则，根据另外 3 种不同情况分别转向 S_1 状态或 S_2 状态。S_3 状态为切换通行道路的过渡状态，经过切换过渡后，在下一时钟脉冲作用下进入 S_4 状态（允许道路 2 方向通行，禁止道路 1 方向通行）。当处于 S_4 状态，道路 2 有车辆要求通过且道路 1 无车辆要求通过时，电路停在 S_4 状态；否则，根据另外 3 种不同情况分别转向 S_5 状态或 S_6 状态。S_7 状态为切换通行道路的过渡状态。凡遇到初始化信号 INIT，电路都回到 S_0 状态（图 8.5（b）中略）。

8.2.3 电路设计

按照同步时序逻辑电路的设计方法，假定

$$I_0=\mathrm{INIT} \quad I_1=\overline{\mathrm{SEN}_1}\cdot\overline{\mathrm{SEN}_2}\cdot\overline{\mathrm{INIT}} \quad I_2=\overline{\mathrm{SEN}_1}\cdot\mathrm{SEN}_2\cdot\overline{\mathrm{INIT}}$$

$$I_3=\mathrm{SEN}_1\cdot\overline{\mathrm{SEN}_2}\cdot\overline{\mathrm{INIT}} \quad I_4=\mathrm{SEN}_1\cdot\mathrm{SEN}_2\cdot\overline{\mathrm{INIT}}$$

根据图 8.5（b）所示状态图可列出控制器状态表，如表 8.5 所示。

表 8.5　　控制器状态表

现态	次态					输出
	I_1=1	I_2=1	I_3=1	I_4=1	I_0=1	
S_0	S_1	S_2	S_0	S_1	S_0	G_1R_2
S_1	S_2	S_2	S_2	S_2	S_0	G_1R_2
S_2	S_3	S_3	S_3	S_3	S_0	G_1R_2
S_3	S_4	S_4	S_4	S_4	S_0	Y_1R_2
S_4	S_5	S_4	S_6	S_5	S_0	R_1G_2
S_5	S_6	S_6	S_6	S_6	S_0	R_1G_2
S_6	S_7	S_7	S_7	S_7	S_0	R_1G_2
S_7	S_0	S_0	S_0	S_0	S_0	R_1Y_2

电路共有 8 个状态，需 3 个触发器。设状态变量为 Q_2、Q_1、Q_0，状态分配方案如表 8.6 所示。

表 8.6　　状态分配方案

状态	S_0	S_1	S_2	S_3	S_4	S_5	S_6	S_7
$Q_2Q_1Q_0$	000	001	010	011	100	101	110	111

将表 8.6 中每个状态的二进制码代入表 8.5，可得到二进制状态表，如表 8.7 所示。

表 8.7　　控制器二进制状态表

现态 $Q_2Q_1Q_0$	次态 $Q_2^{n+1}Q_1^{n+1}Q_0^{n+1}$					输出					
	I_1=1	I_2=1	I_3=1	I_4=1	I_0=1	R_1	Y_1	G_1	R_2	Y_2	G_2
0 0 0	001	010	000	001	000	0	0	1	1	0	0
0 0 1	010	010	010	010	000	0	0	1	1	0	0
0 1 0	011	011	011	011	000	0	0	1	1	0	0
0 1 1	100	100	100	100	000	0	1	0	1	0	0
1 0 0	101	100	110	101	000	1	0	0	0	0	1
1 0 1	110	110	110	110	000	1	0	0	0	0	1
1 1 0	111	111	111	111	000	1	0	0	0	0	1
1 1 1	000	000	000	000	000	1	0	0	0	1	0

假定采用 D 触发器作为存储元件，根据二进制状态表可得到激励函数和输出函数表达式为

$$\begin{aligned}
D_2 &= Q_2^{n+1} \\
&= \bar{I}_0\cdot\overline{Q_2}Q_1Q_0+\bar{I}_0\cdot Q_2\overline{Q_1}\,\overline{Q_0}+\bar{I}_0\cdot Q_2\overline{Q_1}Q_0+\bar{I}_0\cdot Q_2Q_1\overline{Q_0} \\
&= \bar{I}_0\cdot(\overline{Q_2}Q_1Q_0+Q_2\overline{Q_1}\,\overline{Q_0}+Q_2\overline{Q_1}Q_0+Q_2Q_1\overline{Q_0}) \\
&= \bar{I}_0\cdot(\overline{Q_2}Q_1Q_0+Q_2\overline{Q_0}+Q_2\overline{Q_1}) \\
&= \bar{I}_0\cdot(\overline{Q_2}Q_1Q_0+Q_2\overline{Q_1Q_0}) \\
&= \bar{I}_0\cdot(Q_2\oplus Q_1Q_0)
\end{aligned}$$

$$
\begin{aligned}
D_1 = Q_1^{n+1} \\
&= I_2 \cdot \overline{Q}_2\overline{Q}_1\overline{Q}_0 + I_3 \cdot Q_2\overline{Q}_1\overline{Q}_0 + \overline{I}_0 \cdot \overline{Q}_2\overline{Q}_1 Q_0 + \overline{I}_0 \cdot \overline{Q}_2 Q_1\overline{Q}_0 + \overline{I}_0 \cdot Q_2\overline{Q}_1 Q_0 + \overline{I}_0 \cdot Q_2 Q_1\overline{Q}_0 \\
&= I_2 \cdot \overline{Q}_2\overline{Q}_1\overline{Q}_0 + I_3 \cdot Q_2\overline{Q}_1\overline{Q}_0 + \overline{I}_0(\overline{Q}_2\overline{Q}_1 Q_0 + \overline{Q}_2 Q_1\overline{Q}_0 + Q_2\overline{Q}_1 Q_0 + Q_2 Q_1\overline{Q}_0) \\
&= I_2 \cdot \overline{Q}_2\overline{Q}_1\overline{Q}_0 + I_3 \cdot Q_2\overline{Q}_1\overline{Q}_0 + \overline{I}_0(\overline{Q}_1 Q_0 + Q_1\overline{Q}_0) \\
&= I_2 \cdot \overline{Q}_2\overline{Q}_1\overline{Q}_0 + I_3 \cdot Q_2\overline{Q}_1\overline{Q}_0 + \overline{I}_0(Q_1 \oplus Q_0)
\end{aligned}
$$

$$
\begin{aligned}
D_0 = Q_0^{n+1} \\
&= I_1 \cdot \overline{Q}_2\overline{Q}_1\overline{Q}_0 + I_1 \cdot Q_2\overline{Q}_1\overline{Q}_0 + I_4 \cdot \overline{Q}_2\overline{Q}_1\overline{Q}_0 + I_4 \cdot Q_2\overline{Q}_1\overline{Q}_0 + \overline{I}_0 \cdot \overline{Q}_2 Q_1\overline{Q}_0 + \overline{I}_0 \cdot Q_2 Q_1\overline{Q}_0 \\
&= I_1(\overline{Q}_2\overline{Q}_1\overline{Q}_0 + Q_2\overline{Q}_1\overline{Q}_0) + I_4(\overline{Q}_2\overline{Q}_1\overline{Q}_0 + Q_2\overline{Q}_1\overline{Q}_0) + \overline{I}_0(\overline{Q}_2 Q_1\overline{Q}_0 + Q_2 Q_1\overline{Q}_0) \\
&= I_1 \cdot \overline{Q}_1\overline{Q}_0 + I_4 \cdot \overline{Q}_1\overline{Q}_0 + \overline{I}_0 \cdot Q_1\overline{Q}_0
\end{aligned}
$$

$$R_1 = Q_2$$

$$Y_1 = \overline{Q}_2 Q_1 Q_0$$

$$G_1 = \overline{Q}_2\overline{Q}_1\overline{Q}_0 + \overline{Q}_2\overline{Q}_1 Q_0 + \overline{Q}_2 Q_1\overline{Q}_0 = \overline{Q}_2\overline{Q}_1 + \overline{Q}_2\overline{Q}_0 = \overline{Q}_2(\overline{Q}_1 + \overline{Q}_0) = \overline{Q}_2 \cdot \overline{Q_1 Q_0}$$

$$R_2 = \overline{Q}_2$$

$$Y_2 = Q_2 Q_1 Q_0$$

$$G_2 = Q_2\overline{Q}_1\overline{Q}_0 + Q_2\overline{Q}_1 Q_0 + Q_2 Q_1\overline{Q}_0 = Q_2\overline{Q}_1 + Q_2\overline{Q}_0 = Q_2(\overline{Q}_1 + \overline{Q}_0) = Q_2 \cdot \overline{Q_1 Q_0}$$

根据选定触发器以及所得激励函数和输出函数表达式，可画出交通灯控制器的逻辑电路图，如图 8.6 所示。

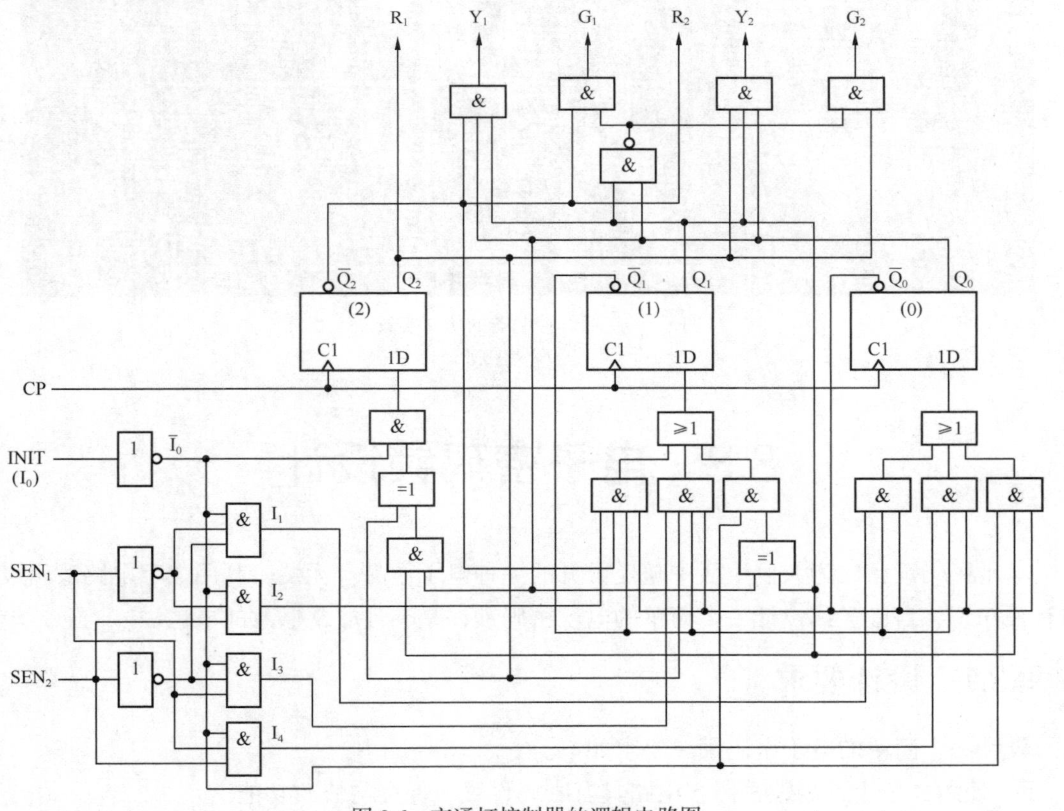

图 8.6　交通灯控制器的逻辑电路图

8.2.4 功能仿真

在数字逻辑虚拟实验平台 IVDLEP 环境下使用 D 触发器芯片 74175，逻辑门芯片 7404、7408、7411、7421、7427 和 7486 以及开关、指示灯等器件对图 8.6 所示电路的功能进行仿真验证，仿真结果表明所设计的交通灯控制器正确实现了预定功能。图 8.7 所示为仿真实景图。

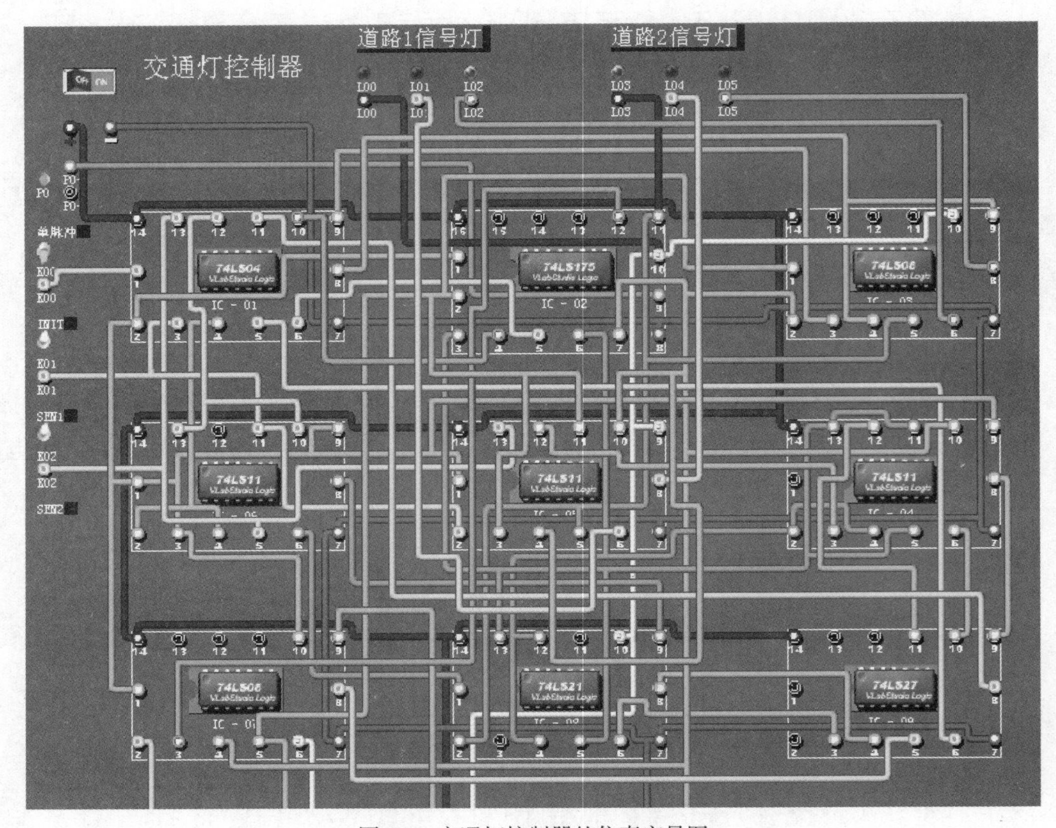

图 8.7 交通灯控制器的仿真实景图

8.3 电子密码锁设计

电子密码锁已成为人们生活中随处可见的一种电子产品。无疑，利用数字电路逻辑设计的有关知识，自己尝试设计一个简单的电子密码锁，是一件非常惬意的事情。

8.3.1 设计要求

设计一个简单的电子密码锁。要求如下。

① 使用 3 位十进制数密码，电路具有密码设置、保存与修改功能。

② 密码采用十进制输入，8421 码形式保存。

③ 接收 3 位开锁输入密码后，能进行正确性识别。

④ 当输入密码与所设定密码一致时，输出产生开锁信号；不一致时产生报警信号。

8.3.2　功能描述

根据设计要求可知，密码锁主要由密码输入电路、（设置/修改）密码保存电路、开锁密码保存电路和密码验证电路 4 部分组成，其结构框图如图 8.8 所示。

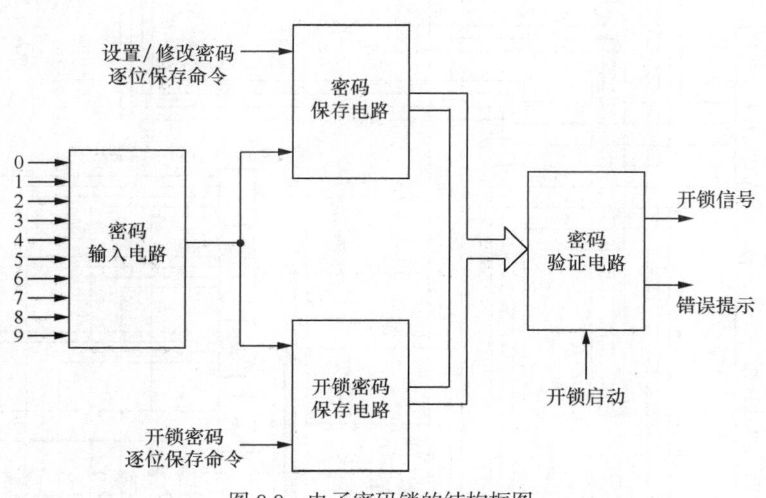

图 8.8　电子密码锁的结构框图

密码输入电路接收十进制数字输入，并产生与输入对应的 8421 码输出；用户设置密码时，通过密码输入电路输入 3 位十进制密码送密码保存电路存放，密码保存电路中存放的密码允许用户随时修改；用户开锁时，通过密码输入电路输入 3 位十进制密码送开锁密码保存电路；密码验证电路对来自密码保存电路中的 3 位密码和来自开锁密码保存电路的 3 位密码进行比较，并在开锁启动信号作用下产生输出信号，当输入密码与设置密码相同时产生开锁信号，否则产生错误提示信号。

8.3.3　电路设计

根据电子密码锁的功能描述，可考虑各部分电路的主要器件为：密码输入电路采用普通按键式 8421 码编码器；密码保存电路和开锁密码保存电路分别采用 3 个 4 位二进制寄存器 74194；密码验证电路采用 3 个 4 位二进制数比较器（一种常用中规模组合逻辑器件）。在此基础上配备适当的逻辑门芯片，即可实现预定功能。据此，可画出电子密码锁的逻辑电路图，如图 8.9 所示。

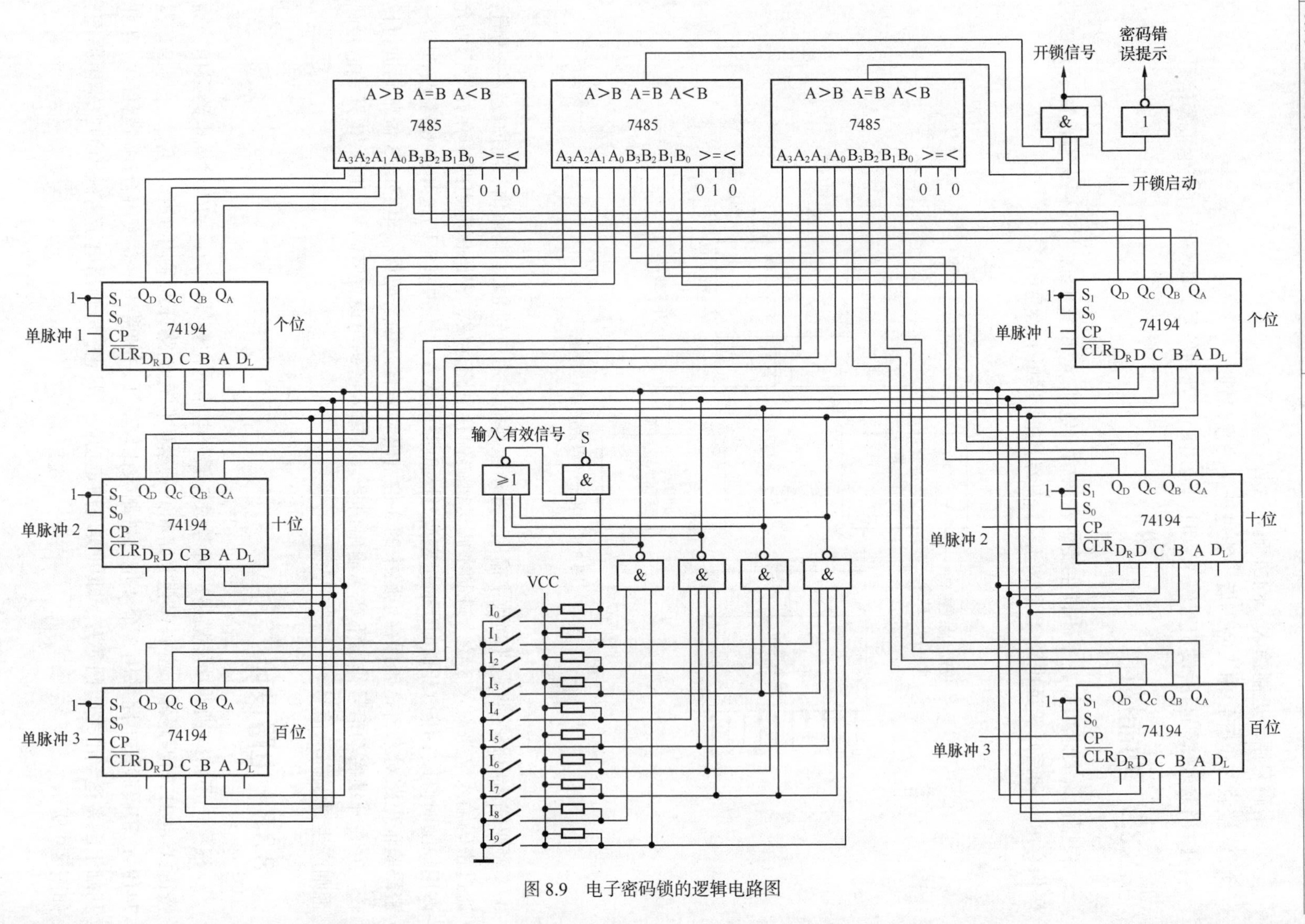

图 8.9　电子密码锁的逻辑电路图

8.3.4　功能仿真

电子密码锁电路仿真

在数字逻辑虚拟实验平台 IVDLEP 环境下使用 4 位寄存器芯片 74194，4 位数值比较器 7485，逻辑门芯片 7404、7400、7420、7430 和 7411 以及开关、指示灯、单脉冲等器件对图 8.12 所示电路的功能进行了仿真验证。仿真结果表明，所设计的电子密码锁能正确实现预定功能。图 8.10 所示为仿真实景图。

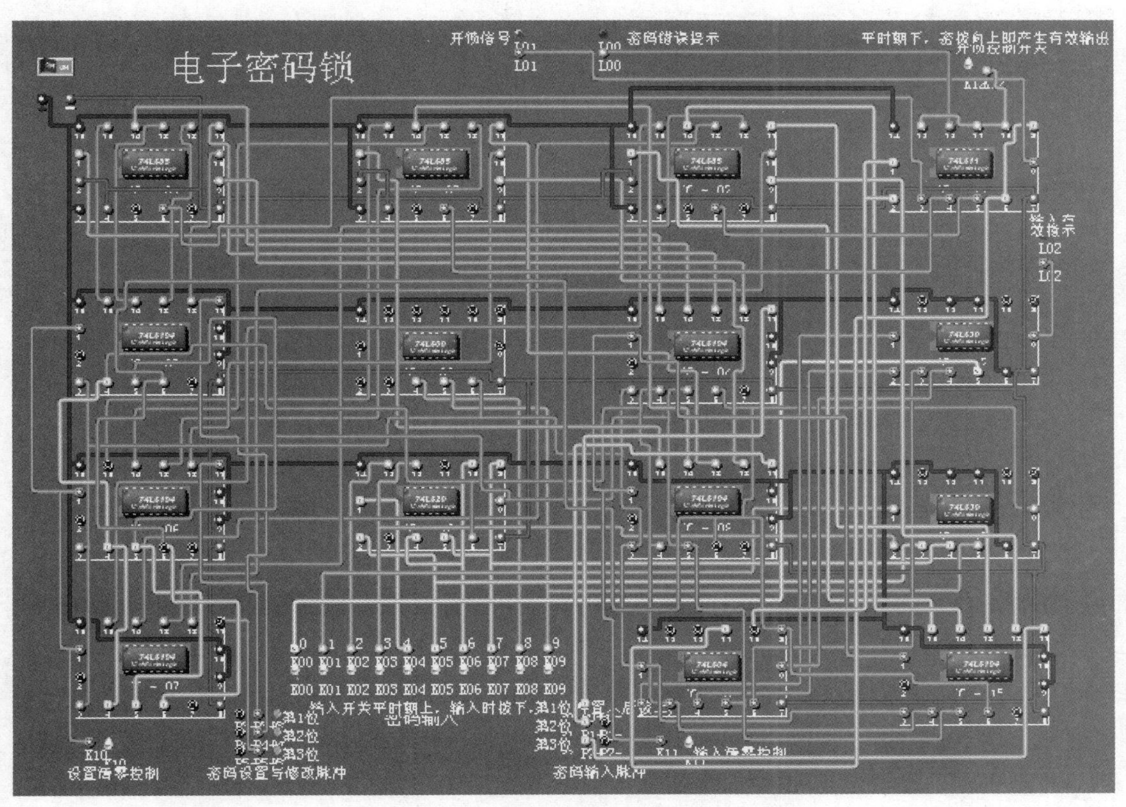

图 8.10　电子密码锁仿真实景图

本章小结

本章综合运用数字电路逻辑设计的基本知识、基本理论、基本器件和基本方法，结合实际应用问题，进行了不同类型的实例设计。并且，利用数字逻辑虚拟实验平台 IVDLEP 对每个设计方案进行了仿真验证。要求通过对本章内容的学习，加深对所学知识的理解，进一步提高独立分析问题的能力和灵活运用所学知识解决实际问题的能力。

思考题与练习题

1. 如果要求对8.2节所设计的智力竞赛抢答器增加一个定时抢答功能，即由主持人设定抢答时间（如30s），当主持人启动“抢答开始”键后，立即开始递减计时，并送显示器显示。若在规定时间内有选手抢答，则最先抢答有效，计时器停止工作，显示选手编号和抢答时刻的时间；若抢答时间已到没有选手抢答，则提示本次抢答无效。请问应对电路做哪些改造？

2. 假定要将8.3节设计的单向行驶交叉路口交通灯控制器改为双向行驶交叉路口交通灯控制器，在设计方案上应做哪些调整？谈谈自己的想法。

3. 如果要将8.4节设计的电子密码锁改为4位十进制密码，在设计方案上应做哪些调整？要增加哪些器件？

4. 自选逻辑器件设计一个2位十进制数的8421码加法器。要求给出功能描述，并画出逻辑电路图。

附录 1 实验指导

实验教学是加深对理论知识的理解，培养学生动手能力、解决实际问题能力和创新能力的一个非常重要的教学环节。“数字电路逻辑设计”是一门理论与实际结合十分紧密的课程，为了加强该课程实验教学，市面上有由不同厂家提供的各种实验设备以及各种仿真软件。为了能够直观、形象地描述实验的过程与方法，下面以本书作者自主研发的虚拟实验平台（IVDLEP）作为实验环境，对该课程实验教学做简单介绍。

需要说明的是，文中所提实验内容并不依赖于虚拟实验平台（IVDLEP），普通高校常用的数字电路逻辑设计实验教学设备均可以完成附录 1.4 中的所有实验。

附 1.1　常用集成电路芯片

为了方便使用不同实验设备的读者学习，下面给出部分实验中最常用的集成电路芯片。

附 1.1.1　常用逻辑门

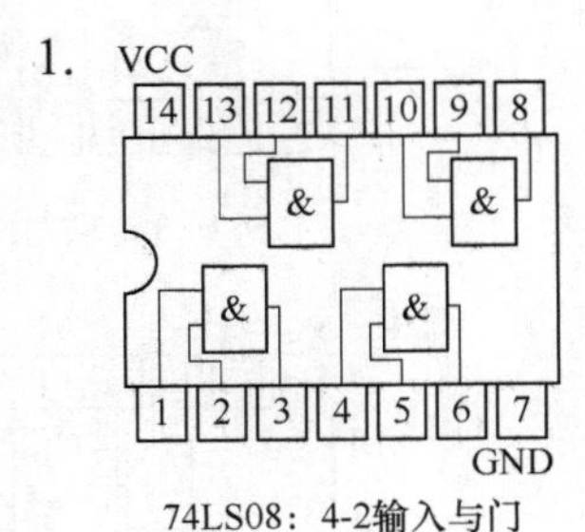

74LS08：4-2输入与门

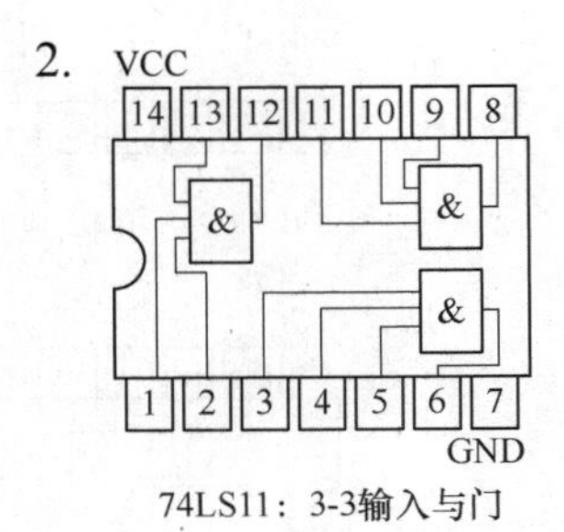

74LS11：3-3输入与门

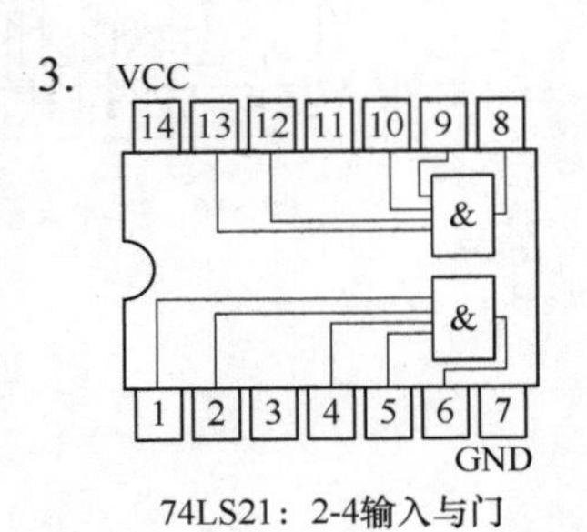

74LS21：2-4输入与门

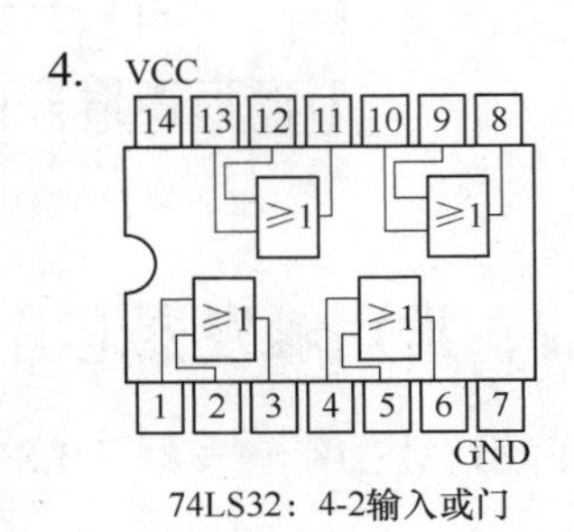

74LS32：4-2输入或门

5.

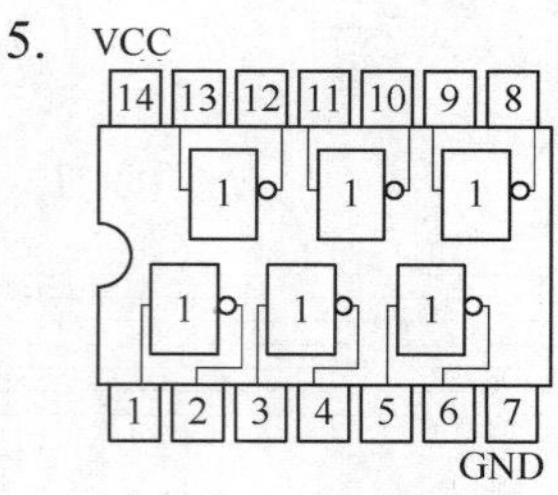

74LS04：六反相器

6.

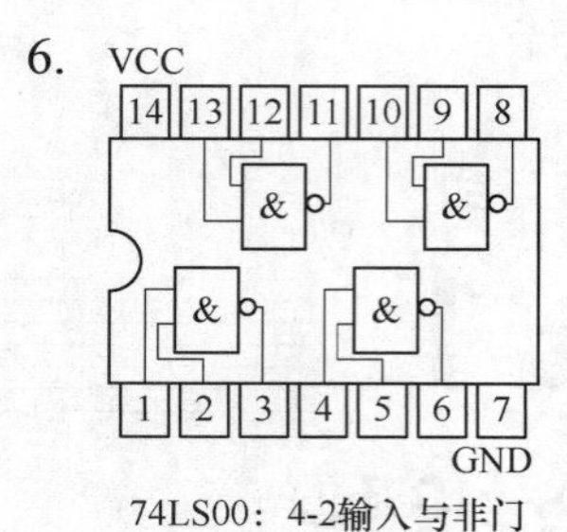

74LS00：4-2输入与非门

7.

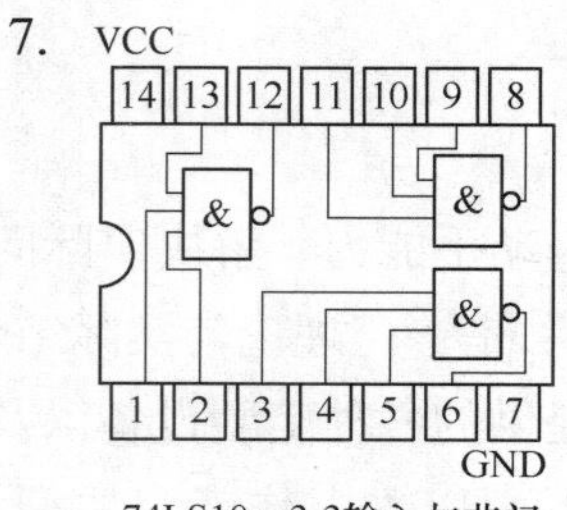

74LS10：3-3输入与非门

8.

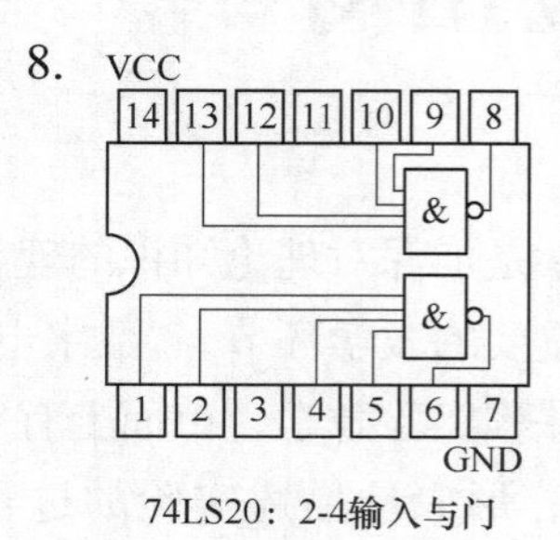

74LS20：2-4输入与门

9.

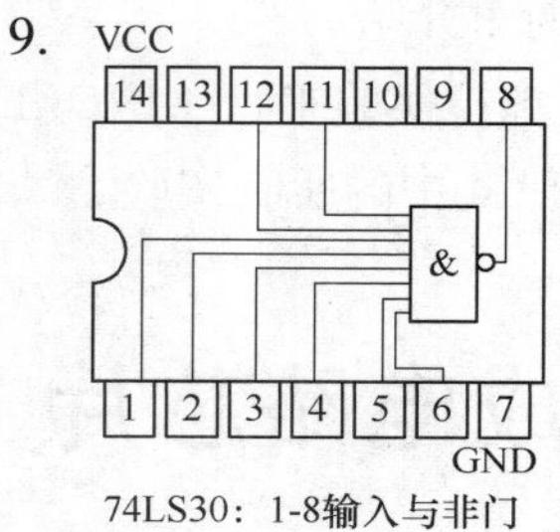

74LS30：1-8输入与非门

10. VCC

14 13 12 11 10 9 8

≥1 ≥1

≥1 ≥1

1 2 3 4 5 6 7

GND

74LS02：4-2输入或非门

11. VCC

14 13 12 11 10 9 8

≥1 ≥1

≥1

1 2 3 4 5 6 7

GND

74LS27：3-3输入或非门

12.

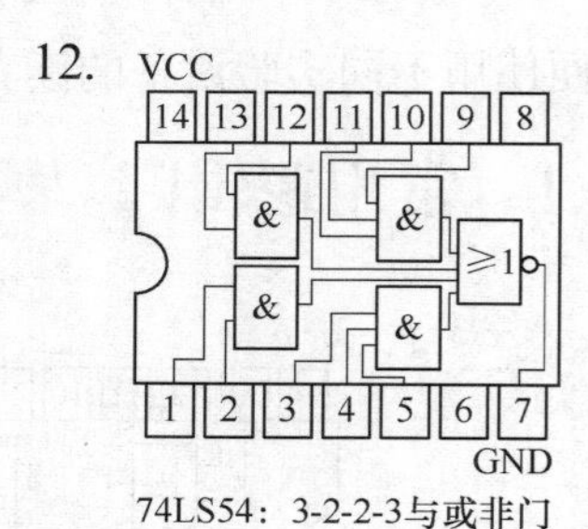

74LS54：3-2-2-3与或非门

13.

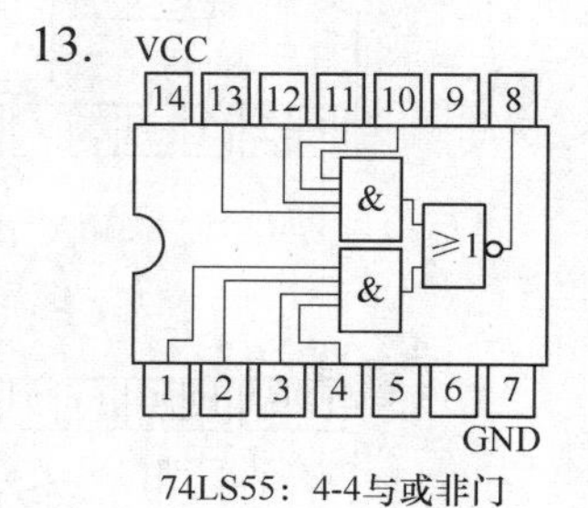

74LS55：4-4与或非门

14.

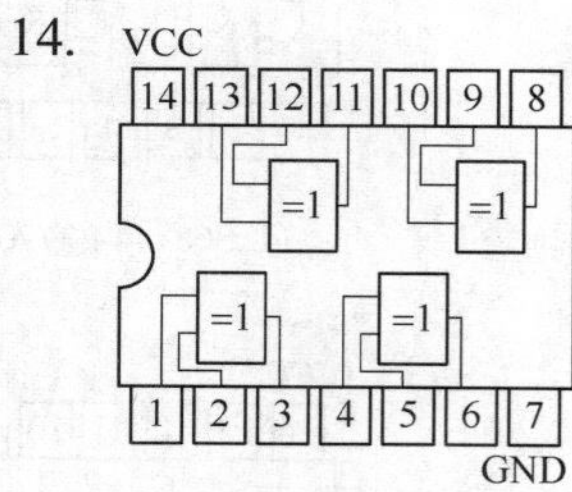

74LS86：4-2输入异或门

附 1.1.2 常用触发器芯片

1. 双下降沿触发 JK 触发器 74LS73

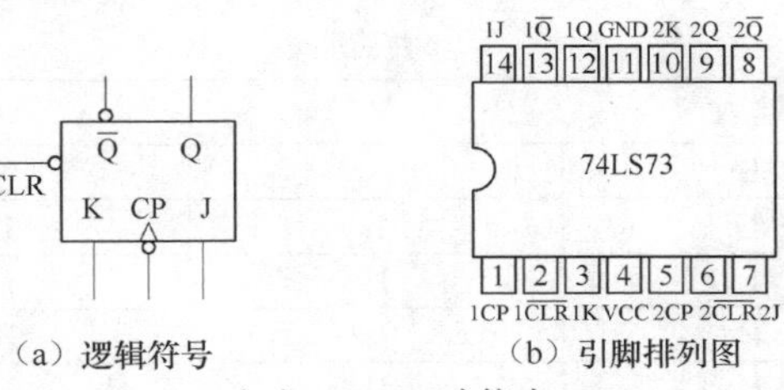

（a）逻辑符号　（b）引脚排列图

（c）74LS73 功能表

输入				输出		功能
$\overline{CLR}$	CP	J	K	Q	$\overline{Q}$	
L	x	x	x	L	H	清 0
H	↓	L	L	Q_0	$\overline{Q}_0$	保 持
H	↓	H	L	H	L	置 1
H	↓	L	H	L	H	置 0
H	↓	H	H	$\overline{Q}_0$	Q_0	翻 转

注：H 表示高电平，L 表示低电平，↓表示时钟脉冲下降沿，X 表示任意值。

2. 双上升沿触发 D 触发器 74LS74

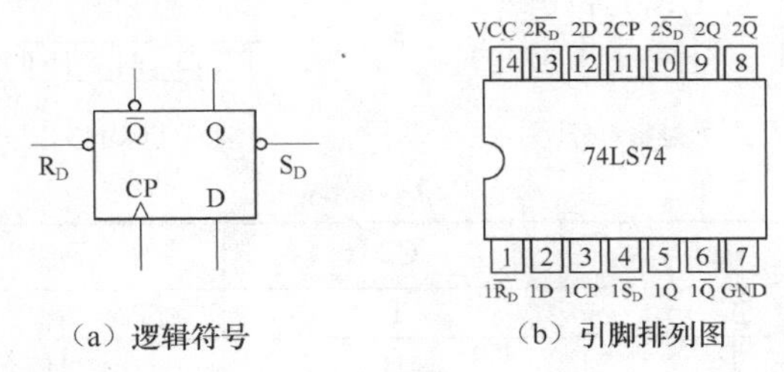

（a）逻辑符号　（b）引脚排列图

（c）功能表

输入				输出		功能
R_D	S_D	CP	D	Q	$\overline{Q}$	
L	H	×	×	L	H	直接清 0
H	L	×	×	H	L	直接置 1
L	L	×	×	H*	H*	状态不定
H	H	↑	H	H	L	置 1
H	H	↑	L	L	H	置 0
H	H	L	×	Q_0	$\overline{Q}_0$	状态不变

注：H 表示高电平，L 表示低电平，↑表示时钟脉冲上升沿，X 表示任意值。

附 1.1.3 常用中规模功能部件

1. 双全加器 74LS183

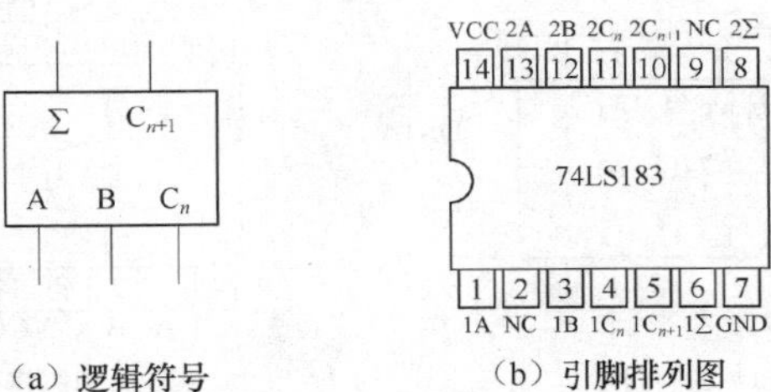

（a）逻辑符号　（b）引脚排列图

（c）功能表

输入			输出	
A	B	C_n	Σ	C_{n+1}
L	L	L	L	L
L	L	H	H	L
L	H	L	H	L
L	H	H	L	H
H	L	L	H	L
H	L	H	L	H
H	H	L	L	H
H	H	H	H	H

注：H 表示高电平，L 表示低电平。

2. 四位二进制数并行加法器 74283

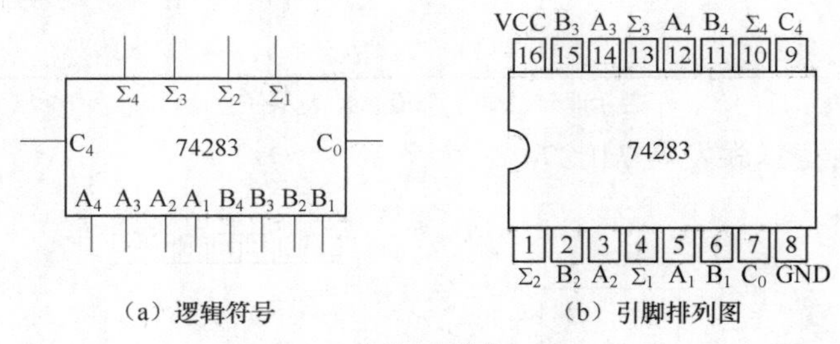

（a）逻辑符号　　（b）引脚排列图

（c）功能表

A_n	B_n	C_{n-1}	Σ_n	C_n
L	L	L	L	L
L	L	H	H	L
L	H	L	H	L
L	H	H	L	H
H	L	L	H	L
H	L	H	L	H
H	H	L	L	H
H	H	H	H	H

注：表中 n 取值为 1～4。

3. 四位二进制同步可逆计数器 74LS193

详细内容可参见本书的图 6.43、表 6.32 与表 6.33。

4. 十进制计数器 74290

详细内容可参见本书的图 6.44 与表 6.34。

5. 五位移位寄存器 74LS96

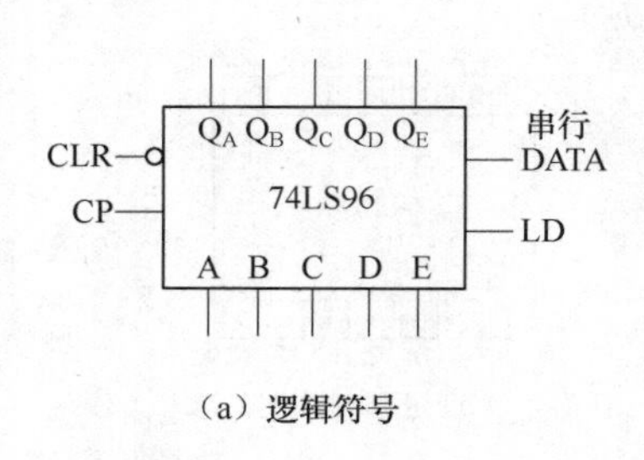

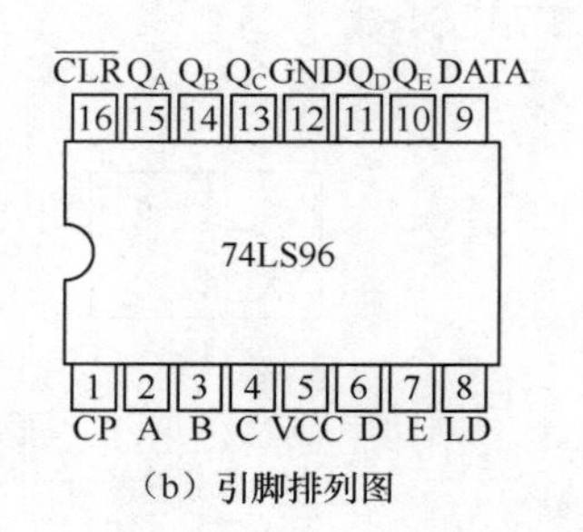

（a）逻辑符号　　（b）引脚排列图

（c）功能表

清除 CLR	置数 LD	预置 A	B	C	D	E	时钟 CP	串行 DATA	输出 Q_A	Q_B	Q_C	Q_D	Q_E
L	L	X	X	X	X	X	X	X	L	L	L	L	L
L	X	L	L	L	L	L	X	X	L	L	L	L	L
H	H	H	H	H	H	H	X	X	H	H	H	H	H
H	H	L	L	L	L	L	L	X	Q_{A0}	Q_{B0}	Q_{C0}	Q_{D0}	Q_{E0}
H	H	H	L	H	L	H	L	X	H	Q_{B0}	H	Q_{D0}	H
H	L	X	X	X	X	X	L	X	Q_{A0}	Q_{B0}	Q_{C0}	Q_{D0}	Q_{E0}
H	L	X	X	X	X	X	↑	H	H	Q_{An}	Q_{Bn}	Q_{Cn}	Q_{Dn}
H	L	X	X	X	X	X	↑	L	L	Q_{An}	Q_{Bn}	Q_{Cn}	Q_{Dn}

6. 七段译码/驱动器 74LS48

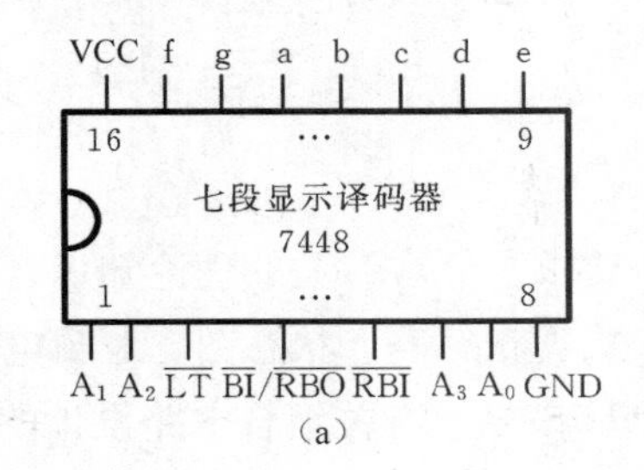

（a）

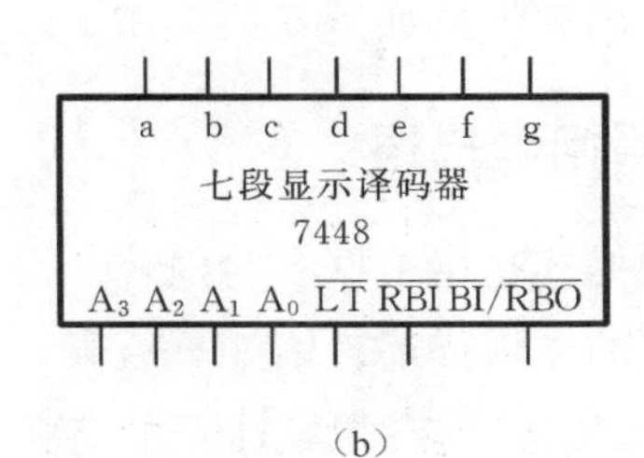

（b）

（c）功能表

十进制数或功能	输入 $\overline{LT}$	$\overline{RBI}$	A_3	A_2	A_1	A_0	$\overline{BI}/\overline{RBO}$	输出 a	b	c	d	e	f	g	说明
0	H	H	L	L	L	L	H	H	H	H	H	H	H	L	译码显示
1	H	X	L	L	L	H	H	L	H	H	L	L	L	L	
2	H	X	L	L	H	L	H	H	H	L	H	H	L	H	
3	H	X	L	L	H	H	H	H	H	H	H	L	L	H	
4	H	X	L	H	L	L	H	L	H	H	L	L	H	H	
5	H	X	L	H	L	H	H	H	L	H	H	L	H	H	
6	H	X	L	H	H	L	H	L	L	H	H	H	H	H	
7	H	X	L	H	H	H	H	H	H	H	L	L	L	L	
8	H	X	H	L	L	L	H	H	H	H	H	H	H	H	
9	H	X	H	L	L	H	H	H	H	H	L	L	H	H	
10	H	X	H	L	H	L	H	L	L	L	H	H	L	H	
11	H	X	H	L	H	H	H	L	L	H	H	L	L	H	
12	H	X	H	H	L	L	H	L	H	L	L	L	H	H	
13	H	X	H	H	L	H	H	H	L	L	H	L	H	H	
14	H	X	H	H	H	L	H	L	L	L	H	H	H	H	
15	H	X	H	H	H	H	H	L	L	L	L	L	L	L	
消隐	X	X	X	X	X	X	L	L	L	L	L	L	L	L	熄灭
脉冲消隐	H	L	L	L	L	L	L	L	L	L	L	L	L	L	灭零
灯测试	L	X	X	X	X	X	H	H	H	H	H	H	H	H	测试

注：（1）$\overline{BI}/\overline{RBO}$ 既可作为输入（$\overline{BI}$），也可作为输出（$\overline{RBO}$）。当输入（$\overline{BI}$）置为高电平时，芯片输出对应上表 0～15。

（2）当输入（$\overline{BI}$）为低电平时，所有输出均为低电平。

（3）当 $\overline{RBI}$ 和 A_3、A_2、A_1、A_0 均为低电平，且 $\overline{LT}$ 为高电平时，所有的输出（a、b、c、d、e、f、g、$\overline{RBO}$）均为低电平。

（4）$\overline{BI}/\overline{RBO}$ 为高电平，且 $\overline{LT}$ 为低电平时，所有的输出均为高电平。

附 1.2　实验的一般程序

数字电路逻辑设计实验一般可分为实验准备、电路搭建、方案验证、电路调试以及书写实验报告 5 个阶段。

附 1.2.1　实验准备

实验前的准备工作十分重要，一般来说准备工作越充分，实验过程便越顺利。通常实验前应根据实验内容做好如下几项工作。

一、逻辑问题描述

逻辑问题描述是指根据实验内容、目的和具体要求，复习有关的理论知识，并给出满足实验内容要求的逻辑描述，诸如真值表、逻辑表达式、状态表、状态图、逻辑电路图等。

例如，假定实验内容为设计一个“半加器”，则应该复习有关组合电路设计的知识。根据组合电路设计方法，设 A、B 分别为被加数和加数，S_H、C_H 分别为相加所得“和”及“进位”，根据组合电路的设计步骤，可列出半加器的真值表如附表 1.1 所示。

附表 1.1　　半加器的真值表

A	B	S_H	C_H
0	0	0	0
0	1	1	0
1	0	1	0
1	1	0	1

经化简后得到半加器的输出函数表达式如下。

“和”函数表达式：$S_H = \overline{A}B + A\overline{B}$。

“进位”函数表达式：$C_H = AB$。

二、画出逻辑电路图及芯片引脚连接图

首先，根据实验所提供的集成电路组件，将输出函数表达式转换成适当的形式。例如，若实验提供实现半加器的集成电路为两片 2 输入 4“与非”门 74LS00，则应将“和”函数表达式以及“进位”函数表达式变换成“与非-与非”表达式，即

$$S_H = \overline{\overline{\overline{A}B}\cdot\overline{A\overline{B}}} = \overline{\overline{\overline{AB}\cdot B}\cdot\overline{\overline{AB}\cdot A}}\text{；}$$

$$C_H = \overline{\overline{AB}}$$

其次，画出逻辑电路图及芯片引脚连接图。本例的相应逻辑电路图及芯片引脚连接图如附图 1.1 所示。

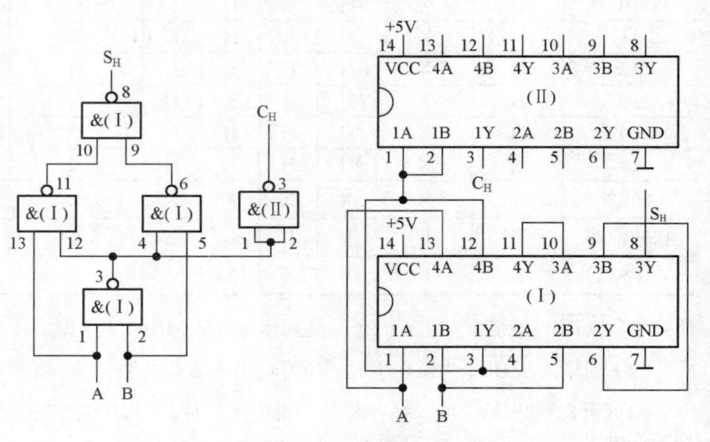

附图 1.1　半加器逻辑电路图及芯片引脚连接图

附 1.2.2 电路搭建

在实验环境下，搭建实验平台、安插芯片与布线。

仿真电路的搭建

一、根据逻辑电路图搭建虚拟实验平台

例如，实现附图 1.1 所示半加器功能，实验平台需要两个 14 引脚的芯片插座，需要两个提供输入信号的开关，两个显示输出结果的指示灯，以及电源等。据此，可搭建出相应虚拟实验平台如附图 1.2 所示。

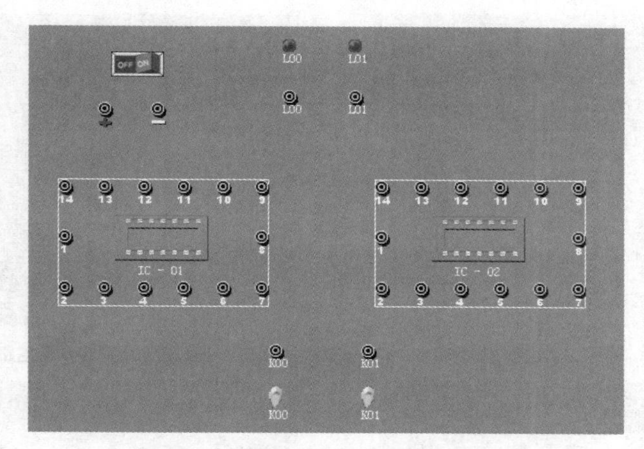

附图 1.2 搭建半加器电路虚拟仿真平台

二、安插芯片与布线

例如，实现半加器功能时，应将两片 2 输入 4“与非”门 74LS00 安插到芯片插座上，并建立输入、输出信号以及芯片引脚之间的连接。具体可将输入端 A、B 分别接至两个开关 K_{00}、K_{01}；输出端 S_H 和 C_H 分别接至两个显示灯 L_{00} 和 L_{01}。

然后根据附图 1.1 所示连接关系开始芯片引脚之间的连接。连线时注意找准集成电路组件两排引脚对应的接线柱，以防误接。建议导线最好选用不同颜色，以便区别不同用途。根据附图 1.1 所示芯片引脚连接图可得到相应虚拟实验平台上器件连接图如附图 1.3（a）所示。

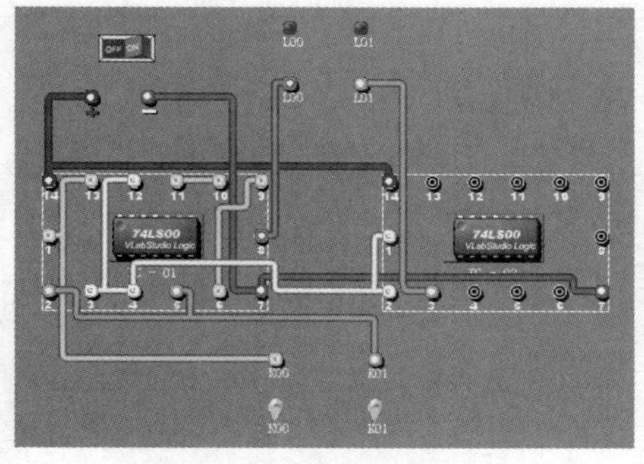

（a）半加器电路器件连接仿真图

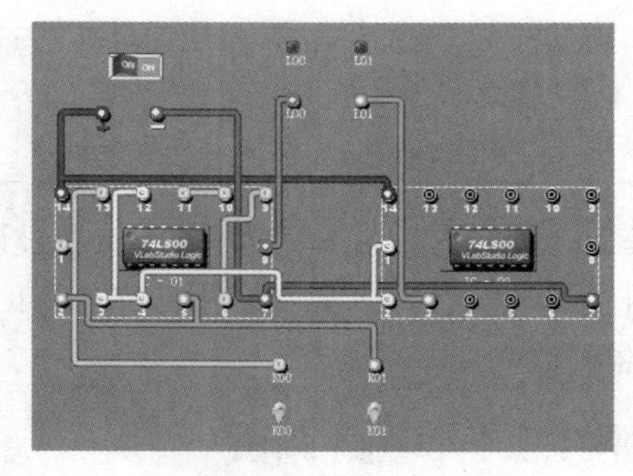

（b）半加器电路接通电源仿真图

附图 1.3

附 1.2.3　方案验证

检查连线无误后，便可开始方案验证。半加器的方案验证过程如下。

（1）进入仿真状态，此时电源开关呈现打开（ON）状态，如附图 1.3（b）所示。

（2）拨动开关 K_{00}、K_{01} 输入被加数及加数，同时观察显示灯 L_0 和 L_1，并将观察结果记录在附表 1.2 中。操作过程如附图 1.4 所示（注：开关朝下表示输入 0，朝上表示输入 1；指示灯熄灭表示输出 0，点亮表示输出 1。附图 1.4（a）～附图 1.4（d）中，依次对应输入 00、01、10、11 时的实验结果）。

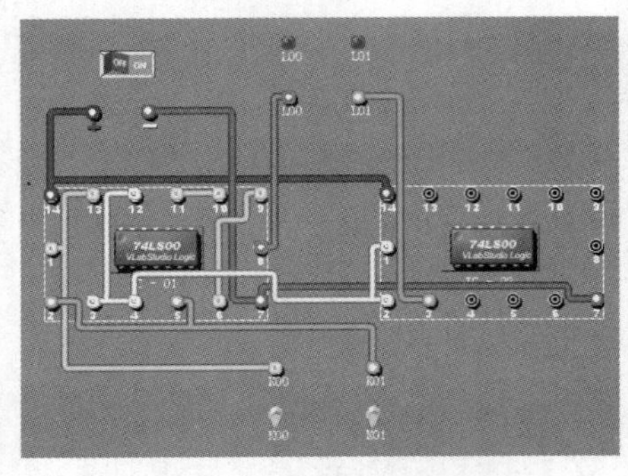

（a）输入为 00 时半加器电路功能仿真图

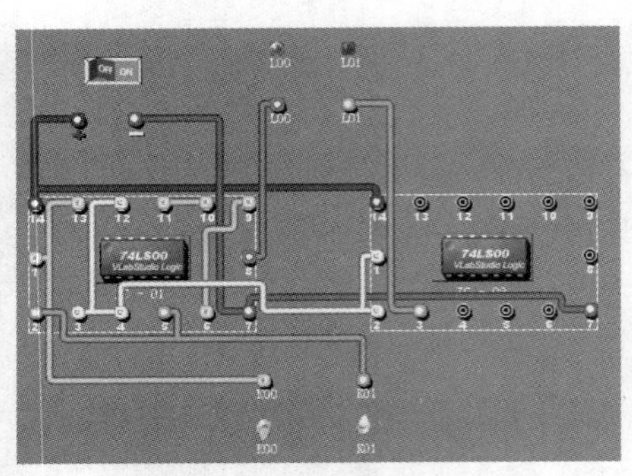

（b）输入为 01 时半加器电路功能仿真图

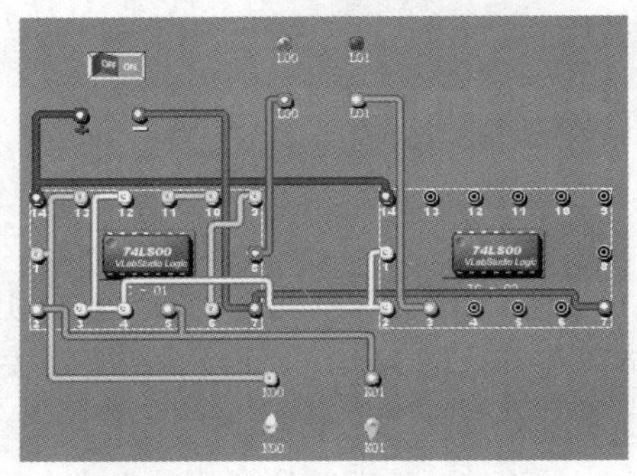

（c）输入为 10 时半加器电路功能仿真图

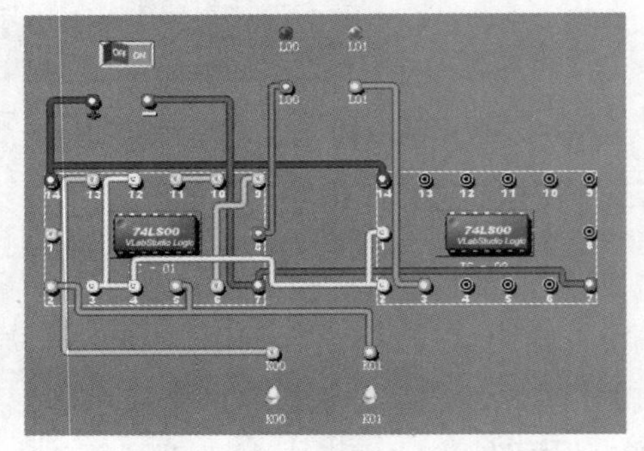

（d）输入为 11 时半加器电路功能仿真图

附图 1.4

附表 1.2　　实验记录表

K_{00}　K_{01}	L_{00}　L_{01}
0　0	0　0
0　1	1　0
1　0	1　0
1　1	0　1

（3）对照附表 1.1 和附表 1.2 检查所设计的电路是否实现了半加器的逻辑功能。

比较附表 1.2 所示实验记录表和附表 1.1 所示真值表，两者完全相同。显然，电路实现了半加器逻辑功能。

附 1.2.4　电路调试

通常即使在实验前做好了充分准备，实验过程中也很认真，但依然可能发生各种非正常现象，使实验结果与设计要求有出入，致使电路不能完成预期的逻辑功能。通常将其称为“实验故障”。发现故障时必须进行电路调试，即找出故障原因并解决问题。因此，我们在进行实验时必须认真记录各种非正常现象，并对记录结果进行分析。产生故障的原因通常有下面几种。

（1）器件使用错误，如集成电路型号不对、使用不当或者损坏等。

（2）导线断损或器件连线错误。

（3）仪器、仪表操作错误。

（4）电路设计错误。

为了使实验顺利进行并尽量减少实验器材的损坏，在打开电源之前应对所有器件进行核实，包括检查连线是否漏接和错接（为了便如查找，建议通过导线颜色对不同连接部分加以区分），芯片型号是否正确等。开始实验验证后，如果发现结果错误，首先应检查实施的正确性，即操作是否正确，连线是否有错，器件是否损坏与使用是否正确，仪器、仪表操作是否正确等。如果肯定上述均正确无误，则应检查设计方案是否正确，分析所设计的电路图是否能满足逻辑功能的要求，这一点也是不可忽视的。在排除故障和错误的过程中，应对排错的方法、修改后的设计方案等进行详细的记录。

附 1.2.5　实验报告

实验完成后，应对实验结果进行认真分析，并从理论和实践两方面加以总结，加深对所学理论知识的理解，掌握相关知识的应用。实验报告是对实验过程的书面总结。实验报告一般包括以下几项内容。

（1）实验内容与实验目的。

（2）实验所用仪器、芯片和元器件。

（3）实验方案（包括设计过程、逻辑电路图和芯片连接图等）。

（4）实验步骤，实验记录。

（5）实验结果的分析、处理。

（6）实验总结并回答实验内容中提出的问题。

写实验报告是综合运用所学理论解决实际问题的总结过程。实验报告应该写得简明扼要，有事实、有分析、有结论。对实验中观察到的现象进行分析和讨论是实验报告的一个重要内容，包括对实验中发现的某些与理论存在差异的现象的解释，实验中对原设计方案进行调整、改进的说明，以及对重要的实验现象的讨论和结论。

附 1.3　实验内容

根据本课程教学要求，制定了如下 6 个实验方案和 1 个课程设计内容供读者参考。使用者可根据实验学时安排全部实验或选做部分实验，有条件的可增加实验内容。

附 1.3.1　舍入与检测电路设计

舍入与检测电路的仿真

一、实验目的

掌握简单组合逻辑电路的设计与实现方法，以及有关门电路芯片的使用，熟悉实验的基本流程。

二、实验所用芯片

三输入三与非门 1 片，型号为 74LS10；
二输入四与非门 1 片，型号为 74LS00；
六门反相器 1 片，型号为 74LS04；
二输入四异或门 1 片，型号为 74LS86。

三、实验内容及步骤

1. 实验内容

用给定的集成电路芯片设计一个多输出逻辑电路。该电路的输入 A、B、C、D 为 8421 码，F_1 为“四舍五入”输出信号，F_2 为奇偶检测输出信号。当电路检测到输入的代码大于或等于（5）$_{10}$时，电路的输出 F_1=1；其他情况 F_1=0。当输入代码中含 1 的个数为奇数时，电路的输出 F_2=1，其他情况 F_2=0。该电路的框图如附图 1.5 所示。

2. 实验步骤

（1）列出真值表、画出逻辑电路图和芯片引脚连接图。

（2）按照设计的逻辑电路图搭建实验平台、安插芯片、连线，并将电路的输入端与开关连接，电路输出端与显示灯连接。

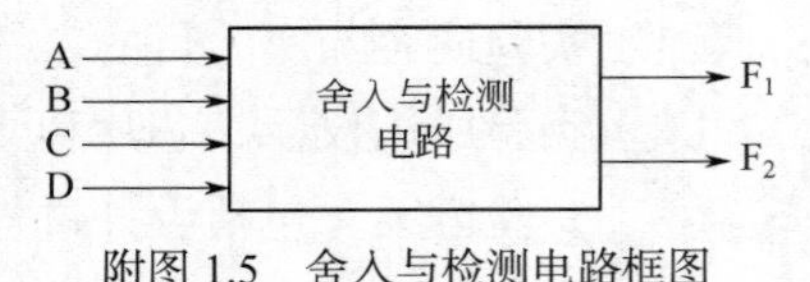

附图 1.5　舍入与检测电路框图

（3）通过拨动开关输入 8421 码，每输入一组代码后观察显示灯，并将结果记录在附表 1.3 中。

（4）检查记录结果是否实现了预定逻辑功能。如果功能有误，则对设计方案与实现方案进行进一步的检查，直至得到正确结果为止。

附表 1.3

A	B	C	D	F_1	F_2
0	0	0	0		
0	0	0	1		
0	0	1	0		
0	0	1	1		
0	1	0	0		
0	1	0	1		
0	1	1	0		
0	1	1	1		
1	0	0	0		
1	0	0	1		

四、思考题

1. 化简包含无关条件的逻辑函数时应注意什么？
2. 多输出逻辑函数化简时应注意什么？
3. 你所设计的电路是否达到了最简单？在器件选择上是否有更好的考虑？

五、参考电路

参考电路如附图 1.6 所示。

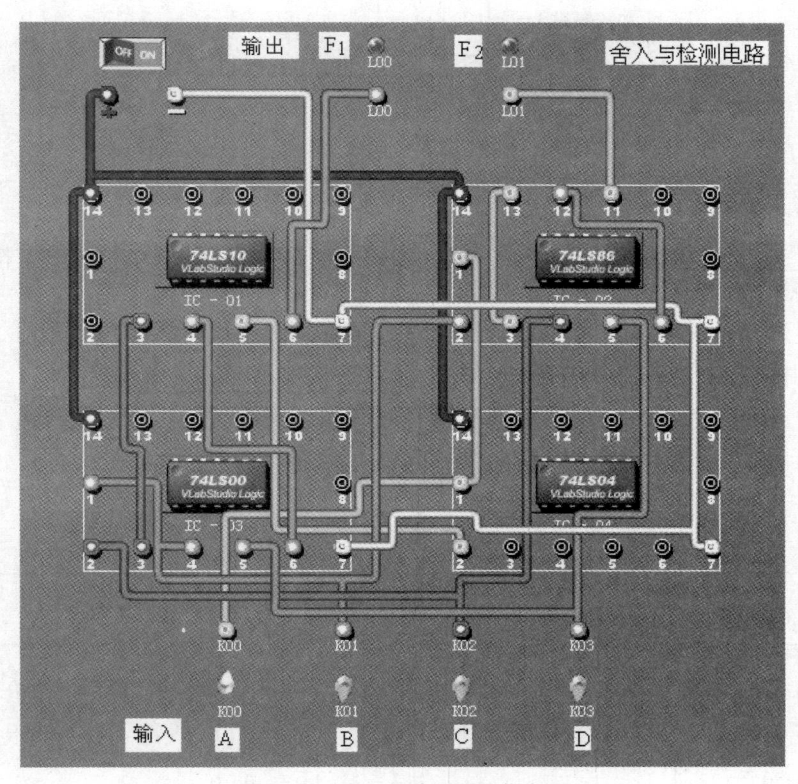

附图 1.6 舍入与检测电路仿真图

附 1.3.2 全加/全减器设计

全加/全减器
电路仿真

一、实验目的

掌握用小规模集成电路进行简单运算电路设计与实现的方法。

二、实验所用芯片

三输入三与非门 1 片，型号为 74LS10；
二输入四与非门 1 片，型号为 74LS00；

二输入四异或门 1 片，型号为 74LS86。

三、实验内容及步骤

1. 实验内容

用给定的集成电路芯片设计一个全加/全减器。该电路的框图如附图 1.7 所示。要求：当 M=0 时，实现全加器功能；当 M=1 时，实现全减器功能。

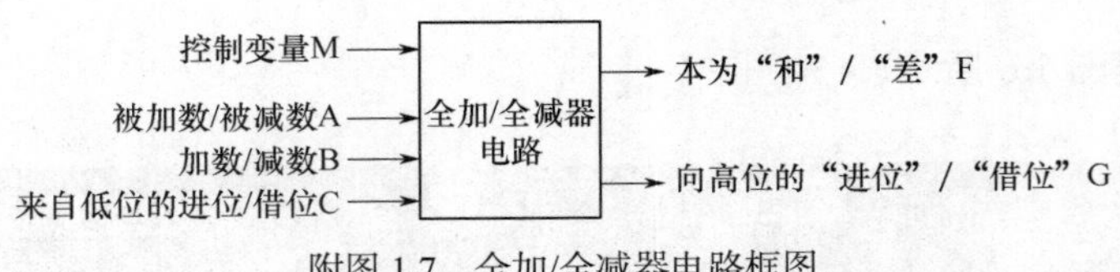

附图 1.7　全加/全减器电路框图

2. 实验步骤

（1）列出真值表、画出逻辑电路图和芯片引脚连接图。

（2）按照设计的逻辑电路图搭建实验平台、安插芯片、连线，并将电路的输入端接开关，电路输出端接显示灯。

（3）通过拨动开关输入各种输入变量取值，每输入一组代码后观察显示灯，并将结果记录在附表 1.4 中。

（4）检查记录结果是否实现了预定逻辑功能。如果功能有误，则对设计方案与实现方案进行进一步的检查，直至得到正确结果为止。

附表 1.4

输入 M A B C	输出 F G	输入 M A B C	输出 F G
0 0 0 0		1 0 0 0	
0 0 0 1		1 0 0 1	
0 0 1 0		1 0 1 0	
0 0 1 1		1 0 1 1	
0 1 0 0		1 1 0 0	
0 1 0 1		1 1 0 1	
0 1 1 0		1 1 1 0	
0 1 1 1		1 1 1 1	

四、思考题

1. 全加器与全减器有何异同？
2. 你所设计的电路是否达到了最简单？

五、参考电路

参考电路如附图 1.8 所示。

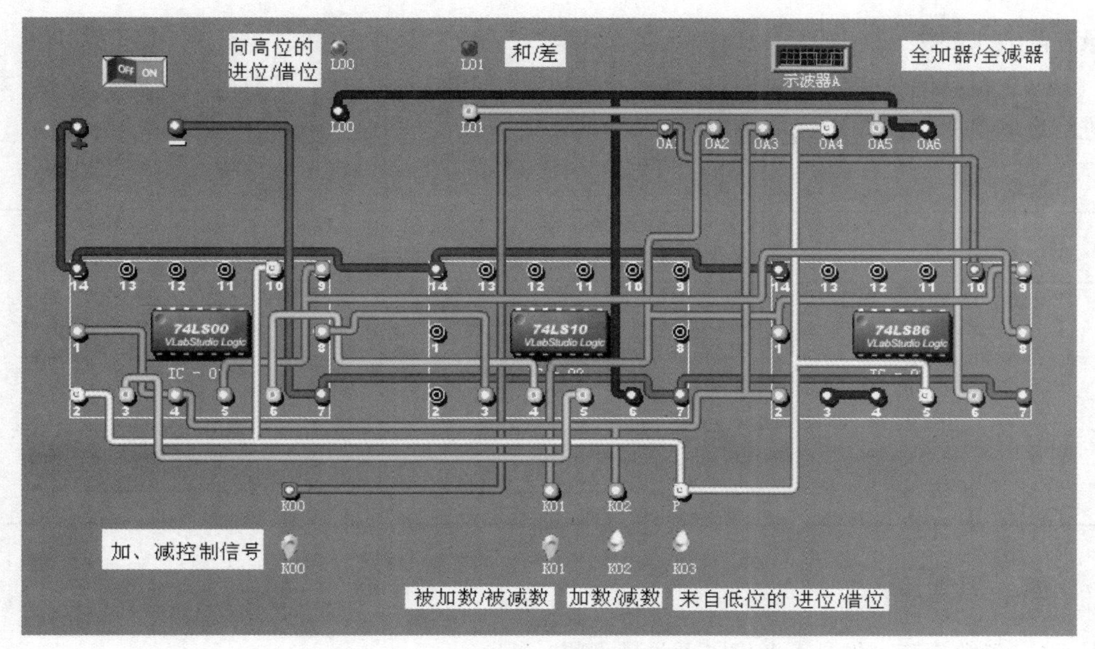

附图 1.8　全加/全减器电路仿真图

附 1.3.3　代码转换电路设计（8421 码→余 3 码）

一、实验目的

掌握代码转换电路的设计与实现方法。

代码转换电路仿真

二、实验所用芯片

六门反相器 1 片，型号为 74LS04；

3-2-2-3 与或非门 2 片，型号为 74LS54；

4-4 与或非门 1 片，型号为 74LS55。

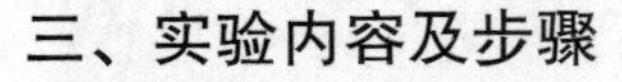

三、实验内容及步骤

1. 实验内容

用给定的集成电路芯片设计一个代码转换电路，实现 1 位十进制数 8421 码到余 3 码的转换。该电路的框图如附图 1.9 所示。

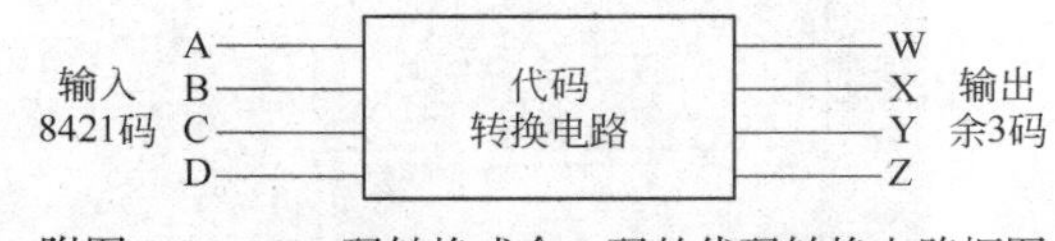

附图 1.9　8421 码转换成余 3 码的代码转换电路框图

2. 实验步骤

（1）列出真值表、画出逻辑电路图和芯片引脚连接图。

（2）按照设计的逻辑电路图搭建实验平台、安插芯片、接线，并将电路的输入端连接开关，电路输出端连接显示灯。

（3）通过拨动开关输入各种输入变量取值，每输入一组代码后观察显示灯，并将结果记录在附表 1.5 中。

（4）检查记录结果是否实现了预定逻辑功能。如果功能有误，则对设计方案与实现方案进行进一步的检查，直至得到正确结果为止。

附表 1.5

输入 A B C D	输出 W X Y Z	输入 A B C D	输出 W X Y Z
0 0 0 0		1 0 0 0	
0 0 0 1		1 0 0 1	
0 0 1 0		1 0 1 0	
0 0 1 1		1 0 1 1	
0 1 0 0		1 1 0 0	
0 1 0 1		1 1 0 1	
0 1 1 0		1 1 1 0	
0 1 1 1		1 1 1 1	

四、思考题

1. 函数化简时你是否考虑了无关最小项？
2. 你所设计的电路是否达到了最简单？

五、参考电路

参考电路如附图 1.10 所示。

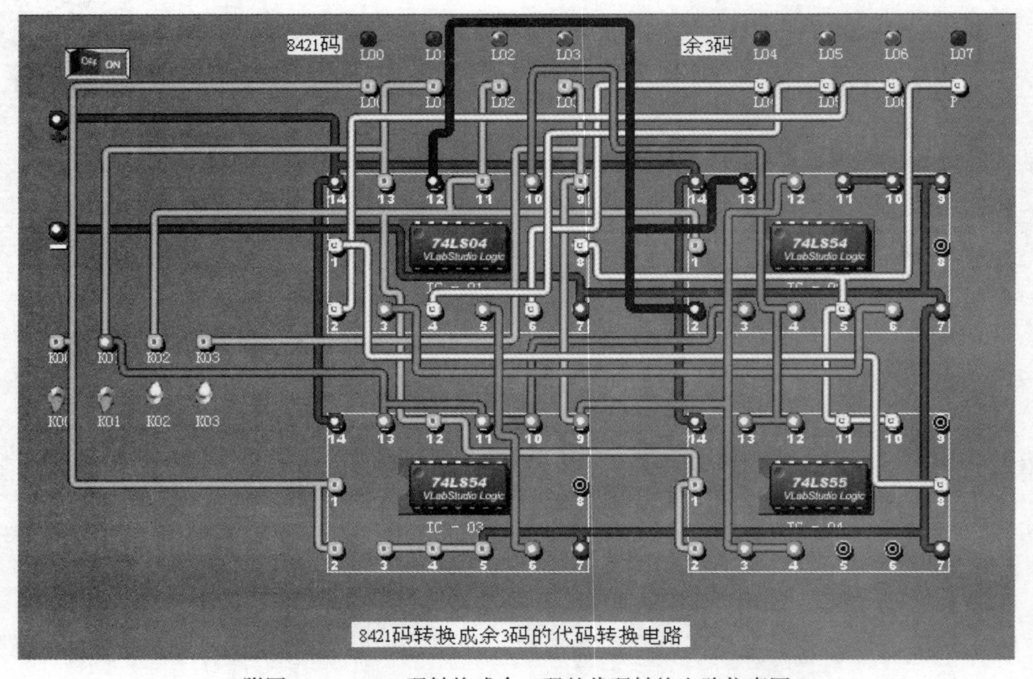

附图 1.10　8421 码转换成余 3 码的代码转换电路仿真图

附 1.3.4　乘法运算电路设计

乘法运算电路仿真

一、实验目的

掌握用小规模、中规模集成电路完成简单运算电路设计与实现的方法。

二、实验所用芯片

四 2 输入与门 2 片，型号为 74LS08；

4 位二进制并行加法器 1 片，型号为 74LS283。

三、实验内容及步骤

1. 实验内容

用给定的集成电路芯片设计一个乘法电路，该电路实现 A×B 的功能，其中 $A=a_3a_2a_1$，$B=b_2b_1$，A、B 均为二进制数。电路框图如附图 1.11 所示。

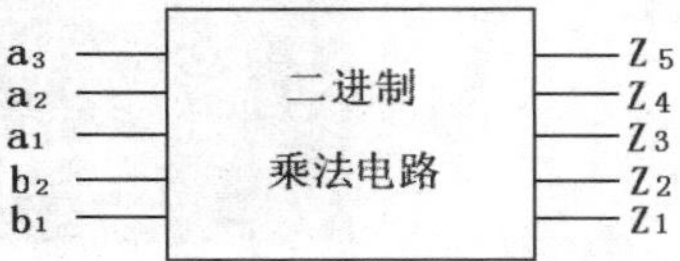

附图 1.11　二进制乘法电路框图

2. 步骤

（1）确定设计方案，画出逻辑电路图和芯片引脚连接图。

（2）按照设计的逻辑电路图搭建实验平台、安插芯片、接线，并将电路的输入端连接开关，电路输出端连接显示灯。

（3）通过拨动开关输入被乘数和乘数的各种取值，每输入一组代码后观察显示灯，并将结果记录在附表 1.6 中。

（4）检查记录结果，看是否实现了预定逻辑功能。如果功能有误，则对设计方案与实现方案进行进一步的检查，直至得到正确结果为止。

附表 1.6

输入	输入
a_3 a_2 a_1 b_2 b_1	Z_5 Z_4 Z_3 Z_2 Z_1

四、思考题

1. 你是根据乘法运算法则进行分析得到电路输出函数表达式，还是借助真值表确定输出函数表达式？

2. 如果要求实现两个三位二进制数相乘，需要增加哪些器件？

五、参考电路

参考电路如附图 1.12 所示。

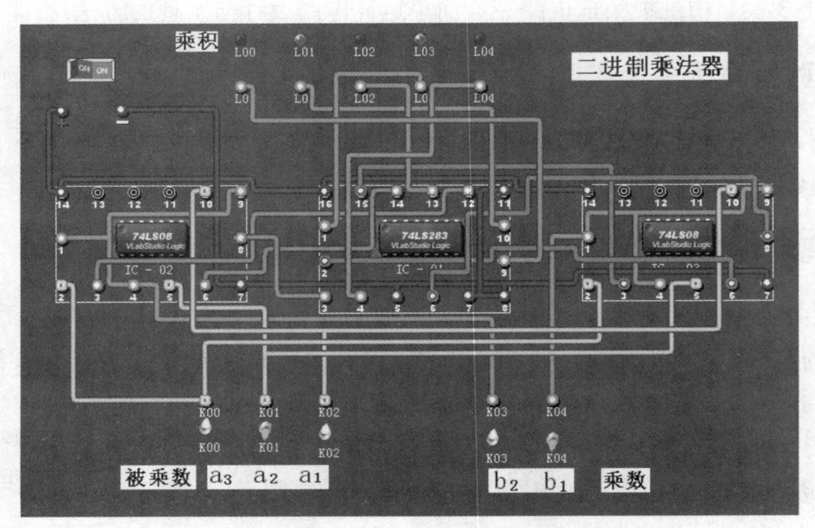

附图 1.12 二进制乘法电路仿真图

附 1.3.5 序列检测器设计

序列检测器电路仿真

一、实验目的

掌握同步时序逻辑电路设计的基本方法，注意时序逻辑电路与组合逻辑电路的区别，加深对“同步”和“时序”这两个词的理解。

二、实验所用芯片

双 D 触发器 2 片，型号为 74LS74；
逻辑门自选。

三、实验内容及步骤

1. 实验内容

利用所给集成中路芯片按 Mealy 型和 Moore 型同步时序逻辑电路的设计方法设计一个“1001”序列检测器，其框图如附图 1.13 所示。

附图 1.13 “1001”序列检测器电路框图

该电路的逻辑功能是，在输入端串行输入随机二进制代码，输入信号为电平信号。每当输入的代码中出现“1001”序列时，在输出端产生一个高电平，即 Z=1，其他情况下 Z=0。

典型输入、输出序列如下：

X：0　1　0　0　1　0　1　0　1　1　0　0　1　0　0　1

Z：0　0　0　0　1　0　0　0　0　0　0　0　1　0　0　1

2. 实验步骤

（1）作出状态表和状态图、画出逻辑电路图和芯片引脚连接图。

（2）按照设计的逻辑电路图搭建实验平台、安插芯片、连线，并将电路的输入端 X 接至数据开关 K_i，在时钟配合下拨动开关输入二进制码。电路的输出端与显示灯 L_i 连接。

（3）将电路的时钟脉冲（CP）接至单脉冲 P_i，每拨动一次数据开关按一下单脉冲键，将给定输入序列送入检测器，同时记录输入数据和显示灯 L_i 的状态，以便检查电路是否实现了预定功能。

四、思考题

1. 同步时序逻辑电路与组合逻辑电路有何区别？

2. 你所设计的逻辑电路中是否存在多余状态？若有，将会对电路的正常工作状态产生怎样的影响？

3. Mealy 型和 Moore 型同步时序逻辑电路的主要区别是什么？

五、参考电路

参考电路如附图 1.14 所示。

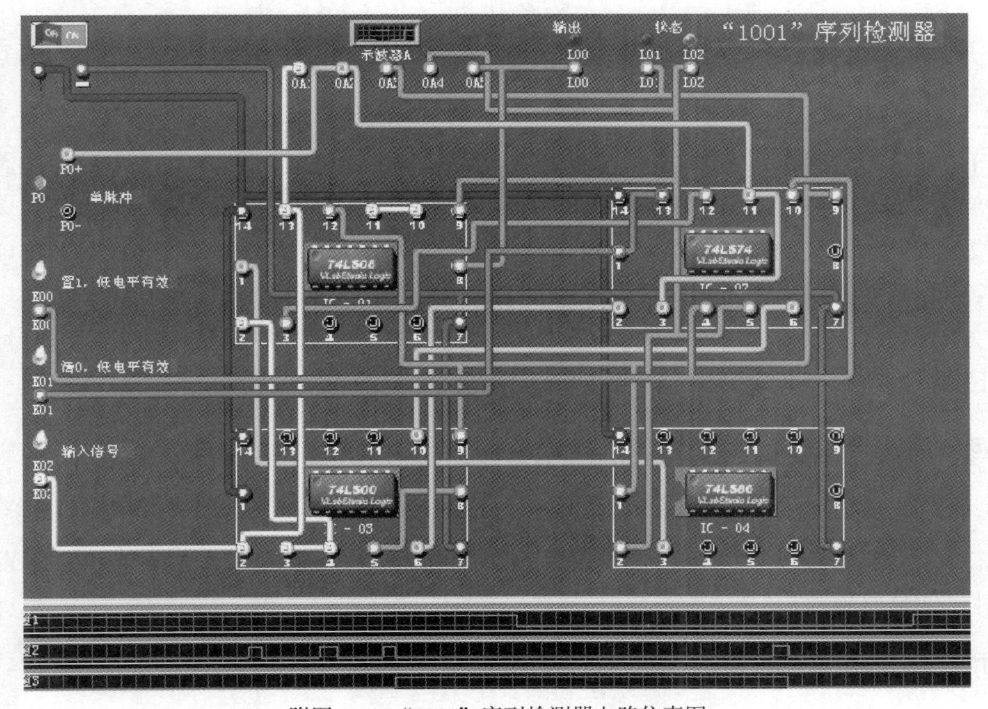

附图 1.14　“1001”序列检测器电路仿真图

附 1.3.6 模 8 计数器设计

模 8 计数器电路仿真

一、实验目的

掌握常用同步时序逻辑电路“计数器”的设计方法，加深对“计数器”功能及其应用的理解。

二、实验所用芯片

双 D 触发器 2 片，型号为 74LS74；
逻辑门芯片自选。

三、实验内容及步骤

1. 实验内容

利用所给集成电路芯片，按计数器的设计方法设计一个同步模 8 计数器，状态图如附图 1.15 所示。

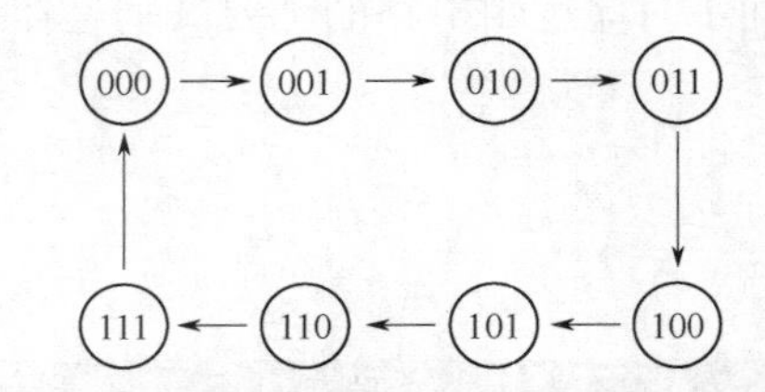

附图 1.15 同步模 8 计数器电路状态转换图

2. 实验步骤

（1）列出与附图 1.15 对应的状态表、写出激励函数表达式，并画出逻辑电路图和芯片引脚连接图。

（2）按照所设计的逻辑电路图搭建实验平台、安插芯片、连线，并将计数脉冲接单脉冲信号，电路的状态输出连接到对应的状态指示灯。

（3）计数器工作前先清零（注：“清零”和“置位”开关均先下后上），然后在时钟脉冲作用下验证电路是否实现了预定功能。

四、思考题

1. 通过实验，你对计数器的设计与实现有哪些新的理解？

2. 试用 JK 触发器和适当的逻辑门实现给定功能，并比较使用 JK 触发器和 D 触发器中的哪种可使电路更简单？

五、参考电路

参考电路如附图 1.16 所示。

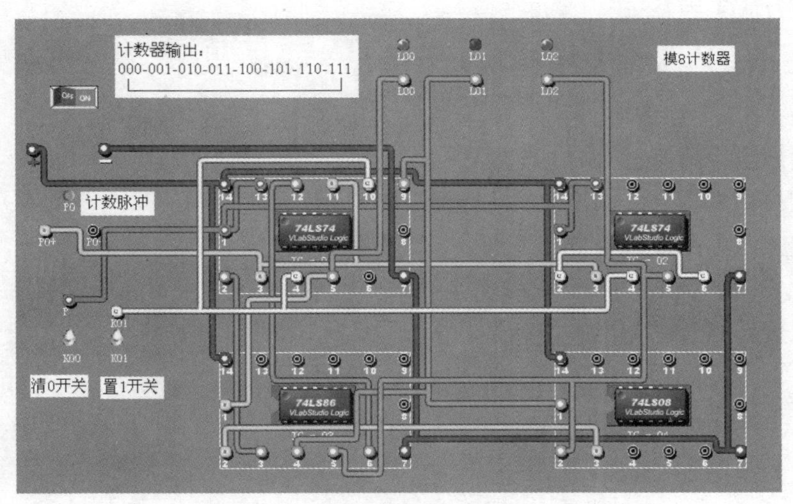

附图 1.16　同步模 8 计数器电路仿真图

附 1.3.7　课程设计

数字钟电路仿真

一、目的与要求

1. 目的

通过应用各种集成电路完成规定的设计任务，加强学生对数字电路逻辑设计课程所学知识的综合运用能力，培养学生创新思维能力和独立解决实际问题的能力。

2. 要求

（1）能够较全面地应用课程中所学的基本理论和基本方法，完成从设计单一功能逻辑电路到设计简单数字系统的过渡。

（2）能够较灵活地使用各种标准的 SSI、MSI 部件。

（3）能够独立思考问题、查阅资料，独立设计简单的数字系统。

（4）能够独立完成实施过程，包括平台设计、器件安装、布线、测试和排除故障。

二、内容与功能

1. 内容：数字钟的设计与调试。

2. 功能：能满足下述功能要求。

（1）计时以一昼夜（24 小时）为一个周期。

（2）可显示表示“时”“分”“秒”的十进制数字。

（3）具有“校时”功能，可在任何时候将其拨至标准时间或指定时间。

三、器材与任务

1. 器材：自选。

2. 任务：完成下述内容。

（1）制订出设计方案。

（2）选定合适的器件，画出逻辑电路图。

（3）画出集成电路芯片布局布线图。

（4）完成安装、调试，并验证通过。

（5）提供设计报告并提出改进意见。

四、参考

参考方案如附图 1.17 所示。

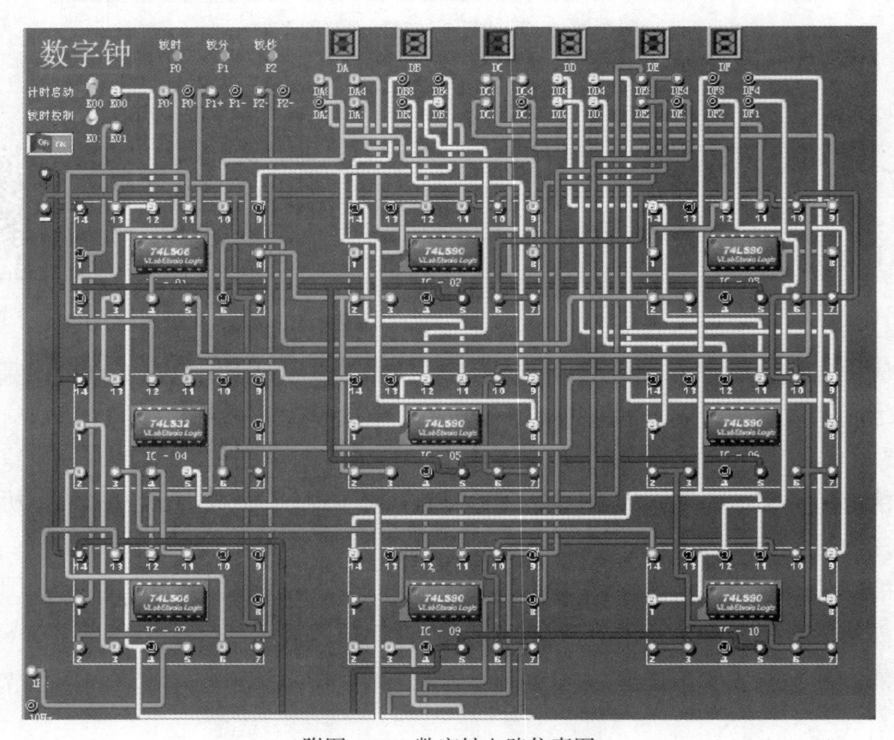

附图 1.17　数字钟电路仿真图

附 1.4　半导体集成电路器件型号命名

一、国标（GB 3430—1989）集成电路器件命名法

集成电路器件型号由 5 个部分组成，其符号及意义如附表 1.7 所示。

附表 1.7　　集成电路器件型号各部分的符号及意义

第 0 部分		第 1 部分		第 2 部分	第 3 部分		第 4 部分	
用字母表示器件符合国家标准		用字母表示器件的类型		用阿拉伯数字表示器件的系列和品种代号	用字母表示器件的工作温度范围		用字母表示器件的封装类型	
符号	意义	符号	意义		符号	意义	符号	意义
C	中国制造	T	TTL		C	0℃～70℃	H	黑瓷扁平
		H	HTL		E	−40℃～85℃	F	多层陶瓷扁平
		E	ECL		R	−55℃～85℃	B	塑料扁平
		C	CMOS		M	−55℃～125℃	D	多层陶瓷直插
		F	线性放大器		G	−25℃～70℃	P	塑料直插
		D	音响、电视电路		L	−25℃～85℃	J	黑陶瓷直插
		W	稳压器				K	金属菱形
		J	接口电路				T	金属圆形
		B	非线性电路				S	塑料单列直插
		M	存储器				C	陶瓷芯片载体
		A	微行机电路				E	塑料芯片载体
		AD	A/D 转换器				G	网络阵列
		DA	D/A 转换器				L	黑瓷双列直插

示例 1：

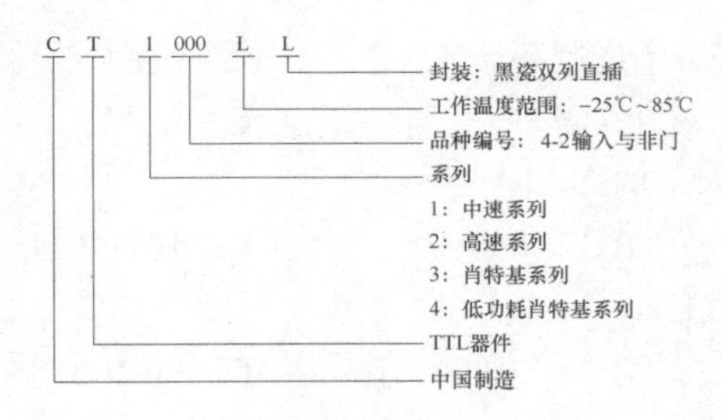

示例 2：

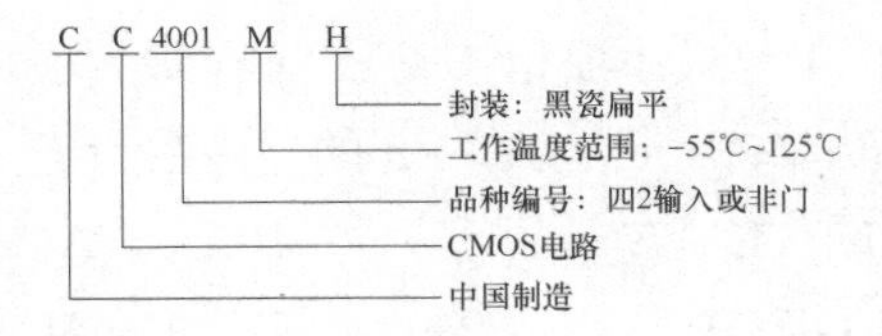

二、54/74 系列集成电路器件型号命名

54/74 系列集成电路器件是美国得克萨斯仪器公司（Texas）生产的 TTL 标准系列器件。

示例 3：

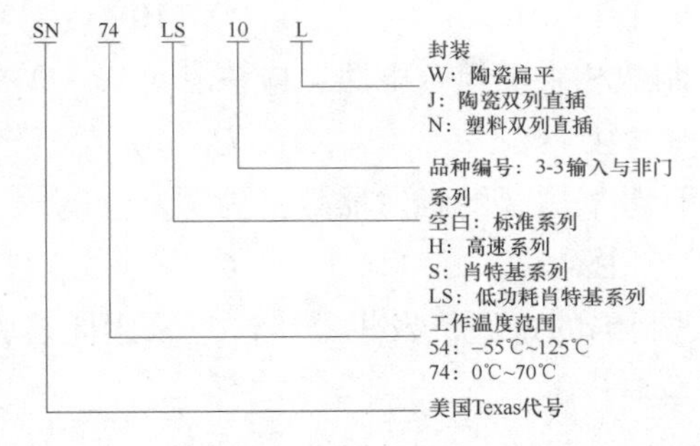

附录 2 模拟测试

模拟试题一

一、单项选择题（从各题的 4 个备选答案中选出一个正确答案，并将其代号填写在题中的括号内。每题 1 分，共 10 分）

1. 表示任意 2 位无符号十进制数需要（　　）位二进制数。

A. 6　　B. 7　　C. 8　　D. 9

2. 余 3 码 10001000 对应的 2421 码为（　　）。

A. 01010101　　B. 10000101　　C. 10111011　　D. 11101011

3. 补码 1.1000 的真值是（　　）。

A. +1.0111　　B. −1.0111　　C. −0.1001　　D. –0.1000

4. 标准或-与式是由（　　）构成的逻辑表达式。

A. 与项相“或”　　B. 最小项相“或”　　C. 最大项相“与”　　D. 或项相“与”

5. 根据反演规则，$F=(\overline{A}+C)\cdot(C+DE)+\overline{E}$ 的反函数为（　　）。

A. $\overline{F}=[A\overline{C}+\overline{C}(\overline{D}+\overline{E})]\cdot E$　　B. $\overline{F}=A\overline{C}+\overline{C}(\overline{D}+\overline{E})\cdot E$

C. $\overline{F}=(A\overline{C}+\overline{C}\,\overline{D}+\overline{E})\cdot E$　　D. $\overline{F}=\overline{A}C+C(D+E)\cdot\overline{E}$

6. 下列 4 种类型的逻辑门中，可以用（　　）实现 3 种基本运算。

A. 与门　　B. 或门　　C. 非门　　D. 与非门

7. 要使 JK 触发器在时钟脉冲作用下的次态与现态相反，输入端 JK 应该为（　　）。

A. 00　　B. 01　　C. 10　　D. 11

8. 实现两个 4 位二进制数相乘的组合电路，应该有（　　）个输出函数。

A. 8　　B. 9　　C. 10　　D. 11

9. 设计一个同步模 8 计数器需要的触发器数目为（　　）。

A. 1　　B. 3　　C. 5　　D. 8

10. 设计一个 4 位二进制码的奇偶位发生器（假定采用偶检验码），需要（　　）个异或门。

A. 1　　B. 2　　C. 3　　D. 4

二、判断改错题（判断各题正误，正确的在括号内记“√”，错误的在括号内记“×”，并在画线处改正。每题 2 分，共 10 分）

1. 原码和补码均可实现将减法运算转化为加法运算。　（　　）
2. 逻辑函数 $F(A,B,C)=\prod M(1,3,4,6,7)$，则 $\overline{F}(A,B,C)=\sum m(0,2,5)$。　（　　）
3. 化简完全确定状态表时，最大等效类的数目即最简状态表中的状态数目。　（　　）
4. 并行加法器采用先行进位（并行进位）的目的是简化电路结构。　（　　）
5. 脉冲异步时序逻辑电路不允许在两个或两个以上输入端同时出现脉冲。　（　　）

三、多项选择题（从各题的 4 个备选答案中选出两个或两个以上正确答案，并将其代号填写在题中的括号内。每题 2 分，共 10 分）

1. 小数“0”的反码形式有（　　）。

A. 0.0…0　　B. 1.0…0　　C. 0.1…1　　D. 1.1…1

2. 逻辑函数 $F=A\oplus B$ 和 $G=A\odot B$ 满足关系（　　）。

A. $F=\overline{G}$　　B. $F'=G$　　C. $F'=\overline{G}$　　D. $F=G\oplus 1$

3. 若逻辑函数 $F(A,B,C)=\sum m(1,2,3,6), G(A,B,C)=\sum m(0,2,3,4,5,7)$, 则 F 和 G 相“与”的结果是（　　）。

A. m_2+m_3　　B. 1　　C. $\overline{A}B$　　D. AB

4. 设 2 输入或非门的输入为 x 和 y，输出为 z，当 z 为低电平时，有（　　）。

A. x 和 y 同为高电平　　B. x 为高电平，y 为低电平

C. x 为低电平，y 为高电平　　D. x 和 y 同为低电平

5. 组合逻辑电路的输出与输入的关系可用（　　）描述。

A. 真值表　　B. 流程表　　C. 逻辑表达式　　D. 状态图

四、函数化简题（10 分）

1. 用代数化简法求函数 $F(A,B,C)=AB+AC+\overline{B}\cdot\overline{C}+\overline{A}\cdot\overline{B}$ 的最简与-或表达式。（4 分）
2. 用卡诺图化简逻辑函数：

$$F(A,B,C,D)=\sum m(2,3,9,11,12)+\sum d(5,6,7,8,10,13)$$

求出最简与-或表达式和最简或-与表达式。（6 分）

五、分析题（20 分）

1. 分析图 T.1 所示逻辑电路。（10 分）

（1）写出输出函数 F_3、F_2、F_1、F_0 的逻辑表达式。

（2）列出真值表。

（3）假定输入 ABCD 为 4 位二进制代码，说明该电路功能。

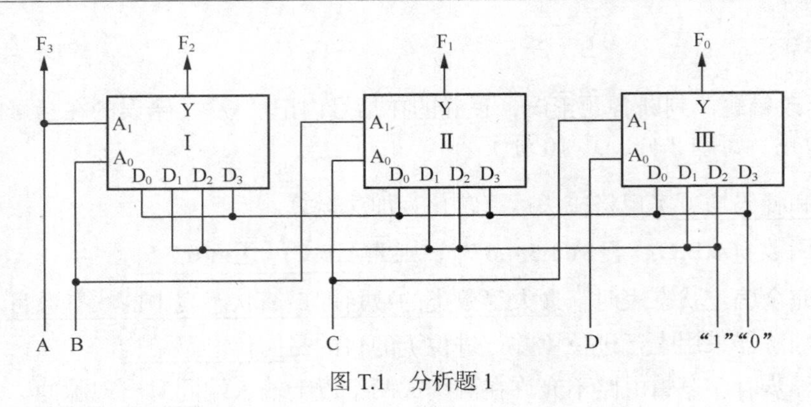

图 T.1 分析题 1

2. 分析图 T.2（a）所示时序逻辑电路。（10 分）

（1）请问该电路属于同步时序逻辑电路还是异步时序逻辑电路？

（2）假定Q_1Q_2的初始状态为"00"，x 和 CP 端的输入波形如图 T.2（b）所示，画出Q_1和Q_2的输出波形图。

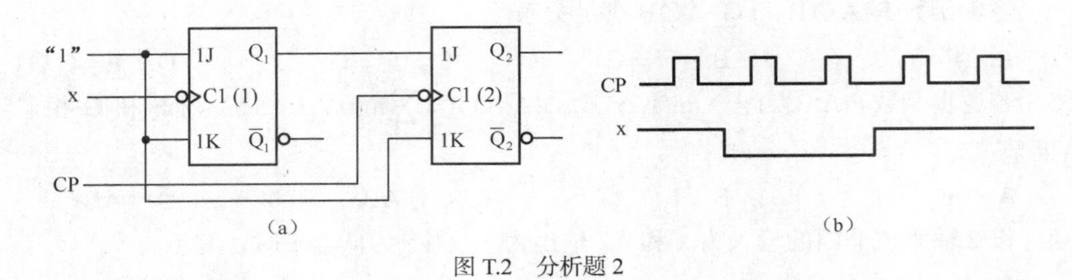

图 T.2 分析题 2

六、设计题（30 分）

1. 设计一个将 1 位十进制数的余 3 码转换成二进制数的组合逻辑电路，电路框图如图 T.3 所示。（15 分）

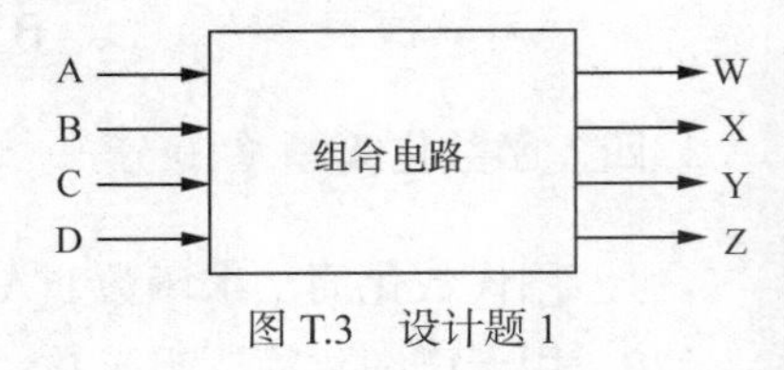

图 T.3 设计题 1

要求：

（1）填写表 T.1 所示真值表。

表 T.1 真值表

A B C D	W X Y Z	A B C D	W X Y Z
0 0 0 0		1 0 0 0	
0 0 0 1		1 0 0 1	
0 0 1 0		1 0 1 0	
0 0 1 1		1 0 1 1	
0 1 0 0		1 1 0 0	
0 1 0 1		1 1 0 1	
0 1 1 0		1 1 1 0	
0 1 1 1		1 1 1 1	

（2）求输出函数的最简与-或表达式。

（3）画出用 PLA 实现给定功能的阵列逻辑图。

2. 分别用 D 触发器和 T 触发器作为存储元件，设计一个同步时序逻辑电路，实现表 T.2 所示状态表的逻辑功能。（15 分）

表 T.2　　状态表

现态 y_2 y_1	次态 $y_2^{n+1}y_1^{n+1}/z$ x=0	次态 $y_2^{n+1}y_1^{n+1}/z$ x=1
0　0	01/0	11/1
0　1	10/0	00/0
1　1	00/1	10/0
1　0	11/0	01/0

要求：

（1）填写图 T.4 所示激励函数和输出函数卡诺图。

（2）求出激励函数和输出函数最简与-或表达式。

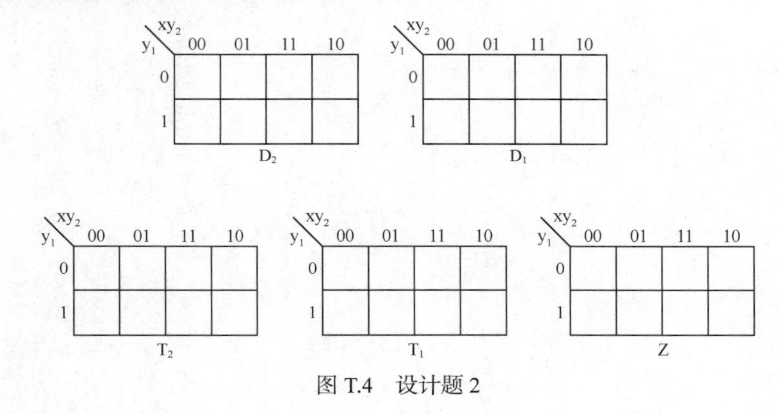

图 T.4　设计题 2

七、分析与设计题（10 分）

1. 分析图 T.5 所示电路，写出输出函数 F_1、F_2 的逻辑表达式，并说明该电路功能。（5 分）

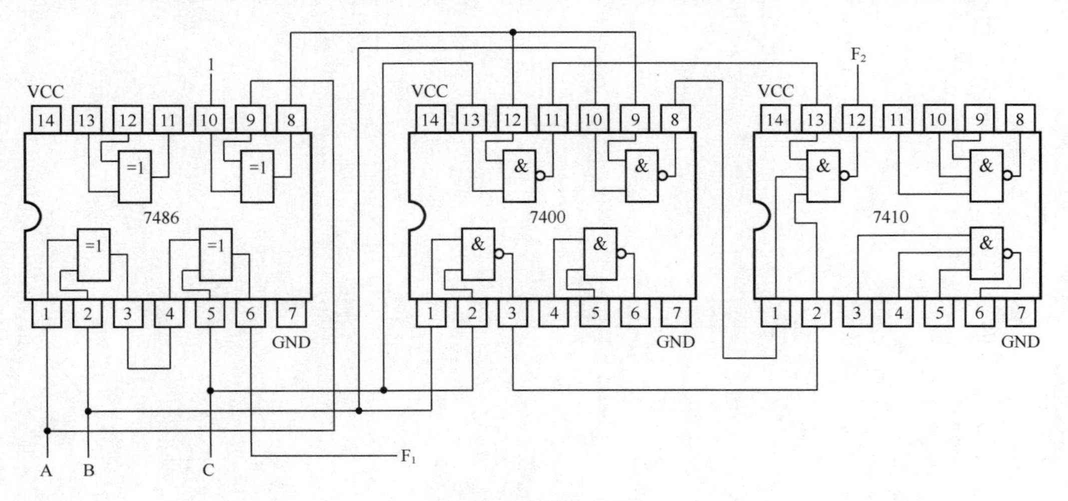

图 T.5　分析与设计题 1

2. 试用 3-8 线译码器 74138（逻辑符号如图 T.6 所示）和与非门实现该电路功能（要求画出逻辑图并写出与电路对应的逻辑表达式）。（5 分）

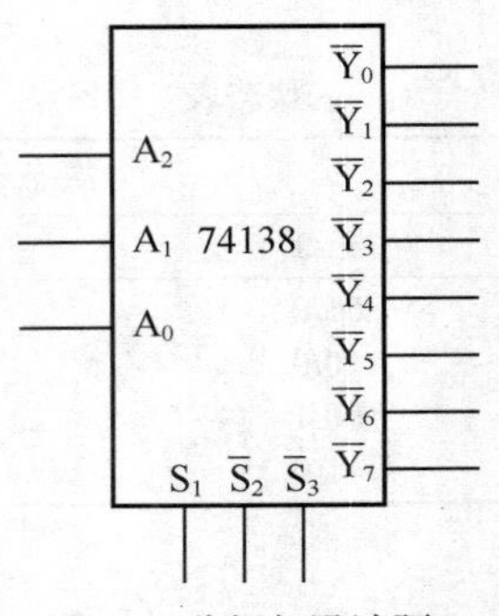

图 T.6　分析与设计题 2

模拟试题二

一、选择题（从 4 个被选答案中选出一个或多个正确答案，并将其代号写在题中的括号内。每小题 2 分，共 20 分）

1. 6 位无符号二进制数能表示的最大十进制数为（　　）。

   A. 32　　B. 63　　C. 64　　D. 128

2. 下列电路中，属于数字电路的有（　　）。

   A. 逻辑门电路　　B. 集成运算放大器

   C. RC 振荡电路　　D. 触发器

3. 常用的 BCD 码有（　　）。

   A. 8421 码　　B. Gray 码　　C. 2421 码　　D. 余 3 码

4. 逻辑函数 $F(A,B,C)=\sum m(0,3,5,6)$ 可表示为（　　）。

   A. $F=A\oplus B\oplus C$　　B. $F=\overline{A\oplus B\oplus C}$　　C. $F=A\oplus B\oplus \overline{C}$　　D. $F=A\odot B\odot \overline{C}$

5. 全加器的输入/输出端个数为（　　）。

   A. 2 入/2 出　　B. 3 入/3 出　　C. 3 入/2 出　　D. 4 入/2 出

6. 常用来消除组合电路中险象的方法有（　　）。

   A. 引入选通控制　　B. 增加冗余项

   C. 相邻分配法　　D. 增加惯性延迟环节

7. 下列触发器中可用做同步时序逻辑电路记忆元件的有（　　）。

   A. 主从 JK 触发器　　B. 基本 RS 触发器

   C. 维持阻塞 D 触发器　　D. 主从 RS 触发器

8. 在同步时序逻辑电路分析和设计中，通常使用（　　）描述其功能。

   A. 真值表　　B. 状态表　　C. 状态图　　D. 卡诺图

9. 可编程逻辑器件中的 EEPROM 是指（　　）。

   A. 随机读写存储器　　B. 一次编程的只读存储器

   C. 可擦可编程只读存储器　　D. 电可擦可编程只读存储器

10. 下列中规模通用集成电路中，属于时序逻辑电路的有（　　）。

    A. 多路选择器 74153　　B. 计数器 74193

    C. 并行加法器 74283　　D. 寄存器 74194

二、填空题（每题 2 分，共 10 分）

1. 十进制数 16.5 对应的二进制数为________，十六进制数为________。
2. 二进制数 1111101 对应的十进制数为________，余 3 码为________。
3. 根据逻辑电路是否具有记忆功能，可以将其分为________和________两种类型。

4. 逻辑函数表达式的标准形式有________和________两种形式。

5. 4位并行加法器有________个输入信号，有________个输出信号。

三、判断题（判断各题正误，正确的在括号内记“√”，错误的在括号内记“×”。每题1分，共10分）

1. 将十进制数转换成二进制数一般采用按权展开求和的方法。（　　）
2. 若逻辑函数 $F(A,B,C)=\prod M(0,3,4,6,7)$，则有 $F(A,B,C)=\sum m(1,2,5)$。（　　）
3. 由或非门构成的基本RS触发器输入端RS为10时，触发器次态为1。（　　）
4. 为了使多输出组合逻辑电路达到最简，设计时必须考虑对逻辑门的共享。（　　）
5. 基本RS触发器可以作为异步时序逻辑电路的存储元件。（　　）
6. 最大等效类之间可以存在相同状态。（　　）
7. 设计同步时序逻辑电路时，状态编码采用相邻编码法的目的是有利于激励函数和输出函数的简化。（　　）
8. 脉冲异步时序逻辑电路不允许多个输入端同时出现脉冲。（　　）
9. 串行加法器比并行加法器的运算速度更快。（　　）
10. 可编程逻辑阵列（PLA）的与阵列是固定连接的，只有或阵列可编程。（　　）

四、分析题（共25分）

1. 分析图T.7所示逻辑电路。（8分）

（1）写出输出函数的表达式。

（2）假定输入变量ABCD不允许出现1010～1111，填写表T.3所示真值表。

（3）说明该电路的功能。

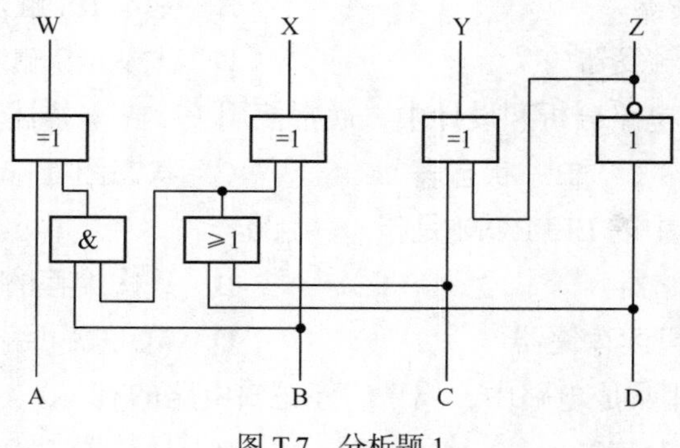

图T.7　分析题1

表T.3　真值表

A B C D	W X Y Z	A B C D	W X Y Z
0 0 0 0		0 1 0 1	
0 0 0 1		0 1 1 0	
0 0 1 0		0 1 1 1	
0 0 1 1		1 0 0 0	
0 1 0 0		1 0 0 1	

2．分析图 T.8 所示同步时序逻辑电路。（10 分）

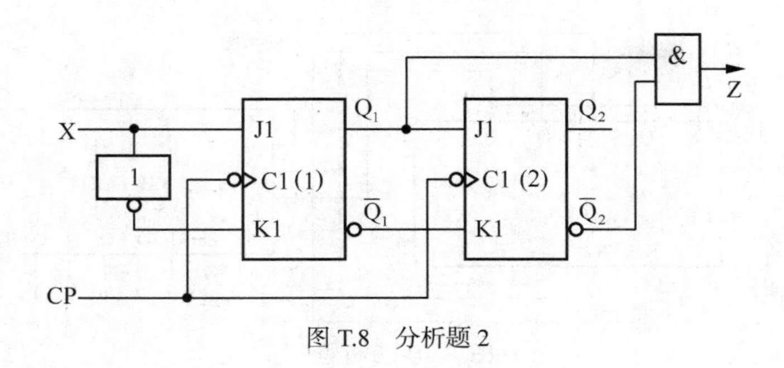

图 T.8　分析题 2

（1）写出该电路激励函数和输出函数表达式。

（2）填写表 T.4 所示次态真值表。

（3）填写表 T.5 所示状态表。

（4）设触发器的初态均为 00，试画出图 T.9 中 Q_1、Q_2 和 Z 的输出波形。

表 T.4　　　**次态真值表**

输入 X	现态 Q_2	Q_1	激励函数 $J_2K_2J_1K_1$	次态 $Q_2^{n+1}Q_1^{n+1}$	输出 Z
0	0	0			
0	0	1			
0	1	0			
0	1	1			
1	0	0			
1	0	1			
1	1	0			
1	1	1			

表 T.5　　　**状态表**

现态 Q_2	Q_1	次态 $Q_2^{n+1}Q_1^{n+1}$ X=0	X=1	输出 Z
0	0			
0	1			
1	0			
1	1			

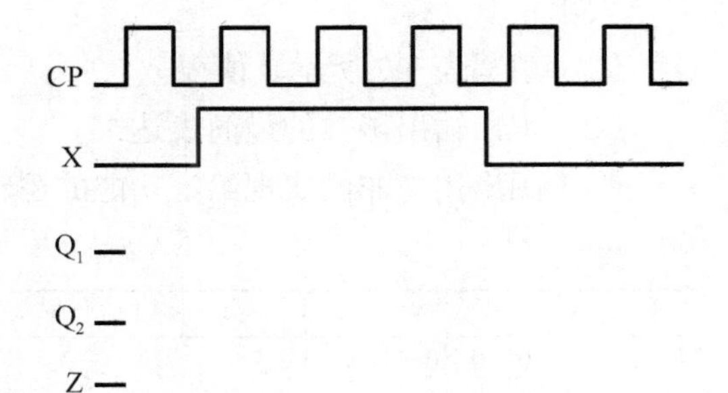

图 T.9　输出波形图

3．分析图 T.10 所示电路（集成异步二-五-十进制计数器 74290 的功能表如表 T.6 所示）。假设 74290 初始状态为“0000”，回答下列问题。（7 分）

（1）图 T.10 中 74290 构成模几计数器？计数范围是多少？

（2）按照图 T.10 中计数器状态对多路选择器选择输入端的控制，可以从多路选择器的数据输入端选择几路数据送至输出端？

（3）从初始状态开始，随着计数器状态的改变，输出端 F 将依次输出何值？说明该电路的功能。

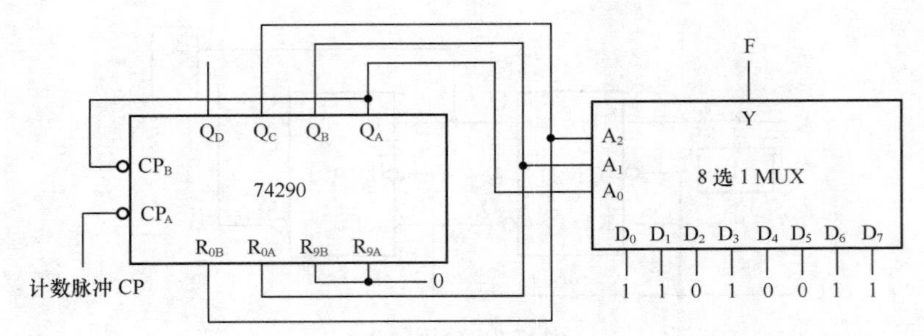

图 T.10　分析题 3

表 T.6　　74LS290 的功能表

清零输入		置 9 输入		时钟		输出				功能
R_{0A}	R_{0B}	R_{9A}	R_{9B}	CP_A	CP_B	Q_D	Q_C	Q_B	Q_A	
1	1	0	d	d	d	0	0	0	0	异步清零
1	1	d	0	d	d	0	0	0	0	
d	d	1	1	d	d	1	0	0	1	异步置 9
d	0	d	0	↓	↓	计数				加 1 计数
0	d	0	d	↓	↓	计数				
0	d	d	0	↓	↓	计数				
d	0	0	d	↓	↓	计数				

五、设计题（共 25 分）

1. 用与非门设计一个“四舍五入”电路，该电路框图如图 T.11 所示，输入 ABCD 为 8421 码，当 ABCD 表示的十进制数大于或等于 5 时，输出 F 的值为 1，否则 F 的值为 0。（10 分）

图 T.11　设计题 1

要求：

（1）填写表 T.7 所示真值表。

（2）求出输出函数的最简表达式。

（3）画出用与非门实现给定功能的逻辑电路图。

表 T.7　　真值表

A B C D	F	A B C D	F
0 0 0 0		1 0 0 0	
0 0 0 1		1 0 0 1	
0 0 1 0		1 0 1 0	
0 0 1 1		1 0 1 1	
0 1 0 0		1 1 0 0	
0 1 0 1		1 1 0 1	
0 1 1 0		1 1 1 0	
0 1 1 1		1 1 1 1	

2. 用 T 触发器作为存储元件，设计一个同步时序逻辑电路，实现表 T.8 所示状态表的逻辑功能。（10 分）

要求：
（1）填写表 T.9 所示激励函数和输出函数真值表。
（2）利用图 T.12 所示卡诺图，求出激励函数和输出函数最简表达式。

表 T.8 状态表

现态 y_2 y_1	次态 $y_2^{n+1}y_1^{n+1}$/输出 Z x=0	x=1
0 0	11/0	10/1
0 1	11/0	01/0
1 1	00/0	10/0
1 0	01/1	00/1

表 T.9 真值表

x	y_2	y_1	T_2T_1Z	x	y_2	y_1	T_2T_1Z
0	0	0		1	0	0	
0	0	1		1	0	1	
0	1	0		1	1	0	
0	1	1		1	1	1	

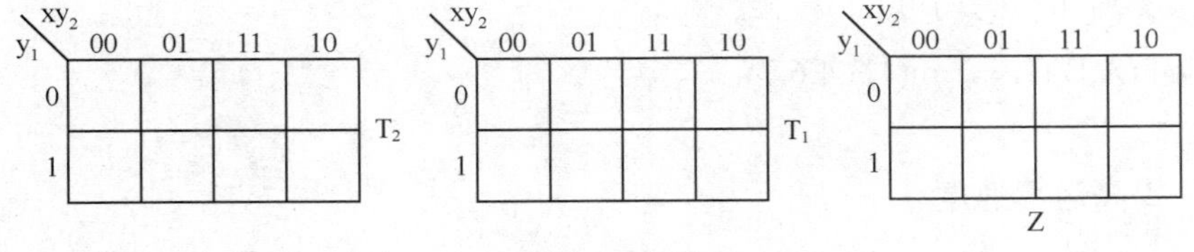

图 T.12 设计题 2

3. 某同步时序逻辑电路为“0001”序列检测器，电路框图如图 T.13 所示。（5 分）试画出该电路的最简 Mealy 型状态图。

六、分析与设计题（10 分）

1. 分析图 T.14 所示逻辑电路。（5 分）
（1）写出输出函数 F_1、F_2 的逻辑表达式。
（2）说明该电路功能。
2. 试用 EPROM 实现图 T.14 所示电路功能。（5 分）
要求：画出阵列逻辑图并写出相应输出函数 F_1、F_2 的逻辑表达式。

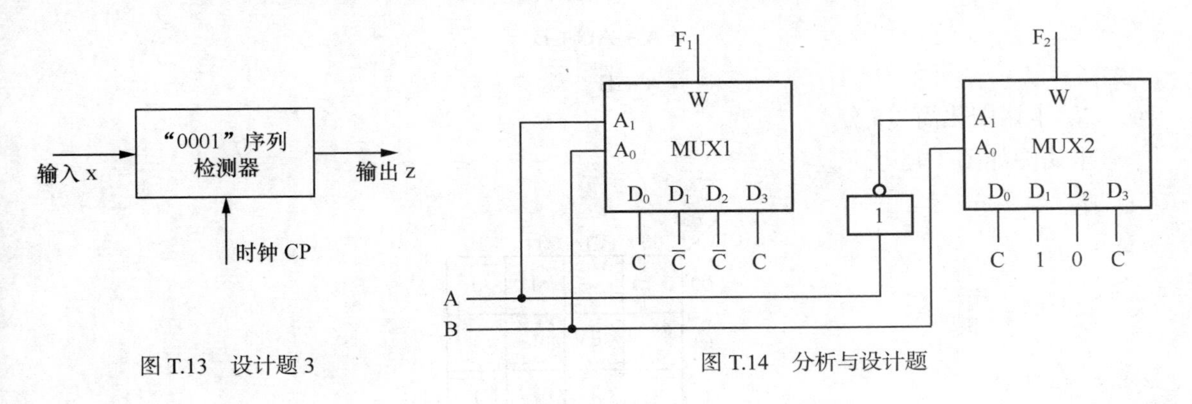

图 T.13 设计题 3

图 T.14 分析与设计题

模拟试题一　参考答案

一、单项选择题（每题1分，共10分）

1. B　2. C　3. D　4. C　5. A　6. D　7. D　8. A　9. B　10. C

二、判断改错题（每题2分，共10分）

1. ×，反码和补码均可
2. ×，$\overline{F}(A,B,C)=\sum m(1,3,4,6,7)$
3. √
4. ×，提高运算速度
5. √

三、多项选择题（每题2分，共10分）

1. AD　2. ABD　3. AC　4. ABC　5. AC

四、函数化简题（10分）

1. 代数化简（4分）

$$\begin{aligned}F(A,B,C)&=AB+AC+\overline{B}\cdot\overline{C}+\overline{A}\cdot\overline{B}\\&=AB+AC+\overline{B}(\overline{C}+\overline{A})\\&=AB+AC+\overline{B}\,\overline{AC}\\&=AB+AC+\overline{B}\\&=A+AC+\overline{B}\\&=A+\overline{B}\end{aligned}$$

2. 卡诺图化简（6分）

卡诺图如图T.15所示。

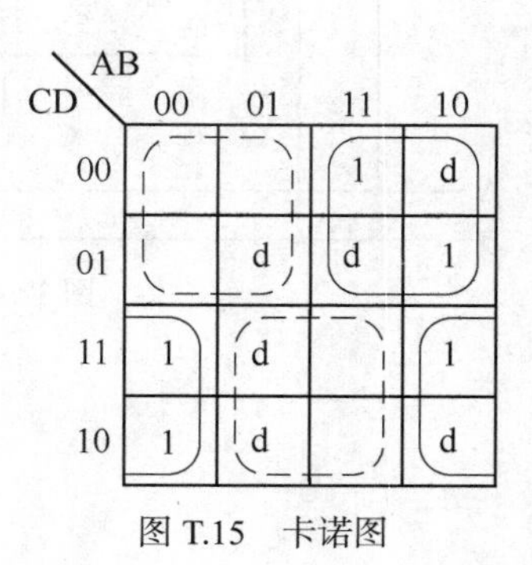

图T.15　卡诺图

最简与-或表达式为 $F = A\overline{C} + \overline{B}C$。

最简或-与表达式为 $F = (A + C)(\overline{B} + \overline{C})$。

五、分析题（共 20 分）

1. 逻辑电路分析（10 分）

（1）输出函数表达式为

$$F_3 = A;\quad F_2 = A \oplus B;\quad F_1 = B \oplus C;\quad F_0 = C \oplus D$$

（2）真值表如表 T.10 所示。

表 T.10　真值表

A B C D	F_3 F_2 F_1 F_0	A B C D	F_3 F_2 F_1 F_0
0 0 0 0	0 0 0 0	1 0 0 0	1 1 0 0
0 0 0 1	0 0 0 1	1 0 0 1	1 1 0 1
0 0 1 0	0 0 1 1	1 0 1 0	1 1 1 1
0 0 1 1	0 0 1 0	1 0 1 1	1 1 1 0
0 1 0 0	0 1 1 0	1 1 0 0	1 0 1 0
0 1 0 1	0 1 1 1	1 1 0 1	1 0 1 1
0 1 1 0	0 1 0 1	1 1 1 0	1 0 0 1
0 1 1 1	0 1 0 0	1 1 1 1	1 0 0 0

（3）该电路功能为：实现 4 位二进制数到格雷码的转换。

2. 时序逻辑电路分析。（10 分）

（1）该电路属于异步时序电路。

（2）Q_1和Q_2 的输出波形图如图 T.16 所示。

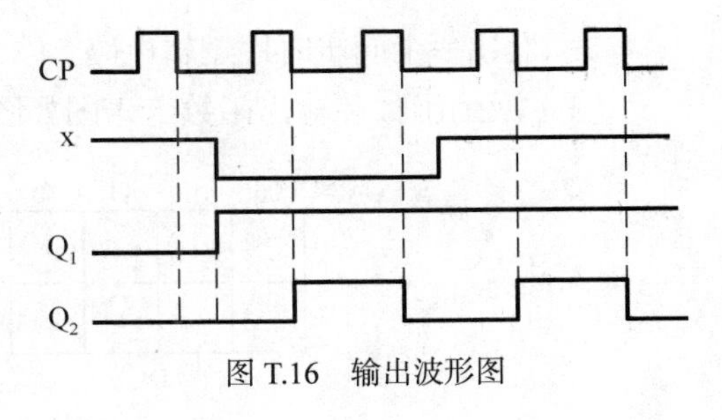

图 T.16　输出波形图

六、设计题（共 30 分）

1. 组合电路设计。（15 分）

（1）真值表如表 T.11 所示。

表 T.11　真值表

A B C D	W X Y Z	A B C D	W X Y Z
0 0 0 0	d d d d	1 0 0 0	0 1 0 1
0 0 0 1	d d d d	1 0 0 1	0 1 1 0
0 0 1 0	d d d d	1 0 1 0	0 1 1 1
0 0 1 1	0 0 0 0	1 0 1 1	1 0 0 0
0 1 0 0	0 0 0 1	1 1 0 0	1 0 0 1
0 1 0 1	0 0 1 0	1 1 0 1	d d d d
0 1 1 0	0 0 1 1	1 1 1 0	d d d d
0 1 1 1	0 1 0 0	1 1 1 1	d d d d

（2）输出函数最简表达式为

$$W = AB + BCD$$

$$X = \overline{B}\,\overline{C} + \overline{B}\,\overline{D} + BCD$$

$$Y = \overline{C}D + C\overline{D}$$

$$Z = \overline{D}$$

（3）用 PLA 实现给定功能的阵列逻辑图如图 T.17 所示。

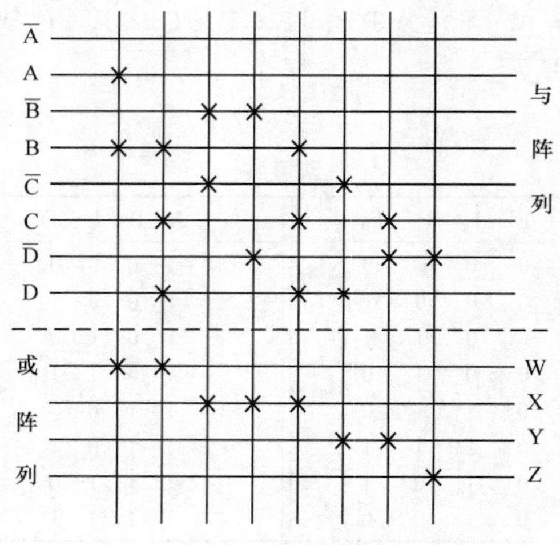

图 T.17　阵列逻辑图

2. 设计一个同步时序逻辑电路。（15 分）

（1）激励函数和输出函数卡诺图如图 T.18 所示。

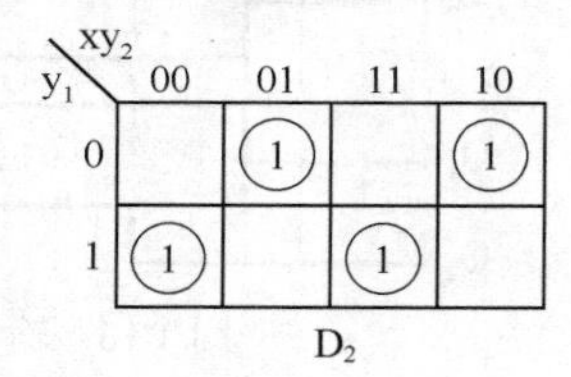

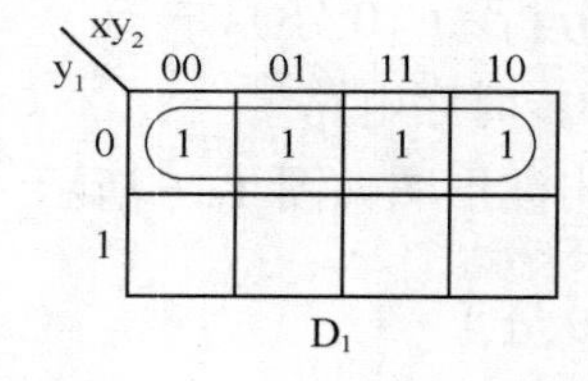

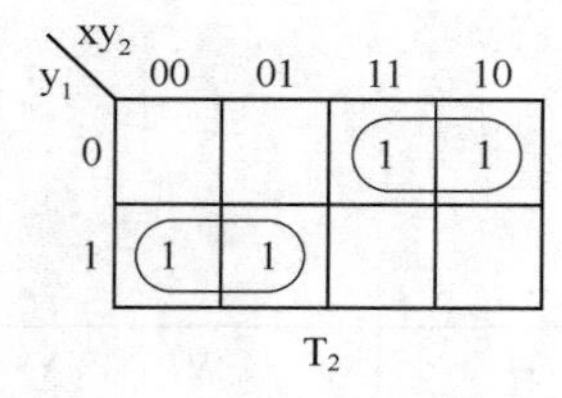

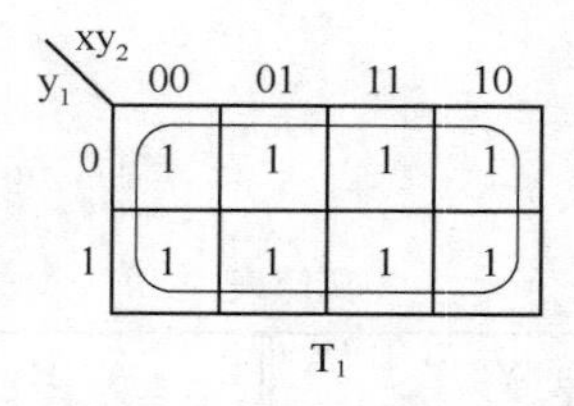

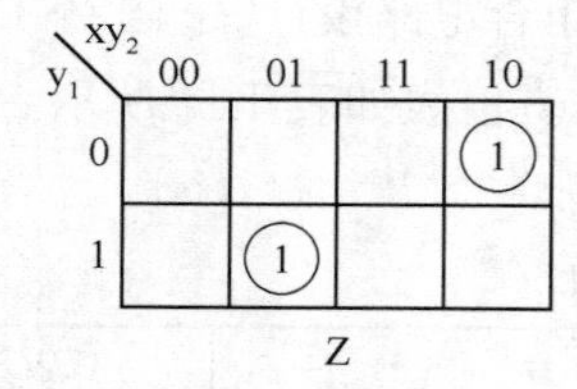

图 T.18　激励函数和输出函数卡诺图

（2）激励函数和输出函数最简与-或表达式为

$$D_2 = \overline{x}\,\overline{y}_2 y_1 + \overline{x} y_2 \overline{y}_1 + x\overline{y}_2 y_1 + x y_2 y_1$$

$$D_1 = \overline{y}_1$$

$$T_2 = \overline{x} y_1 + x\overline{y}_1$$

$$T_1 = 1$$

$$Z = \overline{x} y_2 y_1 + x\overline{y}_2\overline{y}_1$$

七、分析与设计题（10分）

1. 输出函数 F_1、F_2 的逻辑表达式为

$$F_1(A,B,C) = A \oplus B \oplus C$$

$$F_2(A,B,C) = \overline{A}C + \overline{A}B + BC$$

该电路实现了全减器的功能。（5分）

2. 用3-8线译码器74138和与非门实现该电路功能的逻辑表达式为

$$F_1(A,B,C) = m_1 + m_2 + m_4 + m_7 = \overline{\overline{m_1} \cdot \overline{m_2} \cdot \overline{m_4} \cdot \overline{m_7}}$$

$$F_2(A,B,C) = m_1 + m_2 + m_3 + m_7 = \overline{\overline{m_1} \cdot \overline{m_2} \cdot \overline{m_3} \cdot \overline{m_7}}$$

逻辑图如图T.19所示。（5分）

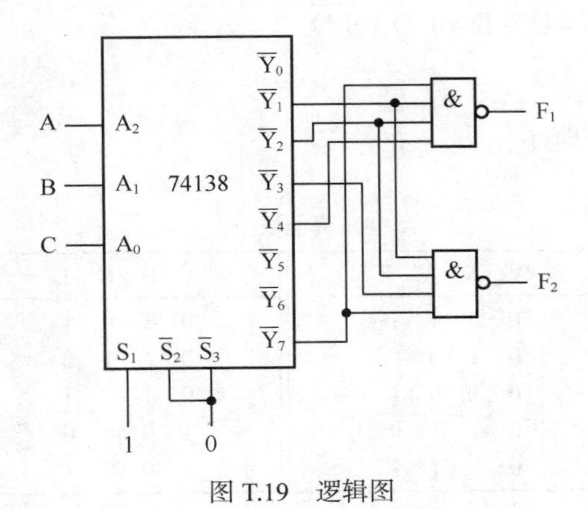

图T.19 逻辑图

模拟试题二 参考答案

一、选择题（每小题2分，共20分）

1. B　2. AD　3. ACD　4. BCD　5. C

6. ABD　7. ACD　8. BC　9. C　10. BD

二、填空题（每题2分，共10分）

1. 10000.1　10.8
2. 125　010001011000
3. 组合逻辑电路　时序逻辑电路
4. 标准与或表达式　标准或与表达式
5. 9入　5出

三、判断题（每题 1 分，共 10 分）

1. × 2. √ 3. × 4. √ 5. √
6. × 7. √ 8. √ 9. × 10. ×

四、分析题（共 25 分）

1. 逻辑电路分析。(10 分)

（1）输出函数表达式为

$$W=(C+D)B\oplus A=A\overline{B}+\overline{A}BC+\overline{A}BD+A\overline{C}\,\overline{D}$$
$$X=(C+D)\oplus B=\overline{B}C+\overline{B}D+B\overline{C}\,\overline{D}$$
$$Y=C\oplus\overline{D}=CD+\overline{C}\,\overline{D}$$
$$Z=\overline{D}$$

（2）真值表如表 T.12 所示。

表 T.12 真值表

A B C D	W X Y Z	A B C D	W X Y Z
0 0 0 0	0 0 1 1	0 1 0 1	1 0 0 0
0 0 0 1	0 1 0 0	0 1 1 0	1 0 0 1
0 0 1 0	0 1 0 1	0 1 1 1	1 0 1 0
0 0 1 1	0 1 1 0	1 0 0 0	1 0 1 1
0 1 0 0	0 1 1 1	1 0 0 1	1 1 0 0

（3）该电路功能为：将 8421 码转换成余 3 码。

2. 同步时序电路分析。(10 分)

（1）电路激励函数和输出函数为

$$J_1=X \quad K_1=\overline{X} \quad J_2=Q_1 \quad K_2=\overline{Q}_1 \quad Z=\overline{Q}_2Q_1$$

（2）次态真值表如表 T.13 所示。

表 T.13 次态真值表

输入	现态		激励函数				次态		输出
X	Q_2	Q_1	J_2	K_2	J_1	K_1	Q_2^{n+1}	Q_1^{n+1}	Z
0	0	0	0	1	0	1	0	0	0
0	0	1	1	0	0	1	1	0	1
0	1	0	0	1	0	1	0	0	0
0	1	1	1	0	0	1	1	0	0
1	0	0	0	1	1	0	0	1	0
1	0	1	1	0	1	0	1	1	1
1	1	0	0	1	1	0	0	1	0
1	1	1	1	0	1	0	1	1	0

（3）状态表如表 T.14 所示。

表 T.14　　状态表

现态	次态 $Q_2^{n+1}Q_1^{n+1}$		输出
Q_2　Q_1	X=0	X=1	Z
0　0	0　0	0　1	0
0　1	1　0	1　1	1
1　0	0　0	0　1	0
1　1	1　0	1　1	0

（4）Q_1、Q_2 和 Z 的输出波形如图 T.20 所示。

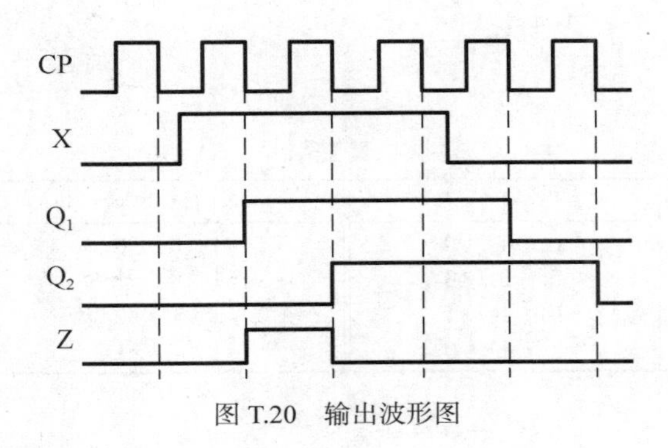

图 T.20　输出波形图

3. 电路分析。（5 分）

（1）图 T.10 中 74290 构成模 6 计数器，计数范围为 0～5（或者 0000～0101）。

（2）可以从多路选择器的数据输入端选择 6 路数据送至输出端。

（3）从初始状态开始，输出端 F 将依次输出 110100，该电路是一个“110100”序列检测器。

五、设计题（共 25 分）

1. 用与非门设计一个“四舍五入”电路。（10 分）

（1）真值表如表 T.15 所示。

表 T.15　　真值表

A B C D	F	A B C D	F
0 0 0 0	0	1 0 0 0	1
0 0 0 1	0	1 0 0 1	1
0 0 1 0	0	1 0 1 0	d
0 0 1 1	0	1 0 1 1	d
0 1 0 0	0	1 1 0 0	d
0 1 0 1	1	1 1 0 1	d
0 1 1 0	1	1 1 1 0	d
0 1 1 1	1	1 1 1 1	d

（2）输出函数最简表达式为

$$F = A + BC + BD$$

（3）用与非门实现给定功能的逻辑电路图如图 T.21 所示。

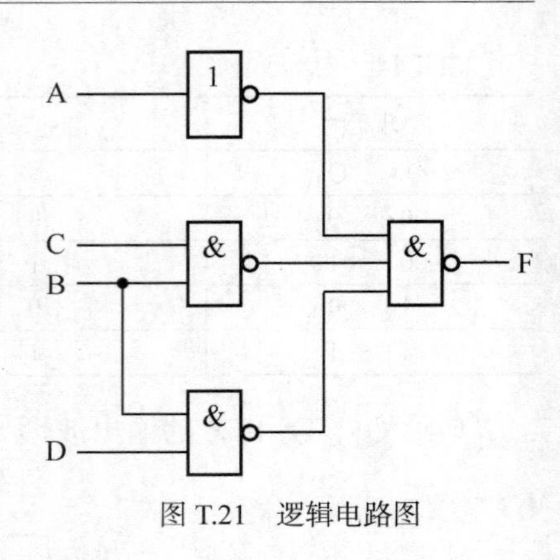

图 T.21　逻辑电路图

2. 用 T 触发器作为存储元件，设计一个同步时序逻辑电路。（10 分）

（1）激励函数和输出函数真值表如表 T.16 所示。

（2）激励函数和输出函数卡诺图如图 T.22 所示。

表 T.16　　真值表

x	y_2	y_1	T_2	T_1	Z	x	y_2	y_1	T_2	T_1	Z
0	0	0	1	1	0	1	0	0	1	0	1
0	0	1	1	0	0	1	0	1	0	0	0
0	1	0	1	1	1	1	1	0	1	0	1
0	1	1	1	1	0	1	1	1	0	1	0

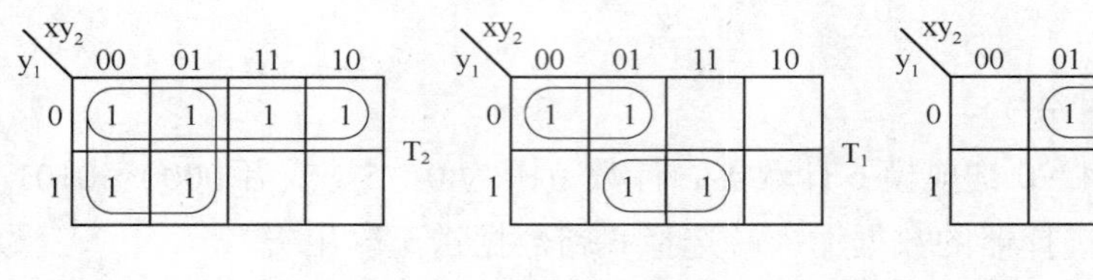

图 T.22　卡诺图

最简表达式为

$$T_2 = \overline{x} + \overline{y}_1 = \overline{x y_1}$$
$$T_1 = \overline{x}\,\overline{y}_1 + y_2 y_1$$
$$Z = x\overline{y}_1 + y_2\overline{y}_1$$

3. “0001”序列检测器的最简 Mealy 型状态图如图 T.23 所示。（5 分）

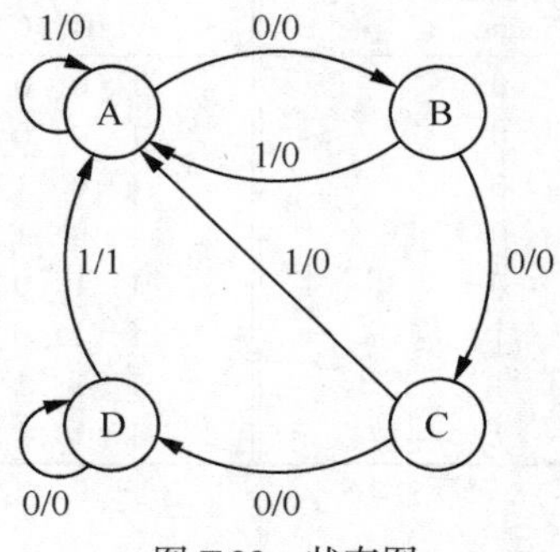

图 T.23　状态图

六、分析与设计题（10 分）

1. 电路分析。（5 分）

（1）输出函数 F_1、F_2 的逻辑表达式为

$$F_1 = \overline{A}\,\overline{B}C + \overline{A}B\overline{C} + A\overline{B}\,\overline{C} + ABC$$

$$F_2 = A\overline{B}C + AB + \overline{A}BC$$

（2）电路功能为：全加器。

2. 用 EPROM 实现电路功能。（5 分）

将逻辑函数变换为标准与或表达式为

$$F_1 = \overline{A}\,\overline{B}C + \overline{A}B\overline{C} + A\overline{B}\,\overline{C} + ABC$$

$$F_2 = \overline{A}BC + A\overline{B}C + AB\overline{C} + ABC$$

用 EPROM 实现全加器功能的阵列逻辑图如图 T.24 所示。

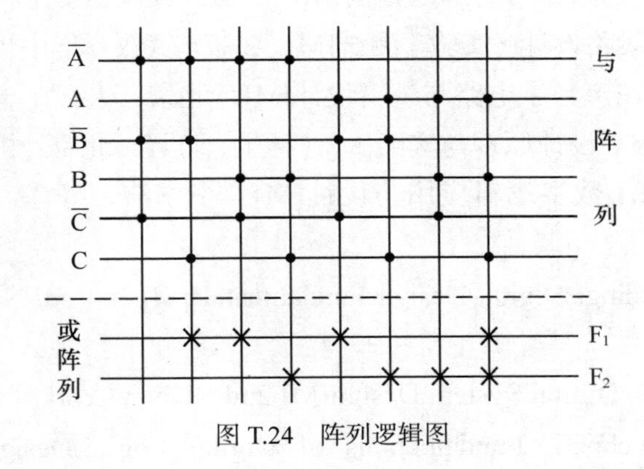

图 T.24　阵列逻辑图

参考文献

[1] 欧阳星明. 数字电路逻辑设计[M]. 2 版. 北京：人民邮电出版社，2015.

[2] 欧阳星明. 数字逻辑[M]. 4 版. 武汉：华中科技大学出版社，2009.

[3] 康华光. 电子技术基础（数字部分）[M]. 4 版. 北京：高等教育出版社，2000.

[4] 白中英. 数字逻辑与数字系统[M]. 3 版. 北京：科学出版社，2002.

[5] 于化龙，沈婷婷，郝雨. Camtasia Studio 入门精要[M]. 北京：人民邮电出版社，2017.

[6] 王毓银. 数字电路逻辑设计[M]. 北京：高等教育出版社，1999.

[7] 朱正伟，何宝祥，刘训非. 数字电路逻辑设计[M]. 北京：清华大学出版社，2006.

[8] 曹汉房. 数字电路与逻辑设计[M]. 4 版. 武汉：华中科技大学出版社，2004.

[9] 欧阳星明. 数字逻辑学习与解题指南[M]. 2 版. 武汉：华中科技大学出版社，2005.

[10] 谢自美. 电子线路设计 · 实验 · 测试[M]. 2 版. 武汉：华中理工大学出版社，2000.

[11] 王树堃，徐惠民. 数字电路与逻辑设计[M]. 北京：人民邮电出版社，1995.

[12] Wakerly J F. 数字设计原理与实践[M]. 林生，等译. 北京：机械工业出版社，2003.

[13] Yarbrough J M. 数字逻辑应用与设计[M]. 李书浩，等译. 北京：机械工业出版社，2000.

[14] Kenneth J Breeding. Digital Design Fundamentals[M].2nd ed. New Jersey: Prentice-Hall International Inc，1992.

[15] Wilkinson Barry. Digital System Design[M].2nd ed. New York: Prentice-Hall Inc, 1992.

[16] Douglas A Pucknell. Fundamentals of Digital Logic Design: With VLSI Circuit Application[M]. New York: Prentice Hall of Australia Pty Ltd, 1990.